化学分析工程师实用技术丛书

化验员
必备知识与技能

曾鸽鸣　李庆宏　编著

化学工业出版社

·北京·

本书从分析化验工作的特点出发，注重实践与理论的应用，较为详细地介绍了分析化验人员应具备的基本技能与基本知识，是一本对分析化验人员学习和实践都具有指导意义的必备参考书。

本书共分为八章，涉及的内容有分析天平的使用与维护、化验室常用的器皿与器材、化验室用水的制备与检验方法、化验室各种溶液的配制与计算、化学分析操作、实验基本知识与基础理论（包括酸碱、配位、氧化还原、沉淀滴定、沉淀分析和重量分析）、定量分析中的误差和数据处理、常用物理常数的测定、化验室安全等，是化验人员必备的知识和技能。书末附有常用酸、碱、盐类和其他化学试剂的性质和常用的有关数据表，以方便读者查阅。

书中内容深入浅出，通俗易懂，具体实用。可供生产企业、科研单位从事分析化验工作的人员参考和阅读，也可供高等学校相关专业的师生作为教学参考书。

图书在版编目（CIP）数据

化验员必备知识与技能/曾鸽鸣，李庆宏编著. —北京：化学工业出版社，2011.8（2024.11重印）
（化学分析工程师实用技术丛书）
ISBN 978-7-122-11817-2

Ⅰ. 化… Ⅱ. ①曾…②李… Ⅲ. 化验员-基本知识 Ⅳ. TQ016

中国版本图书馆 CIP 数据核字（2011）第 138151 号

责任编辑：成荣霞	文字编辑：刘志茹
责任校对：战河红	装帧设计：王晓宇

出版发行：化学工业出版社（北京市东城区青年湖南街 13 号　邮政编码 100011）
印　　装：北京科印技术咨询服务有限公司数码印刷分部
710mm×1000mm　1/16　印张 21　彩插 1　字数 434 千字　2024 年 11 月北京第 1 版第 16 次印刷

购书咨询：010-64518888　　　　　　　　　　售后服务：010-64518899
网　　址：http://www.cip.com.cn
凡购买本书，如有缺损质量问题，本社销售中心负责调换。

定　价：58.00 元　　　　　　　　　　　　　　　　　　版权所有　违者必究

序

分析化学是人们识别物质并获得物质组成和结构信息的科学，这对于生命科学、材料科学、环境科学和能源科学以及产品的质量控制和评价都是必不可少的。因此，分析化学被誉为科学技术的眼睛，是进行科学研究的基础，是人类认识物质和生命的重要手段，也是产品安全质量评价最重要的分析手段。随着社会和经济的迅速发展，各种新型材料不断出现，人体健康、产品安全以及环境污染等方面的问题日益受到社会各界的普遍关注。与此同时，国内外对食品和消费品等产品安全的要求越来越严格，以及检验检疫口岸快速通关的需要，分析化学正朝着"更准、更快、更灵敏、更低成本、更环保"的需求发展。

从分析方法来说，分析化学主要包括经典的化学分析和光谱分析、色谱分析、质谱分析以及各种联用技术等仪器分析。近年来，分析仪器的不断创新和发展极大程度地推动了分析化学的发展，使得分析化学的应用领域更为广泛。在现有的国际标准、我国国家标准和行业标准中分析仪器的方法越来越多，越来越普及，这也是分析化学的发展趋势。因此，熟练掌握各类分析仪器使用与维护方法已成为每一位化验员必备的技能。虽然现代分析仪器操作和使用越来越自动化、智能化，仪器的安装、操作和维护更加简便和快捷，但这并不意味着可以忽视分析仪器的使用和维护。相反，由于分析仪器种类繁多，技术日益先进复杂，要使分析仪器的功能得到充分发挥，需要使用者具备扎实的基础知识、熟练的操作和维护技能。

为了帮助我国从事化学检测的技术人员更好地操作、使用和维护分析仪器，最大程度地发挥分析仪器的功能，减少故障率，降低使用成本，化学工业出版社组织广东出入境检验检疫局、华东理工大学等单位共同编写这套《化学分析工程师实用技术丛书》。该"丛书"紧密结合社会发展的需求，突出实用性，着重经验、技能和技巧的传授，内容精练，可操作性强。在介绍各类分析仪器使用与维护时，重点选择了一些使用广泛、型号新颖且具有代表性的分析仪器加以阐述。该"丛书"共分四册，包括《化验员必备知识与技能》、《色谱分析仪器使用与维护》、《光谱分析仪器使用与维护》和《电化学分析仪器使用与维护》。

参与编写人员都是长期从事仪器分析的一线技术骨干和专家，他们希望凭借该"丛书"的出版与广大读者分享他们的经验和成果。希望该"丛书"的出版有助于一线的化学检测人员和高等院校分析化学专业的学生更多地了解分析仪器基本原理和应用，掌握分析仪器的操作和维护技能，以适应社会发展的需要。

郑建国

（国家质检总局化矿金属材料专业委员会主任委员　研究员）

2010 年 8 月

前 言

分析化验工作是一门实践性很强的基础技术，是研究物质的质和量的重要方法之一，是化学学科的一个分支。随着科学技术的不断发展，已经渗透到各个行业及许多科学领域之中。不论是在工农业生产上，还是与我们生活息息相关的产品质量上或是化学学科本身的发展上，或是与化学相关的学科领域中，分析化验都在其中起着重要的作用。编写这本《化验员必备知识与技能》的目的是希望对从事分析化验工作的人员，特别是刚开始从事这项工作的人员，在学习掌握分析化验的基本技能与基本知识、提高理论水平、提高业务素质上有所帮助。

本书从分析化验工作的特点出发，结合自己分析化验实践工作和多年分析化学理论与实验教学经验的体会，在注重实际应用的基础上，将实践与理论紧密结合，特别是常见标准溶液的配制和标定、重量分析及基本操作和应用实例中能体现出来。本书较全面地介绍了化验员必须掌握的基本技能和基本知识，是一本对化验员学习和实践都很有指导意义的必备参考书。

本书共8章，第1章为分析天平的使用与维护，介绍了分析天平的分类、构造原理、质量指标、使用规则及保养以及分析天平常见的故障的处理；第2章介绍了化验室常用的器皿与器材，包括玻璃仪器、金属器皿、瓷器和非金属材料器皿的使用原则和注意事项；第3章介绍了化验室用水的制备与检验方法，包括了化验室用水规格、影响纯水质量的因素、纯水制备方法以及纯水检验方法；第4章为化验室各种溶液的配制与计算，内容包括化学试剂分类、使用和注意事项，一般溶液的配制方法和计算，标准溶液的配制方法与计算以及常见标准溶液的配制与标定，标准物质溶液或离子标准溶液的配制及其计算，指示剂溶液的配制，缓冲溶液的配制；第5章为化学分析操作、实验基本知识与基础理论，涉及的内容有容量仪器的洗涤及量器的规范操作和校正，试样的称量方法及称量误差，试样的采集、制备和分解，滴定分析概述，酸碱滴定法，配位滴定法，氧化还原滴定法，沉淀滴定法，重量分析法及基本操作；第6章为定量分析中的误差和数据处理，介绍了误差的来源、误差的表示方法和计算、提高分析结果准确度的方法、误差的传递、分析结果的数据处理、有效数字及其使用规则；第7章介绍了常用物理常数的测定，包括熔点的测定、凝固点的测定、沸点的测定、密度的测定、折射率的测定、黏度的测定、比旋光度的测定、相对分子质量的测定；第8章介绍了化验室安全，包括安全防护知识、实验室意外事故的处理、火灾处理。为了便于分析化验人员查阅有关数据，书末附有常用酸、碱、盐类和其他化学试剂的性质和常用的有关数据表和主要参考书目。

参加本书编写的有李庆宏（第1章、第2章、第6章、第7章）、曾鸽鸣（第3章、第4章、第5章、第8章和附录），由曾鸽鸣统稿。

由于编者水平有限，书中如有不妥之处，欢迎广大读者批评指正。

本书在编写过程中，参考了国内外出版的一些相关教材和专著，受到许多有益的启发，同时也得到了许多同仁的支持和帮助，在此一并表示感谢。

编 者

2011年6月于长沙

目 录

第1章 分析天平的使用与维护 ... 1
1.1 天平的分类与级别 ... 1
1.1.1 天平的分类 ... 1
1.1.2 天平的级别 ... 1
1.2 天平的构造原理 ... 2
1.2.1 机械天平的构造原理 ... 2
1.2.2 电子天平的称量原理 ... 3
1.3 分析天平的质量指标及其测定 ... 4
1.3.1 天平的稳定性 ... 4
1.3.2 天平的灵敏性 ... 4
1.3.3 天平的变动性 ... 5
1.3.4 天平的正确性 ... 6
1.4 分析天平的使用规则及其保养 ... 6
1.4.1 分析天平的使用规则 ... 6
1.4.2 分析天平的称量方法 ... 7
1.4.3 电子天平的称量方法 ... 8
1.4.4 分析天平的保养 ... 8
1.5 分析天平常见故障的处理 ... 9
1.5.1 半自动电光天平常见故障的处理 ... 9
1.5.2 电子天平常见故障的处理 ... 13

第2章 化验室常用的器皿与器材 ... 15
2.1 玻璃仪器 ... 15
2.1.1 玻璃的分类和性质 ... 15
2.1.2 常用玻璃仪器及其使用 ... 16
2.1.3 玻璃仪器的使用规则 ... 19
2.1.4 成套玻璃仪器 ... 19
2.1.5 石英玻璃仪器 ... 20
2.2 金属器皿 ... 20
2.3 瓷器和非金属材料器皿 ... 22
2.3.1 瓷器皿与刚玉器皿 ... 22
2.3.2 塑料器皿 ... 24

第3章 化验室用水的制备与检验方法 ... 25
3.1 化验室用水规格及影响纯水质量的因素 ... 25

  3.1.1 化验室用水规格 …………………………………………………… 25
  3.1.2 影响纯水质量的因素与纯水的储存 …………………………… 26
 3.2 纯水的制备 ………………………………………………………………… 26
  3.2.1 自来水的杂质及检测方法 ……………………………………… 26
  3.2.2 纯水制备方法简介 ……………………………………………… 27
 3.3 化验室用水检验方法 ……………………………………………………… 35
  3.3.1 pH 值检验 ………………………………………………………… 35
  3.3.2 电导率的测定 …………………………………………………… 35
  3.3.3 可氧化物质限量测定 …………………………………………… 36
  3.3.4 吸光度的测定 …………………………………………………… 37
  3.3.5 蒸发残渣的测定 ………………………………………………… 37
  3.3.6 可溶性硅的限量试验 …………………………………………… 37
  3.3.7 阳离子的检验 …………………………………………………… 38
  3.3.8 钙离子的检验 …………………………………………………… 38
  3.3.9 重金属离子的检验 ……………………………………………… 38
  3.3.10 氨的检验 ………………………………………………………… 38
  3.3.11 氯离子的检验 …………………………………………………… 39
  3.3.12 硫酸根离子的检验 ……………………………………………… 39
  3.3.13 CO_2 的检验 …………………………………………………… 39

第4章 化验室各种溶液的配制与计算 ……………………………………… 40
 4.1 化学试剂 …………………………………………………………………… 40
  4.1.1 化学试剂的分类和纯度规格等级标准 ………………………… 40
  4.1.2 常用试剂的提纯 ………………………………………………… 42
  4.1.3 化学试剂的选用和取用 ………………………………………… 43
  4.1.4 化学试剂的保管 ………………………………………………… 45
 4.2 一般溶液的配制方法和计算 ……………………………………………… 46
  4.2.1 溶液浓度的定义及表达公式 …………………………………… 47
  4.2.2 配制方法及其计算 ……………………………………………… 48
 4.3 标准溶液的配制方法与标准溶液的计算方法 …………………………… 54
  4.3.1 标准溶液的配制方法 …………………………………………… 54
  4.3.2 物质的量浓度溶液的配制及其计算 …………………………… 56
  4.3.3 滴定度溶液的配制及其计算 …………………………………… 60
  4.3.4 标准溶液浓度的换算 …………………………………………… 61
 4.4 常见标准溶液的配制与标定 ……………………………………………… 63
  4.4.1 氢氧化钠标准溶液的配制与标定 ……………………………… 63
  4.4.2 盐酸标准溶液的配制与标定 …………………………………… 66
  4.4.3 硫酸标准溶液的配制与标定 …………………………………… 68
  4.4.4 EDTA 标准溶液的配制与标定 ………………………………… 69
  4.4.5 锌标准溶液的配制与标定 ……………………………………… 72
  4.4.6 镁标准溶液的配制与标定 ……………………………………… 73
  4.4.7 铅标准溶液的配制与标定 ……………………………………… 73

  4.4.8 高锰酸钾标准溶液的配制与标定 …………………………………… 73
  4.4.9 草酸、草酸盐标准溶液的配制与标定 ………………………………… 77
  4.4.10 重铬酸钾标准溶液的配制与标定 ……………………………………… 78
  4.4.11 亚铁标准溶液的配制与标定 …………………………………………… 79
  4.4.12 硫代硫酸钠标准溶液的配制与标定 …………………………………… 80
  4.4.13 碘标准溶液的配制与标定 ……………………………………………… 83
  4.4.14 碘酸钾标准溶液的配制与标定 ………………………………………… 85
  4.4.15 溴酸钾标准溶液的配制与标定 ………………………………………… 86
  4.4.16 硫酸铈标准溶液的配制与标定 ………………………………………… 87
  4.4.17 硝酸银标准溶液的配制与标定 ………………………………………… 88
  4.4.18 硫氰酸铵标准溶液的配制与标定 ……………………………………… 89
 4.5 标准物质溶液或离子标准溶液的配制及其计算 …………………………… 91
  4.5.1 标准物质溶液或离子标准溶液的计算及配制方法 …………………… 91
  4.5.2 金属离子标准溶液的配制 ……………………………………………… 91
  4.5.3 阴离子标准溶液的配制 ………………………………………………… 99
 4.6 指示剂溶液的配制 ………………………………………………………… 102
  4.6.1 指示剂的分类 …………………………………………………………… 102
  4.6.2 酸碱指示剂的配制 ……………………………………………………… 102
  4.6.3 金属指示剂的配制 ……………………………………………………… 103
  4.6.4 氧化还原指示剂的配制 ………………………………………………… 104
  4.6.5 沉淀指示剂的配制 ……………………………………………………… 104
  4.6.6 常用分析测定试纸的制作 ……………………………………………… 105
 4.7 缓冲溶液的配制 …………………………………………………………… 106
  4.7.1 标准缓冲溶液的配制 …………………………………………………… 106
  4.7.2 一般缓冲溶液的配制 …………………………………………………… 108

第5章 化学分析操作、实验基本知识与基础理论 ……………………………… 109
 5.1 容量仪器的洗涤及量器的规范操作和校正 ……………………………… 109
  5.1.1 容量仪器的洗涤与保管 ………………………………………………… 109
  5.1.2 量器的规范使用方法 …………………………………………………… 112
  5.1.3 容量器皿的校正 ………………………………………………………… 123
 5.2 试样的称量方法及称量误差 ……………………………………………… 125
  5.2.1 试样的称量方法 ………………………………………………………… 125
  5.2.2 称量误差 ………………………………………………………………… 126
 5.3 试样的采集、制备和分解 ………………………………………………… 127
  5.3.1 试样的采集 ……………………………………………………………… 127
  5.3.2 试样的制备 ……………………………………………………………… 129
  5.3.3 样品的保存和留样 ……………………………………………………… 130
  5.3.4 试样的分解 ……………………………………………………………… 130
 5.4 滴定分析概述 ……………………………………………………………… 134
  5.4.1 分析化学的任务与作用 ………………………………………………… 134
  5.4.2 分析化学中分析方法的分类 …………………………………………… 134

  5.4.3 滴定分析法的分类与滴定反应的条件 …………………………… 135
  5.4.4 滴定方式 ………………………………………………………… 136
  5.4.5 滴定分析结果的计算 …………………………………………… 138
 5.5 酸碱滴定法 …………………………………………………………… 140
  5.5.1 酸碱质子理论 …………………………………………………… 140
  5.5.2 酸碱水溶液 pH 值的计算 ……………………………………… 146
  5.5.3 酸碱指示剂 ……………………………………………………… 157
  5.5.4 酸碱滴定曲线及指示剂的选择 ………………………………… 161
  5.5.5 应用实例 ………………………………………………………… 173
 5.6 配位滴定法 …………………………………………………………… 179
  5.6.1 EDTA 及其特性 ………………………………………………… 180
  5.6.2 EDTA 与金属离子形成配合物的稳定性 ……………………… 182
  5.6.3 配位滴定指示剂——金属指示剂 ……………………………… 187
  5.6.4 提高配位滴定选择性的方法 …………………………………… 192
  5.6.5 应用实例 ………………………………………………………… 197
 5.7 氧化还原滴定法 ……………………………………………………… 200
  5.7.1 氧化还原滴定法概述 …………………………………………… 200
  5.7.2 氧化还原滴定指示剂 …………………………………………… 203
  5.7.3 常见的几种氧化还原滴定法 …………………………………… 205
 5.8 沉淀滴定法 …………………………………………………………… 214
  5.8.1 沉淀滴定法概述 ………………………………………………… 214
  5.8.2 银量法确定滴定终点的方法 …………………………………… 214
  5.8.3 应用实例 ………………………………………………………… 218
 5.9 重量分析法及基本操作 ……………………………………………… 219
  5.9.1 重量分析基本原理 ……………………………………………… 219
  5.9.2 重量分析操作 …………………………………………………… 222
  5.9.3 应用实例 ………………………………………………………… 236

第6章 定量分析中的误差和数据处理 ……………………………………… 238
 6.1 误差的来源 …………………………………………………………… 238
  6.1.1 系统误差 ………………………………………………………… 238
  6.1.2 随机误差 ………………………………………………………… 239
 6.2 误差的表示方法和计算 ……………………………………………… 241
  6.2.1 误差与准确度 …………………………………………………… 241
  6.2.2 偏差与精密度 …………………………………………………… 242
  6.2.3 准确度和精密度的关系 ………………………………………… 244
 6.3 提高分析结果准确度的方法 ………………………………………… 246
  6.3.1 选择合适的分析方法 …………………………………………… 246
  6.3.2 减少测量误差 …………………………………………………… 247
  6.3.3 增加平行测定，减少随机误差 ………………………………… 248
  6.3.4 消除测量过程中的系统误差 …………………………………… 248
 6.4 误差的传递 …………………………………………………………… 249

  6.4.1 误差在加减法中的传递 ……………………………………………… 250
  6.4.2 误差在乘除法中的传递 ……………………………………………… 250
 6.5 分析结果的数据处理 ……………………………………………………… 252
  6.5.1 可疑观测值 …………………………………………………………… 252
  6.5.2 可疑数据的取舍 ……………………………………………………… 253
  6.5.3 平均值的置信区间 …………………………………………………… 255
  6.5.4 最小二乘法的线性回归 ……………………………………………… 259
 6.6 有效数字及其使用规则 …………………………………………………… 265
  6.6.1 有效数字的定义 ……………………………………………………… 265
  6.6.2 有效数字的表示方法 ………………………………………………… 266
  6.6.3 计算规则 ……………………………………………………………… 268

第7章 常用物理常数的测定 …………………………………………………… 270
 7.1 熔点的测定 ………………………………………………………………… 270
  7.1.1 毛细管熔点测定法 …………………………………………………… 271
  7.1.2 显微熔点测定法 ……………………………………………………… 272
  7.1.3 温度计的校正 ………………………………………………………… 272
 7.2 凝固点的测定 ……………………………………………………………… 273
 7.3 沸点的测定 ………………………………………………………………… 274
  7.3.1 常量法测定沸点 ……………………………………………………… 274
  7.3.2 微量法测定沸点 ……………………………………………………… 275
 7.4 密度的测定 ………………………………………………………………… 276
  7.4.1 密度计法 ……………………………………………………………… 276
  7.4.2 韦氏天平法 …………………………………………………………… 277
  7.4.3 密度瓶法 ……………………………………………………………… 278
 7.5 折射率的测定 ……………………………………………………………… 279
 7.6 黏度的测定 ………………………………………………………………… 280
  7.6.1 黏度的分类 …………………………………………………………… 280
  7.6.2 黏度计 ………………………………………………………………… 280
 7.7 比旋光度的测定 …………………………………………………………… 282
 7.8 相对分子质量的测定 ……………………………………………………… 283

第8章 化验室安全 ………………………………………………………………… 286
 8.1 安全防护知识 ……………………………………………………………… 286
  8.1.1 分析化验人员安全守则 ……………………………………………… 286
  8.1.2 易割伤、化学烧伤、有毒、易燃、易爆物品的安全操作规程 …… 287
  8.1.3 气瓶安全使用规程 …………………………………………………… 289
  8.1.4 用电安全规程 ………………………………………………………… 290
 8.2 实验室意外事故的处理 …………………………………………………… 291
  8.2.1 化学灼伤时的处理 …………………………………………………… 291
  8.2.2 其他方面事故处理 …………………………………………………… 292

  8.3 分析化验室有毒废物或废液处理 ……………………………………………… 292
  8.4 火灾处理 ……………………………………………………………………… 293
    8.4.1 火灾的种类 ……………………………………………………………… 293
    8.4.2 灭火 ……………………………………………………………………… 294
    8.4.3 灭火设备 ………………………………………………………………… 294

附录 ………………………………………………………………………………………… 295
 附录1 中华人民共和国法定计量单位 ………………………………………………… 295
  附表1-1 国际单位制的基本单位 ……………………………………………… 295
  附表1-2 国际单位制的辅助单位 ……………………………………………… 295
  附表1-3 国际单位制中具有专门名称的导出单位 ………………………… 295
  附表1-4 国家选定的非国际单位制单位 ……………………………………… 296
  附表1-5 用于构成十进倍数和分数单位的词头 …………………………… 296
 附录2 化验分析中的法定计量单位 …………………………………………………… 297
 附录3 常用酸、碱试剂的一般性质 …………………………………………………… 298
 附录4 常用盐类和其他试剂的一般性质 ……………………………………………… 299
 附录5 常见化学物质的毒性和易燃性 ………………………………………………… 303
 附录6 相互接触能发生爆炸的物质 …………………………………………………… 304
 附录7 常见化合物的俗名或别名 ……………………………………………………… 308
 附录8 常用饱和溶液的配制方法 ……………………………………………………… 310
 附录9 各种干燥剂的通性 ……………………………………………………………… 311
 附录10 常用化合物的干燥条件 ………………………………………………………… 312
 附录11 配合物的稳定常数（18～25℃） ……………………………………………… 313
 附录12 氨羧配合剂类配合物的稳定常数（18～25℃，$I=0.1$） ………………… 317
 附录13 一些金属离子的 $\lg\alpha_{M(OH)}$ 值 …………………………………………… 318
 附录14 常用掩蔽剂及其使用的条件 …………………………………………………… 318
 附录15 某些氧化还原电对的条件电位 $\varphi^{\ominus}$ ………………………………… 319
 附录16 微溶化合物的溶度积（18～25℃，$I=0$） …………………………………… 320
 附录17 常用化合物的相对分子质量 …………………………………………………… 322

参考文献 ………………………………………………………………………………… 326

元素周期表

第1章 分析天平的使用与维护

1.1 天平的分类与级别

天平是测定物体质量的计量仪器的总称,是化验室必备的常用仪器之一。充分了解仪器性能及熟练掌握其使用方法,是获得可靠分析结果的保证。

1.1.1 天平的分类

随着科学技术和生产的不断发展,天平的种类也在日益增多,其结构、形状也各不相同,分类的方法也各不一样,如图 1-1 所示。

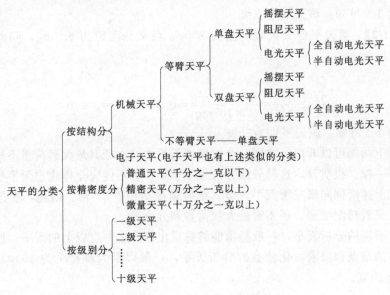

图 1-1 天平分类示意图

1.1.2 天平的级别

各类天平在出厂时都带有国家主管部门发给的合格证书。合格证书上注明了天平的型号、精度级别、最大载荷量、天平能达到的感量等技术指标和说明。然而,就精度级别而言,过去的划分方法和叫法都很不一致,各行各业各自为政。例如有一等分析天平、二等分析天平、一等工业天平、二等工业天平、药物天平等,还有的把电光天平和万分之四的指针式天平称为一等天平,把千分之一的天平称为二等天平等。这样混乱的局面,给天平的购置单位和计量部门造成了很多麻烦和不必要的损失。因此,我国就天平等级的划分作出了统一的规定,将天平的等级分为十个等级。其分法见表 1-1。

表 1-1　天平的等级划分

精度级别	一	二	三	四	五	六	七	八	九	十
名义分度值与最大载荷量之比	1×10^{-7}	2×10^{-7}	5×10^{-7}	1×10^{-6}	2×10^{-6}	5×10^{-6}	1×10^{-5}	2×10^{-5}	5×10^{-5}	1×10^{-4}

可见天平等级的划分，是根据天平的名义分度值（最小称量）与最大载荷量之比来决定的。

一般地说，六级以上的天平才称为精密天平，七级以下的天平称为普通天平。

【例 1-1】　某天平的最大载荷量为 2000g，名义分度值为 1mg，问此天平属几级？

解：

$$\frac{\text{分度值}}{\text{最大载荷量}}=\frac{1\times10^{-3}\text{g}}{2\times10^{3}\text{g}}=0.5\times10^{-6}=5\times10^{-7}$$

查表 1-1 可知：该天平为三级。

【例 1-2】　某天平的最大载荷量为 200g，名义分度值为 0.1mg，问此天平属几级？

解：

$$\frac{\text{分度值}}{\text{最大载荷量}}=\frac{1\times10^{-1}\text{mg}}{2\times10^{5}\text{mg}}=0.5\times10^{-6}=5\times10^{-7}$$

查表 1-1 可知：该天平也为三级。

从以上两例可以看出：在同一个级别的天平中，由于其最大载荷量不同，其分度值也不一样。很明显，这种分级方法也不全面，它不能完全体现出天平衡量上的精度。如上述两例同属三级天平，但其绝对精度却相差 10 倍。因此，在选购天平时，不要只看精度级别，还要看最大载荷量和分度值。

通常所说的分析天平，一般是指能够称量出万分之一克以上的天平。所以根据分析工作的特点和要求，化验室的分析天平，一般以最大载荷量为 200g，分度值为 0.1mg 为宜。

1.2　天平的构造原理

尽管分析天平的种类很多，根据其构造原理可分为机械天平和电子天平两大类。本节以目前用得最多的机械天平的代表——半自动电光分析天平和电磁力平衡式电子天平为例，介绍其原理。

1.2.1　机械天平的构造原理

尽管机械天平的型号、种类很多，但它们的工作原理都是根据力学中的杠杆原理设计而成的，如图 1-2 所示。

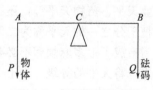

图 1-2　杠杆原理示意图

假设有一杠杆 AB，受一向上的力点 C 的支承，AB 两端所承受的力分别为 P、Q，当达到平衡时，支点 C 两边的力矩相等，即：

$$AC \times P = BC \times Q$$

若 C 点正好是 AB 的中点，即 AC＝BC，两臂长相等，如果 Q 代表砝码的质量，P 代表物体的质量，那么当天平达到平衡时，物体的质量就等于砝码的质量，即 P＝Q。

图 1-3 是根据这个原理制造的目前用得最多的机械天平的代表——半自动电光分析天平。

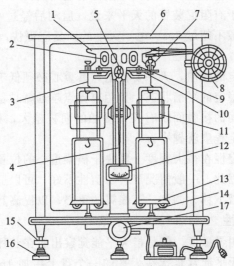

图 1-3　半自动电光分析天平
1—横梁；2—零点调节器；3—吊耳；4—指针；5—支点刀；6—框罩；7—环码；
8—读数盘；9—边刀刀刃；10—折叶；11—阻尼内筒；12—投影屏；
13—秤盘；14—盘托；15—螺旋脚；16—脚垫；17—升降枢

1.2.2　电子天平的称量原理

电子天平的型号很多，但其称量依据都是利用电磁力平衡的原理。

根据电磁基本理论，通电的线圈在磁场中产生的电磁力，且该电磁力服从于电磁力公式 $F=BIL\sin\theta$。由于力的方向、磁场方向和电流方向三者相互垂直（即 θ 为 90°，故 $\sin\theta=1$），当磁场强度不变时，电磁力 F 的大小与流过线圈的电流强度 I 成正比。

当天平空载时，电磁传感器处于平衡状态，加载后，由于重力的作用，秤盘垂直向下发生位移，触动电磁传感器，使电流通过与秤盘连着的感应线圈，产生一个向上的作用力，将秤盘托起，使电磁传感器重新回到平衡状态，当到达平衡时，流过线圈的电流所产生的电磁力的大小与加载后的重力相等。此时流过线圈的电流，经微处理器处理后，转变为加载物的质量，以数字信号的形式，在显示屏上显示出来。

1.3　分析天平的质量指标及其测定

分析天平的质量指标主要有稳定性、灵敏性、变动性和正确性。

1.3.1　天平的稳定性

天平的稳定性就是指天平开启后，经过几次的摆幅仍能够自动回到初始平衡位置的能力。

如果天平开启后，经过几次的摆幅，在很长时间内还停不下来或停得很慢，说明天平的稳定性不好。稳定性不好的天平是不能使用的。

在正常情况下对于有阻尼装置的天平来说，启动后经过 2~3 个摆幅后就应该停下来，这个时间一般不超过 60s。电子天平的回复应更快，否则其稳定性就需要调整。

根据物体平衡稳定的规律，天平要稳定，其重心必须低于支点，只有重心在支点以下，才能保证有稳定的平衡状态，且距离支点越远就越稳定。此外，天平的稳定性还与支点和横梁间的接触面积有关，接触的面积越大，稳定程度越大，反之，接触的面积越小，稳定程度就越小。

可见，天平的稳定性在很大程度上取决于横梁重心的位置，其次，取决于支点刀锋刃的锐利程度。因此，一般情况下若稳定性不好，可以适当地将灵敏度调节螺丝（即感量砣）作稍微下移，调整一下横梁的重心，以提高其稳定性。

1.3.2　天平的灵敏性

天平的灵敏性也叫灵敏度，就是指天平能觉察出放在其秤盘上的物体质量改变量的能力。对于机械天平通常是指在天平的一个盘上增加 1mg 的质量时，所引起的指针的偏转程度。以分刻度/毫克（格/mg）或具体数字表示。

很明显，天平能觉察出来的质量改变量越小，或者指针的偏转程度越大，灵敏度就越高。但是，实践证明，灵敏度也并非越高越好。因为，天平的灵敏度若太高，天平达到平衡就慢，即使有阻尼设备，也不能使其很快静止，即稳定性差；当增加少许的质量时，指针（数值）偏离太多，甚至超出了标牌以外；或者当室内微小的温差、湿度、灰尘、气流等变化时都会使天平的零点变动许多格。若天平的灵敏度太低，增加一点点质量，指针不偏离或偏离很少，即灵敏性差。

可见，天平的稳定性与灵敏性，既互相矛盾，又相互制约。例如，天平的稳定性越好，其灵敏性就会越低。所以不能一味追求稳定性而忽略了天平的灵敏性。反之亦然。

一般情况下，阻尼天平以 2.5 格/mg，电光天平以 1 格/mg 为宜。但有时这个标准很难调准，故一般允许有 ±0.1mg 的偏差。若超出了这个标准就要进行调整。调整的方法与稳定性相同，即改变横梁重心的距离来实现。

此外，天平的灵敏度有时也用"感量"（也叫分度值）表示，所谓感量就是天平在一定的载荷下，标牌上一个分刻度所表示的"质量"值（mg/格）。它与灵敏度的关系是互为倒数。即：

$$感量 = \frac{1}{灵敏度} \text{(mg/格)}$$

所以，当用感量来表示天平的灵敏度时，阻尼天平为 0.4mg/格，故称为"万分之四"分析天平；而电光天平为 1mg/格，从表观数字上看，似乎比阻尼天平的灵敏度要低些，但由于电光天平采用了光学读数法，提高了读数的精度，可以读到 0.1mg，即 0.1mg/格，故称"万分之一"分析天平。很明显，0.4mg/格 与 0.1mg/格 相比，分度值愈小，天平的灵敏度就愈高，也即 0.1mg/格 的天平的灵敏度比 0.4mg/格 的要高。

灵敏度的测定方法如下：

(1) 零点的测定（调零）

所谓调零，就是天平空盘时的平衡点。接通电源后，慢慢转动升降枢手轮，启动天平，在不载重时标尺上的零点应慢慢地与投影屏上的标线重合，否则，可拨动升降枢手轮附近的扳手，挪动一下投影屏的位置，使其重合。若相差太远可调节平衡螺丝（平衡砣），使标尺上的零点与投影屏上的标线重合。

(2) 灵敏度的测定

当零点调好以后，关上天平，并在天平的载物盘上放一个经过校准了的 10mg 砝码，再次启动天平，此时，标尺应偏转至 9.9~10.1mg 的范围内，否则，天平的灵敏度就要调整。

应该指出的是：分析天平的灵敏度在很大程度上取决于三个玛瑙刀接触点的质量，刀口愈锋利，刀承（玛瑙平板）的表面愈光滑，天平摆动时的摩擦就愈小，灵敏度愈高。如果刀口受到了损伤，则不论怎么样移动感量砣，也不能显著提高灵敏度。

1.3.3 天平的变动性

天平的变动性也叫示值不变性，是指天平在相同条件下，多次测定同一物体，所得测定结果的一致程度。也就是说，由于各种因素的影响，同一台天平载重前后多次测定天平的平衡点时，常常得不到一致的结果，其相差的最大值（用 mg 表示）称为天平的变动性。

一般分析天平的变动范围为 0.1~0.2mg，超出这个范围就需要找出原因进行调整。

影响分析天平变动性的因素较多，但主要来源于某些偶然因素，其中大多数是由于违反天平的使用规则而引起的，如刀口（弹簧片）受损等。除此以外，天平的质量问题也是产生变动的重要原因，如三个刀口不平行，螺丝松动等。因此，在使用过程中，必须严格按照天平的使用规则细心操作。

变动性的测量方法是：空盘时连续测定两次零点，然后在秤盘的两边各放一个 20g 的砝码（严格地说应用天平的最大载荷量来测），通过升降枢手轮开、关天平数次，取下砝码，再次测定两次天平零点，取所测四次零点数据中的最大差值，即为天平的变动性。

例如，测定某天平的空盘零点分别为：0.0mg、+0.1mg，载重后再测其零点分别为-0.1mg、-0.1mg，则其变动性：

对于电光天平为：变动性=$P_{最大}-P_{最小}$=[0.1-(-0.1)]mg=0.2mg

对于阻尼天平为：变动性=($P_{最大}-P_{最小}$)×感量=(0.2×0.4)mg=0.08mg

1.3.4 天平的正确性

天平的正确性，就是天平示值的正确性，它表示天平示值接近真实值的能力；从误差角度来看，天平的正确性就是反映天平示值系统误差大小的程度。

对于杠杆式天平，天平的正确性主要表现是由于两臂长度不相等所引起的系统误差。

当然，无论是机械天平，还是电子天平，天平的正确性还表现在天平的模拟标尺或数字标尺的示值正确性，以及由于在天平衡量盘上各点放置载荷时的示值正确性。

因此，当天平若出现臂差时，就必须找出原因，进行调整。当然这种调整必须由专业技术人员来处理。

臂差的检查方法：首先调整好零点，然后在天平的两秤盘上分别放一个面值相等的砝码，启动升降枢，测量平衡点的读数 P_1，然后，将左、右秤盘的砝码对调一下，再测量一次平衡点的读数 P_2，则两次平衡点读数的平均值的绝对值，即为该天平的臂差（偏差）。即：

$$偏差=\left|\frac{P_1+P_2}{2}\right|$$

由于两个表面值相等的砝码有时也并非完全相等，故采用置换法测定分析天平的臂差，是一种行之有效的方法。在正常情况下，一般要求分析天平的臂差应小于0.4mg。

在实际工作中，由于使用的是同一台天平进行称量，因此，这种偏差通常是可以抵消的。这就是为什么要求同一个实验，应尽可能地使用同一台天平称量的原因。

上述分析天平的质量指标是互相联系，相互制约的，因而不能片面地追求某些特性而忽略其他特性，这都将影响称量的精密性。另外，经过拆装或搬动过的天平，应对其性能指标进行检查后再使用。

1.4 分析天平的使用规则及其保养

1.4.1 分析天平的使用规则

分析天平属于精密测量器具，除必须保持在一定的环境中，以确保其达到设计的性能外，使用时必须遵守如下规则。

① 称量前要检查天平是否完好，放置是否水平，零点是否正确。

② 使用过程中要特别注意保护玛瑙刀口，开关升降枢手轮时，应缓慢进行，

不得使天平发生剧烈振动。取放物品时，必须将天平托起，以免损坏刀口。

③ 天平的载荷量不得超过其最大负荷，取放物品或加减砝码，只能打开左、右侧门，且被称量的物品和砝码要放在秤盘的中央，以防天平过大的摆动。

④ 被称量物不得直接放在秤盘上称量，对具有腐蚀性、挥发性、吸湿性的物品，必须放在称量瓶或密闭的容器中称量。

⑤ 称量的物品必须与天平箱内的温度一致，不得把热的或过冷的物品放在天平上称量。

⑥ 严禁用手直接拿取砝码，取放砝码须用镊子夹取，以免沾污。砝码应由大到小逐一取放在天平上，砝码用完后要及时放回砝码盒内。使用电光天平的自动加码器时也应由大到小，一挡一挡慢慢地加，以免砝码互相碰击或脱落。

⑦ 称量的数据应及时写在记录本上，不要记在纸片上或其他地方，更不能凭记忆。读取数据时，应将天平门关上，以免呼吸、空气流动而影响称量结果的准确性。

⑧ 称量完毕后，应立即关好天平，取出物品和砝码，还原天平加码器的指数盘，关好天平门，切断电源，最后盖上防尘罩。

⑨ 在同一次（个）实验中，应尽量使用同一台天平和同一盒砝码。

为了加快称量速度，一般在称量之前要把将要称量的物品连同容器一起放在粗天平上称出其大概的质量后，再放到分析天平上称量。这样，既节省了试加砝码的时间，又不易损坏天平。

1.4.2 分析天平的称量方法

分析天平的称量方法，随着被称量物的性质和实验的要求不同，称量方法也不一样，一般常用的方法有：

(1) 直接称量法

该法主要用于称取在空气中不吸潮、不起氧化作用的物质。如坩埚、小烧杯等固定质量的物质。

方法是：先调整好零点，然后，将被称量物放在天平左边的秤盘上，在右边的秤盘上加上相应的砝码，若其平衡点与空盘时的零点一致，此时，砝码的示值即为被称量物品的质量。若载重时的平衡点与空盘时的零点不一致，则10mg以下的质量可在投影屏上直接读出。

(2) 固定质量的称量法

该法主要用于称量不易吸水、在空气中稳定、要求质量一定的物品，如金属、矿石、$K_2Cr_2O_7$ 等物质或试样。为使称样后便于定量转移，常用表面皿、小烧杯、电光纸等容器承接被称量物质。称量的具体方法参见5.2.1节。

(3) 递减称量法

递减称量法也叫差减称量法（简称差减法）。该法主要用于称量易吸水、易氧化或易与 CO_2 发生反应的物质，也适用于同时称取几份同一物质。称量的具体方法参见5.2.1节。

1.4.3 电子天平的称量方法

电子天平的称量方法（以 FA1604S 型电子天平为例）如下。

（1）检查天平水平状态并通电预热

使用前观察天平的水平仪，若水泡位置有偏移，需调整水平调节脚，使水泡位置处于水平仪的中心。接通电源，显示器右边显示一个"0"，预热 120min，按"ON"键进行模式选定。

（2）称量

① 对于不需除去皮重的称量。按"TAR"键显示为"0"后，将称量物轻放于秤盘的中心，待数字稳定，显示器右边"0"标志熄灭后，所显示的数字即为被称量物的质量。

② 对于需除去皮重的称量。先将容器轻放于秤盘上，称出容器的质量，按"TAR"键显示为"0"即为去皮重，再将称量物轻放于容器中，待数字稳定后，所显示的数字即为被称量物的净重。

（3）称量完毕

轻按"OFF"键关闭天平电源，取下被称量物，拔下电源插头，盖上防尘罩。

1.4.4 分析天平的保养

天平（尤其是电子天平）是一种对环境高度敏感的精密电子测量仪器，使用时要小心操作，安放的环境也要达到一定的要求，一般天平室温度应保持稳定，波动幅度不大于 0.5℃/h，室温应在 15～30℃，湿度保持在 55%～75%。天平室应避免阳光直射，并配置窗帘。除此之外还应做好如下保养。

① 天平与砝码要有专人保管，务必经常保持完整清洁。

② 天平应放在干燥、无日光直射与不易受热、受冷的地方，室内应无有害气体或水蒸气。天平台必须平稳、牢固。

③ 天平箱内应放置干燥剂如硅胶等，并需定时更换，以保证天平箱内空气干燥。

④ 天平在放妥后不应经常搬动，必须搬动时，需将天平盘及横梁零件先行卸下。

⑤ 天平各部件要定期检查，保持清洁，各零部件若有灰尘，应用细软毛刷轻轻扫拭，注意不要使螺丝转动或损害刀刃。

⑥ 如发现天平失灵、损坏或有可疑时，应立即停止使用，不要任意拆弄零件或装配零件。

⑦ 凡自干燥器内取出称样，称量前必须仔细检查称量瓶底部是否沾有污物。如沾有，应清除后方可进行称量。

⑧ 使用砝码应用专用镊子夹取。

⑨ 砝码在使用一定时期后，要用擦镜纸轻轻揩拭，严禁任意拆卸、刮削或用去污粉擦洗。揩拭后需经校准方可再用。

⑩ 电子分析天平若长时间不使用，则应定时通电预热，每周一次，每次预热 2h，以确保仪器始终处于良好的使用状态。

⑪ 使用了一定的时间或搬动过的天平，要进行一次检查和性能测试，最好请国家法定计量单位定期鉴定，以确保分析天平的正确性和准确性。

1.5 分析天平常见故障的处理

分析天平和其他科学仪器一样，在使用过程中，或多或少会出现这样或那样的故障，影响称量。但是分析天平的检修是一项复杂而又细致的工作，需要专门的知识和工具。因此，在未掌握一定的技术以前，不应乱调乱动，以免造成不必要的损坏。天平如要大修等，则应请专业技术人员进行。

然而，作为分析天平的使用者，通过对分析天平常见故障的分析，可加深对分析天平使用规则的理解；同时掌握了一定的调修知识，对天平进行一些小调修，也是确保分析工作顺利进行所必需的。

1.5.1 半自动电光天平常见故障的处理

1.5.1.1 动手前的检查

分析天平出现了故障，在未查清故障原因以前，先不要忙于动手调修，以免引起更大的故障。若在使用中发现天平出现了故障，可根据故障的现象，对有关部件进行检查，查出故障原因后，再对症下药进行调修。这样可以收到事半功倍的效果。

常用的检查方法如下。

(1) 外观检查

首先了解各零部件的缺损情况。检查天平外框是否严密，是否变形，天平放置是否水平，框与底座连接是否牢固等。

(2) 部件检查

所谓部件检查，就是对各关键部件，如横梁、刀口、吊耳、秤盘、盘托等逐项进行检查。检查其磨损情况，检查其刀口是否锋利，是否有崩缺现象，横梁上的螺丝是否有滑口或松动等。

(3) 机械传动部分的检查

① 检查开关或制动器是否灵活，观察是否有带针、跳针或自落现象。

② 检查立柱与天平底板是否垂直。

③ 检查指针是否垂直于横梁，微分标牌是否脱落或碰撞等。

(4) 光学系统的检查

光学系统主要检查投影屏是否有光，亮度是否丰满，刻度线是否清晰等。

(5) 悬挂系统的检查

从侧面观察吊耳是否卡挂、倾斜，秤盘是否相碰，阻尼器的间隙是否均匀，盘托高低是否适当等。

(6) 加码装置的检查

指数盘与加码器取放砝码是否一致，长轴与管套轴是否有摩擦，转轮是否松动失效,加码杆是否有跳动,加码钩与槽是否对位,挂砝码是否晃动等。

(7) 计量性的检查

对能够读数的天平,可先调后修。先调的目的主要是观察其计量性能,即稳定性、变动性和正确性等各为多少。通过上述检查大体上可以确定天平的失灵原因或故障所在。对于不能读数的天平,可采用先修后调的办法进行。

1.5.1.2 分析天平常见故障的处理方法

目前,化验室的天平大多数是在使用中出现的故障,所以这类故障多采用"先调后修,在调整中修理"的办法进行。

(1) 天平横梁摆动受阻

现象:天平开启后,指针不摆动或摆动不灵活,标尺时动时不动,或摆到某一位置突然受阻。

出现这种现象,一般有如下原因造成的。

① 天平放置不水平,使天平发生倾斜而卡挂。此时可检查并调整水平仪,必要时可另取一水平仪放在天平的底板上,以校验天平上的水平仪。

② 阻尼筒内外相碰。这种情况首先检查天平是否处于水平位置,然后按"左一右二"的原则,看看内阻尼器是否左右放错,或从天平顶部观察内外阻尼器四周的间隙,如是间隙大小不均匀,可取下秤盘及吊耳,将内阻尼器旋转180°后再试,若仍然无效,可小心地松开外阻尼器的固定螺丝,调节外阻尼器的位置,直到不摩擦为止。

③ 吊耳与刀盒或翼支板间相碰。这种情况可能是支持吊耳的支力销螺丝松脱而位移,可调整支力销,使其平整。

④ 盘托卡挂。这种情况多是由于盘托太高或盘托与孔壁摩擦,不灵活所致。这时可取下秤盘,检查盘托是否左右放错,或取出盘托用干布或软纸擦拭干净,涂上少量的机油,重新装上试试。

由于盘托在秤盘之下,发生故障不易觉察。所以一般在维修天平时都先将盘托抽出,待天平修好后,再插回原位。

⑤ 微分标牌与物镜相碰。这种情况可能是由于指针弯曲或物镜(放大镜)发生了位移所致。找出问题后作适当的调整,直到碰撞消除为止。

值得注意的是:读数的准确与否,关键在指针。如果是指针弯曲,一定要仔细调校。

(2) 跳针

跳针就是当天平开启时,指针先向前或向后跳动一下,再恢复正常摆幅的现象。

检查是否有跳针现象,可仔细观察投影屏的光幕,若光幕在开关过程中出现忽明忽暗的现象,表示有跳针现象。

出现这种现象最主要的原因是:中刀刀刃与刀垫(即玛瑙平板)接触不平稳,或者说是中刀刀刃与刀承板间的前后距离不等所致。其次是刀口的质量和装配技术不佳所造成的。

这种情况，可以通过调节横梁的支力销的高度水平来调整中刀刀刃与刀承板间的距离，调整要特别注意指针总是向缝隙小的方向跳动。若指针向前跳，就是前面的缝隙小，指针向后跳，就是后面的缝隙小。

（3）带针

带针就是天平开启后，指针总是向相反的方向偏转，然后再返回来，恢复正常摆幅的现象。

产生这种现象的原因，主要是两个边刀的缝隙不相等，或是横梁不水平，三刀不在一条水平线上，刀承不平整或者说脏物沾污，或某一盘托太高使秤盘不能及时下降所致。

（4）吊耳侧偏或脱落

吊耳侧偏或脱落的原因主要如下。

① 由于天平开、关的动作太快太猛引起，若属这种情况，在一般情况下只需将吊耳轻轻重新装上即可使用了。但有时吊耳则屡放不稳，总是在天平启动时，发生程度不同的侧偏或秤盘晃动，严重的甚至脱落。

② 支持吊耳的支力销发生位移，使支力销与边刀刀刃不在一条直线上，使它们之间的间隙不均匀，或与四个保护装置发生碰撞或卡挂现象。若属于这种情况，则要移动支力销，使它与边刀刀刃在一条直线上，吊耳才能平稳，只要"平"了，才能"稳"。

但移动时要注意，支力销的移动方向：吊耳往里侧，支力销向外移动；吊耳往外侧，支力销向里移动。

③ 由于盘托过高引起侧偏，此时就要调整盘托。

（5）盘托高低不当

盘托过高，关闭天平时，秤盘向上抬起并倾斜，致使吊耳侧偏；开关天平时，由于盘托的阻碍，使指针摆动不灵活或偏向一边，严重的会使吊耳脱落；也会引起带针，不仅影响计量性，也易损坏刀口。盘托过低，关闭天平后，秤盘仍在晃动。此时也应调整盘托。

调整时，拿下秤盘，取出盘托，调整盘托下部的螺丝至高低合适为止。使盘托与支持横梁和吊耳的支力销，做到同起、同落、同高低、同接触。

（6）天平的灵敏度过高或过低

前面提过，天平的灵敏度与稳定性是互相制约的，天平出现灵敏度过高，则其稳定性肯定就不好。天平若出现这些故障，就会使停点很慢，甚至没有停点（缓慢地移动），若在载物盘上增加一点点质量，指针就会超出标尺范围。因此，要解决好灵敏度的问题，就要先解决好稳定性的问题。如果稳定性不好，其他几个性能再好也毫无意义。

出现这种情况的原因，主要是天平横梁重心过高，其次是刀口磨损所致。

调修方法是将天平的重心螺丝的位置下移，直至灵敏度和稳定性都合适为止。

如采用该法无法改变，则多是刀口损坏，只有更换了。

至于灵敏度过低，正好与上述相反，调修方法相同，但动作相反。

(7) 零点偏离标牌太远

出现这种情况，首先观察秤盘上是否有残留物质或灰尘，其次检查加码器上的环码是否脱落或碰撞，然后，再调节横梁两孔中的平衡砣（螺丝），直至零点与标牌上的标线重合为止。

(8) 指数盘失灵

指数盘失灵常有两种现象：一是两个大小指数盘同时转动；二是指数盘与砝码数值不符。

若是第一种情况，可能是大小指数盘有摩擦现象，可将小指数盘取下，用砂纸将小指数盘的外径轻轻地磨削，使其大小之间有一定的间隙即可。

若是第二种情况，可能是旋钮的固定螺丝滑扣或松脱，可先将指数盘与相应的砝码校正，拧紧固定螺丝即可。

若是砝码钩的起落失灵，可能是偏心轮的固定螺丝滑扣或松脱，此时可将加码器的外罩拆下，先将砝码与指数盘对好，再校正偏心轮的位置，必要时可滴加两滴机油，然后用固定螺丝拧紧即可。

(9) 灯泡不亮

灯泡不亮可能是灯泡、电源、线路、插头、插座、触片等接触不良所致。

遇到这种情况，首先应检查是否因停电或保险丝烧断，再逐个检查上述各器件，看是否有电线脱落或松动。

灯泡不亮很多情况下是由于 6~8V 的小灯泡烧坏或天平底板下的微动开关的触片接触不好。因此，可将天平后面的小插座拔出来，用导体将插座短路，如灯泡发亮，则故障可能出现在微动开关。正常情况下，天平关闭时，两触点是分开的，电路不通，当天平启动时，两触点在升降枢轴芯的作用下相碰，电路接通，灯泡发亮。如属非正常情况，可用手轻轻地弯一弯触片的弧度，使其恢复正常。

如将插座短路后，灯泡不亮，则多数是小灯泡烧坏了，更换灯泡即可。

(10) 投影屏上无光

现象：天平开启后，灯泡发亮，但投影屏上无光。

这种情况主要光路不通。调修方法如下。

① 把天平后面的插座拔出来，用导线将其连接起来，让灯泡一直发亮。

② 用一块白纸分别对着立柱下部的透光孔、聚光管、放大镜、一次反射镜、二次反射镜的前方逐一检查，看是否有光通过。

③ 待投影屏上有光后，再调整反射镜的角度至投影屏上的光清晰丰满为止。

(11) 投影屏上光线不强（亮度不够）

亮度不够，除了电源电压不足外，也可能是聚光管未能聚焦，光源与光路不在一条直线上，或反射镜的角度不对。这种情况，常发生在更换灯泡后，因灯丝长短不一致而引起。

调修的方法如下。

① 首先使灯泡常亮，再把聚光管插入散热器的圆孔里，然后对准墙壁或工作台，距离 50mm 左右，同时旋转灯头，把灯泡发出的光线在通过聚光管后形成的平行光调整成一个明亮的小圆点，最后将聚光管的一端和灯头分别紧固在散热器上即可。

② 若是光路中的器件发生了位移，就必须用上述第（10）项的方法逐一进行仔细检查和调整，直至纸片上的圆形光斑最亮为止。

③ 若是反射镜的角度不对，可调整其角度使光充满整个投影屏为止。

（12）投影屏上出现条形光

投影屏上出现条形光主要是由于物镜（放大镜）及反射镜的角度不当所致。

调修时，首先使灯泡常亮，然后松开物镜和反射镜的固定螺丝，重新校正它们的位置和角度。直至条形光斑消失后，再拧紧固定螺丝。

（13）投影屏上标尺模糊、无标尺、标尺偏上偏下或倾斜

这种现象多是物镜、反射镜发生了位移，跳针或标尺不在光路上所致。

调修方法如下。

① 若是物镜焦距不对（位移），可按第（10）项的方法调修。

② 刻度线一边清晰一边模糊，主要是微分标牌的平面与横梁不平行。关闭天平时，刻度线清晰，开启天平时，刻度线模糊，主要是由跳针引起的，可按排除跳针故障的方法调修。

③ 投影屏上无标尺，主要是一次反射镜的位置和角度有问题，或微分标牌不在光路上，这些故障上面提过，可按提及的方法调修。

④ 标尺偏上、偏下或倾斜：主要是反射镜的角度不对或指针与标牌不垂直或微分标牌装得不正。这些故障在上面也都提到过，可按有关方法调修。

（14）长明灯

所谓长明灯，就是不论天平是开启还是关闭，灯泡始终亮着。这种情况主要是微动开关的两触片贴在一起了的缘故。

调修方法：可用手将贴在一起的两触片分开，将其弯一弯，适当地增加触片的弹性和间隙即可。

然而，分析天平的故障是多种多样的，在处理故障时，应根据各种不同的情况，采用不同的处理方法，才能收到预期的效果。

此外，采用这种局部的方法来调修天平时，容易造成某项指标达标后，又产生了另一项指标超差的可能，请特别注意。

1.5.2 电子天平常见故障的处理

随着技术水平的提高和设备的更新，许多实验室都在使用称量速度快、精度高、准确性好、操作方便的电子天平。但在使用过程中也常遇到一些问题。本节介绍电子天平在使用过程中常见故障的处理及解决办法。

（1）天平开机自检无法通过，出现下列故障代码

① "EC1"：CPU 损坏。
② "EC2"：键盘错误。
③ "EC3"：天平存储数据丢失。
④ "EC4"：采样模块没有启动。

这种现象大多是硬件故障，只能将天平送修。

(2) 天平显示 "L"

可能是秤盘没放好、秤盘下面有异物粘连或气流罩与秤盘碰在一起。

检查秤盘是否放好或盘下有异物粘连，拿走异物；轻轻转动秤盘或气流罩查看是否有碰的现象，调整气流罩的位置。

(3) 加载后天平显示 "H"

秤盘上加载物体过重，超出最大量程；曾用小于校准砝码值的砝码或其他物体校准过天平，导致放在正常量程内的质量显示超重。用正确的砝码重新进行校准并在量程范围内称量。

(4) 开机显 "H" 或 "L"，加载显示无变化

天平所在环境温度超出允许的工作范围，将天平移置（温度为 20℃±5℃）的环境场所；或传感器损坏，需更换传感器。

(5) 天平显示 "E1"，显示溢出，显示值已超过 99999999

计件或百分比称重时，样品值过小；首先取走秤盘上的物体，重新选择样品的件数，可选 10 样品的整数 2 倍、5 倍、10 倍等作为样品。记下当前样品的倍数，读数时读取显示值乘以倍数即可。

(6) 开始显示数据随称重正常变化，突然出现不再变化

曾经使用大于校正砝码值的物体用于天平校准，从而出现大于某一个显示值后显示不再增加，需重新校准天平。

(7) 按下 "开机/关机" 键后未出现任何显示

电源没插上、保险丝熔断或按键卡死出错；插上电源或请将电源线拔掉，用小螺丝刀将天平电源插座处的熔丝盒撬出，更换保险丝；或拧松按键固定螺丝调整按键位置。

(8) 开机后仅在显示屏的左下角显示 "0"，不再有其他显示

天平门玻璃未关好，天平称量环境不稳定，天平始终无法得到一个稳定的称量环境。关好门玻璃；轻轻地拿起秤盘，检查秤盘下是否有异物，特别注意是否有细小的异物；选择坚固、无振动的安装台面及室内气流较小的使用环境。

第2章 化验室常用的器皿与器材

化学实验室要用到的器皿和器材很多,其中最常用到的有玻璃、瓷质、金属类器皿和塑料制品等,本章主要介绍化验室常见的一些器材的有关知识和使用方法。

2.1 玻璃仪器

玻璃具有很多优良的性质,如化学稳定性高、热稳定性好、绝缘,有良好的透明度和一定的机械强度等,其材料来源方便,可按需要制成各种不同形状的玻璃器皿。

化验分析用到的以玻璃为原料制成的玻璃质器皿,统称为玻璃仪器。

2.1.1 玻璃的分类和性质

由于玻璃具有一系列优良的性质,并可按需要改变玻璃的化学组成,制造出可以适应各种不同要求的玻璃及其制产品。

2.1.1.1 玻璃的分类

化验室里常用的玻璃种类很多,分类方法也各不相同。若按使用方法分,可分为可加热的玻璃和不可加热的玻璃;若按其制品的用途来分,可分为容器、量器和特殊用途类等;若按原料性质来分,又可分为软质玻璃和硬质玻璃等。

2.1.1.2 玻璃的性质

玻璃的性质,大多取决于其制作原料的性质。即软质玻璃和硬质玻璃。

(1) 软质玻璃仪器

软质玻璃又称普通玻璃。它是由 SiO_2、Al_2O_3、B_2O_3、Na_2O、K_2O、CaO、ZnO 等原料制成的。其耐温、硬度、耐腐蚀等性能较差,但透明度好,所以多制成不需加热的仪器。如试剂瓶、量筒、吸量管、移液管、滴定管、称量瓶、容量瓶等透明度要求较高的仪器。这类玻璃仪器,因其质软,容易用灯火加工操作和焊接。但温差小,容易炸裂破碎。所以,这类仪器不能用火直接加热。

(2) 硬质玻璃

硬质玻璃也叫特种玻璃。这类玻璃制品可用火直接加热。其主要原料有 SiO_2、K_2CO_3、Na_2CO_3、$MgCO_3$、$Na_2B_4O_7 \cdot 10H_2O$、ZnO 和 Al_2O_3 等。因为它含有硼砂和硼酸(H_3BO_3),属于高硼硅酸盐玻璃,可耐温差较大(一般为200℃左右),具有耐腐蚀、耐电压及抗击性好等优点。所以,常用来制造加热的玻璃器皿。如常见带"烧"字的仪器,烧杯、烧瓶、锥形瓶、平底烧瓶、圆底烧瓶等,以及一些不带"烧"字的仪器,如试管、蒸馏器、冷凝管等均属此类。

由于玻璃原料在性质上存在较大的差别,所以制成的仪器在使用中要特别注意区分哪些玻璃仪器是可以直接加热的，哪些是不能直接加热的，特别是加热后不宜骤冷。一定要按照其性质和特定的用途正确使用，否则，不但容易造成浪费和耽误工作，而且在爆炸时，常常会造成危害。

2.1.2 常用玻璃仪器及其使用

化验室常用的玻璃仪器种类很多，针对实验目的选择适当的仪器和器皿是一件很重要的工作，因此了解常用玻璃仪器的用途和正确的使用方法是很有必要的。化验室常用玻璃仪器的使用方法简述如下。

2.1.2.1 容器

所谓容器就是用来装东西的仪器。化验室常用的玻璃容器规格及其主要用途见表2-1。

表2-1 常用的玻璃容器

名 称	规格/mL	主要用途	使用注意
烧杯（普通型、印标）	5、10、15、25、100、250、400、600、1000、2000	配制溶液、溶解样品等	加热时应置于石棉网上，使其受热均匀，一般不可烧干，杯内待加热溶液体积不应超过总容积的2/3
锥形瓶（三角烧瓶）（具塞与无塞）	5、10、50、100、200、250、500、1000	加热处理试样和容量分析滴定	除与上面相同的要求外，具塞锥形瓶加热时要打开塞；非标准磨口要保持原配塞
碘(量)瓶	50、100、250、500、1000	碘量法或其他生成挥发性物质的定量分析	瓶口用水封以防止内容物挥发，可垫石棉网加热
圆(平)底烧瓶(长颈、短颈、细口、广口、双口、三口)	50、100、250、500、1000	加热或蒸馏液体	一般避免直接火焰加热，可垫石棉网或用加热套加热
试剂瓶、细口瓶、广口瓶、下口瓶、种子瓶（分棕色、无色）	30、60、125、250、500、1000、2000	细口瓶用于存放液体试剂；广口瓶用于装固体试剂；棕色瓶用于存放见光易分解的试剂	不能加热，不能在瓶内配制溶液；磨口瓶要保持原配；放碱液的瓶子应使用橡皮塞，以免日久打不开
滴瓶（棕色、无色）	30、60、125	装需滴加的试剂	同上要求，不要将溶液吸入橡皮头内
称量瓶（分高、低型）	10、15、20、30、50	高型用于称量样品；低型用于烘样品	烘烤时不可盖紧口塞，磨口塞要原配；称量时不可直接用手拿取，应戴指套或垫洁净纸条拿取
洗瓶（球形、锥形，平底带塞）	250、500、1000	装蒸馏水，洗涤仪器	可用圆底烧瓶配制
圆底蒸馏瓶（支管有上、中、下三种）	30、60、125、250、500、1000	蒸馏；也可作少量气体发生反应器	可垫石棉网或用加热套加热
凯氏烧瓶（曲颈瓶）	50、100、300、600	消化有机物	可置石棉网上加热，但瓶口不可对着自己和他人，也用于减压蒸馏
试管（普通与离心试管）	5、10、15、20、50（刻度、无刻度）	定性检验；离心分离	硬质玻璃试管可直接在火上加热，不能骤冷；瓶口不可对着自己和他人；离心试管，只能在水浴上加热

2.1.2.2 量器

所谓量器就是用来测量液体体积的仪器。化验室常用的量器的规格及其主要用途，见表2-2所示。

表 2-2　常用的玻璃量器

名　称	规格/mL	主要用途	使用注意
量筒、量杯（具塞、无塞）量出式	5、10、25、50、100、250、600、1000、2000	粗略地量取一定体积的液体用	不能加热；不能在其中配制溶液；不能在烘箱中烘烤；不能盛装热溶液；操作时要沿壁加入或倒出溶液
容量瓶（无色、棕色，量入式，分等级）	10、25、100、150、200、250、500、1000	配制准确体积的标准溶液或被测溶液	非标准的磨口塞要保持原配；漏水的不能用；不能烘烤与直接加热，可用水浴加热
滴定管（酸式、碱式，分等级，量出式，无色、棕色）	10、25、50、100	容量分析滴定操作	活塞要原配；漏水不能使用；不能加热，不能长期存放碱液；酸式滴定管、碱式滴定管不能混用
微量滴定管（分等级，酸式、碱式，量出式）	1、2、3、4、5、10	半微量或微量分析滴定操作	只有活塞式；其余注意事项同上
自动滴定管（量出式）	5、10、25、50、100	自动滴定用	成套保管与使用
移液管（完全或不完全流出式）	1、2、5、10、20、25、50、100	准确地移取一定量的液体	不能加热；上端和尖端不可磕破，要洗净
直管吸量管（完全或不完全流出式，分等级）	0.1、0.2、0.5、1、2、5、10、20、25、50、100	准确地移取各种不同量的液体	不能加热；上端和尖端不可磕破，要洗净

2.1.2.3 特殊用途的玻璃仪器

在化验室内，除要用到上述介绍的各种容器、量器外，有时还会用到一些如冷凝管、干燥器、漏斗、分液漏斗以及一些成套或配套的特殊用途的玻璃仪器。化验室里常用特殊用途的玻璃仪器的规格及其主要用途，见表2-3所示。

表 2-3 常用特殊用途的玻璃仪器

名 称	规 格	主要用途	使用注意
冷凝管与分馏柱(直形、蛇形、球形、水冷却与空气冷却)	全长/mm：320、370、490	冷凝蒸馏出的蒸汽,蛇形管用于低沸点液体蒸汽,空气冷凝管用于冷凝沸点150℃以上的液体蒸汽	不可骤冷骤热;从下口进冷却水,上口出水
干燥器(无色、棕色,常压与抽真空)	直径/mm：150、180、210、300	保持烘干及灼烧过的物质的干燥;干燥制备的物质	底部要放干燥剂;盖磨口要涂适量凡士林;不可将炽热的物体放入;放入热的物体后要间隔一定时间开盖,以免盖子跳起或冷却后打不开盖子
漏斗(锥体角均为60°)	长颈/mm：口径30、60、75,管长150 短颈/mm：口径50、60,管长90、120	长颈漏斗用于定量分析过滤沉淀;短颈用于一般过滤	不可直接加热;根据沉淀量选择漏斗大小
分液漏斗(球形、锥形、梨形、筒形、茄形)	容量/mL：50、100、250、1000,刻度与无刻度	分开两相液体;用于萃取分离和富集(多用梨形);制备反应中加液体(多用球形及滴液漏斗)	磨口旋塞必须原配;漏水的漏斗不能用;活塞要涂凡士林;长期不用时磨口处垫一张纸
抽气管(水流泵、水抽子)	分伽氏、爱氏及改良式三种	抽滤与造成负压	
吸收管(气泡式、多孔滤板式、冲击式)	容量/mL：1~2、5~10	吸收气体样品中的被测物质	通过气体流量要适当;可两只管串联使用;磨口不能漏气;不可直接加热
抽滤瓶	容量/mL：250、500、1000、2000	抽滤时接收滤液	属于厚壁容器,能耐负压;不可加热
表面皿	直径/mm：45、60、75、90、100、120	盖烧杯及漏斗等	不可直接加热;直径要大于所盖容器
研钵	直径/mm：70、90、105	研磨固体试样及试剂	不能撞击;不能烘烤
砂芯玻璃漏斗 G₁ G₂ G₃ G₄ G₅ G₆	孔径/μm： 20~30 10~15 4.5~9 3~4 1.5~2.5 1.5以下	滤除大沉淀及胶状沉淀物 滤除大沉淀及气体洗涤 滤除细沉淀及水银过滤 滤除细小沉淀物 滤除较大的杆菌及酵母菌 滤除1.4~0.6μm的病菌	需抽滤;不能骤冷骤热;不能抽滤氢氟酸、碱等;用毕立即清洗干净
水分分析仪		用于石油油脂及其他有机物中所含水分的测定	
凯氏定氮器(凯氏氮素蒸馏器)		用于测定有机物中的含氮量	
旋转蒸发器		用于浓缩液体	
脂肪提取器		用于提取某些成分	
水蒸馏器(分一级、二级蒸馏水)	烧瓶容量/mL：500、1000、2000	制备蒸馏水	加沸石或素瓷,以防暴沸;要隔石棉网均匀加热

2.1.3 玻璃仪器的使用规则

使用玻璃仪器时，应遵守的规则和注意事项如下。

① 玻璃仪器应放在干燥、无尘的地方保存，使用完毕后，应及时洗擦干净。

② 计量仪器不能加热和受热，也不能用来贮存浓酸和浓碱。

③ 用于加热的器皿，事前应做质量检查，特别要注意受热部位不能有气泡、水印等。加热时应在受热部位与热源之间衬垫一个石棉网，并逐渐升温，避免骤冷骤热。

④ 不要将热的溶液或热水倒入厚壁的容器中。

⑤ 带磨口塞的仪器如容量瓶、比色管等最好在清洗前用线绳把塞和管拴好，以免打破塞子或互相混错而漏水。

⑥ 带磨口的玻璃仪器不能存放碱溶液，磨塞和磨口之间不要在干态下硬性转动或摩擦，也不能将塞子塞紧瓶口后再加热或烘干。磨口瓶不用时，瓶塞（活塞）和磨口之间要衬纸，以免日后打不开。

⑦ 成套仪器，用完后立即洗净，成套放在专用的包装盒中保存。

2.1.4 成套玻璃仪器

化验室常用的成套仪器有水分测定仪、凯氏定氮仪、索氏提取器、旋转蒸发器、蒸馏水装置等。它们成套存放在专用的包装盒里，使用方便。

现在，大多数玻璃仪器都具有标准化的磨口。由于仪器的口塞尺寸标准化、系列化、磨砂密合，凡属于同类规格的接口，均可任意连接，各部件能组装成各种配套仪器。在与不同类型规格的部件无法直接组装时，也可使用转换接头连接。使用标准接口的玻璃仪器，既可免去选配塞子的麻烦，又能避免橡胶塞或软木塞造成的沾污。口塞磨砂性能良好，使密合性可达较高真空度，对蒸馏尤其是减压蒸馏有利，对于做毒物或挥发性液体的实验也较为安全。

标准接口的玻璃仪器，均按国际通用的技术标准制造，当某个部件损坏时，可以单独选购。

标准接口仪器的每个部件在其口塞的上或下显著部位均具有烤印的白色标志，表明其规格。如 19/28、24/30 等，其中 19(24) 表示磨口端的直径为 19(24)mm，28(30) 表示磨口的长度为 28(30)mm。常用的磨口端直径（mm）有 10、12、14、16、19、24、29、34、40 等规格。

使用标准接口玻璃仪器应注意以下几点。

① 磨口塞应经常保持清洁，使用前宜用软布揩拭干净，但不能附上棉絮。

② 磨口塞使用时一般不涂油脂即能气密。必要时也可在磨砂口塞表面涂以少许凡士林或真空油脂，以增强磨砂口的密合性，避免磨面的相互磨损，同时也便于接口的装拆。

③ 装配时，把磨口和磨塞轻轻地对旋连接，不宜用力过猛。但不能装得太紧，只要达到润滑密闭要求即可。

④ 用后应立即拆卸洗净。否则，对接处常会粘牢，以致拆卸困难。

⑤ 装拆时应注意相对的角度，不能在角度偏差时进行硬性装拆，否则极易造成破损。

2.1.5 石英玻璃仪器

(1) 石英玻璃

石英玻璃的化学成分是二氧化硅，由于种类、工艺、原料的不同可制成透明、半透明及不透明的石英玻璃。透明石英玻璃是用天然无色透明的水晶高温熔炼而成。半透明石英是由天然纯净的脉石英或石英砂制成，因其含有许多熔炼时未排净的气泡而呈半透明状。透明石英玻璃的理化性能优于半透明石英，主要用于制造玻璃仪器及光学仪器。

石英玻璃的热胀系数很小（5.5×10^{-7}），只为特硬玻璃的1/5。因此它能耐骤冷骤热，甚至将透明的石英玻璃灼烧到红热，投放到冷水中也不会炸裂。石英玻璃的软化温度为1650℃，具有耐高温性能，可在1100℃下使用。

石英玻璃的耐酸性能非常好，除氢氟酸和磷酸外，其他任何浓度的酸哪怕是在高温下都极少与石英玻璃作用。但石英玻璃不耐氢氟酸和磷酸的腐蚀，强碱溶液包括碱金属碳酸盐也能腐蚀石英。

石英玻璃仪器外表上与玻璃仪器一样，无色透明，易破碎，使用时须特别小心，通常与普通玻璃仪器分别存放和保管。

实验室常用的石英玻璃仪器有石英烧杯、蒸发皿、石英舟、石英管、石英比色皿、石英蒸馏器等，其形状和规格与普通玻璃仪器相似，但价格比普通玻璃仪器贵。

(2) 玛瑙研钵

玛瑙是石英的变体，也是一种贵重的矿物，除主要成分二氧化硅外，含有少量的Fe、Al、Ca、Mg、Mn等的氧化物。它的硬度大，与很多化学试剂不起作用，因此，用玛瑙制成的玛瑙研钵，主要用于研磨各种物质。

使用玛瑙研钵时，遇到大块物料或结晶体，要轻轻压碎后再行研磨。硬度过大、粒度过粗的物质最好不要在玛瑙研钵中研磨，更不要敲击，以免损坏其表面。

另外，玛瑙研钵不能受热，不可放在烘箱中烘烤，也不能与氢氟酸接触。

使用后，研钵要用水洗净，必要时可用稀盐酸清洗或用少许氯化钠研磨，以清除垢物。

2.2 金属器皿

实验室常用的金属器皿也不少，其中最常用的是铂、金、银、镍、铁等金属制成的器皿。化验室常用的金属器皿的性质和用途，见表2-4。

表 2-4 常用金属器皿的性质和用途

名称	性　质	主要用途	使用注意
铂器皿	铂的熔点高达 1774℃，化学性质稳定，在空气中灼烧后不起化学变化，也不吸收水分，大多数化学试剂对它无侵蚀作用，耐氢氟酸性能好，能耐熔融的碱金属碳酸盐	铂坩埚用于沉淀灼烧称重、氢氟酸溶样以及碳酸盐的熔融处理等 铂制小舟、铂丝圈用于灼烧样品。铂丝、铂片常用于铂电极，以及铂-铑热电偶等	(1)铂属于贵重金属，要遵守领用和回收制度 (2)铂质较软，拿取铂器皿时勿太用力，以免变形。不能用尖锐物体从铂器皿中刮出物料，以免损伤其内壁，也不能将热的铂器皿骤然放入冷水中冷却 (3)铂器皿在加热时，必须放在铂三脚架上或陶瓷、黏土、石英等材料的支持物上，不能与任何其他金属接触，以免高温时铂与其他金属生成合金。所用的坩埚钳子应该包有铂头，镍的或不锈钢的钳子只能在低温时使用
金器皿	金器皿耐腐蚀性很强，不受碱金属氢氧化物和氢氟酸的侵蚀，熔点较低（1063℃），不能耐高温灼烧，一般须低于 700℃。硝酸铵对金有明显的侵蚀作用，王水也不能与金器皿接触	常用在低于 700℃ 的环境，金坩埚用于熔融，金蒸发皿用于蒸发等	硝酸铵对金有明显的侵蚀作用，王水也不能与金器皿接触 金器皿的其他使用注意事项，与铂器皿基本相同
银器皿	银器皿价比金廉，不受氢氧化钾(钠)的侵蚀，在熔融此类物质时仅在接近空气的边缘处略有腐蚀。银的熔点 960℃，银在高温下不稳定，不能在火上直接加热。在 200℃ 以下稳定	常用于蒸发碱性溶液	银易与硫作用，生成硫化银，故不能在银坩埚中分解和灼烧含硫的物质，不许使用碱性硫化试剂。熔融状态的铝、锌、锡、铅、汞等金属盐都能使银坩埚变脆。银坩埚不可用于熔融硼砂。浸取熔融物时不可使用酸，特别不能用浓酸。银坩埚的质量经灼烧会变化，故不适于沉淀的称量
镍坩埚	镍的熔点 1450℃，具有良好的抗碱性物质侵蚀的性能。但在空气中灼烧易被氧化	镍坩埚主要用于碱性熔剂的熔融处理	镍坩埚不能用于灼烧和称量沉淀。氢氧化钠、碳酸钠等碱性熔剂可在镍坩埚中熔融，其熔融温度一般不超过 700℃。氧化钠也可在镍坩埚中熔融，但温度要低于 500℃，时间要短，否则侵蚀严重。酸性熔剂和含硫化物熔剂不能用镍坩埚
铁坩埚	铁器皿易生锈，耐腐蚀性不如镍，但价格便宜，较适于过氧化钠熔融，以代替镍坩埚	铁坩埚主要用于碱性熔剂的熔融处理	铁坩埚的使用与镍坩埚相似，它没有镍坩埚耐用。铁坩埚也可用低硅钢坩埚代替。铁坩埚使用前应进行钝化处理，先用稀盐酸，然后用细砂纸轻擦，并用热水冲洗，放入 5% 硫酸-1% 硝酸混合溶液中浸泡数分钟，再用水洗净、干燥，于 300～400℃ 灼烧 10min

由于上述器皿在使用中要与化学熔剂接触，因此将常用熔剂所适用的坩埚列于表 2-5，以供参考。

表 2-5 常用熔剂适用的坩埚

熔剂种类	适用坩埚						
	铂	铁	镍	银	瓷	刚玉	石英
无水碳酸钠	＋	＋	＋	－	＋	＋	－
碳酸氢钠	＋	＋	＋	－	＋	＋	－
1 份无水碳酸钠＋1 份无水碳酸钾	＋	＋	＋	－	＋	＋	－
6 份无水碳酸钾＋0.5 份硝酸钾	＋	＋	＋	－	＋	＋	－
3 份无水碳酸钠＋2 份硼酸钠熔融,研成细粉	＋	－	－	－	＋	＋	＋
2 份无水碳酸钠＋2 份氧化镁	＋	＋	＋	－	＋	＋	－
2 份无水碳酸钠＋2 份氧化锌	＋	＋	＋	－	＋	＋	－
4 份碳酸钾＋1 份酒石酸钾	＋	－	－	－	－	－	－
过氧化钠	－	＋	＋	＋	－	－	－
5 份过氧化钠＋1 份无水碳酸钠	－	＋	＋	＋	－	－	－
2 份无水碳酸钠＋4 份过氧化钠	－	＋	＋	＋	－	－	－
氢氧化钾(钠)	－	＋	＋	＋	－	－	－
6 份氢氧化钠(钾)＋0.5 份硝酸钠(钾)	－	＋	＋	＋	－	－	－
氰化钾	－	－	－	－	＋	＋	＋
1 份碳酸钠＋1 份硫黄	－	－	－	－	＋	＋	＋
硫酸氢钾、焦硫酸钾	＋	－	－	－	＋	＋	＋
1 份氟化钾＋10 份焦硫酸钾	＋	－	－	－	－	－	－
氧化硼	＋	－	－	－	－	－	－
硫代硫酸钠	－	－	－	＋	－	－	＋
1.5 份无水硫酸钠＋1 份硫酸	－	－	－	＋	＋	＋	＋

注："＋"表示适用。

另外，实验室常用的金属器具还有铁架、铁夹、铁圈、三脚架、水浴锅、镊子、剪刀、三角锉刀、压塞机、打孔器、刮刀、升降台等。此类器具只在使用时了解它们的使用方法就行了，在此不再详述。

2.3 瓷器和非金属材料器皿

2.3.1 瓷器皿与刚玉器皿

（1）瓷器皿

化验室所用瓷器皿比玻璃仪器能耐更高的温度，可耐高温灼烧，如瓷坩埚可以加热至1200℃，灼烧后其质量变化很小，故常用于灼烧沉淀与称量。

瓷器皿的抗腐蚀性能比玻璃强，机械强度大，价格便宜，用途广泛。

常用瓷器皿的规格与用途见表2-6。

表2-6 常用瓷器皿的规格与用途

名称	常用规格	主要用途
蒸发皿	无柄/mL：35、60、100、150、200、300、500、1000 有柄/mL：30、50、80、100、150、200、300、500、1000	蒸发与浓缩液体；700℃以下灼烧物料
坩埚(有盖)	高型/mL：15、20、30、60 中型/mL：2、5、10、15、20、30、50、100 低型/mL：15、25、30、45、50	灼烧沉淀；处理样品(高型可用于隔绝空气条件下处理样品)
燃烧管	内径/mm：5～90 长度/mm：400～600、600～1000	燃烧法测定C、H、S等元素
燃烧舟	长方形(长×宽×高)/mm：60×30×15、90×60×17、120×60×18 船形(长度)/mm：72、77、85、95	盛装样品放于燃烧管中进行高温反应
研钵	普通型/mm：60、80、100、150、190 深型/mm：100、120、150、180、205	研磨固体物料，但不能研磨强氧化剂
点滴板	孔数：6、8(分黑白两种)	定性点滴试验，白色沉淀用黑色点滴板，其他颜色沉淀用白色点滴板
布氏漏斗	长度/mm：51、67、85、106、127、142、171、213、269	漏斗中铺滤纸，用于抽滤物质
白瓷板	长×宽×厚/mm：152×152×5	垫于滴定台上，有利于辨别颜色的变化

(2) 刚玉器皿

天然的刚玉成分是纯的三氧化二铝（Al_2O_3）。人造刚玉是由纯的三氧化二铝经高温烧结而成，熔点2045℃。它耐高温，耐酸碱、耐急冷急热、硬度大，耐化学腐蚀。

实验室常用的刚玉器皿是刚玉坩埚和舟钵，用途主要是作为分析和烧制各行业中生产与使用的材料或产品的容器。比如用在煤炭分析、金属分析与熔炼、化工原料的分析与烧制、玻璃的分析与熔制、稀土等原料和矿物的分析与烧制、陶瓷等高温制品的烧成、单晶原料熔制等各行业。在某些情况下可以代替镍、铂坩埚，但在测定铝和铝对测定有干扰的情况下不宜使用。表2-7可作为坩埚材质选用参考。

表 2-7　坩埚材质选用参考

材质	最高温度/℃	使用温度/℃	产 品 性 能
99.70%刚玉	1800	1650~1700	刚玉坩埚在氧化和还原气氛中,具有良好的高温绝缘性和机械强度,热导率大,热胀系数小,在1700℃以上与空气、水蒸气、氢气、一氧化碳等不起反应,短期最高使用温度1800℃
99.35%刚玉	1750	1600~1650	刚玉坩埚在氧化和还原气氛中,具有良好的高温绝缘性和机械强度,热导率大,热胀系数小,在1700℃以上与空气、水蒸气、氢气、一氧化碳等不起反应,短期最高使用温度1800℃
85.00%高铝	1350	1290	高铝坩埚在氧化和还原气氛中,具有良好的高温绝缘性和机械强度,热导率大,热胀系数小,与空气、水蒸气、氢气、一氧化碳等不起反应,在温度变化不大的情况下可以长期使用,短期最高使用温度1400℃

2.3.2　塑料器皿

塑料是一种以高分子量有机物质为主要成分的合成材料。由于塑料具有质轻,化学性能稳定,不会锈蚀,耐冲击性好;具有较好的透明性和耐磨性等许多优良的特性。因此可以用塑料制成类似于玻璃的各种器皿,在实验室中可作为金属、木材、玻璃等的替代品。

实验室常用塑料器皿的性质和用途见表2-8。

表 2-8　常用塑料器皿的性质和用途

名称	性　质	主要用途	使用注意
聚乙烯器皿	热塑性塑料,软化点为100℃	聚乙烯制成的取样袋、球胆、桶、试剂瓶、烧杯、漏斗、洗瓶等	聚乙烯短时间可使用到100℃,能耐一般酸碱腐蚀,但能被氧化性酸慢慢侵蚀;不溶于一般有机溶剂,与脂肪烃、芳香烃和卤代烃长时间接触能溶胀。这类器皿不能直接用火加热
聚丙烯器皿	比聚乙烯稍硬,熔点约170℃,最高使用温度约130℃	桶、试剂瓶、烧杯、漏斗、洗瓶等用于贮存蒸馏水、标准溶液,尤其多用于微量元素分析	120℃以下可以连续使用,与大多数介质不起作用,但受浓硫酸、浓硝酸、溴水及其他强氧化剂慢慢侵蚀,硫化氢和氨会被吸附。该类器皿不能直接用火加热
聚四氟乙烯器皿	热塑性塑料,色泽白,有蜡状感觉,耐热性好,最高工作温度达250℃	烧杯、蒸发皿、分液漏斗的活塞、搅拌器及表面皿等	在415℃以上急剧分解,并放出有毒的全氟异丁烯气体 聚四氟乙烯是除熔融态钠和液态氟外,能耐浓酸、浓碱、强氧化剂腐蚀的材料,在王水中煮沸也不起变化 该类器皿不能直接用火加热

第3章 化验室用水的制备与检验方法

3.1 化验室用水规格及影响纯水质量的因素

化验室经常要用到纯水，由于分析任务、分析方法不同，对纯水的质量要求也就不同。如化学分析和仪器分析、常量分析和微量分析，各分析方法、各种实验项目对水质的要求不同，则要求使用不同级别的"分析实验室用水"。如一般分析工作可采用一次蒸馏水或去离子水；分析超纯物质时则需要有较高纯度的水——高纯水。因此对实验室用水规格必须有一定了解。

3.1.1 化验室用水规格

(1) 化验室用水外观

化验室用水应为无色透明的液体，不得有肉眼可辨的颜色或纤絮杂质。

(2) 化验室用水级别

化验室用水分三个级别：一级水、二级水和三级水。一级水为超纯水，用于严格要求的分析实验，如制备标准水样、超痕量物质的分析和高压液相色谱分析水。一级水可用二级水处理制得，如二级水经过石英设备蒸馏或离子交换混合床处理后，再经 0.2μm 微孔滤膜过滤来制取。二级水用于无机痕量分析等实验，如原子吸收光谱分析用水。可用蒸馏、电渗析或离子交换法制得的水进行再蒸馏的方法制取。三级水用于一般化学分析实验，可用蒸馏、电渗析或离子交换等方法制取。

(3) 化验室用水质量指标

化验室用水质量指标见表 3-1。

表 3-1 分析化验室用水标准 (GB 6682—2000)

名称	一级	二级	三级
pH 值范围(25℃)	—	—	5.0~7.5
电导率(25℃)/(mS/m)	≤0.01	≤0.01	≤0.50
电阻率(25℃)/(MΩ·cm)	≥10	≥1	≥0.2
可氧化物质(以 O 计)/(mg/L)	—	<0.08	<0.4
吸光度(254nm,1cm 光程)	≤0.001	≤0.01	—
蒸发残渣(105℃±2℃)/(mg/L)	—	≤1.0	≤2.0
可溶性硅(以 SiO_2 计)/(mg/L)	<0.01	<0.02	—

注：1. 由于在一级水、二级水的纯度下，难以测定其真实的 pH 值，因此，对一级水、二级水的 pH 值范围不做规定。

2. 一级水、二级水的电导率需用新制备的水"在线"测定。

3. 由于在一级水的纯度下，难以测定可氧化物质和蒸馏残渣，对其限量不做规定。可用其他条件和制备方法来保证一级水的质量。

3.1.2 影响纯水质量的因素与纯水的储存

(1) 影响纯水质量的因素

影响纯水质量的因素主要来自于空气中的气体和杂质以及盛水的容器。在实验室制取的纯水,一经放置,特别是接触空气,电导率会迅速下降,即水质下降。另外盛水的容器对纯水的质量也有影响。如玻璃容器盛装纯水可溶出某些金属离子或硅酸盐,但有机物较少。聚乙烯容器盛装纯水所溶出的无机物较少,但有机物较多。

(2) 纯水的储存

经过各种方法制取的不同级别的纯水,如果储存不当,引入杂质,对实验结果有很大的影响,因此可根据不同分析方法的要求合理选用储存的容器。

① 容器 各级用水均使用密闭的、专用聚乙烯容器。三级水则可使用密闭的、专用玻璃容器;新容器在使用前需用盐酸溶液(20%)浸泡 2～3d,用自来水冲洗后,再用相应级别的水反复冲洗,并注满相应级别的水浸泡 6h 以上。

② 储存 各级用水在储存期间,其沾污的主要来源是容器可溶成分的溶解、空气中二氧化碳和其他杂质。因此,一级水使用前制备,不可储存。二级水、三级水可适量制备,分别储存在预先经同级水清洗过的相应容器中。

③ 注意 存放纯水的容器旁,不可放置易挥发的试剂,如浓盐酸、浓氨、浓硝酸或硫化氢、硫化铵等。

3.2 纯水的制备

3.2.1 自来水的杂质及检测方法

分析化学实验室用水通常由自来水制得。自来水水厂管网出来的水,水质质量较好,但只能作为饮用水使用,不能作为实验室用水。另外,我国普遍存在供水管道的二次污染,给自来水带来的杂质,主要包括以下 5 种。

(1) 电解质

电解质是指水中呈离子状态存在的物质,包括可溶性的无机物、有机物及带电的胶体离子等,其中阳离子有 H^+、Na^+、K^+、Ca^{2+}、Mg^{2+}、Fe^{3+}、Fe^{2+}、Al^{3+}、Cu^{2+} 等;阴离子有 OH^-、Cl^-、NO_3^-、HCO_3^-、$HSiO_3^-$、SO_4^{2-}、PO_4^{3-} 等;带电的胶体粒子有铁、硅、铝的化合物及有机胶体化合物等;另外,还有有机酸离子。由于电解质具有导电性,所以测量水的电导率或电阻率可以反映水中电解质杂质的相对含量。

水的电导率单位为西门子每厘米(S/cm)。水的电阻率是指某一温度下,每边为 1cm 立方体的水的电阻,单位为欧姆·厘米(Ω·cm)。电阻率和电导率互为倒数关系。

通过测量水的电导率可换算出水中溶解性盐的含量。表 3-2 给出水电导率、电阻率和溶解固体含量的关系,可供制备纯水时作为参考。

表 3-2　水的电导率、电阻率与溶解固体含量的关系

电导率(25℃)/(μS/cm)	电阻率(25℃)/Ω·cm	溶解固体含量/(mg/L)	电导率(25℃)/(μS/cm)	电阻率(25℃)/Ω·cm	溶解固体含量/(mg/L)
0.056	18×10^6	0.028	20.00	5.00×10^4	10
0.100	10×10^6	0.050	40.00	2.50×10^4	20
0.200	5×10^6	0.100	100.00	1.00×10^4	50
0.500	2×10^6	0.250	200.00	5.00×10^3	100
1.00	1×10^6	0.50	400.00	2.50×10^3	200
2.00	0.5×10^6	1	1000	1.0×10^3	500
4.00	0.25×10^6	2	1666	0.6×10^3	833
10.00	0.10×10^6	3			

水中各种阴离子含量可以用离子色谱法进行测定，阳离子的含量可以用原子吸收光谱法进行测定。

（2）有机物

水中有机物主要指天然来源及人工合成的有机物质，如有机酸、有机金属化合物等。这类物质常以阴性或中性状态存在，通常用总有机碳测定仪来检测此类物质的含量。

（3）颗粒物质

水中的颗粒物质包括泥沙、尘埃、有机物、微生物及胶体的颗粒等，这些物质都是非可溶性的，一般通过 SDI(silt density index) 仪来检测。

（4）细菌、微生物

水中的细菌及微生物包括细菌、浮游生物、藻类和真菌等，可用培养法或膜过滤法测定其含量。

（5）溶解气体

水中的溶解气体包括 N_2、O_2、Cl_2、H_2S、CO、CO_2、CH_4 等，可用气相色谱、液相色谱和化学法测定其含量。

由于原水中存在以上污染物，会直接影响进行化学分析、分子生物学实验及仪器测试的准确性，所以实验中应使用纯水，要尽可能彻底地去除这些杂质。

要制备高质量的去离子水，对水源的选择很重要，一般来说，水中无机物杂质含量：盐碱地水＞井水（泉水）＞自来水＞河水＞雨水。有机物杂质含量：河水＞井水（或泉水）＞自来水。

3.2.2　纯水制备方法简介

3.2.2.1　净化水质的一般工艺方法和流程

目前常用净化水质的工艺方法有蒸馏法、离子交换法、电渗法、反渗透法、过滤法、吸附法、紫外氧化法等。

实验室常用的纯水制备方法是蒸馏法、离子交换法等。由于制备方法不同，水中带有少量杂质种类大小也不同，如用铜蒸馏器蒸馏的水，则会含有微量的铜离子；而用玻璃蒸馏器蒸馏的水则会含有钠离子和硅酸根离子；用离子交换法制得的

纯水，将会含有少量的有机物质、微生物等。一般制得的纯水由于空气中 CO_2 的影响，水的 pH 值均小于 7，约为 5~6。

高纯水的纯化工艺流程大致分为 3 个部分：预处理、脱盐和后处理。每一个部分都要除去一定种类的杂质。

预处理过程采用砂滤、膜过滤、活性炭吸附方法，除去悬浮物、有机物。通过砂芯滤板和纤维柱滤除机械杂质，如铁锈和其他悬浮物等。活性炭是广谱吸附剂，可吸附气体成分，如水中的游离氯等；吸附细菌和某些过渡金属等。

脱盐过程采用电渗析、反渗透、离子交换方法，除去盐类物质。如反渗透膜过滤可滤除 95% 以上的电解质和大分子化合物，包括病毒、微生物、细菌、胶体微粒等。

后处理过程采用紫外线杀菌、臭氧杀菌、超过滤、微孔过滤方法，除去细菌、颗粒。如紫外线消解是借助于短波（180~254nm）紫外线照射分解水中的不易被活性炭吸附的小有机化合物，如甲醇、乙醇等，使其转变成 CO_2 和水，以降低总有机碳（TOC）的指标。

高纯水纯化的一般工艺流程见图 3-1。

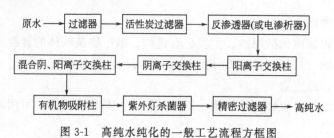

图 3-1　高纯水纯化的一般工艺流程方框图

预处理可得一般纯水；离子交换脱盐可生产出电导率为 18.2MΩ·cm 的纯水；后处理可生产出符合特殊要求的超纯水。因此可根据进水的水质和出水水质的要求，确定每一步采用的方法工艺，可根据实验项目及用水要求采用一种或多种纯化方法。下面就其中的一些常用方法作简单介绍。

3.2.2.2　蒸馏法制备纯水

水经加热沸腾便汽化成蒸汽，蒸汽经冷凝液化得到的水叫蒸馏水。自然水中含有可溶性和不溶性、挥发性和不挥发性的杂质。蒸馏水就是利用水与杂质沸点不同，用蒸馏的方法与之分离。蒸馏法只能除去水中非挥发性的杂质，而溶解在水中的气体并不能除去，例如，二氧化碳及低沸物易挥发，随水蒸气带入蒸馏水中。另外，少量液态水成雾状飞出进入蒸馏水中，以及冷凝管材料中微量成分也能带入蒸馏水中，使蒸馏水中仍带有杂质。一般分析工作用一次蒸馏水即可。但是在一次蒸馏水中由于部分杂质随蒸汽带出以及蒸馏容器、周围环境的污染限制了纯度进一步提高。

为了提高蒸馏水的纯度，可以增加蒸馏次数，降低蒸馏速度，采用高纯材料（如石英）作蒸馏器、勤清洗蒸馏器来达到。此外，注意保持环境有尽可能高的清洁条件以减少污染，对提高蒸馏水的纯度都有好处。

目前使用的蒸馏器的材质有玻璃、金属铜和石英。由于蒸馏器的材质不同，蒸馏水中杂质含量也不一样。其结果见表3-3。

表3-3　蒸馏水中杂质含量/(mg/mL)

蒸馏器名称	Mn^{2+}	Cu^{2+}	Zn^{2+}	Fe^{3+}	$Mo(Ⅵ)$
铜质蒸馏器	1	10	2	2	2
石英蒸馏器	0.1	0.5	0.04	0.02	0.001

蒸馏法按蒸馏次数可分为一次、二次和多次蒸馏法。如实验室制取二次蒸馏水时，采用硬质玻璃或石英蒸馏器，在1L蒸馏水或去离子水中加入50mL碱性高锰酸钾溶液（每升含8g $KMnO_4$＋300g KOH），进行二次蒸馏，弃去头和尾各1/4容器体积的二次蒸馏水，收集中段的二次蒸馏水。该方法可除去有机物，但不适宜作无机痕量分析用水。若再用二次蒸馏水制取三次蒸馏水时，蒸馏瓶中可不加$KMnO_4^-$。

尽管蒸馏法能去除大部分污染物，由于加热过程中还是有二氧化碳的溶入，所以水的电阻率是很低的，一般为0.2～1MΩ·cm，故蒸馏水只能满足普通分析实验室的用水要求。其优点是此方法易于操作，缺点是在加热过程中会产生二次污染，不易控制水质，水耗费较高。

各种方法制备纯水的质量见表3-4。

3.2.2.3　离子交换法制备纯水

用离子交换法制取的纯水称为去离子水。目前多采用阴、阳离子交换树脂混合床装置来制备纯水。

（1）离子交换树脂制水的工作原理

① 离子交换树脂　离子交换树脂是一种有机高分子离子交换剂，具有网状结构，在网状结构的骨架上有许多可以与溶液中离子起交换作用的活性基团。离子交换树脂分为阳离子交换树脂

表3-4　各种方法制备纯水的质量

精制方法	精制水的电阻率/(Ω·cm)
纯水的理论值	$1.83×10^7$
蒸馏水	$1.0×10^5$
玻璃容器一次蒸馏	$5.0×10^5$
玻璃容器三次蒸馏	$1.0×10^6$
石英容器三次蒸馏	$2.0×10^6$
离子交换水（复合床）	$1.0×10^6$
离子交换水（混合床）	$1.8×10^7$

和阴离子交换树脂。阳离子交换树脂可交换溶液中的阳离子，阴离子树脂可交换溶液中的阴离子。根据活性基团的不同，阳离子交换树脂可分为强酸性和弱酸性阳离子交换树脂，阴离子交换树脂可分为强碱性和弱碱性阴离子交换树脂。

制备纯水一般选用强酸性阳离子交换树脂和强碱性阴离子交换树脂。强酸性阳离子交换树脂的化学结构为 [结构式]，骨架为 [结构式]（简单表示为R），

活性基团为磺酸基（—SO$_3$H），这样将强酸性阳离子交换树脂简写为R—SO$_3$H。

强碱性阴离子交换树脂的化学结构为 [结构式]，骨架为 [结构式]（简单表示为R），活性基团为季铵基[—N(CH$_3$)$_3$OH]，这样强碱性阴离子交换树脂简写为R—N(CH$_3$)$_3$OH。

② 离子交换法制水的工作原理　离子交换法制水是利用阴、阳离子交换树脂上OH$^-$和H$^+$可分别与天然水中其他阴、阳离子交换的能力制取纯水。

当含有离子的天然水流过氢型的阳离子交换树脂后，则金属离子与树脂的氢离子进行交换，金属离子被吸附：

$$nR-SO_3^-H^+ + Me^{n+} \rightleftharpoons [R-SO_3^-]_n Me^{n+} + nH^+$$

流过氢氧型阴离子交换树脂后，则阴离子（如Cl$^-$）与氢氧根离子交换，阴离子被吸附：

$$R-N^+(CH_3)_3OH^- + Cl^- \rightleftharpoons R-N^+(CH_3)_3Cl^- + OH^-$$

阳离子交换树脂交换下来的H$^+$与阴离子交换下来的OH$^-$结合形成H$_2$O：

$$H^+ + OH^- \rightleftharpoons H_2O$$

从而达到净化水的目的。

(2) 离子交换器

常用的离子交换器有如下3种组合方式。

① 复床式　复床式是将阳离子与阴离子交换树脂分装在两个交换柱内并相互串联起来，含离子的水经过阳离子交换树脂除掉阳离子，水中阴离子再经过阴离子交换树脂除掉阴离子，流出的是纯水。复床式制取纯水的示意图见图3-2。

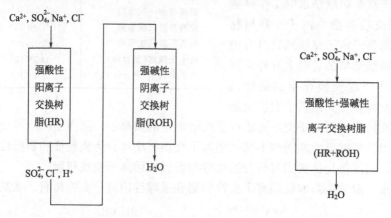

图3-2　复床式制取纯水的示意　　　　图3-3　混床式制取纯水的示意图

② 混床式　混合床法是将阴离子、阳离子两种树脂混合于一个交换柱中，从

而形成一无限个复床装置。所以它们交换能力最强，所制得的纯水质量也高。混床式制取纯水的示意图见图 3-3。

③ 复床式-混床式　即阳离子交换树脂柱-阴离子交换树脂柱-混合离子交换树脂柱的方式连接并生产去离子水。处理水时，先让水流过阳离子交换柱和阴离子交换柱，然后再流过阴、阳离子混合交换柱，以使水进一步纯化。复床式-混床式制取纯水的示意图见图 3-4。

注意用离子交换法制取纯水时，一定是先让水流过阳离子交换柱，再流过阴离子交换柱。如果是先让水流过阴离子交换柱，则会有氢氧化物沉淀产生，无法得到纯水。

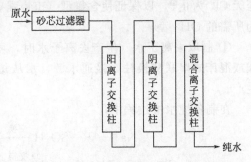

图 3-4　复床式-混床式制取纯水的示意图

离子交换水的质量与交换柱中树脂的质量、柱高、柱径以及水流量等因素都有关系。一般树脂量多、柱高和直径比适当、流速慢，交换效果好。去离子水杂质含量见表 3-5。

表 3-5　去离子水杂质含量

杂质项目	Cu^{2+}	Zn^{2+}	Mn^{2+}	Fe^{3+}	$Mo(VI)$	Mg^{2+}	Ca^{2+}	Sr^{2+}
含量/(mg/mL)	<0.002	0.05	<0.02	0.02	<0.02	2	0.2	<0.06
杂质项目	Ba^{2+}	Pb^{2+}	Cr^{3+}	Co^{2+}	Ni^{2+}	B、Sn、Si、Ag		
含量/(mg/mL)	0.006	0.02	0.02	<0.002	0.002	不可检出		

(3) 制取纯水操作流程

① 树脂选择　阳离子交换树脂通常采用强酸性阳离子交换树脂，如上海树脂厂 732 型。阴离子交换树脂一般采用强碱性阴离子交换树脂，如上海树脂厂的 717 型、711 型。树脂粒度在 16～50 目均可。

② 装柱　先将树脂用温水分别浸泡 2~3h，使其充分膨胀。在交换柱下部放上玻璃棉，将树脂注入（用水浸着不应有气泡）后，再放些玻璃棉。混合床的装柱是将阴、阳离子交换树脂装入交换柱中同时注入水，然后从下部压入空气，使两种树脂混合均匀。再用水由下向上压入，排除柱中的空气。

树脂的装柱用量按体积计算，一般阴离子交换树脂为阳离子交换树脂的 1.5～2 倍。树脂装柱高度相当于柱直径的 4~5 倍为宜。

③ 树脂的洗提（化学处理）　市售的阳离子交换树脂一般为钠型（R-SO$_3$Na），阴离子交换树脂为氯型 [R-N(CH$_3$)$_3$Cl]，故使用前，用酸将钠型树脂处理成氢型（R-SO$_3$H），用碱将氯型树脂处理成氢氧型 [R-N(CH$_3$)$_3$OH]。

阳离子交换树脂柱：用 HCl 溶液（10%），以 1~2mL/min 的流速洗提树脂至

无 Fe^{3+} 为止❶，以保证钠型（市售强酸性阳离子交换树脂是钠型）树脂转化为所需要的 H^+ 型。

阴离子交换树脂柱：用 NaOH 溶液（10%），以 1~2mL/min 的流速洗提树脂至无 Cl^- 为止❷，以保证使含氯型（市售强碱性阴离子交换树脂是氯型）树脂转化为所需的 OH^- 型。

④ 制取去离子水 生产去离子水时，可根据分析工作对水质的要求，按复床式或混床式串联交换柱，接通水源，水从每个交换柱顶部注入，进行去离子水的生产。

在制备纯水中过程中，

$$Na^+ + R\text{—}SO_3H \xrightarrow{\text{交换}} R\text{—}SO_3Na + H^+$$
$$Cl^- + R\text{—}N(CH_3)_3OH \xrightarrow{\text{交换}} R\text{—}N(CH_3)_3Cl + OH^-$$
$$H^+ + OH^- \Longleftrightarrow H_2O$$

⑤ 树脂的再生处理 当离子交换树脂使用一段时间后，大部分树脂转变为钠型和氯型，离子交换树脂的交换能力下降，制备出来的水的电阻率下降，水质下降，这时分别用 5%~10% 的 HCl 和 NaOH 溶液处理阳离子和阴离子交换树脂，使其恢复离子交换能力，这叫作离子交换树脂的再生，即 $R\text{—}SO_3Na \xrightarrow{\text{再生}} R\text{—}SO_3H$，$R\text{—}N(CH_3)_3Cl \xrightarrow{\text{再生}} R\text{—}N(CH_3)_3OH$，再生后的离子交换树脂可以重复使用。

单独交换柱的树脂再生与操作与③相同。混合床树脂的再生，先用自来水从下逆压冲洗，使水从上部流出至树脂有明显分层后，将树脂倒入塑料盆中，把水倒掉。然后加入 20%氯化钠溶液，用玻璃棒搅拌几次，利用阴、阳交换离子树脂密度不同将它们分开。阴离子交换树脂浮在上面，阳离子交换树脂沉在底部。分开后再按阴、阳离子交换树脂同样过程处理。

离子交换树脂一般可反复再生使用数年仍有效，但使用树脂的温度不能超过 50℃，也不宜长时间与高浓度强氧化剂接触，否则会加速树脂的破坏，缩短离子交换树脂的使用时间。

离子交换法能有效地去除离子，可以获得十几兆欧的去离子水，缺点是无法有效地去除大部分的有机物或微生物，在去离子的同时，再生的离子交换树脂可能会有树脂的颗粒溶出，污染水质，无机物含量较高，同时遭受破坏的树脂颗粒又成为了微生物孳生的温床，使得微生物可快速生长并产生热源，影响水质，因此，需配合其他的纯化方法设计使用，例如可将离子交换法与其他纯化水质方法（例如反渗

---

❶ Fe^{3+} 的检验：收集数毫升洗提液，滴加几滴 0.1mol/L KSCN 溶液不得产生淡红色现象，其反应式为：$Fe^{3+} + SCN^- \Longleftrightarrow Fe(SCN)^{2+}$（淡红色）。

❷ Cl^- 的检验：收集数毫升洗提液，滴加硝酸（1+1）2~3 滴使呈酸性，滴加几滴 0.1mol/L $AgNO_3$ 溶液，不得产生白色浑浊现象，其反应式为：$Ag^+ + Cl^- \Longleftrightarrow AgCl\downarrow$（白色）。

透法、过滤法和活性炭吸附法）组合应用。

3.2.2.4 其他制备纯水的方法简介

（1）反渗透法（RO）

反渗透法是目前一种应用最广的脱盐技术，其工作原理是在膜的原水一侧施加比溶液渗透压高的外界压力，原水透过半透膜时，只允许水透过，其他物质不能透过而被截留在膜表面的过程。反渗透膜能去除无机盐、有机物（相对分子质量>500）、细菌、热原、病毒、悬浊物（粒径>$0.1\mu m$）等污染物。常用的反渗透膜有：醋酸纤维素膜、聚酰胺膜和聚砜膜等，膜的孔径为 $0.0001\sim0.001\mu m$。由于 RO 膜致密度极高，因此，产出的水流很慢，需要经过相当的时间，贮水箱内才会有足够的水量。去除杂质的能力由膜的性能好坏和进出水比例决定。产出水的电阻率能较原水的电阻率升高近 10 倍。例如，原水的电阻率为 $1.6k\Omega\cdot cm(25℃)$ 时，产出水的电阻率约为 $14k\Omega\cdot cm$。

反渗透法的优点是脱盐率高，产水量大，化学试剂消耗少，劳动强度低，水质稳定，与离子交换法联用可使离子交换树脂寿命长，终端过滤器寿命长。缺点是需要高压设备，原水利用率只有 75%～80%。反渗透膜易堵，膜要定期清洗。水质只适用于二级实验室标准。

（2）电渗析法

电渗析法是在离子交换技术的基础上发展起来的一种方法，是一种固膜分离技术，主要分离水中强电解质。其方法是在外加直流电场的作用下，利用阴离子交换膜和阳离子交换膜的选择透过性，使一部分离子透过离子交换膜而迁移到另一部分水中，从而使一部分水淡化而另一部分水浓缩的过程。

电渗析法主要是除去水中强电解质，对弱电解质去除率很低，因此除去杂质的效率较低，水质质量较差，只适用于一些要求不太高的分析工作。如果将电渗析法与反渗透法或离子交换法联用，可得到纯度较高的水。

（3）活性炭吸附

活性炭是一种多孔性材料。它是利用硬质木材经过长时间的加热干馏或活化处理制作而成的。经过活化处理的活性炭，它的表面积扩大，产生大量的大小孔隙，从而吸附能力加强，无论是有机物或无机物均能被活性炭所吸附。活性炭的吸附过程是利用活性炭过滤器的孔隙大小及有机物通过孔隙时的渗透率来达到的。吸附率和有机物的分子量及其分子大小有关，某些颗粒状的活性炭较能有效地去除氯胺。活性炭也能去除水中的自由氯，以保护纯水系统内其他对氧化剂敏感的纯化单元。

在设计纯水系统时，活性炭吸附法通常与其他的处理方法组合应用。如在离子交换法制取纯水时，离子交换树脂可去除原水一些可溶性的有机酸和有机碱（阴离子和阳离子），但有些非离子型的有机物不能被交换，却会被树脂包覆，该过程称为树脂的"污染阻塞"现象，不但会减少树脂的寿命，而且会降低其交换能力。为保护离子交换树脂，可将活性炭过滤器安装在离子交换树脂之前，以去除非离子型的有机物。

天然的活性炭会有少部分颗粒脱落，易污染水质，只适用于纯水制备的前期过滤，主要用于去除自来水中的有机物及氯。而人工合成的活性炭质粒均匀，对水污染很小，可去除水中的有机物质，一般用于超纯水的制备。

(4) 超滤

超滤的作用原理为滤膜的筛除作用，即在压力作用下滤膜的孔隙能通过水，并由水带走小于滤膜空隙尺寸的颗粒而截留了大于孔隙尺寸的颗粒。常见的滤膜多做成管式、卷式或中空纤维素膜，膜孔径为 $0.001\sim0.1\mu m$，超滤对去除水中的微粒、胶体、细菌、热原、各种蛋白酶和各种有机物有较好的效果，但它几乎不能截留无机离子。采用超滤的方法，需定期消毒、定时冲洗滤膜。

(5) 紫外（UV）线照射法

紫外线波长在 185nm 时，会产生光氧化反应；在 254nm 时辐射强度最强，一种有效的杀菌方法，在这个波段范围，UV 光照射可以抑制水中细菌的繁殖并可杀死细菌。同时紫外线照射不会改变水的物理及化学性质，杀菌速度快、效率高、效果好，具有显著的优越性。近来在 UV 灯制造技术方面的进步，已可制造同时产生 185nm 和 254nm 波长的紫外灯管，这种光波长组合可利用光氧化有机化合物和杀菌作用，是降低水中有机物的有效方法之一。

(6) 特殊要求的用水

① 无氨纯水　向水中加入硫酸至 pH<2，使水中各种形态的氨或胺最终转变成不挥发的盐类，蒸馏收集馏出液即可。

② 无二氧化碳纯水

a. 煮沸法　将蒸馏水或去离子水煮沸至少 10min，使水量蒸发 10% 以上，隔离空气，冷却，即得无二氧化碳纯水，其 pH 值应为 7。

b. 曝气法　将惰性气体或纯氮通入蒸馏水或去离子水至饱和，即得无二氧化碳水。

制得的无二氧化碳纯水应贮存于连接碱石灰吸收管的瓶中。

③ 无氯纯水　在硬质玻璃蒸馏器中将纯水煮沸蒸馏，收集中间馏出部分，便可得无氯纯水。

④ 无砷纯水　一般蒸馏水或去离子水多能达到基本无砷的要求。进行痕量砷的分析时，要避免使用软质玻璃（钠钙玻璃）制成的蒸馏器、树脂管和贮水瓶，故蒸馏法制备无砷纯水时需用石英蒸馏器，离子交换法制无砷水须采用和聚乙烯的交换柱管。贮水瓶必须是聚乙烯材质。

⑤ 无酚纯水　向水中加入氢氧化钠至 pH>11，使水中酚生成不挥发性的酚钠，然后用全玻璃蒸馏器蒸馏，收集馏出液即可得。

⑥ 不含有机物的纯水　加入少量高锰酸钾的碱性溶液于水中，使呈红紫色，再以全玻璃蒸馏器蒸馏即得。注意在整个蒸馏过程中，应始终维持水呈红紫色，否则应随时补加高锰酸钾。

3.3 化验室用水检验方法

所谓纯水并不是绝对不含杂质。只不过含有的杂质的量极为微少而已，在化验工作中，往往要根据分析项目的要求对水的纯度进行检验是否符合要求，其检验的项目大致如下。

3.3.1 pH 值检验

(1) 仪器法测定 pH 值

测定步骤：量取 100mL 水样，用 pH 计测定 pH 值。

(2) 指示法检验 pH 值

① 试剂

甲基红指示剂的配制：称取 0.100g 甲基红于研钵中研细，加 18.6mL 0.02mol/L 氢氧化钠溶液，研至完全溶解，用纯水稀释至 250mL。

溴麝香草酚蓝指示剂的配制：称取 0.100g 溴麝香草酚蓝于研钵中研细，加 8.0mL 0.02mol/L 氢氧化钠溶液，研至完全溶解，用纯水稀释至 250mL。

② 检测

酸度的检测：取水样 10mL 于试管中，加 2 滴甲基红指示剂不得显红色。

碱度的检测：取水样 10mL 于试管中，加 5 滴溴麝香草酚蓝指示剂不得显蓝色。

注：甲基红指示剂的变色范围（pH 值）为 4.2~6.3，pH<4.2 为黄色，pH>6.2 为黄色。溴麝香草酚蓝的变色范围（pH 值）为 6.0~7.6，pH<6.0 为黄色，pH>7.6 为蓝色。

3.3.2 电导率的测定

(1) 仪器

用于一、二级水测定的电导仪：配备电极常数为 0.01~0.1cm^{-1} "在线"电导池，并具有温度自动补偿功能。

用于三级水测定的电导仪：配备电极常数为 0.01~0.1cm^{-1} 电导池，并具有温度自动补偿功能。

(2) 测定

① 一、二级水的测定 将电导池装在水处理装置流动水出口处，调节水流速，赶净管道及电导池内的气泡后进行测量。

② 三级水的测定 取水样 400mL 于锥形瓶中，插入电导池后进行测量。（注意：取水后要立即测定，避免空气中的二氧化碳溶于水中使水的电导率增大。）

③ 质量要求 一、二级水的电导率（25℃）不得大于 0.01mS/m，三级水不得大于 0.50mS/m。

电导率若不是 25℃时，按表 3-6 的有关数据，根据下列电导率的换算公式进行电导率换算：

$$K_{25} = K_t(K_t - K_{p,t}) + 0.00548$$

式中，K_{25} 为 25℃时各级水的电导率，mS/m；K_t 为 t℃时各级水的电导率，mS/m；$K_{p,t}$ 为 t℃时理论纯水的电导率，mS/m；0.00548 为 25℃时理论纯水的电导率。

表 3-6 理论纯水的电导率和换算系数

t/℃	K_t/(mS/m)	$K_{p,t}$/(mS/m)	t/℃	K_t/(mS/m)	$K_{p,t}$/(mS/m)
0	1.7975	0.00116	26	0.9795	0.00578
1	1.7550	0.00123	27	0.9600	0.00607
2	1.7135	0.00132	28	0.9413	0.00640
3	1.6728	0.00143	29	0.9234	0.00674
4	1.6329	0.00154	30	0.9065	0.00712
5	1.5940	0.00165	31	0.8904	0.00749
6	1.5559	0.00178	32	0.8753	0.00784
7	1.5188	0.00190	33	0.8610	0.00822
8	1.4825	0.00201	34	0.8475	0.00861
9	1.4470	0.00216	35	0.8350	0.00907
10	1.4125	0.00230	36	0.8233	0.00950
11	1.3788	0.00245	37	0.8126	0.00994
12	1.3461	0.00260	38	0.8027	0.01044
13	1.3142	0.00276	39	0.7936	0.01088
14	1.2831	0.00292	40	0.7855	0.01136
15	1.2530	0.00312	41	0.7782	0.01189
16	1.2237	0.00330	42	0.7719	0.01240
17	1.1954	0.00349	43	0.7664	0.01298
18	1.1679	0.00370	44	0.7617	0.01351
19	1.1412	0.00391	45	0.7580	0.01410
20	1.1155	0.00418	46	0.7551	0.01464
21	1.0906	0.00441	47	0.7532	0.01521
22	1.0667	0.00466	48	0.7521	0.01582
23	1.0436	0.00490	49	0.7518	0.01650
24	1.0213	0.00519	50	0.7525	0.01728
25	1.0000	0.00548			

3.3.3 可氧化物质限量测定

(1) 试剂

硫酸溶液（20%）：用量筒量取浓硫酸溶液 129mL 于 1000mL 干燥烧杯中，在不断搅拌下缓缓倒入 800mL 纯水中，冷却后用纯水稀释至 1000mL，混匀，即得所需溶液。

高锰酸钾溶液（$c_{1/5KMnO_4} = 0.1$mol/L）：称取 3.3g 分析纯高锰酸钾，加水成 1000mL，煮沸 15min，静置 2d 以上，用石棉过滤。

高锰酸钾标准溶液（$c_{1/5KMnO_4} = 0.01$mol/L）：移取 $c_{1/5KMnO_4} = 0.1$mol/L 的 10.00mL 高锰酸钾标准溶液于 100mL 容量瓶中，并用纯水稀释至刻度，摇匀。

(2) 测定

量取 1000mL 二级水置于烧杯中，加入 5.0mL 20%的硫酸溶液酸化，摇匀。量取 200mL 三级水置于烧杯中，加入 1.0mL 20%的硫酸溶液酸化，摇匀。在上述已酸化的试液中，分别加入 $c_{1/5KMnO_4}$ = 0.01mol/L 的高锰酸钾标准溶液 1.00mL，摇匀。盖上表面皿，加热至沸，并保持 5min，溶液的粉红色不得完全消失。

3.3.4 吸光度的测定

(1) 仪器

紫外-可见分光光度计；石英比色皿：厚度为 1cm、2cm。

(2) 测定

将水样分别注入 1cm 和 2cm 比色皿中，在紫外-可见分光光度计上，于 254nm 处，以 1cm 比色皿中的水样为参比溶液，测量 2cm 比色皿中水样的吸光度。

一级水吸光度值 A 不得大于 0.001，二级水吸光度值 A 不得大于 0.01。

3.3.5 蒸发残渣的测定

(1) 仪器

旋转蒸发器：配备 500mL 蒸馏瓶；电烘箱：温度可保持在 105℃±2℃。

(2) 测定

水样预浓集：量取 1000mL 一级水（二级水取 500mL）。将水样分几次加入蒸发器的蒸馏瓶中，于水浴上减压蒸发（避免蒸干），待水样最后蒸至约 50mL 时，停止加热。

将上述预浓集的水样，转移至一个已于 105℃±2℃ 恒重的玻璃蒸发皿中，并用 5～10mL 水样分 2～3 次冲洗蒸馏瓶，将洗液预浓集水样合并，于水浴上蒸干，并在 105℃±2℃ 的电烘箱中干燥至恒重。残渣质量不得大于 1.0mg。

3.3.6 可溶性硅的限量试验

(1) 试剂

1mg SiO_2/mL 二氧化硅标准溶液：称取 1.000g SiO_2 于铂坩埚中，加 10g Na_2CO_3 和 1g K_2CO_3，熔融并保持 20min，熔块用水浸出，定量转入 100mL 容量瓶中，用纯水稀释至刻度，摇匀，转移至聚乙烯瓶中贮存。

0.01mg SiO_2/mL 二氧化硅标准溶液：量取 1mg SiO_2/mL 二氧化硅标准溶液 1.00mL 于 100mL 容量瓶中，用纯水稀释至刻度，摇匀，转移至聚乙烯瓶中。若发现沉淀时应弃去。

钼酸铵溶液（50g/L）：称取 5.0g 钼酸铵 [$(NH_4)_6Mo_7O_{24} \cdot 4H_2O$]，加纯水溶解，加入 20%硫酸 20.0mL，用纯水稀释至 100mL，摇匀，贮于聚乙烯瓶中。若发现沉淀时应弃去。

草酸溶液（50g/L）：称取 5.0g 草酸，溶于纯水中并稀释至 100mL，摇匀，贮于聚乙烯瓶中。

对甲氨基酚硫酸盐（米吐尔）溶液（2g/L）：称取 0.20g 对甲氨基酚硫酸盐，溶于纯水中，加 20.0g 焦亚硫酸钠，溶解后用纯水稀释至 100mL，摇匀。贮于聚乙烯瓶中，避光保存，有效期两周。

(2) 测定

量取 520mL 一级水（二级水取 270mL）注入铂皿中，在防尘条件下，亚沸蒸发至约 20mL 时，停止加热。冷至室温，加 50g/L 钼酸铵溶液 1.0mL，摇匀。放置 5min 后，加 50g/L 草酸溶液 1.0mL，摇匀。放置 1min 后，加 2g/L 对甲氨基酚硫酸盐溶液 1.0mL，摇匀。转移至 25mL 比色管中，用纯水稀释至刻度，摇匀，于 60℃ 水浴中保温 10min。目视观察，试液的蓝色不得深于标准。

标准：取 0.01mg SiO_2/mL 二氧化硅标准溶液 0.50mL，加入 20mL 水样后，从加 50g/L 钼酸铵溶液 1.0mL 起与样品试液同样处理。

3.3.7　阳离子的检验

(1) 试剂

氨缓冲溶液（pH=10）的配制：称取 54g 分析纯氯化铵溶于 200mL 纯水中，加入 350mL 分析纯浓氨水（密度为 0.88g/mL，含量 28%），用纯水稀释至 1L。

铬黑 T 指示剂（0.05%）的配制：称取 0.5g 铬黑 T，加入 20mL 分析纯三乙醇胺，用 95% 乙醇溶解并稀释至 1L。

(2) 检测

取水样 10mL 于试管中，加入 2～3 滴 pH=10 的氨缓冲溶液，2～3 滴铬黑 T，若水呈现蓝色，说明水中无金属阳离子；若水呈现紫红色，说明水中含有阳离子。

3.3.8　钙离子的检验

(1) 试剂

草酸铵溶液的配制：称取 3.5g 分析纯草酸铵，加纯水 100mL，溶解后摇匀。

氢氧化钙溶液：称取氢氧化钙 3g，加纯水 1000mL，加热，密塞振摇放置 1h 后，过滤。

(2) 检测

取水样 50mL 于试管中，加草酸铵溶液 2mL，摇匀后，溶液不得出现浑浊。

3.3.9　重金属离子的检验

(1) 试剂

硫化氢溶液的配制：FeS 加盐酸生成 H_2S。

稀盐酸溶液的配制：取 60mL 分析纯浓盐酸，加纯水成 1000mL。

(2) 检测

取水样 40mL 于试管中，加稀盐酸 1mL 与硫化氢溶液 10mL，放置 10min，取水样 40mL 于试管中，加稀醋酸 1mL 的混合溶液比较，不得更深。

3.3.10　氨的检验

(1) 试剂

碱性碘化钾溶液的配制：称取 10g 分析纯碘化钾，加纯水 10mL 溶解，缓缓加入二氯化汞的饱和水溶液，边加边搅拌至生成红色沉淀不再溶解为止，加 30g 分析纯氢氧化钾，溶解后加二氯化汞的饱和水溶液 1mL 或 1mL 以上，并用适量纯水稀释成200mL，静置，使之沉淀。用时取上层清液。取此试剂 2mL，加入含氨 0.05mL 的纯水 50mL 中，应即时显黄棕色。

(2) 检测

取水样 50mL 于试管中，加入碱性碘化汞钾溶液 2mL，如显色与氯化铵溶液 2mL 加无氨纯水 48mL，加碱性碘化钾 2mL 混合溶液比较，不得更深。

3.3.11 氯离子的检验

(1) 试剂

硝酸银溶液（0.10mol/L）的配制：称取 17.5g 分析纯硝酸银溶于适量纯水中，用纯水稀释至 1000mL，摇匀。

稀硝酸溶液的配制：取 105mL 分析纯浓硝酸，加纯水成 1000mL。

(2) 检测

取水样 50mL 于试管中，加稀硝酸数滴，加 1mL 硝酸银溶液，摇匀，在黑色背景下看溶液是否有白色浑浊，若无氯离子溶液应为无色透明。

3.3.12 硫酸根离子的检验

(1) 试剂

氯化钡溶液的配制：称取 5g 分析纯氯化钡，溶于 100mL 纯水中，摇匀。

(2) 检测

取 50mL 水样于试管中，加氯化钡溶液 2mL，摇匀，在黑色背景下看溶液是否有白色浑浊，若无硫酸根溶液应为无色透明。

3.3.13 CO_2 的检验

(1) 试剂

氢氧化钙溶液的配制：称取 3g 分析纯氢氧化钙，加纯水 1000mL，加热，密塞振摇，放置 1h，过滤。

(2) 检测

取 25mL 水样于 50mL 玻璃试管中，加入氢氧化钙溶液 25mL，密塞放置 1h，不得出现浑浊。

第4章 化验室各种溶液的配制与计算

4.1 化学试剂

在化学分析实验室工作中经常要使用化学试剂，因此，作为化学分析工作者，应对试剂的性质、用途、配制方法及贮存保管等有充分的了解。

4.1.1 化学试剂的分类和纯度规格等级标准

4.1.1.1 化学试剂的分类

（1）按其性质进行分类

① 易爆剂　这类物质具有猛烈的爆炸性，受到强烈的撞击、摩擦、振动和高温时能立即引起猛烈的爆炸，如苦味酸、硝基化合物等。

② 易燃剂　属于自燃或易燃的物质，在低温下也能气化、挥发或遇火种后产生燃烧。如丙酮、乙醚等。

③ 氧化剂　氧化剂其本身不能燃烧，但受高温或其他化学药品如酸类作用时能产生大量的氧气，促使燃烧更加剧烈。强氧化剂与有机物作用后可发生爆炸，如硝酸钾、硫黄与木炭、木屑混合后就是炸药，只要重击或碰撞就能爆炸。高氯酸、氯酸钾、过氧化钠等都是强氧化剂。

④ 剧毒物质　这类物质具有强烈的毒性（如氰化钾、三氧化二砷等）或能产生毒性（如汞、氯气等），少量侵入人体或接触皮肤，能引起局部或全身患病，致使人在短时间内产生危害或丧失生命。

⑤ 腐蚀剂　其本身（或其挥发出的蒸气）具有强烈的腐蚀性，使人体或其他物质受到破坏，如硫酸、盐酸、硝酸、氢氟酸、氢氧化钠等。

（2）按照试剂的化学组成或用途分类

① 无机试剂　无机试剂为无机化学品，分为金属、非金属氧化物、酸碱盐等试剂。

② 有机试剂　有机试剂为有机化学品，可分为烃、醇、酚、醚、醛、酮、酸、酯、胺、卤代烃、苯系物等试剂。

③ 基准试剂　基准试剂是化学试剂中的标准物质，其主成分含量高，化学性质稳定，化学组成恒定。如化学分析中标定标准溶液时使用的标准物质；如用于pH计的定位校准的pH标准缓冲试剂。

④ 特效试剂　在无机分析中用于分离、测定的专用有机试剂，如沉淀剂、显色剂、螯合剂和萃取剂等。

⑤ 仪器分析试剂　用于仪器分析的试剂，如光谱纯试剂、色谱纯试剂和制剂、核磁共振分析试剂。

⑥ 生化试剂　用于生命科学研究的试剂。

⑦ 指示剂和试纸　指示剂是滴定分析中用于指示终点，或用于检验气体或溶液中某些物质存在的试剂。试纸是用指示剂或试剂溶液处理过的滤纸条，用于检验气体或溶液中某些物质存在。

⑧ 高纯物质　用于某些特殊需要的材料，如半导体和集成电路用的化学品、单晶、痕量分析用试剂等，其纯度一般在99.99%以上，杂质总量在0.01%以下。

⑨ 标准物质　用于分析或校准仪器的定值的化学标准药品。

⑩ 液晶　既具有流动性、表面张力等液体的特征，又具有光学各向异性、双折射等固态晶体的特征。

4.1.1.2　化学试剂的纯度规格等级标准及适用范围

分析用试剂的纯度规格是根据其中所含杂质和用途来划分的。国产试剂有统一的国家标准，对各种规格试剂的纯度含量和所允许的最高杂质含量有明确的规定，并在试剂的瓶贴（标签）予以注明。因此，化学试剂的纯度规格等级反映了试剂的质量，根据质量指标主要分为一级品、二级品、三级品和四级品4个等级。除此之外，还根据纯度和使用的要求分为高纯（也称超纯、特纯）试剂、光谱纯试剂、色谱纯试剂、基准试剂。相应的等级及适应范围见表4-1。

表4-1　我国化学试剂的等级及适用范围

等　级	名称及符号	标签颜色	适　用　范　围
一级品	优级纯 （保证试剂）G. R. (Guaranteed reagent)	绿色	试剂纯度很高，杂质含量低，适用于精密的分析和科学研究工作，在分析中用于直接法配制标准溶液或作标定标准溶液的标准物质用
二级品	分析纯 A. R. (Analytical reagent)	红色	试剂纯度较高，略低于优级纯标准，杂质含量略高，用于较精密的分析和科学研究工作，在分析中用于间接法配制标准溶液和配制定量分析中其他普通试液
三级品	化学纯 C. P. (Chemical pure)	蓝色	试剂纯度不高，低于分析纯标准，适用于实验室的一般分析研究，适用于工厂控制分析，教学实验，如用于配制半定量或定性分析中的普通试液和清洁洗涤液等
四级品	实验试剂 L. R. (Laboratorial reagent)	除上述颜色以外的颜色	试剂纯度较差，低于化学纯标准，杂质含量更高，但比工业品纯度高。适用于作一般化学实验和无机制备及实验辅助试剂，如产生气体后吸收气体、配制洗液等
特种试剂	生物试剂 B. R.或C. R. (Biological reagent)	黄色或其他颜色	
	高纯试剂 （超纯试剂）		试剂主成分含量高，杂质含量比优级纯试剂低，主要用于微量及痕量分析中试样的分解及试液的制备
	光谱纯 SP		试剂杂质含量低于光谱分析法检出的量，主要用作光谱分析中的标准物质
	色谱纯试剂		试剂用作色谱分析的标准物质，其杂质含量很低，要求杂质含量用色谱分析法检不出或低于某一限度，故色谱分析纯度要求很高，价格也很贵
	基准试剂		试剂纯度相当于或高于优级纯标准，主要用作定量分析中的标准物质

为了保证和控制化学试剂产品的质量，国家有关管理部门制定和颁布了一些标准。如属于国家标准的标有代号"GB"；属于原化学工业部标准标有代号"HG"；属于原化学工业部暂行标准标有代号"HG/B"；没有国家标准和部颁标准的产品执行企业标准标有代号"QB"。

4.1.2 常用试剂的提纯

在仪器分析中常进行痕量或超痕量测定，这对所用试剂的纯度有特殊要求。在此介绍几种试剂的提纯方法。

(1) 盐酸的提纯

盐酸提纯用蒸馏法或等温扩散法提纯。

① 蒸馏法 盐酸形成恒沸化合物，恒沸点为110℃，因此用蒸馏法能获得恒沸组成的纯盐酸。蒸馏器需用石英蒸馏器，取中段馏出液。

② 等温扩散法步骤 在直径为30cm的洁净干燥器中（玻璃干燥器须在内壁涂上一层白蜡，以防污染），加3kg优级纯盐酸，在瓷托板上放置盛有300mL高纯水的聚乙烯或石英容器，盖好干燥器盖，在室温下放置7d，取出后即可使用。盐酸的浓度为9～10mol/L，铁、铝、钙、镁、铜、铅、锌、钴、镍、锰、铬、锡的含量在2×10^{-7}%以下。

(2) 硝酸的提纯

硝酸恒沸化合恒沸点为120.5℃，因此用蒸馏法能获纯硝酸。

提纯步骤：在2L硬质玻璃蒸馏器中放入1.5L优级纯硝酸，控制电炉温度进行蒸馏，馏速200～400mL/h，将初馏分150mL弃去，收集中间馏分1L。将此中间馏分1L放入2L石英蒸馏器中。将石英蒸馏器固定在石蜡浴中进行蒸馏，控制馏速为100mL/h，将初馏分75mL弃去，收集中间馏分800mL。铁、铝、钙、镁、铜、铅、锌、钴、镍、锰、铬、锡的含量在2×10^{-7}%以下。

(3) 氢氟酸的提纯

氢氟酸能形成恒沸化合物，沸点为120℃。因此用蒸馏法能获得纯氢氟酸。

提纯步骤：在铂蒸馏器中加入优级纯氢氟酸，以甘油浴加热，控制加热温度，使馏速为100mL/h，将初馏分200mL弃去，用聚乙烯瓶收集中间馏分1600mL。将此中间馏分按上述步骤再蒸馏一次，将初馏分150mL弃去，收集中间馏分1250mL，保存在聚乙烯瓶中。铁、铝、钙、镁、铜、铅、锌、钴、镍、锰、铬、锡的含量在2×10^{-8}%以下。蒸馏时加入氟化钠可去除硅，或加入甘露醇，可除去硼。

(4) 高氯酸的提纯

高氯酸恒沸化合物的沸点为203℃，故要用减压蒸馏法提纯。

提纯步骤：在500mL硬质玻璃蒸馏瓶或石英蒸馏器中，加入300～500mL分析纯（60%～65%）高氯酸，控制温度为140～150℃，减压至压力为2.67～3.33kPa(20～25mmHg)，馏速为40～50mL/h，将初馏分50mL弃去，收集中间馏分200mL，保存在石英试剂瓶中。

(5) 氨水的提纯

氨水的提纯采用等温扩散法较方便，提纯步骤如下：在洁净的干燥器中，加 2L 分析纯氨水❶，瓷托板上放置 3~4 个分盛有 200mL 纯水的聚乙烯或石英广口容器，从托板小孔加入氢氧化钠 2~3g，迅速盖上干燥器盖，每天摇动一次，5~6d 后氨水浓度可达 10%~12%。

(6) 碳酸钠的提纯

称取 30g 碳酸钠于 250mL 烧杯中，加入 150mL 高纯水使其溶解，在不断搅拌下向溶液中慢慢滴加 2~3mL 铁标准溶液（[Fe^{3+}]：1mg/mL），使杂质与氢氧化铁共沉淀。在水浴中加热并放置 1h 使沉淀凝聚，过滤除去胶体沉淀物。然后加热浓缩滤液至出现结晶时，将其冷却，待结晶完全析出后用布氏漏斗抽滤，并用纯乙醇洗涤 2~3 次，每次 20mL。在真空干燥箱中减压干燥，温度控制在 100~150℃，压力为 2.67~6.67kPa（20~50mmHg）下烘至无结晶水。为了加速脱水，也可在 270~300℃下干燥。此法可除去原料中微量铜、铁、钙，但含有痕量镁和铝。

4.1.3 化学试剂的选用和取用

4.1.3.1 化学试剂的选用

在分析过程中需加入各种试剂，如果在加入的试剂中含有被测成分或干扰物质，势必会对测定结果产生影响，即由于试剂不纯造成了分析误差。

试剂的选用应以实验条件、分析方法和对分析结果的准确度为依据。一般讲要求分析结果准确度高的，采用较纯的试剂，但是，也不能过分强调使用高纯度的试剂，因为试剂等级提高一级，其价格可能会相差几倍，这对于大量的工业分析来说，也是一个应当考虑的问题。

化学试剂的纯度规格与其价格关系很大，试剂纯度规格越高，价格越高。另外，化学试剂的纯度对分析结果的准确度有较大的影响，若使用正确，既能保证分析结果的准确度，又不会造成浪费，保证经济效益。因此应根据分析实验工作的要求来合理选用相应级别的化学试剂，选用的原则是，在满足实验要求的前提下选用试剂的级别就低不就高，也就是说，当使用低一级试剂可以保证分析质量的就不一定要高一级的试剂。如硅钼蓝分光光度法中所用草酸，在日常分析时甚至可以选用四级试剂而可以保证分析质量。如化学分析中的一般试剂可使用分析纯试剂，标定用的标准物质必须使用基准试剂。工厂车间的控制分析可选用化学纯、分析纯试剂。制备实验、冷却浴或加热浴的药品可选用工业品。对分析结果准确度要求高的工作，如仲裁分析、进口商品检验、试剂检验等，可选用优级纯、分析纯试剂。在化学教学实验中，如酸碱滴定可采用化学纯试剂，而在配位滴定时选用分析纯试剂，以避免化学纯试剂中某些杂质金属离子封闭指示剂，使终点难以观察。在痕量分析中需选用高纯或优级纯试剂，以降低空白值和避免杂质干扰，同时，对所用的

---

❶ 氨水液面勿接触瓷托板。

纯水有相应要求（常用一级或二级纯水），对玻璃仪器的洗涤方法也根据具体情况采用特殊的处理。

有些试剂由于试剂制造厂生产水平的缘故很难全部到达最高水平。虽然达到了一定品级规格，但不能满足分析要求，在使用时也应进行选择。

必须注意，有些试剂规格虽然合格，但由于包装不良或放置时间太久而使浓度降低或试剂吸收外界气体而变质，所以在使用前均应进行检查。如氧化还原滴定法中要用到的一些氧化剂和还原剂等。

4.1.3.2 化学试剂的取用

（1）固体试剂取用时的注意事项

① 取用试剂前，必须看清试剂名称、规格是否符合，以免误用试剂。

② 开封试剂瓶前，需先将瓶外的灰尘或其他污物除去，然后除去封口物（如石蜡、石膏），瓶盖打开后应翻过来放在干净的地方，以免再盖上时带入脏物。

③ 化学试剂开启易挥发液体的瓶塞时，瓶口不能对着眼睛，以防瓶塞启开后，瓶内蒸气喷出伤害眼睛。

④ 取用试剂时，要用干净的药勺，一支药勺不能同时取用两种化学试剂，药匙每取完一种试剂后，都应将其擦拭干净。选用的勺要注意试剂的性质。如取碘时，应用玻璃的药勺而不能用骨质的药勺。药勺用后应立即洗净，不能长期放置于瓶中，更不能用一把药勺不洗净取用多种试剂。

⑤ 试剂取用量不要过多，过多的试剂不能放回原瓶中，可用另外容器盛放，以免将原瓶中试剂弄脏。也不要将试剂放在外面（或桌上或地上），万一放在外面应及时处理干净，以免污染环境或发生意外事故。

⑥ 试剂取用完毕后立即将盖子盖紧，必要时需密封放回原处，瓶签需朝外放置。易潮解、风化的试剂，用毕要将瓶盖盖严。长时间不用时，可用石蜡将瓶盖密封，或用胶套封口，并保存在低温干燥处。

⑦ 分装化学试剂时，固体化学试剂应盛放在具塞的广口瓶中，液体化学试剂应盛放于细口瓶中。碱性溶液应贮存在带橡皮塞的细口瓶中，因使用玻璃磨口瓶塞很容易造成瓶塞与瓶口的粘连。

（2）液体试剂的取用方法及注意事项

① 倾注法　取用液体试剂，打开瓶塞时如沾有液体，应将瓶塞在瓶口上轻靠一下，去掉液滴，瓶塞如为平顶，可翻转过来放置；如瓶塞具有把，则不能平放，应以右手手心朝外，反面用食指和中指或中指与无名指夹在瓶塞把拿起瓶塞，再以手心朝上向标签处拿起试剂瓶倾注液体，以免弄脏试剂和标签。

倾注试剂时，如果盛接的容器是小口容器，则要小心将容器倾斜，先靠近试剂再缓缓倾入，倾注完毕后，瓶口最后一滴可用容器轻触，以免流出瓶外；如倾注入大口的容器内，可借玻璃棒将注入的液体沿玻璃棒至容器壁流下，以免液体冲下溅出。

倾注纯试剂或标准溶液时，一般不借助漏斗或其他容器，以免杂质引入或改变溶液的浓度。

② 滴管转移法　取用少量液体试剂或需要逐滴加入时，一般使用滴管方便。为此通常将试剂盛入具有专用滴管的小滴瓶中，使用时把接收的容器倾斜，滴管直立，管尖伸入容器口而不接触容器壁，以免滴管沾污，然后再逐滴加入，使沿容器壁流下。

使用的滴管必须注意保持干净，勿使沾污，滴管不能平放，更不能倒置，用后一定要及时插入原试剂瓶中。

(3) 特殊试剂取用时的注意事项

对于剧毒、强腐蚀性、易燃易爆、易挥发、有刺激性的试剂，取用时要特别小心，必须采取适当的方法处理，以免发生事故。

① 对于剧毒试剂（如氰化物、三氧化二砷、二氯化汞、有机农药等）取用时不能接触皮肤，更不能引入口中，用后应立即将手洗净。

② 氢氟酸是剧毒药品，易腐蚀玻璃陶瓷，一般存放在聚乙烯容器中，取用时要戴上橡胶手套和面具，在通风橱中操作，以免吸入蒸气或触手及皮肤发生烧伤，若渗入骨质就难以治愈。

③ 取用浓氨水，若室温高于30℃时，打开瓶盖前需先将氨瓶置于冷水中冷却，以免开启时氨水冲出伤害眼睛或吸入体内引起烧伤事故。

④ 取用低沸点易燃物（如乙醚、丙酮、二硫化碳）时，需远离火源，也需在通风橱中进行操作。

⑤ 取溴水时，因它剧毒易挥发，会引起烧伤皮肤和黏膜，操作时应戴上橡胶手套和面具，在通风橱中操作，用后应将手和手套洗净。

⑥ 取用金属汞时，一般不用倾注法而用吸管吸取，移取要缓慢小心，切勿撒落在外面，万一撒落时也要尽量吸回，再用锡纸擦拭除去，或用硫黄覆盖处理，以免产生汞蒸气，在长期接触中会引起中毒，难以治疗。

⑦ 白磷需保存在水中，取用时应在水中切成小块，随用随取。白磷也是剧毒药品，触及皮肤引起烧伤溃烂，很难治愈，0.1g白磷进入体内就可引起致命危险。

⑧ 金属钾钠性质活泼，保存在煤油中，并置于低温处，取用时可用干燥的小刀切取，并以夹子夹取，不要触及皮肤而引起烧伤。在空气中易氧化，与水接触产生氢气，易发生爆炸。

4.1.4　化学试剂的保管

不少化学试剂是危险或贵重药品，使用时应十分注意和爱惜。

(1) 化验室试剂存放要求

① 每种试剂瓶上均应有明显标签，无标签或标签无法辨认的试剂都要当成危险品重新鉴别后小心处理，不可随便乱扔。

② 试剂应贮存在清洁、干燥的柜（架）上，药品柜和试剂溶液均应避免阳光直晒及靠近暖气等热源。要求避光的试剂应装在棕色瓶中。

③ 不相容化合物，不能混放，这种化合物系多为强氧化性物质和还原性物质。

④ 剧毒试剂如氰化物、砷化物、铍化合物等应贮存在专用柜内并由专人保管，发放时按最低量分发并进行登记。

⑤ 易挥发的试剂应贮存在有抽风设备的房间里。易燃、易爆试剂应贮存于铁皮柜或沙箱中。

(2) 化学试剂保管的注意事项

分析化学实验反应多数是在水溶液中进行的，使用的试剂多数是液体或固体，液体常配成不同浓度的水溶液或非水溶液，试剂应根据具体情况安放在适当的地方保存，一般应安放在通风良好、干净、干燥、阴冷、恒温的地方，防止水分挥发或吸入，灰尘或其他物质的沾污。如果存放保管不善，将造成浓度变化或变质，从而影响分析化验结果，甚至造成事故。引起化学试剂变质的原因有：氧化和吸收二氧化碳；湿度的影响；挥发和升华；见光分解；温度的影响。

① 容易侵蚀玻璃而影响试剂纯度的物质，应保存在聚乙烯瓶中。如氢氟酸及氟盐（氟化钠、氟化钾、氟氢酸铵）；氢氧化钠、氢氧化钾以及氢氧化钡等，保存在聚乙烯瓶中。

② 下列试剂应存放在棕色瓶中并置于阴凉避光的地方：

a. 见光易分解的试剂，如过氧化氢、硝酸银、高锰酸钾、焦性没食子酸、硫代硫酸钠；

b. 与空气接触易被氧化的试剂，如氯化亚锡、亚铁盐、亚硫酸钾（钠）、碘化钾、硫化铵、硫化乙酰胺等；

c. 易挥发的试剂，如碘、溴、氯、氨、丙醇、氯仿、四氯化碳。

③ 下列试剂应密封存放：

a. 吸水性的试剂，如氢氧化钠、氢氧化钾、无水碳酸钠、过氧化钠、无水氯化钙、亚硫酸钠；

b. 易挥发水解的试剂，如三氯化钛、三氯化锑、五氢化锑；

c. 易氧化的试剂。

④ 易互相作用的试剂和浓氨、浓盐酸、浓硝酸以及氧化剂和还原剂应分开存放。

⑤ 易燃易爆的试剂如有机溶剂：乙醚、丙醇、乙醇、苯、甲苯、过氧化氢、高氯酸盐、氯酸盐、硝基化合物等，应分开放置于阴冷通风、不受阳光照射的地方。

⑥ 剧毒试剂：如氰化物的钾、钠、铵盐；氟化氢、氯化汞、三氧化二砷、五氧化二磷等，应妥善保管，并按一定手续取用，以免发生事故。

4.2　一般溶液的配制方法和计算

在分析实验室中，经常要配制各种浓度的溶液以适应分析化验工作的需要。溶液的浓度是指在一定量的溶液中所含溶质的量。在分析化验中，常见的溶液浓度的表示有六种方法：物质的质量分数（w_B）、物质的质量浓度（ρ_B）、物质的体积分数（φ_B）、体积比（φ）、物质的量浓度（c_B）和滴定度（$T_{X/S}$）。

4.2.1 溶液浓度的定义及表达公式

（1）物质的质量分数（w_B）的定义与计算公式

物质的质量分数（w_B）是指溶质 B 的质量在溶液总质量 m 中所占的分数，常以质量百分数（w_B）表示，即在 100g 溶液中所含溶质 B 的质量（g）。

$$w_B = \frac{溶质\text{ B 的质量(g)}}{溶质\text{ B 的质量(g)}+溶剂的质量(g)} \times 100\%$$

（2）物质的质量浓度（ρ_B）的定义与计算公式

物质的质量浓度通常用于表示溶质为固体的溶液浓度，它是指单位体积溶液中所含溶质 B 的质量：

$$\rho_B = \frac{溶质\text{ B 的质量(g)}}{溶液的体积(mL)}$$

常用单位为 g/L，也可采用 mg/L、μg/L 或 %（即 100mL 溶液中所含溶质 B 的质量，g）表示：

$$\rho_B = \frac{溶质\text{ B 的质量(g)}}{溶液的体积(mL)} \times 100\%$$

（3）物质的体积分数（φ_B）的定义与计算公式

物质的体积分数通常用于表示溶质为液体的溶液浓度，它是指溶质体积在溶液总体积中所占的分数，常以体积百分数（%）表示，即在 100mL 溶液中所含溶质 B 的体积（以 mL 计）。

$$\varphi_B = \frac{溶质\text{ B 的体积(mL)}}{溶液的体积(mL)} \times 100\%$$

（4）体积比（φ）浓度的定义与计算公式

体积比（φ）是指 A 体积液体溶质和 B 体积溶剂（多数情况下为水）相混合的体积比，表示液体试剂相混合或用水稀释而成的浓度。常以（$V_A + V_B$）或者（$V_A : V_B$）表示：

$$\varphi = \frac{试剂\text{ A 的体积}}{试剂\text{ B 或水的体积}}$$

（5）物质的量浓度（c_B）的定义与计算公式

物质的量浓度简称浓度，是指单位体积溶液所含物质 B 的物质的量（n_B），以符号 c_B 表示。

即

$$c_B = \frac{n_B(\text{mol})}{V(\text{L})}$$

（6）滴定度（$T_{X/S}$）的定义与计算公式

滴定度是指每毫升标准溶液所含溶质相当于被测组分的质量（g 或 mg），以

$T_{X/S}$表示。
即
$$T_{X/S} = \frac{\text{被测组分的质量(g)}}{\text{标准溶液的体积(mL)}}$$

式中，X 为被测组分的化学式；S 为标准溶液中溶质的化学式。

4.2.2 配制方法及其计算

正确配制、保存、使用试剂是分析实验工作一项基本训练和要求。

配制试剂溶液应根据浓度准确要求选择合适标准的规格，以及称量仪器、配制方法和装盛容器等。树立"量"的概念，掌握"粗细严松"四个字，即该严细的要严格细致，可"粗松"的则可以粗略些，也就是说要根据分析的准确度来要求，否则将会给实验带来不必要的麻烦或不良的后果。

在分析化验中，根据对溶液浓度准确性的要求不同，常将分析化学溶液分为两种，一种是滴定分析中用于滴定时使用的标准溶液，另一种是一般溶液。

标准溶液浓度要求准确，在滴定分析中常要求四位有效数字，在仪器分析中要求至少三位有效数字。若是直接配制法配制标准溶液，在称量基准物质质量时应采用万分之一的分析天平，配制量器则需要容量瓶。若是采用标定法配制标准溶液，则采用托盘天平称量试剂质量，配制量器一般用量筒或量杯，溶液盛装在试剂瓶中。

在分析化验中作为条件试剂用的溶液，称为一般溶液，也称为辅助试剂溶液。这类试剂溶液用于控制反应条件，在样品的处理、分离、掩蔽、调节溶液的酸碱性等操作中使用，如酸碱溶液、缓冲溶液、掩蔽剂、沉淀剂、萃取剂、显色剂等，实验中对这类溶液的浓度准确度要求不是很精确，所以在配制时试剂的质量用托盘天平称量，试剂的体积采用量筒或量杯量取。

配制溶液试剂除选择合乎要求的试剂规格和合乎要求纯度的溶剂外，配制时应选择适当的器皿和盛放的容器保存，如见光易分解挥发的试剂，应存放在有色瓶中，并存放在阴凉处，避免阳光照射的地方。如对玻璃有腐蚀性的物质，应存放在聚乙烯瓶中，以免引入杂质影响分析结果。

4.2.2.1 配制及保存溶液时的注意事项

① 经常并大量用的溶液，可先配制浓度约大 10 倍的储备液，使用时移取储备液稀释 10 倍即可。

② 溶液要用带塞的试剂瓶盛装，见光易分解的溶液要装于棕色瓶中。例如易挥发、易分解的试剂及溶液，如 I_2、$KMnO_4$、H_2O_2、$AgNO_3$、$H_2C_2O_4$、$Na_2S_2O_3$、$TiCl_3$、氨水、溴水、CCl_4、$CHCl_3$、丙酮、乙醚、乙醇等溶液及有机溶剂均应存放在棕色瓶中，密封好放在暗处阴凉地方，避免光的照射。

③ 易侵蚀或腐蚀玻璃的溶液，不能盛放在玻璃瓶内，如含氟的盐类（如 NaF、NH_4F、NH_4HF_2）、苛性碱等应保存在聚乙烯塑料瓶中。

④ 配制硫酸、盐酸、硝酸等溶液时，应把酸倒入水中。配制硫酸溶液时，应

将硫酸分成小份慢慢倒入水中,边加边搅拌,必要时以冷水冷却烧杯外壁。

⑤ 用有机溶剂配制溶液时,可以在热水浴中温热溶液,不可直接加热。易燃溶剂使用时要远离明火。几乎所有的有机溶剂都有毒,应在通风橱内操作。

⑥ 要熟悉一些常用溶液的配制方法。配制易水解的盐类的水溶液应先加酸溶解后,再以一定浓度的稀酸稀释;配制 $SnCl_2$ 溶液时,如果操作不当已发生水解,加相当多的酸仍很难溶解沉淀。

⑦ 配制溶液时,要合理选择试剂的级别,不许超规格使用试剂,以免造成浪费。

⑧ 在化学实验中要根据不同的实验项目要求,选用不同规格的纯水。

⑨ 配好的溶液盛装在试剂瓶中,应贴好标签,注明溶液的浓度、名称以及配制日期。

一般溶液的浓度常用质量分数(w_B)、质量浓度(ρ_B)、物质的体积分数(φ_B)和体积比(φ)来表示。

4.2.2.2 质量分数(w_B)溶液的配制方法及计算

(1) 用固体物质配制溶液的方法及其计算

配制溶液时,所需溶质 B 的质量 m_B 计算公式为:

$$m_B(g) = m(g) w_B \tag{4-1}$$

m 为溶液的质量,所需溶剂 A 的质量 m_A 计算公式为:

$$m_A(g) = m(g) - m_B(g) \tag{4-2}$$

【例 4-1】 欲配制 $w_{NaOH} = 20\%$ 氢氧化钠溶液 500g,应如何配制?

解:根据式(4-1),应称取的固体溶质的质量为:

$$m_{NaOH} = 500g \times 20\% = 100g$$

根据式(4-2),应取溶剂的质量为:

$$m_{水} = (500 - 100)g = 400g$$

配制方法:在台秤上用固定质量称量法称取分析纯固体氢氧化钠 100g,加纯水 400mL,溶解后混匀即得所需溶液,然后贮存于带橡皮塞的玻璃瓶中。

注:由于配制的溶液是一般溶液,准确度不高,故称量质量可用台秤,加纯水时可用量筒量取 400mL,而不必称取 400g 水,这样做简便些。

(2) 用液体物质配制质量分数溶液的方法及其计算

用液体物质配制质量分数溶液的方法有两种,一种是量取体积,另一种是称取质量。量取体积的方法较为方便,故常使用,通常需查阅酸、碱试剂的浓度与密度关系表,计算应量取的浓溶液的体积,也可根据盛装化学试剂的瓶上标签所给出的密度或含量来进行计算。市售酸、碱试剂的相对密度及浓度见表 4-2;常用酸、碱溶液的相对密度和浓度见表 4-3。

表 4-2 市售酸、碱试剂的相对密度及浓度

试 剂	相 对 密 度	质量分数/%	浓度/(mol/L)
盐酸	1.18~1.19	36~38	11.6~12.4
硫酸	1.83~1.84	95~98	17.8~18.4
硝酸	1.39~1.40	65.0~68.0	14.4~15.2
磷酸	1.69	85	14.6
高氯酸	1.68	70.0~72.0	11.7~12.0
氢氟酸	1.13	40	22.5
冰醋酸	1.05	99.8(分析纯) 99.0(分析纯、化学纯)	17.4
氢溴酸	1.49	47.0	8.6
氨水	0.88~0.90	25.0~28.0	13.1~14.8

表 4-3 常用的酸溶液和碱溶液的相对密度和浓度

酸						
相对密度 $d^{15℃}_{H_2O,4℃}$	HCl 的浓度		HNO$_3$ 的浓度		H$_2$SO$_4$ 的浓度	
	g/100g	mol/L	g/100g	mol/L	g/100g	mol/L
1.02	4.13	1.15	3.70	0.6	3.1	0.3
1.04	8.16	2.3	7.26	1.2	6.1	0.6
1.05	10.2	2.9	9.0	1.5	7.4	0.8
1.06	12.2	3.5	10.7	1.8	8.8	0.9
1.08	16.2	4.8	13.9	2.4	11.6	1.3
1.10	20.0	6.0	17.1	3.0	14.4	1.6
1.12	23.8	7.3	20.2	3.6	17.0	2.0
1.14	27.7	8.7	23.3	4.2	19.9	2.3
1.15	29.6	9.3	24.8	4.5	20.9	2.5
1.19	37.2	12.2	30.9	5.8	26.0	3.2
1.20			32.3	6.2	27.3	3.4
1.25			39.8	7.9	33.4	4.3
1.30			47.5	9.8	39.2	5.2
1.35			55.8	12.0	44.8	6.2
1.40			65.3	14.5	50.1	7.2
1.42			69.8	15.7	52.2	7.6
1.45					55.0	8.2
1.50					59.8	9.2
1.55					64.3	10.2
1.60					68.7	11.2
1.65					73.0	12.3
1.70					77.2	13.4
1.84					95.6	18.0

碱						
相对密度 $d^{15℃}_{H_2O,4℃}$	NH$_3$ 水的浓度		NaOH 的浓度		KOH 的浓度	
	g/100g	mol/L	g/100g	mol/L	g/100g	mol/L
0.88	35.0	18.0				
0.90	28.3	15				
0.91	25.0	13.4				
0.92	21.8	11.8				
0.94	15.6	8.6				
0.96	9.9	5.6				
0.98	4.8	2.8				
1.05			4.5	1.25	5.5	1.0
1.10			9.0	2.5	10.9	2.1
1.15			13.5	3.9	16.1	3.3
1.20			18.0	5.4	21.2	4.5
1.25			22.5	7.0	26.1	5.8
1.30			27.0	8.8	30.9	7.2
1.35			31.8	10.7	35.5	8.5

通过量取浓溶液体积来配制质量分数溶液时会碰到两种情况：一是如何配制一定质量的稀溶液，二是如何配制一定体积的稀溶液。下面就这两种情况进行解释。

① 配制一定质量的稀溶液　用浓溶液配制一定质量的稀溶液时，其依据是溶质的总量在稀释前后不变的原理，即

$$\text{浓试剂溶质的总量} = \text{稀释后试剂（欲配制溶液）溶质的总量}$$

则有

$$V_\text{浓} \rho_\text{浓} w_\text{浓} = m_\text{稀} w_\text{稀} \tag{4-3}$$

式中，$V_\text{浓}$ 为浓试剂的体积，mL；$\rho_\text{浓}$ 为浓试剂溶质的密度，g/mL；$w_\text{浓}$、$w_\text{稀}$ 分别为浓溶液、欲配制溶液的质量分数；$m_\text{稀}$ 为欲配制溶液的质量，g。

由式(4-3)可得所需浓试剂的体积计算公式为：

$$V_\text{浓} = \frac{m_\text{稀} w_\text{稀}}{\rho_\text{浓} w_\text{浓}} \tag{4-4}$$

因为，溶剂的质量=欲配制溶液的质量-需取浓试剂的质量，故溶剂的质量计算公式为：

$$m_\text{溶剂} = m_\text{稀} - V_\text{浓} \rho_\text{浓} \tag{4-5}$$

式中，$m_\text{溶剂}$ 为溶剂的质量，g。

又，溶剂的体积 $V_\text{溶剂}$ 的计算公式为：

$$V_\text{溶剂} = \frac{m_\text{溶剂}}{\rho_\text{溶剂}} \tag{4-6a}$$

式中，$\rho_\text{溶剂}$ 为溶剂的密度，g/mL。

因此，由式(4-5)和式(4-6a)得

$$V_\text{溶剂} = \frac{m_\text{稀} - V_\text{浓} \rho_\text{浓}}{\rho_\text{溶剂}} \tag{4-6b}$$

【例 4-2】　欲配制 $w_{H_2SO_4} = 20\%$ 硫酸溶液（$\rho_\text{稀} = 1.14 \text{g/mL}$）1000g，应如何配制（市售浓硫酸，$\rho_\text{浓} = 1.84 \text{g/mL}$，$w_\text{浓} = 96\%$）？

解：根据式(4-4)，应量取浓硫酸的体积为：

$$V_\text{浓} = \frac{m_\text{稀} w_\text{稀}}{\rho_\text{浓} w_\text{浓}} = \frac{1000 \times 20\%}{1.84 \times 96\%} \text{mL} = 113 \text{mL}$$

水的密度 $\rho_\text{溶剂} = 1.00 \text{g/mL}$，根据式(4-6b)，应量取溶剂（水）的体积为：

$$V_\text{溶剂} = \frac{m_\text{稀} - V_\text{浓} \rho_\text{浓}}{\rho_\text{溶剂}} = \frac{1000 - 113 \times 1.84}{1.00} \text{mL} = 792 \text{mL}$$

配制方法：用量筒取 113mL 浓硫酸，缓缓倒入到盛有 792mL 纯水的烧杯中，边加边搅拌，混匀，即得所需溶液。

注意：只能将浓硫酸倒入水中，不能将水倒入浓硫酸中，以避免浓硫酸溅出。

② 配制一定体积的稀溶液　配制溶液时，根据溶质的总量在稀释前后不变的原理，则有

$$V_\text{浓} \rho_\text{浓} w_\text{浓} = V_\text{稀} \rho_\text{稀} w_\text{稀} \tag{4-7}$$

式中，$V_浓$、$V_稀$分别为溶液稀释前后的体积，即浓溶液、欲配溶液的体积，mL；$\rho_浓$、$\rho_稀$分别为浓溶液、欲配溶液的密度，g/mL；$w_浓$、$w_稀$分别为浓溶液、欲配溶液的质量分数。

所以，应取浓试剂的体积为：

$$V_浓 = \frac{V_稀 \rho_稀 w_稀}{\rho_浓 w_浓} \tag{4-8}$$

【例 4-3】 欲配制 $w_{HCl}=10\%$ 盐酸溶液（$\rho=1.05$g/mL）1000mL，应如何配制（浓盐酸，$\rho_浓=1.18$g/mL，$w_浓=36\%$）？

解：根据式(4-8)，应量取浓盐酸的体积为：

$$V_浓 = \frac{V_稀 \rho_稀 w_稀}{\rho_浓 w_浓} = \frac{1000 \times 1.05 \times 10\%}{1.18 \times 36\%} \text{mL} = 247\text{mL}$$

配制方法：用量筒量取浓盐溶液 247mL，倒入适量纯水中，然后加纯水稀释至 1000mL，混匀，即得所需溶液。

【例 4-4】 欲配制 $w_{H_2SO_4}=20\%$ 硫酸溶液（$\rho_稀=1.14$g/mL）1000mL，应如何配制（市售浓硫酸，$\rho_浓=1.84$g/mL，$w_浓=96\%$）？

解：根据式(4-8)，应量取浓硫酸的体积为：

$$V_浓 = \frac{V_稀 \rho_稀 w_稀}{\rho_浓 w_浓} = \frac{1000 \times 1.14 \times 20\%}{1.84 \times 96\%} \text{mL} = 129\text{mL}$$

配制方法：用量筒量取浓硫酸溶液 129mL 于 1000mL 干燥烧杯中，在不断搅拌下缓缓倒入 800mL 纯水中，冷却后用纯水稀释至 1000mL，混匀，即得所需溶液。

4.2.2.3 质量浓度（ρ_B）溶液的配制与计算

质量浓度常以 ρ_B 或 $A\%$ 表示。溶质可以是固体物质也可以是液体，因此有两种配制方法。

(1) 用固体物质配制溶液的方法及其计算

配制溶液时，所需溶质的质量计算公式为：

$$m_B = V\rho_B \tag{4-9}$$

$$m_B = VA \tag{4-10}$$

式中，m_B 为溶质的质量，g；V 为欲配制溶液的体积，mL；A 为欲配制溶液的质量浓度，g/100mL。

【例 4-5】 欲配制质量浓度为 1.0g/L 的邻菲啰啉 1000mL，应如何配制？

解：根据式(4-9)，应称取邻菲啰啉的质量为：

$$m_{邻菲啰啉} = V\rho_B = 1.0\text{L} \times 1.0\text{g/L} = 1.0\text{g}$$

配制方法：在台秤上用固定质量称量法称取 1.0g 邻菲啰啉于 50mL 烧杯中，用少许乙醇溶解，转移至 1000mL 容量瓶中，用纯水稀释至刻度。

【例 4-6】 欲配制 20% 硫氰酸钾溶液 1000mL，应如何配制？

解：根据式(4-10)，应称取硫氰酸钾的质量为：

$$m_{KSCN} = VA = (1000 \times 20\%) \text{g} = 200\text{g}$$

配制方法：在台秤上用固定质量称量法称取 200g 硫氰酸钾于 250mL 烧杯中，加适量纯水溶解，然后转移至 1000mL 容量瓶中，用纯水稀释至 1000mL，混匀即得。

（2）用液体物质配制溶液的方法及其计算

用一定质量的浓溶液（$w_\text{浓}$）配制质量浓度为 A 的稀溶液时，根据溶质的总量在稀释前后不变原理，故有

$$V_\text{浓} \rho_\text{浓} w_\text{浓} = V_\text{稀} A \tag{4-11}$$

式中，$V_\text{浓}$、$V_\text{稀}$ 分别为浓溶液和欲配制溶液的体积，mL；$\rho_\text{浓}$ 为浓溶液的密度，g/mL；$w_\text{浓}$ 为浓溶液的质量分数，%；A 为质量浓度，%。

故所需液体溶质的体积计算公式为：

$$V_\text{浓} = \frac{V_\text{稀} A}{\rho_\text{浓} w_\text{浓}} \tag{4-12}$$

【例 4-7】 欲配制 10% 硫酸溶液 1000mL，应如何配制（市售浓硫酸，$\rho_\text{浓}=1.84\text{g/mL}$，$w_\text{浓}=96\%$）？

解：根据式(4-11)，应量取浓硫酸的体积为：

$$V_\text{浓} = \frac{V_\text{稀} A}{\rho_\text{浓} w_\text{浓}} = \frac{1000 \times 10\%}{1.84 \times 96\%} \text{mL} = 57\text{mL}$$

配制方法：量取 57mL 浓硫酸，在不断搅拌下缓缓倒入 800mL 纯水中，冷却后，用纯水稀释至 1000mL 水中，混匀，即得所需溶液。

4.2.2.4 体积分数（φ_B）溶液的配制与计算

配制体积分数（φ_B）溶液时，其依据是溶液中溶质的总量在稀释前后不变原理，故有

$$V_\text{浓} \varphi_\text{浓} = V_\text{稀} \varphi_\text{稀} \tag{4-13}$$

因此，所需浓试剂的体积计算公式为：

$$V_\text{浓} = \frac{V_\text{稀} \varphi_\text{稀}}{\varphi_\text{浓}} \tag{4-14}$$

式中，$V_\text{浓}$、$V_\text{稀}$ 分别为浓溶液和欲配制溶液溶质的体积，mL；$\varphi_\text{浓}$、$\varphi_\text{稀}$ 分别为浓溶液和欲配制溶液溶质的体积分数，%。

故所需溶剂的体积（$V_\text{溶剂}$）为：

$$V_\text{溶剂} = V_\text{稀} - V_\text{浓} \tag{4-15}$$

【例 4-8】 欲配制 $\varphi_{H_2O_2}=3\%$ 过氧化氢溶液 1000mL，应如何配制（市售过氧化氢的浓度为 30%）？

解：根据式(4-14)，应量取 30% 的过氧化氢溶液的体积为：

$$V_{浓} = \frac{V_{稀}\varphi_{稀}}{\varphi_{浓}} = \frac{1000 \times 3\%}{30\%} \text{mL} = 100 \text{mL}$$

根据式(4-15)，应量取水的体积为：

$$V_{溶剂} = V_{稀} - V_{浓} = (1000 - 100)\text{mL} = 900\text{mL}$$

配制方法：用量筒量取 30% 的过氧化氢 100mL 于 1000mL 烧杯中，900mL 纯水（或用纯水稀释至 1000mL），混匀即得。

4.2.2.5 体积比 (φ) 溶液的配制与计算

由体积比定义可知，其公式：

$$\varphi = \frac{试剂 A 的体积}{试剂 B 或水的体积} \tag{4-16}$$

体积比配制中有两种情况，一种是将液体试剂按一定比例混合而成，另一种是液体试剂与纯水按一定比例混合而成。

第一种情况，例如，王水的体积比是 1∶3，它由 1 体积浓硝酸和 3 体积浓盐酸混合而成。

第二种情况，例如，1∶2 盐酸是指 1 体积浓盐酸和 2 体积纯水相混合。应注意的是在这种情况下前面的数字是表示试剂的体积。

4.3 标准溶液的配制方法与标准溶液的计算方法

在滴定分析中，标准溶液也称为标准滴定液，分析化验的分析结果都是根据滴定时标准溶液的浓度和用量（体积）进行计算，然后求出被测物质的质量分数的。在滴定分析中，一般被测组分的含量在 1% 以上，要求测定的相对误差不大于 0.2%，可见标准溶液浓度的准确度直接影响分析结果的准确度，因此正确地配制和标定标准溶液的浓度，对于滴定分析的准确度有着重要的意义。滴定分析中的标准溶液常用物质的量浓度（c_B）和滴定度（$T_{X/S}$）来表示。

4.3.1 标准溶液的配制方法

标准溶液的配制方法有直接配制法和间接配制法两种。

（1）直接配制法

直接配制法是在万分之一分析天平上准确称取一定质量并已干燥的基准物质，用纯水溶解后，定量转移到容量瓶中，然后用纯水稀释至刻度，摇匀，根据基准物质的质量和所配制溶液的体积求出标准溶液的准确浓度。

直接配制法中用到的基准物质，应具备下列四个条件。

① 物质纯度高。试剂含量一般应在 99.9% 以上，杂质含量应低于 0.1%。

② 物质的组成一定。物质的组成与化学式（包括结晶水在内）完全相符。

③ 物质性质稳定。例如，在空气中不吸湿，结晶水不易丢失，加热干燥时不易分解，不与大气中的组分（空气中的氧、二氧化碳）发生作用等。

④ 物质是固体，且易于溶解。

在标定某一标准溶液时，有时有多个基准物质可选，这时可选有较大的摩尔质量的物质，这样可减小称量误差。常用的基准物质和干燥条件及其应用见表 4-4。

表 4-4 常用的基准物质和干燥条件及其应用

基准物质 名称	化学式	干燥后组成	M/(g/mol)	干燥条件/℃	标定对象
碳酸氢钠	$NaHCO_3$	Na_2CO_3	105.99	270~300	酸
十水合碳酸钠	$Na_2CO_3 \cdot 10H_2O$	Na_2CO_3	105.99	270~300	酸
无水碳酸钠	Na_2CO_3	Na_2CO_3	105.99	270~300	酸
硼砂	$Na_2B_4O_7 \cdot 10H_2O$	$Na_2B_4O_7 \cdot 10H_2O$	381.87	置于有 NaCl 和蔗糖饱和溶液的密闭容器中	酸
邻苯二甲酸氢钾	$KHC_8H_4O_4$	$KHC_8H_4O_4$	204.22	110~120	碱
二水合草酸钠	$Na_2C_2O_4 \cdot 2H_2O$	$Na_2C_2O_4 \cdot 2H_2O$	170.03	室温空气干燥	碱、$KMnO_4$
草酸钠	$Na_2C_2O_4$	$Na_2C_2O_4$	134.00	105~110	$KMnO_4$
重铬酸钾	$K_2Cr_2O_7$	$K_2Cr_2O_7$	294.18	140~150	$Na_2S_2O_3$
碘酸钾	KIO_3	KIO_3	214.00	130	$Na_2S_2O_3$
溴酸钾	$KBrO_3$	$KBrO_3$	167.00	130	$Na_2S_2O_3$
三氧化二砷	As_2O_3	As_2O_3	197.84	105	I_2
铜	Cu	Cu	63.546	用 2%乙酸、水、乙醇依次洗涤后，放干燥器再保持 24h 以上	ETDA
锌	Zn	Zn	65.39	用 1+3HCl、水、乙醇依次洗涤后，放干燥器再保持 24h 以上	ETDA
碳酸钙	$CaCO_3$	$CaCO_3$	100.09	110	ETDA
氧化锌	ZnO	ZnO	81.38	800	ETDA
氯化钾	KCl	KCl	74.55	500~650	$AgNO_3$
氯化钠	NaCl	NaCl	58.44	500~650	$AgNO_3$
硝酸银	$AgNO_3$	$AgNO_3$	169.87	110℃	NaCl
氨基磺酸	$HOSO_2NH_2$	$HOSO_2NH_2$		在真空 H_2SO_4 干燥器中保存 48h	碱

(2) 间接配制法（标定法）

在分析化验室中，会遇到两种情况不能采用直接法配制标准溶液，第一种情况是需配制大体积的标准溶液，因为没有这么大的容量瓶来进行配制；第二种情况是要配制标准溶液物质不符合基准物质要求，就不能采用直接配制法，而应采用间接配制法进行配制。例如，氢氧化钠易吸收空气中的水分和二氧化碳；盐酸易挥发，含量不准确；高锰酸钾、硫代硫酸钠含有杂质，不易提纯，在空气中不稳定。这些试剂不能直接配制标准溶液，而只能用间接法配制。

间接配制法是将欲配制的标准溶液先配制成近似浓度，然后用基准物质来测定它的准确浓度，这种操作过程称为"标定"，故也称"标定法"。有时也可用另一种标准溶液来标定，但其准确度不如用基准物质标定好。

4.3.2 物质的量浓度溶液的配制及其计算

（1）物质的量浓度（简称浓度）

物质的量浓度 c 是指单位体积溶液中所含物质 B 的物质的量（n_B）。例如，B 物质的量浓度以符号 c_B 表示，即

$$c_B = \frac{n_B}{V} \tag{4-17}$$

式中，c_B 为 B 物质的量浓度，mol/L；n_B 为 B 物质的量，mol；V 为溶液的体积，L。

必须指出，摩尔是一系统的物质的量，该系统所包含的基本单元数与 0.012kg ^{12}C 的原子数目相等。在使用摩尔时，应指明基本单元，它可以是原子、分子、离子、电子及其他粒子，或是这些粒子的特定组合。

物质 B 的物质的量 n_B(mol) 与质量 m_B(g) 和摩尔质量 M_B(g/mol) 三者的关系如下：

$$n_B = \frac{m_B}{M_B} \tag{4-18}$$

值得指出的是，物质的量浓度 c_B、物质的量 n_B、物质的摩尔质量 M_B（或 A_B）与基本单元有关，所以在使用时必须指出基本单元。

例如，$M_{HCl} = 36.47$ g/mol $M_{Ca} = 40.08$ g/mol

$M_{H_2SO_4} = 98.08$ g/mol $M_{1/2H_2SO_4} = \frac{98.08}{2}$ g/mol $= 49.04$ g/mol

$M_{KMnO_4} = 158.03$ g/mol $M_{1/5KMnO_4} = \frac{158.03}{5}$ g/mol $= 31.61$ g/mol

$M_{K_2Cr_2O_7} = 294.18$ g/mol $M_{1/6K_2Cr_2O_7} = \frac{294.18}{6}$ g/mol $= 49.03$ g/mol

【例 4-9】 已知硫酸的质量为 98g，计算 $n_{H_2SO_4}$、$n_{1/2H_2SO_4}$；如果将其配成 2L 溶液，其浓度分别为多少？

解：已知 $M_{H_2SO_4} = 98.08$ g/mol，$M_{1/2H_2SO_4} = \frac{98.08}{2}$ g/mol $= 49.04$ g/mol

根据式(4-18)，有

$$n_{H_2SO_4} = \frac{m_{H_2SO_4}}{M_{H_2SO_4}} = \frac{98g}{98g/mol} = 1.0 \text{mol}$$

$$n_{1/2H_2SO_4} = \frac{m_{H_2SO_4}}{M_{1/2H_2SO_4}} = \frac{98g}{49.04g/mol} = 2.0 \text{mol}$$

如果将其配成 2L 溶液，根据式(4-17)，其浓度分别为：

$$c_{H_2SO_4} = \frac{n_{H_2SO_4}}{V} = \frac{1.0\,\text{mol}}{2L} = 0.50\,\text{mol/L}$$

$$c_{1/2H_2SO_4} = \frac{n_{1/2H_2SO_4}}{V} = \frac{2.0\,\text{mol}}{2L} = 1.0\,\text{mol/L}$$

（2）物质的量浓度标准溶液的配制及其计算

① 用固体物质配制标准溶液的方法及其计算　由式(4-17)和式(4-18)可推导出配制标准溶液时应称取溶质的质量 m_B 的计算公式：

$$m_B = c_B V \times \frac{M_B}{1000} \qquad (4-19)$$

式中，m_B 为固体溶质 B 的质量，g；c_B 为欲配制溶液物质 B 的物质的量浓度，mol/L；V 为欲配制溶液的体积，mL；M_B 为溶质 B 的摩尔质量，g/mol。

【例 4-10】　欲配制 0.5mol/L 氢氧化钠 2000mL，应如何配制？

解：查相对分子质量表得，$M_{NaOH} = 40.00\,\text{g/mol}$，根据式(4-19)，有

$$m_{NaOH} = \left(0.5 \times 2000 \times \frac{40}{1000}\right)\text{g} = 40\text{g}$$

配制方法：在台秤上用固定质量称量法称取 40g 氢氧化钠于 250mL 烧杯中，加新煮沸并冷却的纯水溶解，然后用相同的纯水稀释至 2000mL，混匀后即得。

由于氢氧化钠易吸潮和易吸空气中的二氧化碳，故不能采用直接配制法，因此溶液需先配制成近似浓度后再进行标定，确定其准确浓度。

【例 4-11】　欲配制 $c_{K_2Cr_2O_7} = 0.01667\,\text{mol/L}$ 标准溶液 2000mL，应如何配制？

解：查相对分子质量表得，$M_{K_2Cr_2O_7} = 294.2\,\text{g/mol}$，根据式(4-19)，有

$$m_{K_2Cr_2O_7} = \left(0.01667 \times 2000 \times \frac{294.18}{1000}\right)\text{g} = 9.808\text{g}$$

配制方法：在分析天平上用固定质量称量法准确称取基准物质重铬酸钾 9.808g，溶解于适量纯水中，然后定量转移至 2000mL 容量瓶中，用纯水稀释至刻度，混匀即得 0.02000mol/L 重铬酸钾溶液。

【例 4-12】　欲配制 $c_{1/6K_2Cr_2O_7} = 0.1000\,\text{mol/L}$ 标准溶液 2000mL，应如何配制？

解：查相对分子质量表得，$M_{1/6K_2Cr_2O_7} = \frac{294.2}{6} = 49.03\,\text{g/mol}$，根据式(4-19)，有

$$m_{1/6K_2Cr_2O_7} = \left(0.1000 \times 2000 \times \frac{49.03}{1000}\right)\text{g} = 9.806\text{g}$$

配制方法同例 4-11。

② 用液体溶质配制标准溶液的方法及其计算　用液体溶质配制标准溶液时，其依据是溶质 B 的物质的量在稀释前后不变的原理：即

稀释前溶质 B 的物质的量(mol) = 稀释后 B 的物质的量(mol)

则有

$$c_{浓}V_{浓} = c_{稀}V_{稀} \quad (4\text{-}20a)$$

因此，其计算公式为：

$$V_{浓} = \frac{c_{稀}V_{稀}}{c_{浓}} \quad (4\text{-}20b)$$

【例 4-13】 欲配制 0.1mol/L 盐酸溶液 1000mL，应如何配制（浓盐酸，$\rho_{浓}=1.18\text{g/mL}$，$w_{浓}=36\%$）？

解：已知 $M_{HCl}=36.46\text{g/mol}$，根据式(4-18)，首先求出浓盐酸的 n_{HCl}：

$$n_{HCl} = \frac{m_{HCl}}{M_{HCl}} = \frac{1.18 \times 1000 \times 36\%}{36.46}\text{mol} = 11.7\text{mol}$$

再根据式(4-17)，求出浓盐酸的 c_{HCl}：

$$c_{HCl} = \frac{n_{HCl}}{V} = \frac{11.7}{1}\text{mol/L} = 11.7\text{mol/L}$$

根据式(4-20b)，求出应取浓盐酸的体积 $V_{浓}$：

$$V_{浓} = \frac{c_{稀}V_{稀}}{c_{浓}} = \frac{0.1 \times 1000}{11.7}\text{mL} = 8.5\text{mL}$$

配制方法：用量筒量取 8.5mL 浓盐酸，加到适量纯水中，用纯水稀释至 1000mL，混匀即得。

由于浓盐酸的挥发性，故只能先配制成近似浓度的盐酸溶液，然后再用基准物质标定其准确浓度。

(3) 标准溶液浓度的调整

在分析化验工作中，车间质量控制分析有时需要某一指定浓度标准溶液（如 0.500mol/L HCl 溶液），以便快速计算或查表得出分析结果。所以在配制与标定这类标准溶液时，经常要将标准溶液调整为某一指定浓度的过程，这时会遇到下列两种调整过程。

① 标准溶液标定后比指定浓度约高时的调整 标准溶液浓度的调整，应根据溶液在稀释前后溶质 B 物质的量不变原理，即

稀释前溶质 B 的物质的量(mol)＝稀释后溶质 B 的物质的量(mol)

则有

$$c_{浓}V_{浓} = c_{稀}(V_{浓} + V_{水}) \quad (4\text{-}21a)$$

式中，$V_{水}$ 为稀释至指定浓度时应加入纯水的体积，mL；$V_{浓}$ 为稀释之前应加入标准溶液的体积，mL；$c_{浓}$、$c_{稀}$ 分别为标准溶液稀释前和稀释后的浓度，mol/L。

由式(4-21a)可得下列计算公式：

$$V_{水} = \frac{V_{浓}(c_{浓} - c_{稀})}{c_{稀}} \quad (4\text{-}21b)$$

在配制少量的指定浓度，可根据式(4-21b)算出，准确移取一定体积的标准溶液和蒸馏水，直接配制成指定浓度。若配制大量（大体积）的指定浓度时，很难调

整到指定浓度,此时可根据式(4-21b)计算加蒸馏水稀释后,再重新标定。

【例 4-14】 欲用 0.6506mol/L 盐酸溶液配制 100mL 0.500mol/L HCl 溶液,应如何配制?

解:根据式(4-21b)计算得

$$V_{浓}=\frac{c_{稀}V_{稀}}{c_{浓}}=\frac{0.5000\times100}{0.6506}\text{mL}=76.9\text{mL}$$

配制方法:用滴定管加入 0.6506mol/L 盐酸溶液 76.9mL 于 100mL 容量瓶中,用纯水稀释至刻度,摇匀,即得 0.500mol/L 盐酸溶液。

【例 4-15】 欲用 0.6506mol/L 盐酸溶液 100mL 配制 0.500mol/L 盐酸溶液,应如何配制?

解:根据式(4-21b)计算得

$$V_{水}=\frac{V_{浓}(c_{浓}-c_{稀})}{c_{稀}}=\frac{100\times(0.6506-0.500)}{0.500}\text{mL}=30.12\text{mL}$$

配制方法:用移液管吸取 0.6540mol/L 盐酸溶液 100mL 于干燥试剂瓶中,用滴定管加入 30.12mL 纯水,摇匀,即得 0.500mol/L 盐酸溶液。

【例 4-16】 欲用 0.6506mol/L 盐酸溶液 7000mL 配制 0.500mol/L 盐酸,应如何配制?

解:根据式(4-21b)计算:

$$V_{水}=\frac{V_{浓}(c_{浓}-c_{稀})}{c_{稀}}=\frac{7000\times(0.6506-0.500)}{0.500}\text{mL}=2108\text{mL}$$

此时,用量筒量取该盐酸溶液 7000mL 和纯水 2100mL 于 10000mL 试剂瓶中,混匀,即得近似浓度,配制的 0.500mol/L 盐酸需再标定,调整,直至符合要求为止。

② 标准溶液标定后比指定浓度约低时的调整 这种浓度的调整,需用另一种浓度较高的标准溶液进行调整,而不是用蒸馏水稀释来调整。配制溶液时,其依据还是溶液在稀释前后,溶质物质的量不变原理,即:

稀释前低浓度标准溶液的物质的量+稀释前高浓度标准溶液的物质的量=稀释后指定标准溶液的物质的量(即欲配制的标准溶液物质的量),故有

$$c_{低}V_{低}+c_{高}V_{高}=c(V_{低}+V_{高}) \tag{4-22a}$$

式中,$V_{低}$ 为稀释前低浓度标准溶液的体积;$V_{高}$ 为需加入高浓度标准溶液的体积,mL;$c_{低}$、$c_{高}$、c 分别为稀释前低、高浓度和指定浓度标准溶液,mol/L。

因此,由式(4-22a)可推导出需加入高浓度标准溶液的体积计算公式:

$$V_{高}=\frac{V_{低}(c-c_{低})}{c_{高}-c} \tag{4-22b}$$

【例 4-17】 欲配制 0.2000mol/L 盐酸溶液,现有 0.1205mol/L 盐酸溶液 1000mL 和 1.630mol/L 盐酸溶液,应如何配制?

解:根据式(4-22b)计算:

$$V_{高}=\frac{V_{低}(c-c_{低})}{c_{高}-c}=\frac{1000\times(0.2000-0.1205)}{1.630-0.2000}\text{mL}=55.59\text{mL}$$

配制方法：于 1000mL 0.1205mol/L 盐酸溶液中，用滴定管加入 55.59mL 1.630mol/L 盐酸溶液，混匀即得 0.2000mol/L 的盐酸溶液。

4.3.3 滴定度溶液的配制及其计算

(1) 滴定度的表示方法

滴定度是标准溶液的浓度的另一种表示方法，在工厂车间分析化验室的大量例行分析中，常用滴定度来表示浓度。使用滴定度计算结果非常方便、快速，只要将滴定度乘以滴定消耗的标准溶液的体积，即可得到被测组分的质量。滴定度有3种表示方法。

① $T_{待测物/滴定剂}$　它是指每毫升标准溶液相当于待测组分的质量，g/mL。

例如，用重铬酸钾法测定试样中铁含量时，重铬酸钾溶液的浓度可用 $T_{Fe/K_2Cr_2O_7}$ 或 $T_{Fe_2O_3/K_2Cr_2O_7}$ 表示。若 $T_{Fe/K_2Cr_2O_7}=5.586\times10^{-3}$ g/mL，即表示 1mL 重铬酸钾标准溶液相当于 0.005568g 铁。若 $T_{Fe_2O_3/K_2Cr_2O_7}=7.985\times10^{-3}$ g/mL，即表示 1mL 重铬酸钾标准溶液相当于 0.007985g 三氧化二铁。

② T_g　它是指每毫升标准溶液相当于待测物质的百分含量，%/mL。

这种表示滴定度的方法，固定了称取试样的质量。如用重铬酸钾标准溶液滴定 Fe^{2+}，其 $T_{0.3}=1.205\%/\text{mL}$，表示用固定质量称量法称取试样 0.3000g，用重铬酸钾标准溶液滴定 Fe^{2+} 时，1mL 重铬酸钾相当于 1.205% Fe^{2+} 含量。

③ $T_{滴定剂}$　它是指每毫升标准溶液所含溶质的质量，g/mL。

例如，$T_{HCl}=0.02015$g/mL 盐酸溶液，表示 1mL 盐酸标准溶液含 0.002015g 盐酸。这种滴定度表示方法在计算结果时不太方便，故应用范围不广泛。

(2) 滴定度溶液的配制及其计算

配制滴定度溶液时，首先是根据滴定反应方程式，找出反应系数。设滴定反应方程式为：

$$a\text{A}+b\text{B}\Longrightarrow c\text{C}+d\text{D}$$

式中，A 为待测物质，反应系数为 a；B 为滴定剂，反应系数为 b；C、D 分别为反应产物，反应系数分别为 c 和 d。

故有 $\dfrac{n_B}{n_A}=\dfrac{b}{a}$，则 $n_B=\dfrac{b}{a}n_A$；根据 $n_A=\dfrac{m_A}{M_A}$、$n_B=\dfrac{m_B}{M_B}$ 和 $T_{A/B}=\dfrac{m_A(\text{g})}{V_B(\text{mL})}$，可得应称取滴定剂的质量的计算公式为：

$$m_B=\frac{b}{a}\times\frac{M_B}{M_A}VT_{A/B} \tag{4-23}$$

式中，m_B 为滴定剂的质量，g；M_A 为待测物 A 的摩尔质量，g/mol；M_B 为滴定剂 B 的摩尔质量，g/mol；V 为欲配制滴定剂的体积，mL；$T_{A/B}$ 为滴定剂的滴定度，g/mL。

【例 4-18】　欲配制 $T_{Fe/K_2Cr_2O_7}=5.585\times10^{-3}$ g/mL 的重铬酸钾标准溶液

250mL，应取基准物质多少克？

解：反应方程式为：
$$Cr_2O_7^{2-} + 6Fe^{2+} + 14H^+ = 2Cr^{3+} + 6Fe^{3+} + 7H_2O$$

滴定剂 $Cr_2O_7^{2-}$ 的系数 $b=1$，待测物 Fe^{2+} 的系数 $a=6$，$M_B=M_{K_2Cr_2O_7}=294.2$g/mol，$M_A=55.85$g/mol，根据式(4-23) 计算：

$$m_B = \frac{b}{a} \times \frac{M_B}{M_A} V T_{A/B} = \left(\frac{1}{6} \times \frac{294.2}{55.85} \times 250 \times 0.005585\right) g = 1.226g$$

配制方法：于分析天平上，用固定质量法准确称取 1.226g 重铬酸钾基准物质，置于 100mL 干燥烧杯中，加适量纯水溶解，定量转移至 250mL 容量瓶中，然后用纯水稀释至刻度，混匀即得。

4.3.4 标准溶液浓度的换算

溶液浓度换算是指同一种溶液的浓度可用不同的方法表示。例如滴定度与物质的量浓度的换算、不同基本单元表示浓度之间的换算以及物质的量浓度与质量分数之间的换算。

（1）滴定度与物质的量浓度的换算

滴定度与物质的量浓度的换算时，先要根据化学反应方程式确定反应系数。设反应方程式为：

$$aA + bB = cC + dD$$

式中，A 为待测物质，反应系数为 a；B 为滴定剂，反应系数为 b；C、D 分别为反应产物，反应系数分别为 c 和 d。

故有 $\frac{n_A}{n_B}=\frac{a}{b}$，则 $n_A=\frac{a}{b}n_B$；根据 $n_A=\frac{m_A}{M_A}$ 和 $T_{A/B}=\frac{m_A(g)}{V_B(mL)}$，可得滴定度与物质的量浓度 c_B 的换算公式为：

$$T_{A/B} = \frac{a}{b} c_B M_A \times 10^{-3} \tag{4-24}$$

式中，$T_{A/B}$ 为滴定度，每毫升滴定剂 B 相当于待测物 A 的质量（g），g/mL；c_B 为滴定剂的浓度，mol/L；M_A 为待测物的摩尔质量，g/mol。

【例 4-19】 已知 HCl 标准溶液的浓度为 0.1005mol/L，求其对 Na_2CO_3 的滴定度。

解：根据反应方程式：
$$Na_2CO_3 + 2HCl = 2NaCl + CO_2 + H_2O$$

可知，待测物 Na_2CO_3 的反应系数 $a=1$，滴定剂 HCl 的反应系数 $b=2$。$M_{Na_2CO_3}=105.99$g/mol，根据式(4-24) 计算：

$$T_{Na_2CO_3/HCl} = \frac{a}{b} c_{HCl} M_{Na_2CO_3} \times 10^{-3}$$
$$= \left(\frac{1}{2} \times 0.1005 \times 105.99 \times 10^{-3}\right) g/mL = 0.005326 g/mL$$

【例 4-20】 已知 $c_{K_2Cr_2O_7}=0.01667$mol/L，求其 $T_{Fe/K_2Cr_2O_7}$ 和 $T_{Fe_2O_3/K_2Cr_2O_7}$。

解：根据反应方程式：

$$Cr_2O_7^{2-} + 6Fe^{2+} + 14H^+ = 2Cr^{3+} + 6Fe^{3+} + 7H_2O$$

可知，待测物 Fe^{2+} 的反应系数 $a=6$，滴定剂 $Cr_2O_7^{2-}$ 的反应系数 $b=1$。$M_{Fe}=55.85g/mol$，$M_{Fe_2O_3}=159.7g/mol$，根据式(4-24)计算：

$$T_{Fe/K_2Cr_2O_7} = \frac{a}{b}c_{K_2Cr_2O_7}M_{Fe} \times 10^{-3}$$

$$= \frac{6}{1} \times 0.01667 \times 55.85 \times 10^{-3} g/mL = 0.005586 g/mL$$

$$T_{Fe_2O_3/K_2Cr_2O_7} = \frac{a}{b}c_{K_2Cr_2O_7} \times \frac{M_{Fe_2O_3}}{2} \times 10^{-3}$$

$$= \left(\frac{6}{1} \times 0.01667 \times \frac{159.7}{2} \times 10^{-3}\right) g/mL = 0.007987 g/mL$$

这里，$Fe_2O_3 \leftrightharpoons 2Fe$，故 $M_A = \frac{M_{Fe_2O_3}}{2}$。

(2) 不同基本单元表示浓度之间的换算

在实际工作中，同一种标准溶液，根据需要有两种类型的表示方法，即用 c_B 或 $c_{(1/x)B}$ 表示。c_B 与 $c_{(1/x)B}$ 的换算公式为：

$$c_B = \frac{c_{(1/x)B}}{x} \tag{4-25}$$

式中，c_B 为以 B 形式为基本单元的物质的量浓度，mol/L；$c_{(1/x)B}$ 为以 $\frac{1}{x}$B 形式为基本单元的物质的量浓度，mol/L；x 为标准溶液在滴定反应中得失质子（或电子）数。

【例 4-21】 将 $c_{K_2Cr_2O_7}=0.01667 mol/L$ 标准溶液换算为 $c_{1/6K_2Cr_2O_7}$。

解：$K_2Cr_2O_7$ 在滴定反应中得 6 个电子

$$Cr_2O_7^{2-} + 6e^- + 14H^+ = 2Cr^{3+} + 7H_2O$$

故 $x=6$，因此，根据式(4-25)，得

$$c_{1/6K_2Cr_2O_7} = c_{K_2Cr_2O_7}x = (0.01667 \times 6) mol/L = 0.1000 mol/L$$

【例 4-22】 将 $c_{1/2H_2SO_4}=0.2010 mol/L$ 标准溶液换算为 $c_{H_2SO_4}$。

解：H_2SO_4 在滴定反应中失去 2 个质子：

$$H_2SO_4 + 2NaOH = Na_2SO_4 + 2H_2O$$

故 $x=2$，因此

$$c_{H_2SO_4} = \frac{c_{1/2H_2SO_4}}{x} = \frac{0.2010}{2} mol/L = 0.1005 mol/L$$

(3) 物质的量浓度与质量分数之间的换算

设物质 B 在溶液中的质量分数为 w_B，其密度为 $d(mg/mL)$，若物质 B 的摩尔质量为 $M_B(g/mol)$，则在 1000mL 此溶液中，则物质 B 的物质的量浓度 $c_B(mol/L)$

与质量分数之间的换算公式为：

$$c_B = \frac{1000 d w_B}{M_B} \tag{4-26}$$

4.4 常见标准溶液的配制与标定

4.4.1 氢氧化钠标准溶液的配制与标定

在酸碱滴定中，常用到氢氧化钠标准溶液。由于氢氧化钠易吸收空气中 CO_2，以及有很强的吸水性，另外市售的氢氧化钠常含有 Na_2CO_3，因此得不到高纯度的氢氧化钠，故氢氧化钠标准溶液不能采用直接法配制，而是采用间接法（标定法）配制，即先配制成饱和氢氧化钠溶液，再配制成所需的近似的氢氧化钠溶液，最后用基准物质标定氢氧化钠标准溶液的浓度。

氢氧化钠标准溶液一般为 0.1mol/L，有时也配成 1mol/L、0.5mol/L 或 0.01mol/L。

(1) 氢氧化钠标准溶液的配制

于台秤上取 500g 分析纯固体氢氧化钠于 500mL 烧杯中，加入 500g 纯水，搅拌溶解，冷却后转移至聚乙烯瓶中静置数日后，使 Na_2CO_3 沉淀，澄清后，作贮备液。

吸取上层清液 1mL，加 25mL 纯水和 2~3 滴酚酞，用 1mol/L 盐酸标准溶液滴定至溶液由红色变为无色，按下式计算 NaOH 饱和溶液的浓度：

$$c_{饱和NaOH} = \frac{c_{HCl} V_{HCl}}{V_{饱和NaOH}}$$

根据饱和氢氧化钠的浓度，按下式计算所需饱和氢氧化钠的体积：

$$V_{饱和NaOH} = \frac{c_{所需NaOH} V_{所需NaOH}}{c_{饱和NaOH}}$$

再加水稀释❶，配制成所需 NaOH 标准溶液的浓度。

(2) 氢氧化钠标准溶液的标定

用于标定氢氧化钠溶液的常用基准物有邻苯二甲酸氢钾和草酸。

① 用邻苯二甲酸氢钾（$KHC_8H_4O_4$）基准物标定氢氧化钠溶液　邻苯二甲酸氢钾易纯制，在空气中不吸湿，易溶于水，保存时不变质，摩尔质量大（204.2g/mol），是一种较理想的基准物。邻苯二甲酸氢钾在 100~125℃ 干燥 2h 后备用。温度超过 125℃，则脱水形成邻苯二甲酸酐。

邻苯二甲酸氢钾标定 NaOH 溶液的反应式如下：

$$\text{C}_6\text{H}_4(\text{COOH})(\text{COOK}) + \text{NaOH} \longrightarrow \text{C}_6\text{H}_4(\text{COONa})(\text{COOK}) + \text{H}_2\text{O}$$

---

❶ 稀释用的蒸馏水应预先除去水中的 CO_2，一般是将纯水煮沸数分钟，冷却后方可使用。

由于滴定后的产物为 $KNaC_8H_4O_4$，溶液呈弱碱性，故可选酚酞为指示剂。

1mol/L NaOH 溶液的标定步骤：用称量瓶精密称取 $4.1\sim6.1g$[1]（准确至 0.0001g）邻苯二甲酸氢钾基准物[2]三份，分别置于 250mL 锥形瓶中，加 50mL 新沸的冷纯水，小心振摇，使其溶解，加 2~3 滴酚酞指示剂[3]，用待标定的 NaOH 标准溶液滴定至溶液由无色变为微红色。30s 内不褪色即为终点[4]。计算 NaOH 溶液的浓度[5]。

0.5mol/L NaOH 溶液的标定：称取基准物邻苯二甲酸氢钾（$KHC_8H_4O_4$）$2.0\sim3.1g$（准确至 0.0001g），测定步骤同 1mol/L NaOH 溶液标定。

0.1mol/L NaOH 溶液的标定：称取基准物邻苯二甲酸氢钾（$KHC_8H_4O_4$）$0.41\sim0.61g$（准确至 0.0001g），测定步骤同 1mol/L NaOH 溶液标定。

② 用草酸（$H_2C_2O_4 \cdot 2H_2O$）基准物标定氢氧化钠溶液 草酸易制备，价格便宜，草酸在 5%～95% 相对湿度之间能保持稳定状态，不会因风化而失去结晶水。故可将草酸保存在磨口玻璃瓶中。

草酸标定 NaOH 溶液的反应式如下：

$$H_2C_2O_4 + 2NaOH = Na_2C_2O_4 + 2H_2O$$

滴定后的产物为 $Na_2C_2O_4$，故化学计量点时溶液呈碱性，可选用酚酞作指示剂。

1mol/L NaOH 溶液的标定步骤：用称量瓶精密称取 $1.3\sim1.9g$[6]（准确至

---

[1] 称取邻苯二甲酸氢钾（$KHC_8H_4O_4$）的质量，按下式计算：

$$m_{KHC_8H_4O_4} = c_{NaOH} V_{NaOH} M_{KHC_8H_4O_4} \times 10^{-3}$$

式中，c_{NaOH} 为需标定的 NaOH 溶液的浓度，mol/L；V_{NaOH} 为滴定时估算需消耗 NaOH 溶液的体积，一般控制为 20～30mL，可分别以 20mL、30mL，按上述公式计算，即可得应称取邻苯二甲酸氢钾的质量范围；$M_{KHC_8H_4O_4} = 204.22g/mol$。

[2] 邻苯二甲酸氢钾应在烘箱中于 105～110℃ 烘 2h，置于干燥器内冷却至室温后备用。

[3] 酚酞指示剂：0.2% 乙醇溶液。

[4] 标定氢氧化钠溶液时，以酚酞为指示剂，溶液刚呈微红色，且 30s 不褪色即为终点，时间稍长，微红色慢慢褪去，是由于溶液吸收空气中 CO_2 形成 H_2CO_3，而使溶液的 pH 值下降所致。30s 内如果褪色，说明反应没到终点。

[5] 根据称取邻苯二甲酸氢钾的质量 $m_{KHC_8H_4O_4}$（g）及滴定消耗氢氧化钠标准溶液的体积 V_{NaOH}（mL），计算氢氧化钠标准溶液的浓度 c_{NaOH}（mol/L）：

$$c_{NaOH} = \frac{m_{KHC_8H_4O_4} \times 1000}{V_{NaOH} M_{KHC_8H_4O_4}}$$

式中，$M_{KHC_8H_4O_4}$ 为 204.22g/mol。

[6] 称取草酸（$H_2C_2O_4 \cdot 2H_2O$）的质量，按下式计算：

$$m_{H_2C_2O_4 \cdot 2H_2O} = \frac{1}{2} c_{NaOH} V_{NaOH} M_{H_2C_2O_4 \cdot 2H_2O} \times 10^{-3}$$

式中，c_{NaOH} 为需标定的 NaOH 溶液的浓度，mol/L；V_{NaOH} 为滴定时估算需消耗 NaOH 溶液的体积，一般控制为 20～30mL，可分别以 20mL、30mL，按上述公式计算，即可得应称取 $H_2C_2O_4 \cdot 2H_2O$ 质量范围；$M_{H_2C_2O_4 \cdot 2H_2O} = 126.07g/mol$。

0.0001g)草酸基准物❶三份,分别置于250mL锥形瓶中,加50mL新沸的冷纯水,小心振摇,使其溶解,加2~3滴酚酞指示剂❷,用待标定的NaOH标准溶液滴定至溶液由无色变为微红色。30s内不褪色即为终点❸。计算NaOH溶液的浓度❹。

0.5mol/L NaOH溶液的标定:称取基准物$H_2C_2O_4 \cdot 2H_2O$的质量为0.63~1.0g(准确至0.0001g),测定步骤同1mol/L NaOH溶液标定。

0.1mol/L NaOH溶液的标定:称取基准物$H_2C_2O_4 \cdot 2H_2O$的质量为0.13~0.2g(准确至0.0001g),测定步骤同1mol/L NaOH溶液标定。

③ 用比较法标定氢氧化钠标准溶液 标定步骤:精密移取已知准确浓度的1mol/L(或0.5mol/L、0.1mol/L)HCl溶液25.00mL于250mL锥形瓶中,加2滴0.2%酚酞指示剂,用1mol/L(或0.5mol/L、0.1mol/L)NaOH溶液滴定至溶液呈微红色,30s内不褪即为终点。

根据移取的盐酸标准溶液的体积(25.00mL)、盐酸的浓度c_{HCl}(mol/L)和滴定时消耗的氢氧化钠标准溶液的体积V_{NaOH}(mL),按下式计算氢氧化钠标准溶液的准确浓度:

$$c_{NaOH} = \frac{c_{HCl} \times 25.00}{V_{NaOH}}$$

(3) 注意事项

① 滴定时应不断振摇,但滴定时间不宜太久,以免空气中二氧化碳进入溶液而引起误差。

② 为了消除加入的纯水中CO_2的影响,有时标定时同时滴定一份空白溶液,并从滴定邻苯二甲酸氢钾所用的氢氧化钠溶液中减去此数值,按下式计算氢氧化钠溶液的准确浓度。

$$c_{NaOH} = \frac{m_{KHC_8H_4O_4} \times 1000}{(V-V_0) \times 204.2}$$

式中,$m_{KHC_8H_4O_4}$为邻苯二甲酸氢钾的质量,g;V为滴定邻苯二甲酸氢钾所用的氢氧化钠溶液的体积,mL;V_0为滴定空白溶液所用氢氧化钠溶液的体积,mL;

---

❶ 草酸基准物含有2个结晶水,可将其保存在磨口玻璃瓶中,不能放在干燥器中保存,否则会风化失水。

❷ 酚酞指示剂:0.2%乙醇溶液。

❸ 标定氢氧化钠溶液时,以酚酞为指示剂,溶液刚呈微红色,且30s不褪色即为终点,时间稍长,微红色慢慢褪去,是由于溶液吸收空气中CO_2形成H_2CO_3,而使溶液的pH值下降所致。30s内如果褪色,说明反应没到终点。

❹ 根据称取$H_2C_2O_4 \cdot 2H_2O$的质量$m_{H_2C_2O_4 \cdot 2H_2O}$(g)及滴定消耗氢氧化钠标准溶液的体积$V_{NaOH}$(mL),计算氢氧化钠标准溶液的浓度$c_{NaOH}$(mol/L):

$$c_{NaOH} = \frac{2m_{H_2C_2O_4 \cdot 2H_2O} \times 1000}{V_{NaOH} M_{H_2C_2O_4 \cdot 2H_2O}}$$

式中,$M_{H_2C_2O_4 \cdot 2H_2O} = 126.07$g/mol。

204.2为邻苯二甲酸氢钾的摩尔质量，g/mol。

③ 若采用比较法标定NaOH溶液时，用盐酸滴定氢氧化钠溶液（以甲基红或甲基橙为指示剂），由于被滴定的NaOH溶液吸收空气中的CO_2，会使比较法与用基准物标定的结果不一致。

4.4.2 盐酸标准溶液的配制与标定

在酸碱滴定中，常用的是盐酸标准溶液。由于浓盐酸有挥发性，因此不能采用直接法配制，而是采用间接法配制，即先配成近似浓度，再标定其准确浓度。配制成的浓度一般为0.1mol/L，有时也配成1mol/L或0.01mol/L。配制成的稀盐酸溶液相当稳定，只要妥善保管，其浓度不会改变。此外，根据实际需要，也用硫酸或硝酸配制酸标准溶液。标定酸标准溶液的基准物最常用的是无水碳酸钠和硼砂。

(1) 盐酸标准溶液的配制

配制不同浓度的HCl溶液，根据下列公式量取浓盐酸（12mol/L）的体积：

$$V_{浓} = \frac{c_{HCl} V_{HCl}}{12}$$

式中，$V_{浓}$为需取浓盐酸溶液的体积，mL；V_{HCl}为需配制的盐酸溶液的体积，mL；c_{HCl}为需配制的盐酸溶液的浓度，mol/L；12为浓盐酸溶液的浓度，mol/L。

1mol/L盐酸溶液的配制：用量筒量取83mL浓盐酸于适量纯水中，加纯水稀释至1000mL，摇匀。

1000mL 0.5mol/L和0.1mol/L盐酸溶液的配制方法与1mol/L盐酸溶液的配制方法相同，只是量取浓盐酸的量分别为41mL和9mL。

(2) 盐酸标准溶液的标定

用于标定盐酸溶液的常用基准物有无水碳酸钠和硼砂。

① 用无水碳酸钠基准物标定盐酸溶液　碳酸钠作为基准物质的主要优点是易提纯，价格便宜，但其摩尔质量较小（105.99g/mol），终点时指示剂变色不很敏锐。碳酸钠具有吸湿性，故使用前必须在270~300℃烘箱内干燥约1h，置于干燥器中备用。

碳酸钠标定盐酸反应式如下：

$$Na_2CO_3 + 2HCl = 2NaCl + CO_2 + H_2O$$

化学计量点时溶液的pH=3.9，故选用甲基红或甲基橙作指示剂。

1mol/L盐酸溶液的标定：用称量瓶[1]精密称取1.1~1.6g[2]（准确至0.0001g）

---

[1] 称量瓶要带盖称量，同时称量速度要快，以免Na_2CO_3吸收空气中的水分而引起误差。

[2] 需称取Na_2CO_3的质量，按下列公式计算：

$$m_{Na_2CO_3} = \frac{1}{2} c_{HCl} V_{HCl} M_{Na_2CO_3} \times 10^{-3}$$

式中，$m_{Na_2CO_3}$为应称取Na_2CO_3的质量，g；c_{HCl}为需标定的HCl溶液的浓度，mol/L；V_{HCl}为滴定时估算需消耗的HCl溶液的体积，20~30mL；$M_{Na_2CO_3}$为106.0g/mol。

无水碳酸钠基准物❶三份,分别置于 250mL 锥形瓶中,加 50mL 纯水溶解,加 1~2 滴甲基橙指示剂❷,分别用待标定的盐酸标准溶液滴定至溶液由黄色变为橙色。煮沸 2min,冷却后继续滴定至溶液再呈橙色❸即为终点。计算盐酸溶液的浓度❹。

0.5mol/L 和 0.1mol/L 盐酸溶液的标定:测定步骤同 1mol/L 盐酸溶液的标定,只是称取基准物无水碳酸钠的质量分别为 0.53~0.80g 和 0.11~0.16g。

② 用硼砂($Na_2B_4O_7 \cdot 10H_2O$)基准物标定盐酸标准溶液　硼砂作为基准物质的优点是吸湿性小,易制备成纯品,摩尔质量较大(381.37g/mol)。但由于含结晶水,当空气中湿度小于 39% 时,明显风化而失水成五水化合物,因此,干燥的硼砂应保存在相对湿度为 60% 的恒湿器中(在干燥器底部装以蔗糖和氯化钠饱和溶液,其上部空气的相对湿度即为 60%)。

硼砂标定 HCl 的反应式如下:

$$Na_2B_4O_7 \cdot 10H_2O + 2HCl = 4H_3BO_3 + 2NaCl + 5H_2O$$

或

$$B_4O_7^{2-} + 5H_2O = 2H_3BO_3 + 2H_2BO_3^-$$

$$H_2BO_3^- + H^+ = H_3BO_3$$

化学计量点时产物为很弱的硼酸,此时,溶液的 pH 值为 5.1,可选用甲基红为指示剂。

1mol/L 盐酸溶液的标定步骤:精密称取 3.8~5.7g❺(准确至 0.0001g)硼砂基准物❻三份,分别置于 250mL 锥形瓶中,加入 50mL 纯水溶解,加 2 滴甲基红指示剂❼,用待标定的盐酸标准溶液滴定至溶液由黄色变为微红色即为终点。计算盐

---

❶ 无水碳酸钠应在烘箱中于 270~300℃ 干燥 1h 后,置于干燥器内冷却至室温后备用。

❷ 甲基橙指示剂:0.2% 水溶液。

❸ 用无水 Na_2CO_3 标定盐酸时,由于反应本身产生 H_2CO_3,而使滴定突跃不明显,致使指示剂变色不够敏锐。因此,在接近滴定终点之前,将溶液煮沸,并摇动赶走 CO_2,冷却后再滴定可减小滴定误差。

❹ 根据称取 Na_2CO_3 的质量(g)及滴定消耗 HCl 标准溶液的体积 V_{HCl}(mL),计算盐酸标准溶液的浓度 c_{HCl}(mol/L):

$$c_{HCl} = \frac{2m_{Na_2CO_3} \times 1000}{V_{HCl} M_{Na_2CO_3}}$$

式中,$M_{Na_2CO_3} = 106.0$g/mol。

❺ 需称取 $Na_2B_4O_7 \cdot 10H_2O$ 的质量,按下式计算:

$$m_{Na_2B_4O_7 \cdot 10H_2O} = \frac{1}{2} c_{HCl} V_{HCl} M_{Na_2B_4O_7 \cdot 10H_2O} \times 10^{-3}$$

式中,$m_{Na_2B_4O_7 \cdot 10H_2O}$ 为 $Na_2B_4O_7 \cdot 10H_2O$ 的质量,g;c_{HCl} 为需标定的 HCl 溶液的浓度,mol/L;V_{HCl} 为滴定时估算需消耗的 HCl 溶液的体积,20~30mL;$M_{Na_2B_4O_7 \cdot 10H_2O} = 381.4$g/mol。

❻ 硼砂应保存在恒湿器中(在干燥器底部装以蔗糖和氯化钠饱和溶液,其上部放置硼砂)。

❼ 甲基红指示剂:0.2% 钠盐的水溶液或 60% 的乙醇溶液。

酸溶液的浓度❶。

0.5mol/L 和 0.1mol/L 盐酸溶液的标定：测定步骤同 1mol/L 盐酸溶液的标定，只是称取基准物硼砂的质量分别为 1.9~2.8g 和 0.38~0.57g。

③ 比较法标定盐酸溶液　标定步骤：精密移取 25.00mL 已知准确浓度的 1mol/L(或 0.5mol/L、0.1mol/L) HCl 溶液于 250mL 锥形瓶中，加 2 滴酚酞指示剂，用 1mol/L(或 0.5mol/L、0.1mol/L)NaOH 溶液滴定至溶液呈微红色，30s 内不褪色即为终点。

根据移取的盐酸标准溶液的体积（25.00mL）、氢氧化钠的浓度 c_{NaOH}(mol/L) 和滴定时消耗的氢氧化钠标准溶液的体积 V_{NaOH}(mL)，按下式计算盐酸标准溶液的准确浓度：

$$c_{HCl} = \frac{c_{NaOH} V_{NaOH}}{25.00}$$

4.4.3　硫酸标准溶液的配制与标定

(1) 硫酸标准溶液的配制

配制不同浓度的硫酸溶液，根据下列公式量取浓硫酸（18mol/L）的体积：

$$V_{浓} = \frac{c_{H_2SO_4} V_{H_2SO_4}}{18}$$

式中，$V_{浓}$ 为需取浓硫酸溶液的体积，mL；$c_{H_2SO_4}$ 为需配制的硫酸溶液的浓度，mol/L；$V_{H_2SO_4}$ 为需配制的硫酸溶液的体积，mL；18 为浓硫酸溶液的浓度，mol/L。

1mol/L 硫酸溶液的配制：用量筒量取 56mL 浓硫酸，缓缓加入到盛有 1000mL 纯水的烧杯中，边加边搅拌，放冷至室温，摇匀。

1000mL 0.5mol/L 和 0.1mol/L 硫酸溶液的配制方法与 1mol/L 硫酸溶液的配制相同，只是量取浓硫酸的量分别为 28mL 和 6mL。

(2) 硫酸标准溶液的标定

用基准物无水碳酸钠标定硫酸时的滴定反应式如下：

$$Na_2CO_3 + H_2SO_4 =\!=\!= Na_2SO_4 + CO_2 + H_2O$$

---

❶ 根据硼砂的质量 $m_{Na_2B_4O_7 \cdot 10H_2O}$(g) 及滴定消耗 HCl 标准溶液的体积 V_{HCl}(mL)，计算盐酸标准溶液的浓度 c_{HCl}(mol/L)：

$$c_{HCl} = \frac{2 m_{Na_2B_4O_7 \cdot 10H_2O} \times 1000}{V_{HCl} M_{Na_2B_4O_7 \cdot 10H_2O}}$$

式中，$M_{Na_2B_4O_7 \cdot 10H_2O} = 381.4$g/mol。

1mol/L 硫酸溶液的标定步骤：将无水碳酸钠于 270～300℃的烘箱内干燥 1h 后，放入干燥器内冷却至室温。标定时，应用称量瓶❶精密称取 2.1～3.2g❷（准确至 0.0001g）无水碳酸钠基准物三份，分别置于 250mL 锥形瓶中，加 50mL 纯水溶解，加 1～2 滴 0.2%甲基橙指示剂，用待标定的硫酸溶液滴定至溶液由黄色变为橙色即为终点。计算硫酸溶液的浓度❸。

0.5mol/L 和 0.1mol/L 硫酸溶液的标定：测定步骤同 1mol/L 硫酸溶液的标定，只是称取基准物无水碳酸钠的量分别为 1.0～1.6g 和 0.21～0.32g。

4.4.4　EDTA 标准溶液的配制与标定

(1) EDTA 标准溶液的配制

EDTA 标准溶液一般采用 $Na_2H_2Y·2H_2O$ 配制。常用的 EDTA 标准溶液的浓度为 0.01～0.2mol/L。根据需要配制一定浓度的 EDTA 溶液时，按下式计算称取 $Na_2H_2Y·2H_2O$ 的量：

$$m_{EDTA}=c_{EDTA}V_{EDTA}M_{Na_2H_2Y·2H_2O}\times 10^{-3}$$

式中，m_{EDTA} 为需称取 EDTA 的质量，g；c_{EDTA} 为需配制的 EDTA 浓度，mol/L；V_{EDTA} 为需配制的 EDTA 的体积，mL；$M_{Na_2H_2Y·2H_2O}=372.24$ g/mol。

0.02mol/L 的 EDA 溶液的配制：于台秤上称取 7.5g $Na_2H_2Y·2H_2O$，溶解于适量温热纯水中，必要时可加热，冷却后用纯水稀释至 1L。

0.02000mol/L 的 EDA 溶液的配制：于分析天平上称取 7.4450g EDTA 基准试剂，溶于 100mL 温热纯水中，必要时可加热，冷却后定量转移到 1000mL 容量瓶中，用纯水稀释至刻度，摇匀。

EDTA 溶液应贮存于聚乙烯容器中，浓度基本不变。若长久贮于玻璃器皿中，根据玻璃材质不同，EDTA 将不同程度地溶解玻璃中的 Ca^{2+} 而生成 CaY，EDTA 溶液的浓度将慢慢降低，因此在使用一段时间后，对 EDTA 溶液的浓度作一次检查性的标定。

(2) EDTA 标准溶液的标定

---

❶ 称量瓶要带盖称量，同时称量速度要快，以免 Na_2CO_3 吸收空气中的水分而引起误差。

❷ 需称取 Na_2CO_3 的质量，按下列公式计算：

$$m_{Na_2CO_3}=c_{H_2SO_4}V_{H_2SO_4}M_{Na_2CO_3}\times 10^{-3}$$

式中，$m_{Na_2CO_3}$ 为应称取 Na_2CO_3 的质量，g；$c_{H_2SO_4}$ 为需标定的硫酸溶液的浓度，mol/L；$V_{H_2SO_4}$ 为滴定时估算需消耗的硫酸溶液的体积，20～30mL；$M_{Na_2CO_3}=106.0$g/mol。

❸ 根据称取 Na_2CO_3 的质量 (g) 及滴定消耗 H_2SO_4 标准溶液的体积 $V_{H_2SO_4}$ (mL)，计算 H_2SO_4 标准溶液的浓度 $c_{H_2SO_4}$ (mol/L)：

$$c_{H_2SO_4}=\frac{m_{Na_2CO_3}\times 1000}{V_{H_2SO_4}M_{Na_2CO_3}}$$

式中，$M_{Na_2CO_3}=106.0$g/mol。

试剂纯EDTA可以制成基准物并直接配制成标准溶液。但在实际工作中，一般将EDTA配制成近似浓度的溶液，然后进行标定。标定EDTA标准溶液的基准物较多，有纯金属锌、铜、铅、铋、氧化锌、氧化钙以及$CaCO_3$、$MgCO_3·7H_2O$等化合物，根据分析需要选择与被测组分相同的物质作基准物标定EDTA浓度，这样标定与测定条件一致，可减小误差。为避免引起系统误差，最好是用被测元素的纯金属或化合物作基准物。

EDTA标准溶液的标定常用基准物有氧化锌、金属锌及碳酸钙。

① 以ZnO为基准物标定0.02mol/L EDTA标准溶液　称取0.32～0.49g❶（精确至0.0001g）ZnO基准物❷于250mL烧杯中，用少量蒸馏水湿润，然后从烧杯嘴边小心地逐滴加入HCl（1+1）溶液，边加边搅拌至ZnO完全溶解，然后定量移入250mL容量瓶中，用纯水稀释至刻度，摇匀。

用移液管移取25.00mL上述溶液三份，分别置于250mL锥形瓶中，加1滴甲基红指示剂❸，滴加适量氨水至溶液显微黄色❹，加纯水25mL，加10mL pH=10氨-氯化铵缓冲溶液❺和5滴铬黑T指示剂❻，用待标定的EDTA标准溶液滴定至溶液由紫红色变为纯蓝色❼即为终点。计算EDTA标准的浓度❽。

② 以金属锌为基准物标定0.02mol/L EDTA标准溶液

---

❶ 需称取ZnO的质量，按下列公式计算：

$$m_{ZnO} = \frac{250}{25} c_{EDTA} V_{EDTA} M_{ZnO} \times 10^{-3}$$

$$\frac{250}{25} = \frac{容量瓶的体积(mL)}{移取ZnO基准物溶液的体积(mL)}$$

式中，m_{ZnO}为应称取ZnO的质量，g；c_{EDTA}为需标定的EDTA溶液的浓度，mol/L；V_{EDTA}为滴定时估算需消耗EDTA溶液的体积，20～30mL；$M_{ZnO}=81.38$g/mol。

❷ 标定前，应将ZnO放入瓷坩埚中，在高温炉内于800～1000℃灼烧2～3h，然后放在干燥器内冷却保存。

❸ 甲基红指示剂：0.2%钠盐的水溶液或60%的乙醇溶液。

❹ 调节pH值约为6。

❺ 控制pH=10。

❻ 铬黑T指示剂：取0.5g铬黑T，加氨-氯化铵缓冲液10mL，溶解后，加适量乙醇稀释成100mL，即得。本液不宜久贮。

❼ 配位反应速率较慢，故滴入EDTA溶液速度不能太快，特别是近终点时，应逐滴加入并充分摇动。

❽ 根据称取ZnO的质量（g）及滴定消耗EDTA标准溶液的体积V_{EDTA}（mL），计算EDTA标准溶液的浓度c_{EDTA}（mol/L）：

$$c_{EDTA} = \frac{m_{ZnO} \times \frac{25.00}{250.0}}{V_{EDTA} M_{ZnO}} \times 1000$$

式中，$\frac{25.00}{250.0} = \frac{移取ZnO基准物溶液的体积(mL)}{容量瓶的体积(mL)}$；$M_{ZnO}=81.38$g/mol。

a. 以二甲酚橙为指示剂标定 0.02mol/L EDTA 标准溶液　称取 0.26~0.39g❶（精确至 0.0001g）纯金属锌❷于 250mL 烧杯中，加 10mL HCl(1+1)。必要时加热使金属锌完全溶解，然后定量移入 250mL 容量瓶中，用纯水稀释至刻度，摇匀。

用移液管移取 25.00mL 上述溶液三份，分别置于 250mL 锥形瓶中，加纯水 20mL 和 2~3 滴二甲酚橙指示剂，滴加 20％六亚甲基四胺溶液至溶液为稳定的紫红色❸，再多加 5mL❹，用待标定的 EDTA 标准溶液滴定至溶液由紫红色变为亮黄色即为终点。计算 EDTA 溶液的浓度❺。

b. 以铬黑 T 为指示剂标定 0.02mol/L EDTA 标准溶液　用移液管移取 25.00mL 上述用金属锌配制的基准物溶液三份，分别置于 250mL 锥形瓶中，滴加氨水（1+1）至开始析出 $Zn(OH)_2$ 白色沉淀❻。加 10mL pH=10 氨-氯化铵缓冲溶液❼和 5 滴铬黑 T 指示剂，加 25mL 纯水，用待标定的 EDTA 标准溶液滴定至溶液由紫红色变为纯蓝色即为终点。EDTA 标准溶液浓度的计算公式同上。

③ 以 $CaCO_3$ 为基准物标定 0.02mol/L EDTA 标准溶液　称取 0.40~0.60g❽

---

❶ 需称取锌的质量，按下列公式计算：
$$m_{Zn}=\frac{250}{25}c_{EDTA}V_{EDTA}M_{Zn}\times 10^{-3}$$
$$\frac{250}{25}=\frac{容量瓶的体积(mL)}{移取 Zn 基准物溶液的体积(mL)}$$

式中，m_{Zn} 为应称取锌的质量，g；c_{EDTA} 为需标定的 EDTA 溶液的浓度，mol/L；V_{EDTA} 为滴定时估算需消耗的 EDTA 溶液的体积，20~30mL；$M_{Zn}=65.39$g/mol。

❷ 新制备的纯锌碎屑可以直接使用。如果时间较长，可以用 HCl(1+1) 洗除表面的氧化物，然后用水洗去 HCl，再用丙酮清洗。待丙酮气味散去后，于 110℃干燥数分钟备用。

❸ 六亚甲基四胺（$pK_a=5.15$）溶液为缓冲溶液，此处起中和盐酸的作用，调节 pH 值至 5 左右。

❹ 控制调节 pH5~6。

❺ 根据称取锌的质量 m_{Zn}(g) 及滴定消耗 EDTA 标准溶液的体积 V_{EDTA}(mL)，计算 EDTA 标准溶液的浓度 c_{EDTA}(mol/L)：

$$c_{EDTA}=\frac{m_{Zn}\times\frac{25.00}{250.0}}{V_{EDTA}M_{Zn}}\times 1000$$

式中，$\frac{25.00}{250.0}=\frac{移取 Zn 基准物溶液的体积(mL)}{容量瓶的体积(mL)}$；$M_{Zn}=65.39$g/mol。

❻ 作中和酸度用。

❼ 控制 pH=10。在此 pH 值条件下，$Zn(OH)_2$ 溶解。

❽ 需称取 $CaCO_3$ 的质量，按下列公式计算：
$$m_{CaCO_3}=\frac{250}{25}c_{EDTA}V_{EDTA}M_{CaCO_3}\times 10^{-3}$$
$$\frac{250}{25}=\frac{容量瓶的体积(mL)}{移取 CaCO_3 基准物溶液的体积(mL)}$$

式中，m_{CaCO_3} 为应称取 $CaCO_3$ 的质量，g；c_{EDTA} 为需标定的 EDTA 溶液的浓度，mol/L；V_{EDTA} 为滴定时估算需消耗的 EDTA 溶液的体积，20~30mL；$M_{CaCO_3}=100.09$g/mol。

(精确至 0.0001g) CaCO₃ 基准物❶，置于 250mL 烧杯中，加少量纯水湿润成糊状❷，盖上表面皿，从烧杯嘴处小心滴加 HCl(1+1) 溶液❸，使 CaCO₃ 全部溶解，用少量纯水冲洗表面皿，然后定量转移至 250mL 容量瓶中，用纯水稀释至刻度，摇匀。

用移液管移取 25.00mL 上述溶液三份，分别置于 250mL 锥形瓶中，加 25mL 纯水和 10mL 10％NaOH 溶液❹，加 100mg 钙指示剂❺，用待标定的 EDTA 标准溶液滴定❻至溶液由紫红色变为纯蓝色❼即为终点。计算 EDTA 溶液的浓度❽。

在 0.02mol/L EDTA 标准溶液的标定时，称取的基准物的质量都大于 0.1g 以上，并且都使用了容量瓶，目的是为了减小测量误差。如果标定 0.2mol/L EDTA 标准溶液，按 0.02mol/L EDTA 标准溶液的标定时的要求称取同样质量的基准物，就不需容量瓶进行稀释，也不要用移液管移取 25.00mL 基准物溶液，其他步骤基本上相同。

4.4.5 锌标准溶液的配制与标定

0.1mol/L 锌标准溶液的配制方法：在台秤上称取硫酸锌约 16g（相当于锌约 3.3g），加入 10mL 盐酸 (1+1) 与适量纯净水，使溶解成 1000mL。

0.1mol/L 锌标准溶液的标定步骤：精密移取 25.00mL 上述待标定的锌标准溶液三份，分别置于 250mL 锥形瓶中，加 1 滴甲基红指示剂❾，于适量的氨试液至溶液显微黄色❿后，加 25mL 纯净水、10mL 氨-氯化铵缓冲溶液⓫及铬黑 T 指示剂 6 滴，用 0.1mol/L EDTA 标准溶液滴定至溶液由紫色转变为纯蓝色⓬即为终点。计

---

❶ CaCO₃ 基准物应在 120℃干燥 2h，稍冷后置于干燥器中冷却至室温备用。

❷ 湿润成糊状及小心滴加盐酸的目的是防止 HCl 与 CaCO₃ 反应激烈，产生 CO₂ 使 CaCO₃ 飞溅带来损失。

❸ 湿润成糊状及小心滴加盐酸的目的是防止 HCl 与 CaCO₃ 反应激烈，产生 CO₂ 使 CaCO₃ 飞溅带来损失。

❹ 控制 pH=12.5～13。

❺ 钙指示剂：1g 钙指示剂与 99g 烘干的 NaCl 共研磨，混匀存于磨口瓶内。

❻ 配位反应速率较慢，滴定时速度不能太快，特别是近终点时，应逐滴加入并充分振摇，否则易过终点。

❼ 此时，若变色缓慢，可近终点前将溶液加热至约 60℃。

❽ 根据称取基准物 CaCO₃ 的质量 m_{CaCO_3}(g) 及滴定消耗 EDTA 的体积 V_{EDTA}(mL)，计算 EDTA 溶液的浓度 c_{EDTA}(mol/L)：

$$c_{EDTA} = \frac{m_{CaCO_3} \times \frac{25.00}{250.0}}{V_{EDTA} M_{CaCO_3}} \times 1000$$

式中，$\frac{25.00}{250.0} = \frac{\text{移取 CaCO}_3 \text{基准物溶液的体积(mL)}}{\text{容量瓶的体积(mL)}}$；$M_{CaCO_3}=100.09\text{g/mol}$。

❾ 甲基红指示剂：0.025％乙醇溶液，起着指示中和酸度的作用。

❿ 中和酸度，使 pH 值约为 6。

⓫ 控制 pH=10。

⓬ 指示剂变色原理：Zn-EBT（紫红）+ $H_2Y \Longrightarrow ZnY + H_2EBT$（纯蓝色）。

算锌标准溶液的浓度❶。

4.4.6 镁标准溶液的配制与标定

0.1mol/L 镁标准溶液的配制方法：在台秤上称取 21g $MgCl_2 \cdot 6H_2O$ 或 25g $MgSO_4 \cdot 7H_2O$ 溶于 1000mL 含有 1~2mL 盐酸的纯水中。

0.1mol/L 镁标准溶液的标定步骤：精密移取 25.00mL 待标定的镁标准溶液三份，分别置于 250mL 锥形瓶中，加 70mL 纯水和 10mL pH=10 的氨-氯化铵缓冲溶液，加入 5 滴铬黑 T 指示剂，用 0.1mol/L EDTA 标准溶液滴定至溶液由紫色变为纯蓝色即为终点。

根据 EDTA 滴定的浓度 c_{EDTA}(mol/L) 和滴定消耗的体积 V_{EDTA}(mL)，计算镁标准溶液的浓度 c_{Mg}(mol/L)：

$$c_{Mg}=\frac{c_{EDTA}V_{EDTA}}{25.00}$$

4.4.7 铅标准溶液的配制与标定

0.05mol/L 铅标准溶液的配制方法：在台秤上称取 17g $Pb(NO_3)_2$ 溶于 1000mL 纯水中。

0.05mol/L 铅标准溶液的标定步骤：精密移取 25.00mL 待标定的铅标准溶液三份，分别置于 250mL 锥形瓶中，加 3mL 冰乙酸和 6g 六亚甲基四胺，70mL 纯水，加 2 滴二甲酚橙指示剂，用 0.05mol/L EDTA 标准溶液滴定至溶液由红色变为亮黄色即为终点。

根据 EDTA 滴定的浓度 c_{EDTA}(mol/L) 和滴定消耗的体积 V_{EDTA}(mL)，计算铅标准溶液的浓度 c_{Pb}(mol/L)：

$$c_{Pb}=\frac{c_{EDTA}V_{EDTA}}{25.00}$$

4.4.8 高锰酸钾标准溶液的配制与标定

(1) 高锰酸钾标准溶液的配制

纯的 $KMnO_4$ 是很稳定的，但 $KMnO_4$ 很难被制备成纯品，市售的 $KMnO_4$ 中常含有少量杂质，如 MnO_2、氯化物、硫酸盐、硝酸盐等，故将 $KMnO_4$ 溶液配制成近似浓度，再以基准物标定。

$KMnO_4$ 的氧化能力很强，易与纯水中痕量还原性物质如有机物、尘埃等作用，生成二氧化锰，同时，在 $KMnO_4$ 溶液放置过程中，二氧化锰会催化高锰酸钾自行分解，尤其在光照下，二氧化锰的催化作用更明显。

---

❶ 根据移取锌的标准溶液体积（25.00mL）及 EDTA 标准溶液的浓度 c_{EDTA}(mol/L) 和滴定消耗 EDTA 的体积 V_{EDTA}(mL)，计算锌标准溶液的浓度：

$$c_{Zn}=\frac{c_{EDTA}V_{EDTA}}{25.00}$$

$$4MnO_4^- + 2H_2O =\!\!=\!\!= 4MnO_2\downarrow + 3O_2\uparrow + 4OH^-$$

可见，$KMnO_4$ 溶液浓度容易改变，所以不能用直接法配制 $KMnO_4$ 标准溶液。为了得到稳定的 $KMnO_4$ 溶液，因此在配制 $KMnO_4$ 标准溶液时，还应注意以下几点。

① 称取 $KMnO_4$ 的质量应稍高于理论计算值，溶解于一定的蒸馏水中。

② 将配制好的 $KMnO_4$ 溶液加热煮沸，并微沸15min，然后将溶液在室温下放置2d以上，使还原性物质全部被氧化。

③ 用微孔玻璃漏斗或玻璃棉过滤，滤去 MnO_2 沉淀。

④ 为防止 $KMnO_4$ 见光分解，应将 $KMnO_4$ 溶液置于棕色瓶中，并于暗处避光保存。

$KMnO_4$ 在酸性溶液中与还原剂作用时，MnO_4^- 被还原为 Mn^{2+}，半反应式如下：

$$MnO_4^- + 8H^+ + 5e^- =\!\!=\!\!= Mn^{2+} + 4H_2O$$

反应中得到 $5e^-$，即 $n=5$，所以，高锰酸钾的基本单元可以是 $\frac{1}{5}KMnO_2$，其浓度用 $c_{1/5KMnO_4}$ 表示；基本单元也可以是 $KMnO_4$，其浓度用 c_{KMnO_4} 表示。

配制一定体积某浓度的 $KMnO_4$ 标准溶液，按下式计算应称取 $KMnO_4$ 的质量：

$$m_{KMnO_4} = c_{1/5\ KMnO_4} V_{KMnO_4} M_{1/5\ KMnO_4} \times 10^{-3}$$

或

$$m_{KMnO_4} = c_{KMnO_4} V_{KMnO_4} M_{KMnO_4} \times 10^{-3}$$

式中，m_{KMnO_4} 为需称取 $KMnO_4$ 的质量，g；$c_{1/5\ KMnO_4}$、c_{KMnO_4} 分别为基本单元 $\frac{1}{5}KMnO_4$ 和 $KMnO_4$ 的高锰酸钾浓度，mol/L；V_{KMnO_4} 为需配制 $KMnO_4$ 溶液的体积，mL；$M_{1/5\ KMnO_4} = \frac{158.04}{5}$ g/mol $= 31.61$ g/mol；$M_{KMnO_4} = 158.04$ g/mol。

高锰酸钾标准溶液（$c_{1/5\ KMnO_4} = 0.1$ mol/L 或 $c_{KMnO_4} = 0.02$ mol/L）的配制方法：在台秤上称取 3.3～3.5g $KMnO_4$，加1000mL纯水，煮沸15min，冷却后置于棕色瓶中暗处放置2d以上。用3号或4号微孔玻璃漏斗过滤，滤液摇匀，保存于棕色瓶中。

(2) 高锰酸钾标准溶液的标定

标定 $KMnO_4$ 标准溶液的基准物质很多，如 $Na_2C_2O_4$、$H_2C_2O_4 \cdot 2H_2O$、As_2O_3、纯铁丝和 $(NH_4)_2Fe(SO_4)_2 \cdot 6H_2O$ 等。其中常用的是 $Na_2C_2O_4$，因为 $Na_2C_2O_4$ 容易提纯，不含结晶水，性质稳定，$Na_2C_2O_4$ 在105～110℃干燥约2h，

冷却后就可使用。

① 高锰酸钾标准溶液标定时滴定的条件　在硫酸介质中，$KMnO_4$ 与 $Na_2C_2O_4$ 的滴定反应如下：

$$2MnO_4^- + 5C_2O_4^{2-} + 16H^+ =\!=\!= 2Mn^{2+} + 10CO_2\uparrow + 8H_2O$$

为了使滴定反应能够迅速地定量进行，应注意滴定条件，将其归纳为三度一点，即滴定温度、酸度、速度和终点，现叙述如下。

a. 滴定温度　在室温下，滴定反应速率缓慢，因此，应将溶液加热至 75～85℃进行滴定。滴定完成后溶液的温度不应低于 60℃。虽然加热可提高反应速率，但是也要注意温度不能过高，如>90℃时，会使部分 $C_2O_4^{2-}$ 分解：

$$H_2C_2O_4 =\!=\!= CO_2\uparrow + CO\uparrow + H_2O$$

b. 滴定酸度　高锰酸钾法一般在是强酸性条件下进行，因此滴定开始时溶液的酸度为 1mol/L，滴定结束时的酸度为 0.5mol/L。酸度太低，容易生成水合二氧化锰（$MnO_2 \cdot H_2O$）沉淀；酸度太高，$H_2C_2O_4$ 会分解。

c. 滴定速度　$KMnO_4$ 与 $Na_2C_2O_4$ 的反应速率较慢，用 $KMnO_4$ 溶液滴定时，当第一滴 $KMnO_4$ 溶液加入时，$KMnO_4$ 的颜色褪色很慢，当第二滴 $KMnO_4$ 溶液加入时，$KMnO_4$ 的颜色褪色较第一滴褪色要快一点，随着 $KMnO_4$ 的不断加入，颜色褪色不断加快，这是因为 $KMnO_4$ 与 $Na_2C_2O_4$ 的反应中，反应产物 Mn^{2+} 随着反应的进行，浓度在不断增加，它起着催化剂的作用。但是到近终点时，由于反应物的浓度降低，滴定反应速率降低，$KMnO_4$ 溶液的红色又褪色较慢。因此滴定速度一般是慢→快→慢。但是必须注意，在红色没有褪色之前，不能加入第二滴；滴定的速度快时，$KMnO_4$ 溶液也不能以直线滴入，否则会使 $KMnO_4$ 局部过浓，在热的酸性溶液中发生分解：

$$4MnO_4^- + 12H^+ =\!=\!= 4Mn^{2+} + 5O_2 + 6H_2O$$

d. 滴定终点　用 $KMnO_4$ 溶液滴定终点后，粉红色的颜色不稳定，其原因是空气中的还原性气体和尘埃与 MnO_4^- 缓慢作用而分解，使粉红色消失。因此，滴定到粉红色在 30s 内不消失，即可认为到达滴定终点。

② 高锰酸钾标准溶液的标定方法　标定的方法有 $Na_2C_2O_4$ 基准物法和碘量法。

a. 用 $Na_2C_2O_4$ 基准物标定 $KMnO_4$ 标准溶液的步骤　称取 0.14～0.20g❶（精

---

❶ 需称取 $Na_2C_2O_4$ 的质量，按下列公式计算：

$$m_{Na_2C_2O_4} = \frac{5}{2} c_{KMnO_4} V_{KMnO_4} M_{Na_2C_2O_4} \times 10^{-3}$$

式中，$m_{Na_2C_2O_4}$ 为应称取 $Na_2C_2O_4$ 的质量，g；c_{KMnO_4} 为需标定的 $KMnO_4$ 溶液的浓度，mol/L；V_{KMnO_4} 为滴定时估算需消耗 $KMnO_4$ 溶液的体积，20～30mL；$M_{Na_2C_2O_4}$ =134.0g/mol。

确至 0.0001g）$Na_2C_2O_4$ 基准物三份❶，分别置于 250mL 锥形瓶中，加纯水 40mL 和 10mL 3mol/L H_2SO_4 溶液❷，加热至 75～85℃❸，用待标定的 $KMnO_4$ 标准溶液滴定❹至溶液呈粉红色，并在 30s 内颜色不褪❺即为终点。计算 $KMnO_4$ 溶液的浓度❻。

并在 30s 内颜色不褪，即为终点。计算 $KMnO_4$ 溶液的浓度。

b. 用碘量法标定 $KMnO_4$ 标准溶液步骤　精密移取 25.00mL 待标定的高锰酸钾溶液于 250mL 碘量瓶❼中，加入 50mL 纯水、3mL 硫酸❼和 2g 碘化钾，置于暗处放置 10min❼。用 0.1mol/L $Na_2S_2O_3$ 标准溶液滴定❽至棕黄色变为淡黄色❾，加

---

❶ 基准物 $Na_2C_2O_4$ 应在 105～110℃干燥至恒重。

❷ $KMnO_4$ 法中一般用 H_2SO_4 调节酸度（控制酸度 pH=0.5～1），而不宜用 HNO_3 或 HCl 调节酸度。HNO_3 本身是一种氧化剂，而 HCl 却能被 $KMnO_4$ 氧化：

$$2MnO_4^- + 16H^+ + 10Cl^- \rightleftharpoons 2Mn^{2+} + 5Cl_2 + 8H_2O$$

❸ 75～85℃即开始冒蒸气时的温度；室温下，$KMnO_4$ 与 $Na_2C_2O_4$ 之间反应速率缓慢，需加热，但温度超过 90℃时，部分 $H_2C_2O_4$ 将分解。

❹ 开始时每加一滴 $KMnO_4$ 溶液应充分振摇至红色褪去，再滴加第二滴溶液，如此进行；随着溶液中 Mn^{2+} 的生成，反应速率逐渐增大，这时可以适当地加快滴定速度。若溶液温度不够，可在水浴中加热，继续滴定至溶液呈粉红色。如果在待滴定的溶液中加入 0.1g $MnSO_4$，第一滴 $KMnO_4$ 溶液加入后，红色立即消失。注意：滴定速度不能过快，否则部分 $KMnO_4$ 在热溶液中分解。

❺ 空气中的还原性气体和尘埃与 MnO_4^- 缓慢作用而分解，使得 $KMnO_4$ 红色消失。

❻ 根据称取 $Na_2C_2O_4$ 的质量 $m_{Na_2C_2O_4}$(g)，以及滴定消耗 $KMnO_4$ 溶液的体积 V_{KMnO_4}(mL)，计算 $KMnO_4$ 溶液的浓度 $c_{1/5\ KMnO_4}$ 或 c_{KMnO_4} (mol/L)：

$$c_{1/5\ KMnO_4} = \frac{m_{Na_2C_2O_4} \times 1000}{M_{1/2\ Na_2C_2O_4} V_{KMnO_4}}$$

或

$$c_{KMnO_4} = \frac{\frac{2}{5} m_{Na_2C_2O_4} \times 1000}{M_{Na_2C_2O_4} V_{KMnO_4}}$$

式中，$M_{1/2\ Na_2C_2O_4} = \frac{134.0}{2}$ g/mol = 67.00 g/mol；$M_{Na_2C_2O_4} = 134.0$ g/mol。

❼ 由于置换反应：$2MnO_4^- + 10I^- + 16H^+ \rightleftharpoons 2Mn^{2+} + 5I_2 + 8H_2O$ 的速率较慢，故须放置 10min，使反应完全。反应需在酸性条件下进行，故加入硫酸。为了防止置换反应析出的 I_2 的挥发，放置时须将碘量瓶盖盖上，并用水封。

❽ 滴定反应为：$I_2 + 2S_2O_3^{2-} \rightleftharpoons 2I^- + S_4O_6^{2-}$。

❾ 0.5%淀粉指示剂：称取 2.5g 可溶性淀粉，加少量硼酸（防腐剂），用少量水调成糊状，慢慢倒入 500mL 沸腾水中，继续煮沸至溶液呈透明。

淀粉指示剂应近终点加入，若加入过早，大量的 I_2 会与淀粉结合形成蓝色化合物，这部分 I_2 不易与 $Na_2S_2O_3$ 作用，从而产生较大的误差。故使 $Na_2S_2O_3$ 标准溶液与大量的 I_2 反应，近终点的颜色为淡黄色。

入 5mL 0.5%的淀粉指示剂❶，继续滴定至蓝色刚好消失❷即为终点。计算$KMnO_4$溶液的浓度❸。

注意事项：① 如果需配制浓度 $c_{1/5\ KMnO_4} = 0.01mol/L$ 的 $KMnO_4$ 标准溶液，可临时取 $c_{1/5\ KMnO_4} = 0.1mol/L$ 的 $KMnO_4$ 标准溶液稀释配制。$c_{1/5\ KMnO_4} = 0.01mol/L$ 的 $KMnO_4$ 标准溶液不稳定，不宜长期使用，只能使用时配制。
② $KMnO_4$标准溶液使用一段时间后如发现有MnO_2沉淀产生，这时需重新过滤和标定。

4.4.9 草酸、草酸盐标准溶液的配制与标定

（1）草酸、草酸钠标准溶液的配制

草酸钠的半反应式为：　　$C_2O_4^{2-} \rightleftharpoons 2CO_2 + 2e^-$

所以草酸钠的基本单元可以是 $\frac{1}{2}Na_2C_2O_4$，其浓度用 $c_{1/2\ Na_2C_2O_4}$ 表示；基本单元也可以用 $Na_2C_2O_4$，其浓度用 $c_{Na_2C_2O_4}$ 表示。

① 直接配制法　草酸钠标准溶液（$c_{1/2\ Na_2C_2O_4} = 0.1000mol/L$ 或 $c_{Na_2C_2O_4} = 0.05000mol/L$）的配制方法：准确称取 6.700g 草酸钠基准试剂，置于 100mL 烧杯中，加适量纯水溶解后，定量转移至 1000mL 容量瓶中，用纯水稀释至刻度，摇匀。

② 间接配制法　在台秤上称取 6.7g 分析纯草酸钠或 6.4g 分析纯草酸，置于 1000mL 烧杯中，加纯水溶解并制成 1000mL，转移至试剂瓶中，摇匀，待标定。

（2）$c_{1/2\ Na_2C_2O_4} = 0.1mol/L$ 或 $c_{Na_2C_2O_4} = 0.05mol/L$ 草酸或草酸钠溶液的标定

准确移取 25.00mL 待标定的草酸或草酸钠溶液于 250mL 锥形瓶中，加 50mL

---

❶ 0.5%淀粉指示剂：称取 2.5g 可溶性淀粉，加少量硼酸（防腐剂），用少量水调成糊状，慢慢倒入 500mL 沸腾水中，继续煮沸至溶液呈透明。

淀粉指示剂应近终点加入，若加入过早，大量的 I_2 会与淀粉结合形成蓝色化合物，这部分 I_2 不易与 $Na_2S_2O_3$ 作用，从而产生较大的误差。故使 $Na_2S_2O_3$ 标准溶液与大量的 I_2 反应，近终点的颜色为淡黄色。

❷ 碘与淀粉显蓝色，蓝色刚好消失，表明溶液中已无 I_2，终点已到。

❸ 根据 $Na_2S_2O_3$ 的浓度 $c_{Na_2S_2O_3}$ (mol/L) 及滴定消耗的体积 $V_{Na_2S_2O_3}$ (mL)，计算 $KMnO_4$ 标准溶液的浓度 $c_{1/5\ KMnO_4}$ 或 c_{KMnO_4} (mol/L)：

$$c_{1/5\ KMnO_4} = \frac{(cV)_{Na_2S_2O_3}}{25.00}$$

或

$$c_{KMnO_4} = \frac{\frac{1}{5}(cV)_{Na_2S_2O_3}}{25.00}$$

(2mol $KMnO_4$ ⇔ 5mol I_2 ⇔ 10mol $Na_2S_2O_3$，故 1mol $KMnO_4$ ⇔ 5mol $Na_2S_2O_3$)

纯水、3mL 硫酸和 0.1g $MnSO_4$，用 0.02mol/L $KMnO_4$ 标准溶液滴定至粉红色 30s 不褪色即为终点。

4.4.10 重铬酸钾标准溶液的配制与标定

(1) 重铬酸钾标准溶液的配制

$K_2Cr_2O_7$ 在酸性溶液中被还原为 Cr^{3+}，得到 $6e^-$，即 $n=6$，其半反应式为：

$$Cr_2O_7^{2-} + 14H^+ + 6e^- = 2Cr^{3+} + 7H_2O$$

所以，重铬酸钾的基本单元可以是 $\frac{1}{6}K_2Cr_2O_7$，其浓度用 $c_{1/6\,K_2Cr_2O_7}$ 表示；基本单元也可以是 $K_2Cr_2O_7$，其浓度用 $c_{K_2Cr_2O_7}$ 表示。

试剂纯 $K_2Cr_2O_7$ 从水中重结晶两次，随后将结晶置于烘箱 150～500℃ 烘干，即可得到基准 $K_2Cr_2O_7$。用 $K_2Cr_2O_7$ 配成的溶液很稳定，通常用直接称量法配制标准溶液。即准确称取一定质量的基准试剂 $K_2Cr_2O_7$ 固体，溶解后稀释至一定体积，可得准确浓度的标准溶液。配制一定体积某浓度的 $K_2Cr_2O_7$ 溶液，按下式计算需称取 $K_2Cr_2O_7$ 的质量：

$$m_{K_2Cr_2O_7} = c_{1/6\,K_2Cr_2O_7} V_{K_2Cr_2O_7} M_{1/6\,K_2Cr_2O_7} \times 10^{-3}$$

或

$$m_{K_2Cr_2O_7} = c_{K_2Cr_2O_7} V_{K_2Cr_2O_7} M_{K_2Cr_2O_7} \times 10^{-3}$$

式中，$m_{K_2Cr_2O_7}$ 为需称取 $K_2Cr_2O_7$ 基准物的质量，g；$c_{1/6\,K_2Cr_2O_7}$、$c_{K_2Cr_2O_7}$ 分别为基本单元 $\frac{1}{6}K_2Cr_2O_7$ 和 $K_2Cr_2O_7$ 的重铬酸钾浓度，mol/L；$V_{K_2Cr_2O_7}$ 为需配制 $K_2Cr_2O_7$ 溶液的体积，mL；$M_{1/6\,K_2Cr_2O_7} = \frac{294.19}{6} = 49.032\text{g/mol}$；$M_{K_2Cr_2O_7} = 294.19\text{g/mol}$。

① 直接配制法　重铬酸钾标准溶液（$c_{1/6\,K_2Cr_2O_7} = 0.1000\text{mol/L}$ 或 $c_{K_2Cr_2O_7} = 0.01667\text{mol/L}$）的配制方法：准确称取 4.9032g 在 140～150℃ 干燥至恒重的基准物 $K_2Cr_2O_7$，置于 100mL 烧杯中，用适量纯水溶解后，定量转移至 1000mL 容量瓶内，用纯水稀释至刻度，摇匀。

② 间接配制法　重铬酸钾标准溶液（$c_{1/6\,K_2Cr_2O_7} = 0.1000\text{mol/L}$ 或 $c_{K_2Cr_2O_7} = 0.01667\text{mol/L}$）的配制方法：在台秤上称取 5g 分析纯重铬酸钾于 1000mL 烧杯中，加纯水溶解后并制成 1000mL，转移至试剂瓶中，摇匀，待标定。

(2) 重铬酸钾标准溶液的标定

精密移取 25.00mL 待标定的重铬酸钾溶液于 500mL 碘量瓶❶中，加入 20mL

---

❶　由于置换反应：$Cr_2O_7^{2-} + 6I^- + 14H^+ = 2Cr^{3+} + 3I_2 + 7H_2O$ 的速率较慢，故须放置 10min，使反应完全。反应需在酸性条件下进行，故加入硫酸。为了防止置换反应析出的 I_2 的挥发，放置时须将碘量瓶盖盖上，并用水封。

H_2SO_4（1＋5）❶、2g KI，暗处放置 10min❶。加纯水 100mL❷，用 0.1mol/L $Na_2S_2O_3$ 标准溶液滴定❸至棕黄色变为淡黄色❹，加入 5mL 0.5％的淀粉指示剂❹，继续滴定至蓝色刚好消失❺，溶液呈亮绿色❺即为终点。计算重铬酸钾标准溶液浓度❻。

4.4.11 亚铁标准溶液的配制与标定

(1) 0.1mol/L 亚铁标准溶液的配制

亚铁标准溶液可以用硫酸亚铁铵或硫酸亚铁配制。

亚铁标准溶液的配制方法：在台秤上称取 40g 硫酸亚铁铵 $[(NH_4)_2Fe(SO_4)_2·6H_2O]$ 或 28g 硫酸亚铁（$FeSO_4·7H_2O$），于 1000mL 烧杯中，加入 300mL(1＋4) 硫酸使之溶解，加水至 1000mL，摇匀，待标定。

(2) 亚铁标准溶液的标定

亚铁标准溶液的标定可采用重铬酸钾标准溶液进行比较标定，也可用高锰酸钾标准溶液标定。

① 用重铬酸钾标准溶液标定亚铁溶液，其反应式为：

$$Cr_2O_7^{2-} + 6Fe^{2+} + 14H^+ = 2Cr^{3+} + 6Fe^{3+} + 7H_2O$$

标定步骤：吸取 25.00mL $c_{1/6\ K_2Cr_2O_7}=0.1000mol/L$ 或 $c_{K_2Cr_2O_7}=0.01667\ mol/L$ 的 $K_2Cr_2O_7$ 溶液三份，分别置于 250mL 锥形瓶中，加 40mL 硫磷混合酸❼，用纯水稀释至 100mL，用亚铁铵标准溶液滴定至溶液呈黄绿色，加 3 滴 0.2％苯代邻氨基苯甲酸指示剂，继续用亚铁铵标准溶液滴定至由紫红色变为亮绿色即为终点。计

---

❶ 由于置换反应：$Cr_2O_7^{2-} + 6I^- + 14H^+ = 2Cr^{3+} + 3I_2 + 7H_2O$ 的速率较慢，故须放置 10min，使反应完全。反应需在酸性条件下进行，故加入硫酸。为了防止置换反应析出的 I_2 的挥发，放置时须将碘量瓶盖盖上，并用水封。

❷ 滴定前必须将溶液稀释，以降低溶液酸度，减缓 I^- 被空气氧化的速率；以减小 $Na_2S_2O_3$ 溶液的分解作用；而且稀释后使 Cr^{3+} 的绿色变浅，便于观察滴定终点。

❸ 滴定反应为：$I_2 + 2S_2O_3^{2-} = 2I^- + S_4O_6^{2-}$。

❹ 0.5％淀粉指示剂：称取 2.5g 可溶性淀粉，加少量硼酸（防腐剂），用少量水调成糊状，慢慢倒入 500mL 沸腾水中，继续煮沸至溶液呈透明。

碘-淀粉配合物在水中溶解度有限，因而应临近终点（即碘浓度很低时）加入淀粉指示剂，否则被吸附在淀粉分子中的 I_2 不易释出，从而产生较大的误差，影响测定结果。故使 $Na_2S_2O_3$ 标准溶液与大量的 I_2 反应后，近终点的颜色为淡黄色时加入淀粉。

❺ 碘与淀粉显蓝色，蓝色刚好消失，表明溶液中已无 I_2，终点已到，这时显示 Cr^{3+} 的亮绿色。

❻ 根据 $Na_2S_2O_3$ 的浓度 $c_{Na_2S_2O_3}$（mol/L）及滴定消耗的体积 $V_{Na_2S_2O_3}$（mL），计算 $K_2Cr_2O_7$ 标准溶液的浓度 $c_{1/6\ K_2Cr_2O_7}$（mol/L）：

$$c_{1/6\ K_2Cr_2O_7} = \frac{(cV)_{Na_2S_2O_3}}{25.00}$$

❼ 硫磷混合酸的配制：于 700mL 纯水中，加入 150mL 磷酸和 150mL 硫酸。硫磷混合酸的作用：使溶液呈酸性，由滴定反应式可以看出，反应须在酸性条件下进行；降低 Fe^{3+}/Fe^{2+} 电对的条件电位，使化学计量点附近电位突跃增大，终点误差减小；磷酸与反应产物 Fe^{3+} 形成稳定的无色 $[Fe(HPO_4)_2]^-$，消除 Fe^{3+} 黄色的干扰，便于终点的观察。

算亚铁铵标准溶液的浓度❶。

② 用高锰酸钾标准溶液标定亚铁溶液，其反应式为：

$$MnO_4^- + 5Fe^{2+} + 8H^+ \Longrightarrow Mn^{2+} + 5Fe^{3+} + 4H_2O$$

标定步骤：吸取 25.00mL 待标定的亚铁溶液三份，分别置于 250mL 锥形瓶中，加纯水 25mL，用 $c_{1/5\ KMnO_4}=0.1000mol/L$ 或 $c_{KMnO_4}=0.02000mol/L$ 高锰酸钾标准溶液滴定至溶液为淡红色，30s 不褪色即为终点。

根据移取亚铁溶液的体积（25.00mL），以及 $KMnO_4$ 的浓度 $c_{1/5\ KMnO_4}$ 或 c_{KMnO_4} (mol/L) 和滴定消耗的体积 V_{KMnO_4} (mL)，计算亚铁标准溶液的浓度 $c_{Fe^{2+}}$ (mol/L)：

$$c_{Fe^{2+}} = \frac{(cV)_{1/5\ KMnO_4}}{25.00}$$

或

$$c_{Fe^{2+}} = \frac{5(cV)_{KMnO_4}}{25.00}$$

4.4.12 硫代硫酸钠标准溶液的配制与标定

(1) 硫代硫酸钠标准溶液的配制

固体 $Na_2S_2O_3 \cdot 5H_2O$ 容易风化（结晶水部分或全部失去），并且含有杂质，如 S、S^{2-}、SO_3^{2-}、SO_4^{2-}、CO_3^{2-} 等，所以不能直接配制标准溶液，因此常配成近似浓度，然后标定。此外，硫代硫酸钠溶液配制后，很不稳定，容易分解，其原因如下：

① 溶液酸度　当 [H^+] 大于 2.5×10^{-5} mol/L 时，$Na_2S_2O_3$ 立即发生分解：

$$S_2O_3^{2-} + H^+ \longrightarrow HS_2O_3^- \longrightarrow HSO_3^- + S\downarrow$$

另外，溶解于水中的 CO_2 也会促进 $Na_2S_2O_3$ 分解：

$$Na_2S_2O_3 + CO_2 + H_2O \Longrightarrow NaHSO_3 + NaHCO_3 + S\downarrow$$

$Na_2S_2O_3$ 溶液在 pH9~10 之间最稳定，碱性过大反而促进分解：

$$S_2O_3^{2-} + 2O_2 + H_2O \Longrightarrow 2SO_4^{2-} + 2H^+$$

或

$$3Na_2S_2O_3 + 6NaOH \Longrightarrow 2Na_2S + 4Na_2SO_3 + 3H_2O$$

② 微生物的作用　空气中有几种细菌，能从 $Na_2S_2O_3$ 中移去硫而使其成为 Na_2SO_3（而 Na_2SO_3 又能被空气氧化）。这些细菌代谢过程可能包括以下的反应：

---

❶ 根据 $K_2Cr_2O_7$ 的浓度 $c_{1/6\ K_2Cr_2O_7}$ 或 $c_{K_2Cr_2O_7}$ (mol/L) 和移取的体积 (25.00mL)，以及滴定消耗亚铁溶液的体积 $V_{Fe^{2+}}$，计算亚铁标准溶液的浓度 $c_{Fe^{2+}}$ (mol/L)：

$$c_{Fe^{2+}} = \frac{c_{1/6\ K_2Cr_2O_7} \times 25.00}{V_{Fe^{2+}}}$$

或

$$c_{Fe^{2+}} = \frac{6c_{K_2Cr_2O_7} \times 25.00}{V_{Fe^{2+}}}$$

$$2Na_2S_2O_3 + H_2O + O \Longrightarrow Na_2S_4O_6 + 2NaOH$$
$$Na_2S_2O_3 \Longrightarrow Na_2SO_3 + S\downarrow$$
$$Na_2S_2O_3 + O \Longrightarrow Na_2SO_4 + S\downarrow$$
$$S + 3O + H_2O \Longrightarrow H_2SO_4$$

室温增高与光线都会增加细菌的活性。在pH9～10之间，这些细菌活性很小。

③ 空气的氧化作用 $Na_2S_2O_3$ 溶液在空气中慢慢被氧化：

$$2Na_2S_2O_3 + O_2 \Longrightarrow 2Na_2SO_4 + 2S\downarrow$$

④ 水中的微量 Cu^{2+} 或 Fe^{3+}（催化剂） 可以促进 $Na_2S_2SO_3$ 溶液的分解：

$$2Cu^{2+} + 2S_2O_3^{2-} \Longrightarrow 2Cu^+ + S_4O_6^{2-}$$

$$2Cu^+ + \frac{1}{2}O_2 + H_2O \Longrightarrow 2Cu^{2+} + 2OH^-$$

根据上述性质，为减少溶解水中的 CO_2 和杀死水中微生物，配制 $Na_2S_2O_3$ 标准溶液时应采取如下措施：

① 用新煮沸并冷却的纯水配制，以除去 CO_2 和杀死微生物；

② 配制时加入少量的 Na_2CO_3（每升水加0.1g），使溶液呈碱性，以抑制微生物的生长，再加几滴氯仿或10mg HgI_2 作保护剂，避免微生物的分解作用；

③ 将配制好的溶液贮存于棕色瓶中，并放置于暗处，以避免日光促进 $Na_2S_2O_3$ 溶液的分解；

④ 配制好溶液放置2d以上再标定。

这样配制的 $Na_2S_2O_3$ 标准溶液比较稳定，但也不宜长期保存，在使用一段时间后就要重新标定。如果发现溶液变浑浊或硫析出，应该过滤，重新标定溶液的浓度。

配制一定体积某浓度的 $Na_2S_2O_3$ 溶液，按下式计算应称取的 $Na_2S_2O_3 \cdot 5H_2O$ 质量：

$$m_{Na_2S_2O_3 \cdot 5H_2O} = c_{Na_2S_2O_3} V_{Na_2S_2O_3} M_{Na_2S_2O_3 \cdot 5H_2O} \times 10^{-3}$$

式中，$m_{Na_2S_2O_3 \cdot 5H_2O}$ 为需称取 $Na_2S_2O_3 \cdot 5H_2O$ 的质量，g；$c_{Na_2S_2O_3}$ 为需配制硫代硫酸钠的浓度，mol/L；$V_{Na_2S_2O_3}$ 为需配制硫代硫酸钠溶液的体积，mL；$M_{Na_2S_2O_3 \cdot 5H_2O} = 248.19$ g/mol。

0.1mol/L $Na_2S_2O_3$ 溶液的配制方法：在台秤上称取25g $Na_2S_2O_3 \cdot 5H_2O$ 和0.2g 结晶 Na_2CO_3（约合无水碳酸钠0.1g），置于1000mL烧杯中，加新煮沸过的冷纯水溶解使成1000mL，摇匀后，贮存于棕色瓶中，并放置于暗处，数日后标定（必要时过滤）。

(2) 硫代硫酸钠溶液的标定

标定 $Na_2S_2O_3$ 溶液的基准物有很多，常用的有 $K_2Cr_2O_7$、KIO_3、$KBrO_3$，其次也有用电解铜、$K_3[Fe(CN)_6]$ 作基准物，它们与KI反应析出 I_2：

$$Cr_2O_7^{2-} + 6I^- + 14H^+ \Longrightarrow 2Cr^{3+} + 3I_2 + 7H_2O$$

$$IO_3^- + 5I^- + 6H^+ \rightleftharpoons 3I_2 + 3H_2O$$

$$BrO_3^- + 6I^- + 6H^+ \rightleftharpoons Br^- + 3I_2 + 3H_2O$$

$$Cu^{2+} + 4I^- \rightleftharpoons 2CuI\downarrow + I_2$$

$$2[Fe(CN)_6]^{3-} + 2I^- \rightleftharpoons 2[Fe(CN)_6]^{4-} + I_2$$

析出的 I_2，以淀粉为指示剂，用配好的 $Na_2S_2O_3$ 溶液进行滴定：

$$I_2 + 2S_2O_3^{2-} \rightleftharpoons 2I^- + S_4O_6^{2-}$$

由于 $K_2Cr_2O_7$ 易提纯、价廉，因此最为常用。

0.1mol/L $Na_2S_2O_3$ 溶液的标定步骤：准确称取 0.1～0.15g❶（精确至 0.0001g）$K_2Cr_2O_7$ 基准物三份❷，分别置于 500mL 碘量瓶中，加 25mL 纯水使之溶解，加 2g KI❸ 及 20mL 2mol/L 的 $H_2SO_4$❹，待 KI 溶解后，于暗处放置 5min❺，加 150mL 纯水❻，用待标定 $Na_2S_2O_3$ 标准溶液滴定至近终点（淡黄色）❼，加 3mL 0.5% 的淀粉指示剂❼，继续滴定至溶液由蓝色变为亮绿色❽即为终点。同时做空白

---

❶ 需称取 $K_2Cr_2O_7$ 的质量，按下列公式计算：

$$m_{K_2Cr_2O_7} = \frac{1}{6} c_{Na_2S_2O_3} V_{Na_2S_2O_3} M_{K_2Cr_2O_7} \times 10^{-3}$$

式中，$m_{K_2Cr_2O_7}$ 为应称取 $K_2Cr_2O_7$ 的质量，g；$c_{Na_2S_2O_3}$ 为需标定的 $Na_2S_2O_3$ 溶液的浓度，mol/L；$V_{Na_2S_2O_3}$ 为滴定时估算需消耗的 $Na_2S_2O_3$ 溶液的体积，20～30mL；$M_{K_2Cr_2O_7}=294.19$g/mol。

❷ $K_2Cr_2O_7$ 应在 150～180℃干燥至恒重。

❸ 加入的 KI 的量一般为理论值的 3～5 倍，以加快 $K_2Cr_2O_7$ 与 KI 的反应速率。但 KI 的量也不能过量太多，否则会使碘和淀粉的变色不明显。所用的 KI 溶液不得含有 KIO_3 或 I_2，如果显黄色，或酸化后加入淀粉出现蓝色时，应先用 $Na_2S_2O_3$ 溶液将其滴至无色，才能使用。

❹ 反应在强酸性溶液中进行，可加快反应速率，一般酸度控制为 0.2～0.4mol/L。若酸度太大，I^- 容易被空气中的氧氧化，即 $I^- \longrightarrow I_2$。

❺ $K_2Cr_2O_7$ 与 KI 的反应速率较慢，在稀溶液中反应更慢，故应待反应完成后，再加水稀释。在上述条件下，大约经过 5min。为避免产生的 I_2 挥发，标定过程中应使用碘量瓶，并在暗处放置 5min，使 $K_2Cr_2O_7$ 与 KI 反应完全后，再进行滴定。

❻ 滴定前必须将溶液稀释，以降低溶液酸度，减缓 I^- 被空气氧化的速率；以减小 $Na_2S_2O_3$ 溶液的分解作用；而且稀释后使 Cr^{3+} 的绿色变浅，便于观察滴定终点。

❼ 碘-淀粉配合物在水中溶解度有限，因而应临近终点（即碘浓度很低时）加入淀粉指示剂，否则被吸附在淀粉分子中的 I_2 不易释出，从而产生较大的误差，影响测定结果。故使 $Na_2S_2O_3$ 标准溶液与大量的 I_2 反应后，近终点的颜色为淡黄色时加入淀粉。

0.5% 的淀粉指示剂：称取 2.5g 可溶性淀粉，加少量硼酸（防腐剂），用少量水调成糊状，慢慢倒入 500mL 沸腾水中，继续煮沸至溶液呈透明。

❽ 碘与淀粉显蓝色，三价铬为绿色。如果滴定至终点后，经几分钟后，溶液又出现蓝色，这是溶液中的 I^- 被空气氧化为 I_2，可以不予考虑。如果滴定到终点以后，溶液迅速变成蓝色，说明 $K_2Cr_2O_7$ 与 KI 反应不完全，可能是放置时间不够或者溶液稀释太早，此时实验应重做。如果终点滴过头，不能用 I_2 标准溶液回滴，因为过量的 $Na_2S_2O_3$ 在酸性溶液中可能已经分解。

试验,校正结果❶。

4.4.13 碘标准溶液的配制与标定

(1) 碘标准溶液的配制

用升华法制得的纯碘,但由于 I_2 的易挥发性,要准确称量碘是不方便的,通常采用普通分析纯的 I_2 配制成近似浓度,然后再进行标定。I_2 微溶于水但易溶于浓 KI 溶液,因此配制 I_2 溶液时,通常把 I_2 溶解在浓的 KI 溶液中,这时 I_2 与 I^- 形成 I_3^- 配合物:

$$I_2 + I^- \rightleftharpoons I_3^-$$

使得 I_2 溶液的溶解度大大增加,同时挥发性也大为降低。

由于 I_2 见光遇热易分解:

$$I_2 + H_2O \xrightarrow{日光} HI + HIO$$

使得浓度会发生改变。

另外 I_2 能与橡皮发生作用,因此必须将 I_2 溶液保存在带玻璃磨口(不能用橡皮塞)的棕色瓶中,并放置于暗处。

在滴定反应中,I_2 被还原为 I^-,得到 $2e^-$,即 $n=2$:

$$I_2 + 2e^- \rightleftharpoons 2I^-$$

所以,碘的基本单元可以是 $\frac{1}{2}I_2$,其浓度用 $c_{1/2\,I_2}$ 表示;基本单元也可以是 I_2,其浓度用 c_{I_2} 表示。

I_2 标准溶液 ($c_{1/2\,I_2}=0.1 mol/L$ 或 $c_{I_2}=0.05 mol/L$)的配制方法:在台秤上称取 13g 碘、35g 碘化钾,溶解于适量纯水中,然后稀释至 1000mL,摇匀,贮存于带玻璃磨口的棕色瓶中避光保存。

(2) 碘标准溶液的标定

I_2 标准溶液 ($c_{1/2\,I_2}=0.1 mol/L$ 或 $c_{I_2}=0.05 mol/L$)浓度常用的标定方法有:

---

❶ 根据称取基准物 $K_2Cr_2O_7$ 的质量 $m_{K_2Cr_2O_7}$(g) 及滴定消耗 $Na_2S_2O_3$ 溶液的体积 V_1(mL) 及空白体积 V_0(mL),计算 $Na_2S_2O_3$ 溶液的浓度 $c_{Na_2S_2O_3}$(mol/L):

$$c_{Na_2S_2O_3} = \frac{m_{K_2Cr_2O_7} \times 1000}{M_{1/6\,K_2Cr_2O_7}(V_1-V_0)}$$

或

$$c_{Na_2S_2O_3} = \frac{6 m_{K_2Cr_2O_7} \times 1000}{M_{K_2Cr_2O_7}(V_1-V_0)}$$

式中,$M_{1/6\,K_2Cr_2O_7} = \frac{294.19}{6} g/mol = 49.03 g/mol$;$M_{K_2Cr_2O_7} = 294.19 g/mol$。

以 $Na_2S_2O_3$ 标准溶液进行比较的方法和以 As_2O_3 为基准物的标定方法。

① 以 $Na_2S_2O_3$ 标准溶液进行比较标定 I_2 溶液的步骤　精密移取 25.00mL 待标定 I_2 溶液三份，分别置于 250mL 锥形瓶中，加 50mL 纯水，用 $Na_2S_2O_3$ 标准溶液滴定至近终点时（淡黄色），加入 5mL 0.5%的淀粉指示剂，继续进行滴定至蓝色消失即为终点。

根据吸取 I_2 溶液的体积（25.00mL），以及 $Na_2S_2O_3$ 标准溶液的浓度 $c_{Na_2S_2O_3}$（mol/L）和消耗的体积 $V_{Na_2S_2O_3}$（mL），按下式计算 I_2 溶液的浓度 $c_{1/2\,I_2}$（mol/L）：

$$c_{1/2\,I_2} = \frac{(cV)_{Na_2S_2O_3}}{V_{I_2}}$$

或

$$c_{I_2} = \frac{(cV)_{Na_2S_2O_3}}{2V_{I_2}}$$

滴定反应式为：

$$I_2 + 2S_2O_3^{2-} \rightleftharpoons 2I^- + S_4O_6^{2-}$$

② 以 As_2O_3 为基准物标定 I_2 标准溶液的步骤　称取 0.1~0.15g❶（精确至 0.0001g）As_2O_3 基准物三份❷，分别置于 250mL 碘量瓶中，加 20mL 1mol/L 的 NaOH❸，加热溶解后，加 40mL 纯水，加 1~2 滴酚酞指示剂❹，滴加 0.05mol/L 的 H_2SO_4 溶液❹使溶液粉红色刚好褪去，加 2g $NaHCO_3$❺、50mL 纯水和 5mL 0.5%的淀粉指示剂❻，用待标定的 I_2 标准溶液滴定至溶液为浅蓝色❻即为终点，计算 I_2

---

❶ 需称取 As_2O_3 的质量，按下列公式计算：

$$m_{As_2O_3} = \frac{1}{2} c_{I_2} V_{I_2} M_{As_2O_3} \times 10^{-3}$$

式中，$m_{As_2O_3}$ 为应称取 As_2O_3 的质量，g；c_{I_2} 为需标定的 I_2 标准溶液的浓度，mol/L；V_{I_2} 为滴定时估算需消耗的 I_2 标准溶液的体积，20~30mL；$M_{As_2O_3}$=197.84g/mol。

❷ As_2O_3 俗名砒霜，剧毒，使用时要特别小心，注意安全。As_2O_3 使用前应在 105~110℃ 干燥至恒重。

❸ As_2O_3 不溶于水，可溶于碱溶液生成亚砷酸盐：

$$As_2O_3 + 6OH^- \rightleftharpoons 2AsO_3^{3-} + 3H_2O$$

❹ H_2SO_4 溶液和酚酞指示剂调节溶液的 pH=8。

❺ AsO_3^{3-} 与 I_2 的反应式如下：

$$AsO_3^{3-} + I_2 + H_2O \rightleftharpoons AsO_4^{3-} + 2I^- + 2H^+$$

滴定反应需在微碱性溶液中进行，因此在酸化后再用 $NaHCO_3$ 溶液来调节溶液酸度，使溶液的 pH≈8，反应能够定量地向右进行。如果酸度太高，反应不完全；碱性太高，I_2 又会发生歧化反应而分解：

$$3I_2 + 6OH^- \rightleftharpoons IO_3^- + 5I^- + 3H_2O$$

❻ 0.5%的淀粉指示剂：称取 2.5g 可溶性淀粉，加少量硼酸（防腐剂），用少量水调成糊状，慢慢倒入 500mL 沸腾水中，继续煮沸至溶液呈透明。

浅蓝色时为 I_2-淀粉配合物的颜色，30s 内不褪色即为终点。

标准溶液的浓度❶。

4.4.14 碘酸钾标准溶液的配制与标定

KIO_3 与 KI 反应，析出 I_2：

$$IO_3^- + 5I^- + 6H^+ = 3I_2 + 3H_2O$$

$$I_2 + 2S_2O_3^{2-} = 2I^- + S_4O_6^{2-}$$

根据反应，$1mol\ KIO_3 \backsimeq 3mol\ I_2 \backsimeq 6mol\ S_2O_3^{2-}$，所以，$KIO_3$ 的基本单元可以是 $\frac{1}{6}KIO_3$，其浓度用 $c_{1/6\ KIO_3}$ 表示；基本单元也可以是 KIO_3，其浓度用 c_{KIO_3} 表示。

碘酸钾标准溶液（$c_{1/6\ KIO_3} = 0.1mol/L$ 或 $c_{KIO_3} = 0.017mol/L$）的配制方法：在台秤上称取 3.6g 分析纯 KIO_3，溶于 1000mL 纯水中，摇匀，然后标定。

碘酸钾标准溶液（$c_{1/6\ KIO_3} = 0.1mol/L$ 或 $c_{KIO_3} = 0.017mol/L$）的标定步骤：准确移取 25.00mL 待标定的 KIO_3 溶液三份，分别置于 250mL 碘量瓶中，加入 2g 碘化钾、10mL（1+5）H_2SO_4 溶液，暗处放置 5min。加纯水 100mL 稀释，用 0.1mol/L $Na_2S_2O_3$ 标准溶液滴定至溶液呈淡黄色近终点时，加入 5mL 0.5%淀粉指示剂溶液，继续滴定至蓝色刚好消失，30s 返色即为终点。

根据吸取 KIO_3 标准溶液的体积（25.00mL），以及 $Na_2S_2O_3$ 标准溶液的浓度 $c_{Na_2S_2O_3}$（mol/L）和滴定消耗的体积 $V_{Na_2S_2O_3}$（mL），计算 KIO_3 标准溶液的浓度 $c_{1/6\ KIO_3}$ 或 c_{KIO_3}（mol/L）：

$$c_{1/6KIO_3} = \frac{(cV)_{Na_2S_2O_3}}{25.00}$$

或

---

❶ 根据称取基准物 As_2O_3 的质量 $m_{As_2O_3}$（g）及滴定消耗 I_2 的体积 V_{I_2}（mL），计算 I_2 标准溶液的浓度 $c_{1/2\ I_2}$ 或 c_{I_2}（mol/L）：

$$c_{1/2\ I_2} = \frac{m_{As_2O_3} \times 1000}{M_{1/4\ As_2O_3} V_{I_2}}$$

或

$$c_{I_2} = \frac{2m_{As_2O_3} \times 1000}{M_{As_2O_3} V_{I_2}}$$

式中，$M_{1/4\ As_2O_3} = \frac{197.84}{4}g/mol = 49.46g/mol$；$M_{As_2O_3} = 197.84g/mol$。

半反应中：$AsO_3^{3-} - 2e^- + H_2O = AsO_4^{3-} + 2H^+$，一个 AsO_3^{3-} 失去 $2e^-$，一个 As_2O_3 相当于 2 个 AsO_3^{3-}，则失去 $4e^-$，故 $M_{1/4\ As_2O_3} = \frac{197.84}{4}g/mol$。

$$c_{KIO_3} = \frac{\frac{1}{6}(cV)_{Na_2S_2O_3}}{25.00}$$

4.4.15 溴酸钾标准溶液的配制与标定

纯净的溴酸钾很容易从水溶液中重结晶提纯,并在180℃下干燥而制得,可直接配制成标准浓度的标准溶液,不需标定。

若溴酸钾试剂纯度不高,可以配制成近似浓度,然后用 $Na_2S_2O_3$ 标准溶液标定。

(1) 直接法配制 $KBrO_3$-KBr 标准溶液

溴酸钾容易提纯,因此可采用直接法配制标准溶液。

$KBrO_3$ 与 KI 反应,析出 I_2:

$$BrO_3^- + 5Br^- + 6H^+ \Longrightarrow 3Br_2 + 3H_2O$$

$$Br_2 + 2I^- \Longrightarrow 2Br^- + I_2$$

$$I_2 + 2S_2O_3^{2-} \Longrightarrow 2I^- + S_4O_6^{2-}$$

根据反应,1mol $KBrO_3 \backsimeq$ 3mol $Br_2 \backsimeq$ 3mol $I_2 \backsimeq$ 6mol $S_2O_3^{2-}$,所以,$KBrO_3$ 的基本单元可以是 $\frac{1}{6}KBrO_3$,其浓度用 $c_{1/6\ KBrO_3}$ 表示;基本单元也可以是 $KBrO_3$,其浓度用 c_{KBrO_3} 表示。

$KBrO_3$-KBr 标准溶液($c_{1/6\ KBrO_3}=0.1000mol/L$ 或 $c_{KBrO_3}=0.01667mol/L$)的配制方法:准确称取 2.784g 基准物 $KBrO_3$(须在 130~140℃ 干燥至恒重),置于 100mL 烧杯中,加少量纯水溶解后,加入 14g KBr,使之全部溶解,定量转移至 1000mL 容量瓶内,用纯水稀释至刻度,摇匀。

(2) 间接法配制 $KBrO_3$-KBr 标准溶液

间接法配制 $KBrO_3$-KBr 标准溶液($c_{1/6\ KBrO_3}=0.1mol/L$ 或 $c_{KBrO_3}=0.017mol/L$)的方法:在台秤上称取 3g 分析纯 $KBrO_3$,置于 100mL 烧杯中,加少量纯水溶解后,加入 14g KBr,使之全部溶解,转移至 1000mL 试剂瓶中,用纯水稀释至 1000mL,摇匀,然后标定。

标定步骤:吸取 25.00mL 待标定的 $KBrO_3$-KBr 标准溶液于碘量瓶[1]中,加 120mL 纯水,5mL 6mol/L HCl[2],密塞[3],轻轻振摇,加 10mL 20% KI[4],密塞[3],

---

[1] 分析测定中,有挥发性的 Br_2、I_2 产生,必须使用碘量瓶,否则会使测定结果产生很大的误差。

[2] 溴酸钾和溴化钾在酸性条件下会析出 Br_2: $BrO_3^- + 5Br^- + 6H^+ \Longrightarrow 3Br_2 + 3H_2O$。

[3] $KBrO_3$-KBr 溶液遇酸立即迅速产生游离 Br_2,Br_2 易挥发。因此加入 HCl 时,应将瓶盖轻盖上,让 HCl 溶液沿瓶塞流入,随即塞紧,并加水封住瓶口,以免 Br_2 挥发损失。

[4] 加入 KI 溶液时,不要打开瓶塞,只要稍松开瓶塞,让溶液沿瓶塞流入,以免 Br_2 挥发损失。加入 KI 的作用使置换析出 I_2: $Br_2 + 2I^- \Longrightarrow 2Br^- + I_2$。

振摇，静置 5min❶，用 0.1mol/L $Na_2S_2O_3$ 标准溶液滴定❷游离的 I_2 至近终点❸，加 2mL 5‰淀粉指示剂❸，继续滴定至蓝色消失即为终点。计算 $KBrO_3$-KBr 标准溶液的浓度❹。

4.4.16 硫酸铈标准溶液的配制与标定

配制硫酸铈标准溶液的物质有：硫酸铈和硫酸铈铵。

(1) 0.1mol/L 硫酸铈标准溶液的配制

硫酸铈溶液的配制方法：在台秤上称取约 40g 硫酸铈 [$Ce(SO_4)_2 \cdot 4H_2O$] 或 67g 硫酸铈铵 [$Ce(SO_4)_2 \cdot 2(NH_4)_2SO_4 \cdot 4H_2O$] 于 1000mL 烧杯中，加 60mL (1+1) H_2SO_4 溶液及 300mL 纯水，加热溶解后，用纯水稀释至 1000mL。

(2) 0.1mol/L 硫酸铈标准溶液的标定

① 用基准物草酸钠标定　硫酸铈溶液的标定步骤：准确称取 0.13~0.20g❺ (精确至 0.0001g) 草酸钠基准物三份❻，分别置于 250mL 锥形瓶中，加纯水 70mL 使之溶解，加 5mL (1+5) H_2SO_4 溶液及 10mL HCl，加热至 65~70℃，用待标定的硫酸铈标准溶液滴定至溶液呈浅黄色，加入亚铁-邻菲啰啉指示剂，溶液呈橘红色，继续用硫酸铈标准溶液滴定至浅蓝色即为终点。计算硫酸铈标准溶液的

---

❶ 使 Br_2 与 I^- 反应完全。

❷ 滴定反应：$I_2 + 2S_2O_3^{2-} == 2I^- + S_4O_6^{2-}$。

❸ 碘-淀粉配合物在水中溶解度有限，因而应临近终点（即碘浓度很低时）加入淀粉指示剂，否则被吸附在淀粉分子中的 I_2 不易释出，从而产生较大的误差，影响测定结果。故使 $Na_2S_2O_3$ 标准溶液与大量的 I_2 反应后，近终点的颜色为淡黄色时加入淀粉。

0.5‰的淀粉指示剂：称取 2.5g 可溶性淀粉，加少量硼酸（防腐剂），用少量水调成糊状，慢慢倒入 500mL 沸腾水中，继续煮沸至溶液呈透明。

❹ 根据吸取 $KBrO_3$-KBr 标准溶液的体积 (25.00mL)，以及 $Na_2S_2O_3$ 标准溶液的浓度 $c_{Na_2S_2O_3}$ (mol/L) 和滴定消耗的体积 $V_{Na_2S_2O_3}$ (mL)，计算 $KBrO_3$-KBr 标准溶液的浓度 $c_{1/6\ KBrO_3}$ 或 c_{KBrO_3} (mol/L)：

$$c_{1/6\ KBrO_3} = \frac{(cV)_{Na_2S_2O_3}}{25.00}$$

或

$$c_{KBrO_3} = \frac{\frac{1}{6}(cV)_{Na_2S_2O_3}}{25.00}$$

❺ 根据四价铈与草酸钠的反应式：$2Ce^{4+} + H_2C_2O_4 == 2Ce^{3+} + 2CO_2 + 2H^+$。需称取 $Na_2C_2O_4$ 的质量，按下列公式计算：

$$m_{Na_2C_2O_4} = \frac{1}{2} c_{Ce^{4+}} V_{Ce^{4+}} M_{Na_2C_2O_4} \times 10^{-3}$$

式中，$m_{Na_2C_2O_4}$ 为应称取 $Na_2C_2O_4$ 的质量，g；$c_{Ce^{4+}}$ 为需标定的 Ce^{4+} 标准溶液的浓度，mol/L；$V_{Ce^{4+}}$ 为滴定时估算需消耗的 Ce^{4+} 标准溶液的体积，20~30mL；$M_{Na_2C_2O_4}=134.0$g/mol。

❻ 基准物 $Na_2C_2O_4$ 应在 105~110℃干燥至恒重。

浓度❶。

② 用比较法标定　准确移取硫酸铈溶液 25.00mL 三份，分别置于碘量瓶中，加 2g KI❷ 及 20mL(1+5) H_2SO_4 溶液，暗处放置 5min。加水 120mL，用 0.1mol/L $Na_2S_2O_3$ 标准溶液滴定至淡黄色，加 5mL 5% 淀粉指示剂溶液，继续滴定至蓝色刚好消失，30s 不返蓝色即为终点。计算硫酸铈标准溶液的浓度❸。

4.4.17　硝酸银标准溶液的配制与标定

(1) 硝酸银标准溶液的配制

$AgNO_3$ 标准溶液可直接用干燥的基准物 $AgNO_3$ 配制，但一般采用分析纯 $AgNO_3$ 配制。分析纯 $AgNO_3$ 试剂中常含有杂质（如金属银、氧化银、亚硝酸盐、游离酸及不溶物等），因此必须采用间接法配制成近似浓度，再标定硝酸银标准溶液的准确浓度。

0.1mol/L 硝酸银标准溶液的配制方法：在台秤上称取约 17g $AgNO_3$ 硝酸银❹ 于 1000mL 烧杯中，加适量纯水❺ 溶解后，用纯水稀释至 1000mL，转入棕色试剂瓶中，摇匀，并置于暗处❻保存。

(2) 0.1mol/L 硝酸银溶液的标定

① 莫尔法标定硝酸银溶液（以 NaCl 为基准物、铬酸钾为指示剂）　准确称取

---

❶ 根据称取 $Na_2C_2O_4$ 基准物的质量 $m_{Na_2C_2O_4}$ (g) 及滴定消耗硫酸铈溶液的体积 $V_{Ce^{4+}}$ (mL)，计算 Ce^{4+} 标准溶液的浓度 $c_{Ce^{4+}}$ (mol/L)：

$$c_{Ce^{4+}} = \frac{2m_{Na_2C_2O_4} \times 1000}{M_{Na_2C_2O_4} V_{Ce^{4+}}}$$

式中，$M_{Na_2C_2O_4} = 134.0 \text{g/mol}$。

❷ Ce^{4+} 与 KI 反应析出 I_2，可用 $Na_2S_2O_3$ 标准溶液进行滴定：

$$2Ce^{4+} + 2I^- = 2Ce^{3+} + I_2$$
$$I_2 + 2S_2O_3^{2-} = 2I^- + S_4O_6^{2-}$$

❸ 根据吸取硫酸铈标准溶液的体积（25.00mL），以及 $Na_2S_2O_3$ 标准溶液的浓度 $c_{Na_2S_2O_3}$ (mol/L) 和滴定消耗的体积 $V_{Na_2S_2O_3}$ (mL)，计算硫酸铈标准溶液的浓度 $c_{Ce^{4+}}$ (mol/L)：

$$c_{Ce^{4+}} = \frac{(cV)_{Na_2S_2O_3}}{25.00}$$

❹ 需称取 $AgNO_3$ 的质量，按下列公式计算：

$$m_{AgNO_3} = c_{AgNO_3} V_{AgNO_3} M_{AgNO_3} \times 10^{-3}$$

式中，m_{AgNO_3} 为应称取 $AgNO_3$ 的质量，g；c_{AgNO_3} 为需配制的 $AgNO_3$ 标准溶液的浓度，mol/L；V_{AgNO_3} 为需配制的 $AgNO_3$ 标准溶液的体积；$M_{AgNO_3} = 169.87 \text{g/mol}$。

❺ 配制硝酸银所用的蒸馏水应不含 Cl^-。

❻ 由于 $AgNO_3$ 溶液见光易分解，遇还原性物质时也会逐渐分解：

$$2AgNO_3 \xrightarrow{\text{光}} 2Ag + 2NO_2\uparrow + O_2\uparrow$$

故 $AgNO_3$ 溶液应贮存在棕色瓶于暗处保存，长期保存的 $AgNO_3$ 溶液使用前应重新标定。

0.12~0.18g❶（精确至 0.0001g）NaCl 基准物质三份❷，分别置于 250mL 锥形瓶中，加纯水 70mL❸使之溶解，再加 2mL 5％铬酸钾❹溶液，在不断摇动下❺，用配制好的硝酸银溶液滴定至溶液呈现砖红色❹即为终点。计算硝酸银标准溶液的浓度❺。

实验完毕后，应将滴定管先用纯水冲洗 3 次，再用自来水洗净❻。

② 法扬司法标定硝酸银溶液（以 NaCl 为基准物、荧光黄为指示剂） 称取 0.15~0.2g(精确至 0.0001g)NaCl 基准物质三份，分别置于 250mL 锥形瓶中，加水 70mL❼使之溶解，加 10mL 1％淀粉溶液❼，或 5mL 糊精溶液（1∶50）❼，再加 3 滴 0.5％荧光黄指示剂❽，用配制好的硝酸银标准溶液❾滴定至沉淀由淡黄色变为淡红色即为终点。计算硝酸银标准溶液的浓度❿。

4.4.18 硫氰酸铵标准溶液的配制与标定

（1）硫氰酸铵标准溶液的配制

市售硫氰酸铵不符合基准物质的条件，常含有硫酸盐、氯化物等杂质，不符合基准物质的条件，因此采用间接法配制硫氰酸铵标准溶液。

配制一定体积某浓度的硫氰酸铵标准溶液，按下式计算应称取的 NH_4SCN

---

❶ 需称取 NaCl 的质量，按下列公式计算：

$$m_{NaCl} = c_{AgNO_3} V_{AgNO_3} M_{NaCl} \times 10^{-3}$$

式中，m_{NaCl} 为应称取 NaCl 的质量，g；c_{AgNO_3} 为需标定的 $AgNO_3$ 标准溶液的浓度，mol/L；V_{AgNO_3} 为滴定时估算需消耗 $AgNO_3$ 标准溶液的体积，20~30mL；$M_{NaCl}=58.44g/mol$。

❷ 标定前，应将氯化钠放入瓷坩埚中，在高温炉内于 500~600℃加热 2~3h，然后放在干燥器内冷却保存。

❸ 水量不能减少，否则滴定过程中沉淀会对被测离子进行吸附。

❹ 分析测定过程中滴定反应式：$AgNO_3 + NaCl \Longrightarrow AgCl\downarrow$（白色）+ $NaNO_3$
终点时反应式： $2AgNO_3 + K_2CrO_4 \Longrightarrow Ag_2CrO_4\downarrow$（砖红色）+ $2KNO_3$
生成的 AgCl 吸附 Cl^-，则使砖红色 Ag_2CrO_4 沉淀过早生成，终点提前，在不断摇动下，被吸附的 Cl^- 可与 Ag^+ 继续作用，故可避免终点过早到达。

❺ 根据称取 NaCl 基准物的质量 m_{NaCl}(g) 及滴定消耗 $AgNO_3$ 的体积 V_{AgNO_3}(mL)，计算 $AgNO_3$ 溶液的浓度 c_{AgNO_3}(mol/L)：

$$c_{AgNO_3} = \frac{m_{NaCl} \times 1000}{V_{AgNO_3} M_{NaCl}}$$

式中，$M_{NaCl}=58.44g/mol$。

❻ 滴定管中有残留的 $AgNO_3$，若先用自来水冲洗，自来水中的 Cl^- 会与 $AgNO_3$ 形成 AgCl 沉淀，该沉淀会粘在滴定管壁上不易洗净，而残留在滴定管内。

❼ 由于吸附指示剂的颜色变化发生在沉淀微粒表面上，因此，应尽可能使 AgCl 沉淀呈胶体状态，具有较大的表面积。为此，在滴定前将溶液稀释（70mL 水量），并加入糊精、淀粉等高分子化合物保护胶体，防止 AgCl 沉淀凝聚，以增加终点颜色变色的灵敏度。

❽ 0.5％荧光黄指示剂：称取 0.5g 荧光黄，加 70％乙醇 100mL 溶解后，过滤，即得。

❾ 由于荧光黄指示剂的使用范围是 pH=7~10，故本法标定时，$AgNO_3$ 溶液与淀粉或糊精溶液必须对甲基红指示剂呈中性或弱碱性，否则不能指示终点。

❿ 硝酸银标准溶液浓度的计算公式同莫尔法。

质量：
$$m_{NH_4SCN} = c_{NH_4SCN} V_{NH_4SCN} M_{NH_4SCN} \times 10^{-3}$$

式中，m_{NH_4SCN} 为应称取 NH_4SCN 的质量，g；c_{NH_4SCN} 为需配制的 NH_4SCN 标准溶液的浓度，mol/L；V_{NH_4SCN} 为需配制的 NH_4SCN 标准溶液的体积；$M_{NH_4SCN}=76.12g/mol$。

0.1mol/L NH_4SCN 标准溶液配制方法：称取约 8g NH_4SCN 溶于纯水中，加纯水至 1000mL，摇匀，待标定。

0.1mol/L KSCN 或 NaSCN 标准溶液配制方法：称取约 9.7g KSCN 或 8.2g NaSCN 溶于纯水中，加纯水至 1000mL，摇匀，待标定。

(2) 0.1mol/L 硫氰酸盐标准溶液的标定

硫氰酸盐标准溶液常用佛尔哈德法，标定时可采用基准物进行标定，也用比较法进行标定。

① 用 $AgNO_3$ 基准物标定 称取 0.34～0.51g❶（精确至 0.0001g）$AgNO_3$ 基准物质三份❷，置于 250mL 锥形瓶中，加纯水 100mL 使之溶解，加 1mL 饱和 $NH_4Fe(SO_4)_2$ 指示剂❸及 5mL 浓 $HNO_3$❹，用硫氰酸盐溶液滴定至溶液呈现淡红色 5min 不褪时❺，即为终点❸。计算硫氰酸盐标准溶液的浓度❻。

② 用硝酸银标准溶液比较法标定 准确吸取 0.1mol/L 硝酸银标准溶液 25.00mL，加水 50mL，加 6mol/L HNO_3 5mL，加饱和 $NH_4Fe(SO_4)_2$ 指示剂 1mL，用硫氰酸盐溶液滴定至溶液呈现淡红色即为终点。

根据吸取 $AgNO_3$ 标准溶液的体积 V_{AgNO_3}（mL）和浓度 c_{AgNO_3}，以及消耗

---

❶ 需称取 $AgNO_3$ 的质量，按下列公式计算：
$$m_{AgNO_3} = c_{NH_4SCN} V_{NH_4SCN} M_{AgNO_3} \times 10^{-3}$$

式中，m_{AgNO_3} 为应称取 $AgNO_3$ 的质量，g；c_{NH_4SCN} 为需标定的 NH_4SCN 标准溶液的浓度，mol/L；V_{NH_4SCN} 为滴定时估算需消耗的 NH_4SCN 标准溶液的体积，20～30mL；$M_{AgNO_3}=169.87g/mol$。

❷ $AgNO_3$ 基准物质使用前应在 280～290℃ 的烘箱中干燥至恒重。

❸ 滴定反应式： $Ag^+ + SCN^- =\!\!=\!\!= AgSCN\downarrow$（白色）

$NH_4Fe(SO_4)_2$ 指示剂的作用是终点时与 Ag^+ 作用生成 $[Fe(SCN)]^{2+}$（淡红色），而指示终点：

$$Fe^{3+} + SCN^- =\!\!=\!\!= [Fe(SCN)]^{2+}（淡红色）$$

❹ 控制滴定在酸度为 0.3mol/L HNO_3 介质中进行。

硝酸溶液中可能含有氮的低价氧化物，其余指示剂中 Fe^{3+} 作用生成红色亚硝基化合物而影响终点的观察。故应在配制硝酸时，煮沸，驱除氮化合物。

❺ 因为 AgSCN 沉淀较强烈吸附 Ag^+，滴定到终点附近时，要不断振摇至浅红色不变才为终点。

❻ 根据称取 $AgNO_3$ 基准物的质量 m_{AgNO_3}（g）及滴定消耗 NH_4SCN 的体积 V_{NH_4SCN}（mL），计算 NH_4SCN 溶液的浓度 c_{NH_4SCN}（mol/L）：

$$c_{NH_4SCN} = \frac{m_{AgNO_3} \times 1000}{V_{NH_4SCN} M_{AgNO_3}}$$

式中，$M_{AgNO_3} = 169.87g/mol$。

NH_4SCN 的体积 V_{NH_4SCN}，按下式计算硫氰酸盐标准溶液的浓度 c_{NH_4SCN} (mol/L)：

$$c_{NH_4SCN} = \frac{V_{AgNO_3} c_{AgNO_3}}{V_{NH_4SCN}}$$

4.5 标准物质溶液或离子标准溶液的配制及其计算

4.5.1 标准物质溶液或离子标准溶液的计算及配制方法

在微量分析及仪器分析中，常用到离子标准溶液，以 mg/mL 或 μg/mL 表示。配制时所需用基准物质或高纯试剂进行配制。

称量时较浓的离子标准溶液配制时所需试剂的质量为：

$$m = \frac{cV}{F \times 1000} \tag{4-27}$$

式中，m 为所需试剂的质量，g；c 为欲配制离子标准溶液的浓度，mg/mL；V 为欲配制离子标准溶液的体积，mL；F 为换算因子。

$$F = \frac{\text{试剂中欲配组分的式量}}{\text{试剂的式量}}$$

浓度低于 0.1mg/mL 的标准溶液需在使用前用较浓的标准溶液在容量瓶中稀释配制。

【例 4-23】 欲配制 0.100mg/mL Cl^- 标准溶液 1000mL，应如何配制？

解： 用基准物质 NaCl 配制。

$$F = \frac{\text{试剂中欲配组分的式量}}{\text{试剂的式量}} = \frac{35.45}{58.44} = 0.6066$$

$$m = \frac{cV}{F \times 1000} = \frac{0.1 \times 1000}{0.6066 \times 1000}g = 0.1649g$$

配制方法：在分析天平上，用固定质量法准确称取 0.1649g 已干燥至恒重的 NaCl 基准物质于 100mL 干燥、洁净的烧杯中，加适量纯水溶解后，定量转移至 500mL 容量瓶中，然后用纯水稀释至刻度，混匀即得。

应该注意：配制标准物质溶液或离子标准溶液，称量时采用固定质量称量法，不能采用递减法。用到的仪器有分析天平、干燥小烧杯、小药匙、容量瓶等，特别要提醒的是称量时不能使用小纸片来盛试剂。

4.5.2 金属离子标准溶液的配制

在仪器分析中，如比色法、分光光度法、原子吸收光谱法、ICP 光谱法、原子荧光光谱法、极谱法、溶出伏安法、离子色谱法等在建立校准曲线（工作曲线）时所采用的标准溶液，均为离子标准溶液。

（1）银（Ag）

称取金属银 0.1000g 于 250mL 烧杯中，加 10mL 硝酸 (1+1)，加热使其溶解，煮沸除去氮氧化物，冷却，定量移入 1000mL 容量瓶中，以水稀释至刻度，摇匀，保存在棕色瓶中。此溶液含银 0.1mg/mL。

或称取硝酸银（$AgNO_3$）0.1575g，溶于水中，加 1mL 硫酸（1+1），定量移入 1000mL 容量瓶中，以水稀释至刻度，摇匀，保存在棕色瓶中。此溶液含银 0.1mg/mL。

(2) 铝（Al）

称取金属铝 0.1000g 于 250mL 聚四氟乙烯烧杯中，加 5mL 氢氧化钠溶液（10%），加热使其溶解，以盐酸（1+1）中和并过量 10mL（如出现沉淀可加热溶解），冷却，定量移入 1000mL 容量瓶中，以水稀释至刻度，摇匀。此溶液含铝 0.1mg/mL 铝。

或称取硫酸铝钾 $[KAl(SO_4)_2 \cdot 12H_2O]$ 1.759g 溶于水中，滴加少许硫酸（1+1）至溶液澄清为止，定量移入 1000mL 容量瓶中，以水稀释至刻度，摇匀。此溶液含铝 0.1mg/mL。

(3) 砷（As）

称取三氧化二砷（As_2O_3，100~110℃烘 2h，在干燥器中冷却）0.1320g 于 250mL 烧杯中，溶于尽量少的 NaOH 溶液（1~2mol/L）中，转入 1000mL 容量瓶，滴加酚酞指示剂呈红色，用盐酸中和至褪色，再用（1+99）稀盐酸稀释至刻度，摇匀。此溶液含砷（Ⅲ）0.1mg/mL。

称取五氧化二砷（As_2O_5）0.1534g 于 250mL 烧杯中，用盐酸酸化，以水稀释至刻度，摇匀。此溶液含砷（Ⅴ）0.1mg/mL。

(4) 金（Au）

称取 0.01000g 金于 100mL 烧杯中，加少量王水中溶解，水浴蒸发至干，加入 10mL 浓盐酸，定量转入 100mL 容量瓶中，用水稀释至刻度，摇匀，保存在棕色瓶中。此溶液含金 0.1mg/mL。

(5) 硼（B）

称取硼酸（H_3BO_3）0.5715g，或硼砂（$Na_2B_4O_7 \cdot 10H_2O$）0.8820g 于 250mL 烧杯中，加少量水溶解，定量移入 1000mL 容量瓶中，用水稀释至刻度，摇匀，贮于塑料瓶中。此溶液含硼 0.1mg/mL。

(6) 钡（Ba）

称取二水氯化钡（$BaCl_2 \cdot 2H_2O$）0.1779g 或氯化钡（$BaCl_2$，250℃加热 2h）0.1523g 于 250mL 烧杯中，溶于水，定量移入 1000mL 容量瓶中，用水稀释至刻度，摇匀。此溶液含钡 0.1mg/mL。

或称取碳酸钡（$BaCO_3$）0.1437g 于 250mL 烧杯中，加少量盐酸（1+1）溶解，煮沸除去二氧化碳，冷却，定量移入 1000mL 容量瓶中，用水稀释至刻度，摇匀。此溶液含钡 0.1mg/mL 钡。

(7) 铍（Be）

称取金属铍 0.1000g 于 250mL 烧杯中，加 15mL 盐酸或硫酸，低温加热使其溶解，冷却，定量移入 1000mL 容量瓶中，用水稀释至刻度，摇匀。此溶液含铍

0.1mg/mL。

或称取硫酸铍（$BeSO_4 \cdot 4H_2O$）1.966g 于 250mL 烧杯中，加少量水溶解，加 1mL 硫酸，用水稀释至刻度，摇匀。此溶液含铍 0.1mg/mL。

(8) 铋（Bi）

称取金属铋 0.1000g 于 250mL 烧杯中，加 20mL 硝酸（1+1）加热使其溶解，冷却，移入盛于 50mL 硝酸的 1000mL 容量瓶中，以水稀释至刻度，摇匀。此溶液含铋 0.1mg/mL。

或称取硝酸铋 [$Bi(NO_3)_2 \cdot 5H_2O$] 0.2321g 于 250mL 烧杯中，加 1mol/L 硝酸溶解，定量移入 1000mL 容量瓶中，用 1mol/L 硝酸稀释至刻度，摇匀。此溶液含铋 0.1mg/mL。

(9) 钙（Ca）

称取氧化钙（CaO）0.1494g 于 250mL 烧杯中，加少量盐酸溶解，定量移入 1000mL 容量瓶中，以水稀释至刻度，摇匀。此溶液含钙 0.1mg/mL 钙。

或称取碳酸钙（$CaCO_3$，在 105~110℃ 干燥至恒重）0.2497g 于 250mL 烧杯中，加水 20mL，滴加盐酸（1+2）使其溶解，并过量 10mL，加热煮沸除去二氧化碳，冷却，定量移入 1000mL 容量瓶中，以水稀释至刻度，摇匀。此溶液含钙 0.1mg/mL。

(10) 镉（Cd）

称取金属镉 0.1000g 于 250mL 烧杯中，加 20mL 盐酸（1+1），低温加热使其溶解，冷却，定量移入 1000mL 容量瓶中，以水稀释至刻度，摇匀。此溶液含镉 0.1mg/mL。

或称取氯化镉 $\left(CdCl_2 \cdot \frac{1}{2}H_2O\right)$ 0.2031g 于 250mL 烧杯中，加少量稀盐酸溶解，定量移入 1000mL 容量瓶中，以水稀释至刻度，摇匀。此溶液含镉 0.1mg/mL。

(11) 铈（Ce）

称取硫酸铈 [$Ce(SO_4)_2$] 0.2377g 或硫酸铈铵 [$Ce(SO_4)_2 \cdot (NH_4)_2SO_4 \cdot 2H_2O$] 0.4514g 于 250mL 烧杯中，加少量水溶解，定量移入 1000mL 容量瓶中，以水稀释至刻度，摇匀。此溶液含铈 0.1mg/mL。

(12) 钴（Co）

称取金属钴 0.1000g 于 250mL 烧杯中，加 10mL 硝酸（1+1），低温加热使其溶解，冷却，定量移入 1000mL 容量瓶中，以水稀释至刻度，摇匀。此溶液含钴 0.1mg/mL。溶解时若添加 H_2O_2 助溶，溶解后应煮沸驱除 H_2O_2 后定容。

或称取硫酸钴（$CoSO_4$，经 500℃ 灼烧）0.2630g 于 250mL 烧杯中，加水溶解，定量移入 1000mL 容量瓶中，以水稀释至刻度，摇匀。此溶液含钴 0.1mg/mL。

(13) 铬（Cr）

称取金属铬 0.1000g 于 250mL 烧杯中，加少量盐酸（1+1）溶解，定量移入 1000mL 容量瓶中，以水稀释至刻度，摇匀。此溶液含铬 0.1mg/mL。

或称取重铬酸钾（$K_2Cr_2O_7$）0.2829g 于 250mL 烧杯中，加水溶解，定量移入 1000mL 容量瓶中，以水稀释至刻度，摇匀。此溶液含铬 0.1mg/mL。

或称取铬酸钾（K_2CrO_4）0.3735g 于 250mL 烧杯中，滴加硫酸酸化至橙色，定量移入 1000mL 容量瓶中，以水稀释至刻度，摇匀。此溶液含铬 0.1mg/mL。

(14) 铜（Cu）

称取金属铜 0.1000g 于 250mL 烧杯中，加 5mL 硝酸（1+1）溶解，煮沸驱除黄烟后，定量移入 1000mL 容量瓶中，以水稀释至刻度，摇匀。此溶液含铜 0.1mg/mL。

或称取硫酸铜（$CuSO_4 \cdot 5H_2O$）0.3929g 于 250mL 烧杯中，加适量水溶解，定量移入 1000mL 容量瓶中，以水稀释至刻度，摇匀。此溶液含铜 0.1mg/mL。

(15) 铁（Fe）

称取金属铁 0.1000g 于 250mL 烧杯中，加 10mL 硝酸（1+1），加热使其溶解，煮沸除去氮氧化物，冷却，移入 1000mL 容量瓶中，以水稀释至刻度，摇匀。此溶液含铁 0.1mg/mL。此溶液也可用盐酸或硫酸配制。

或称取硫酸铁铵［$NH_4Fe(SO_4)_2 \cdot 12H_2O$］0.8634g 或硫酸亚铁铵［$(NH_4)_2SO_4 \cdot FeSO_4 \cdot 6H_2O$］0.7021g 于 250mL 烧杯中，加适量水溶解，加 10mL 硫酸（1+1），定量移入 1000mL 容量瓶中，以水稀释至刻度，摇匀。此溶液含铁 0.1mg/mL。

(16) 镓（Ga）

称取金属镓 0.1000g 于 250mL 烧杯中，加 20～30mL 盐酸（1+1），滴加几滴硝酸，在水浴上加热使其溶解，冷却，定量移入 1000mL 容量瓶中，以水稀释至刻度，摇匀。此溶液含镓 0.1mg/mL。

或称取三氧化二镓（Ga_2O_3）0.1344g 于 250mL 烧杯中，加 20～30mL 盐酸（1+1），在水浴上加热使其溶解，冷却，定量移入 1000mL 容量瓶中，以水稀释至刻度，摇匀。此溶液含镓 0.1mg/mL。

(17) 锗（Ge）

称取金属锗 0.1000g 于 250mL 烧杯中，加 20～30mL 过氧化氢（1+4），在水浴上加热使其溶解，滴加氨水至产生白色沉淀溶解。加少许热水，用盐酸（1+1）或硫酸（4mol/L）酸化并过量 2～3mL，煮沸驱尽过氧化氢，冷却，定量移入 1000mL 容量瓶中，以水稀释至刻度，摇匀。此溶液含锗 0.1mg/mL。

或称取二氧化锗（GeO_2）0.1441g 于 250mL 烧杯中，加 5～6 粒氢氧化钠，加水溶解后，用硫酸（1+1）中和并过量 1mL，定量移入 1000mL 容量瓶中，以水稀释至刻度，摇匀。此溶液含锗 0.1mg/mL。

(18) 镁（Mg）

称取镁片 0.1000g 于 250mL 烧杯中，加 10mL 盐酸（1+3）使其溶解，定量移入 1000mL 容量瓶中,以水稀释至刻度,摇匀。此溶液含镁 0.1mg/mL。

或称取在 800℃灼烧至恒重的氧化镁(MgO)0.1658g 或碳酸镁(MgCO$_3$)0.3468g 于 250mL 烧杯中,加少量盐酸(1+1)使其溶解,定量移入 1000mL 容量瓶中,以水稀释至刻度,摇匀。此溶液含镁 0.1mg/mL。

(19) 锰(Mn)

称取金属锰 1.000g 于 250mL 烧杯中,加 20mL 硫酸(1+4)使其溶解,定量移入 1000mL 容量瓶中,以水稀释至刻度,摇匀。此溶液含锰 1mg/mL。

或称取硫酸锰(MnSO$_4$,在 400~500℃灼烧至恒重)0.2794g 于 250mL 烧杯中,加适量水使其溶解并蒸发至冒白烟,冷却,定量移入 1000mL 容量瓶中,以水稀释至刻度,摇匀。此溶液含锰 0.1mg/mL。

(20) 钼(Mo)

称取金属钼 0.1000g 于 250mL 烧杯中,加 20mL 硝酸(1+3)及 5mL 硫酸,加热使其溶解并蒸发至冒白烟,冷却。定量移入 1000mL 容量瓶中,以水稀释至刻度,摇匀。此溶液含钼 0.1mg/mL。

或称取仲钼酸铵[(NH$_4$)$_6$Mo$_7$O$_{24}$·4H$_2$O]0.18402g 于 250mL 烧杯中,加少量稀氨水使其溶解,定量移入 1000mL 容量瓶中,以水稀释至刻度,摇匀。此溶液含钼 0.1mg/mL。

或称取三氧化钼(MoO$_3$)0.1555g 于 250mL 烧杯中,加少量 NaOH 溶液或氨水使其溶解,定量移入 1000mL 容量瓶中,以水稀释至刻度,摇匀。此溶液含钼 0.1mg/mL。

(21) 氮(N)

称取氯化铵(NH$_4$Cl,于 100~105℃干燥至恒重)0.3819g 于 250mL 烧杯中,加少量水使其溶解,定量移入 1000mL 容量瓶中,以水稀释至刻度,摇匀。此溶液含氮 0.1mg/mL。

(22) 铵离子(NH$_4^+$)

称取氯化铵(NH$_4$Cl,于 100~105℃干燥至恒重)0.29654g 于 250mL 烧杯中,加少量水使其溶解,定量移入 1000mL 容量瓶中,以水稀释至刻度,摇匀。此溶液含铵离子 0.1mg/mL。

(23) 铌(Nb)

称取五氧化二铌(Nb$_2$O$_5$)0.1430g 或五氧化二钽(Ta$_2$O$_5$)0.1221g 于铂金坩埚或石英坩埚中,加 5g 焦硫酸钾,加热熔融(温度逐步升高)至清液,冷却,加 10~15mL 硫酸,加热浸取,冷却,倾入 100mL 酒石酸溶液(10%),定量移入 1000mL 容量瓶中,以水稀释至刻度,摇匀。此溶液含铌或钽 0.1mg/mL。

或称取金属铌 0.1000g 于铂皿中,加入 7mL H$_2$SO$_4$(1+1)和几滴硝酸及氢氟酸,加热溶解并至硫酸冒白烟,白烟冒完,冷却,加入 20mL 30%(质量分数)草酸铵溶液,用硫酸(1+1)定容至 1000mL。此溶液含铌 0.1mg/mL。

或称取五氧化二铌(Nb$_2$O$_5$)0.1430g 在铂金坩埚或石英坩埚中,加 5g 焦硫酸钾，熔融15min。熔块用4%草酸铵溶液100mL和2mL H_2SO_4 混合溶液浸出。加热至溶液清亮，移入1000mL容量瓶，用4%草酸铵溶液稀释至刻度，摇匀。此溶液含铌0.1mg/mL。

或称取三氧化二铌（Nb_2O_3）0.1166g于250mL烧杯中，加适量盐酸使其溶解，定量移入1000mL容量瓶中，以水稀释至刻度，摇匀。此溶液含铌0.1mg/mL。

(24) 镍（Ni）

称取金属镍1.0000g于250mL烧杯中，加15mL硝酸（1+1），加热使其溶解，煮沸，冷却，定量移入1000mL容量瓶中，以水稀释至刻度，摇匀。此溶液含镍1mg/mL。

或称取氧化镍（NiO）1.272于250mL烧杯中，加100mL硝酸（1+2），加热使其溶解，煮沸，冷却，定量移入1000mL容量瓶中，以水稀释至刻度，摇匀。此溶液含镍1mg/mL。

或称取硫酸镍铵[$(NiSO_4)\cdot(NH_4)_2SO_4\cdot6H_2O$]0.6725g于250mL烧杯中，加少量水使其溶解，定量移入100mL容量瓶中，以水稀释至刻度，摇匀。此溶液含镍1mg/mL。

(25) 铅（Pb）

称取金属铅0.1000g于250mL烧杯中，加20mL硝酸（1+2），加热使其溶解，煮沸除去氮氧化物，冷却，定量移入1000mL容量瓶中，以水稀释至刻度，摇匀。此溶液含铅0.1mg/mL。

或称取硝酸铅[$Pb(NO_3)_2$]0.1598g于250mL烧杯中，加适量硝酸（1%）使其溶解，定量移入1000mL容量瓶中，以水稀释至刻度，摇匀。此溶液含铅0.1mg/mL。

(26) 钯（Pd）

称取金属钯0.1000g于250mL烧杯中，加适量王水，加盐酸再蒸干驱除硝酸，加5mL盐酸和水使其溶解，定量移入100mL容量瓶中，以水稀释至刻度，摇匀。此溶液含钯1mg/mL。

或称取三氯化钯（$PdCl_3$）0.1666g于250mL烧杯中，加10mL盐酸（1+1）使其溶解，定量移入100mL容量瓶中，以水稀释至刻度，摇匀。此溶液含钯1mg/mL。

(27) 铂（Pt）

称取金属铂0.1000g于250mL烧杯中，加适量王水，水浴蒸干，加适量盐酸使其溶解，定量移入100mL容量瓶中，以水稀释至刻度，摇匀。此溶液含铂1mg/mL。

或称取六氯合铂（Ⅳ）酸钾（K_2PtCl_6）0.2491g于250mL烧杯中，加10mL盐酸使其溶解，定量移入100mL容量瓶中，以水稀释至刻度，摇匀。此溶液含铂1mg/mL。

(28) 锑（Sb）

称取金属锑 0.1000g 于 250mL 烧杯中，加 20mL 硫酸使其溶解，冷却，定量移入 1000mL 容量瓶中，以硫酸（1+9）稀释至刻度，摇匀。此溶液含锑 0.1mg/mL。

或称取酒石酸锑钾［$K(SbO)C_4H_4O_6 \cdot H_2O$］0.2743g 或无水酒石酸锑钾 0.2669g 于 250mL 烧杯中，加 20mL 硫酸，加热使其溶解，冷却，定量移入预置 160mL 硫酸（1+1）的 1000mL 容量瓶中，加水稀释至刻度，摇匀。此溶液含锑 0.1mg/mL。

(29) 硒（Se）

称取纯硒 0.1000g 于 250mL 烧杯中，加 10mL 硝酸（1+1）及 3～4 滴盐酸，于水浴上加热溶解，冷却，定量移入 1000mL 容量瓶中，以水稀释至刻度，摇匀。此溶液含硒（Ⅳ）0.1mg/mL。

或称取二氧化硒（SeO_2）0.1405g 或硒酸钠（Na_2SeO_3）0.1899g 于 250mL 烧杯中，加少量水溶解，定量移入 1000mL 容量瓶中，以水稀释至刻度，摇匀。此溶液含硒（Ⅳ）0.1mg/mL。

称取高硒酸钠（Na_2SeO_4）0.2102g 于 250mL 烧杯中，加少量水溶解，定量移入 1000mL 容量瓶中，以水稀释至刻度，摇匀。此溶液含硒（Ⅵ）0.1mg/mL。

(30) 硅（Si）

称取二氧化硅（SiO_2）0.2140g 于铂坩埚中，加 5g 无水碳酸钠，于 1000℃ 熔融至透明，取出，冷却，用水浸取，定量移入 1000mL 容量瓶中，以水稀释至刻度，摇匀。立即转移至塑料瓶中贮存。此溶液含硅 0.1mg/mL。

(31) 锡（Sn）

称取金属锡 0.1000g 于 250mL 烧杯中，加 20mL 盐酸（1+1），温热溶解，冷却，定量移入 1000mL 容量瓶中，加 20mL 盐酸，以水稀释至刻度，摇匀。此溶液含锡 0.1mg/mL。

(32) 钽（Ta）

称取 0.1000g 金属钽于铂皿中，加入 7mL（1+1）H_2SO_4 和几滴 HNO_3 和氢氟酸，加热使溶解并至硫酸分解冒白烟，白烟冒完，冷却，加入 20mL 30%（NH_4)$_2C_2O_4$ 溶液，定量移入 100mL 容量瓶，用（1+1）H_2SO_4 溶液稀释至刻度。此溶液含钽 1mg/mL。

或称取 0.1000g 金属钽于塑料烧杯中，加 5mL 氢氟酸，滴加浓 HNO_3 至完全溶解。水浴上蒸干，加 10mL 氢氟酸溶解，定量转入 100mL 聚乙烯容量瓶中，用水稀释至刻度。此溶液含钽 1mg/mL。

或称取 1.2211g Ta_2O_5 于石英坩埚或瓷坩埚中，加入 6～7g 焦硫酸钾，熔融 15min。熔块用 100mL 4%（NH_4)$_2C_2O_4$ 溶液和 2mL H_2SO_4 混合液浸出。加热至溶解清亮，定量移入 1000mL 容量瓶中，用 4%（NH_4)$_2C_2O_4$ 溶液稀释至刻度。此溶液含钽 1mg/mL。

或五氧化二钽（Ta_2O_5）0.1221g 于铂金坩埚或石英坩埚中，加 5g 焦硫酸钾，加热熔融（温度逐步升高）至清液，冷却，加 10～15mL 硫酸，加热浸取，冷却，倾入 100mL 酒石酸溶液（10%），定量移入 1000mL 容量瓶中，以水稀释至刻度，摇匀。此溶液含钽 0.1mg/mL。

（33）碲（Te）

称取碲粉 0.1000g 于 250mL 烧杯中，加王水溶解后，水浴上蒸干，加（1+1）盐酸溶解，定量转入 100mL 容量瓶中，用水稀释至刻度。此溶液含碲 1mg/mL。

或称取 0.1000g 碲粉于 250mL 烧杯中，加 5mL 盐酸，于小火加热并滴加 HNO_3 至完全溶解，定量转入 100mL 容量瓶中，用水稀释至刻度。此溶液含碲 1mg/mL。

（34）钍（Th）

称取硝酸钍 [$Th(NO_3)_4 \cdot 4H_2O$] 0.2380g 于 250mL 烧杯中，加 HNO_3 (1+9) 溶液溶解，定量转入 100mL 容量瓶中，用 HNO_3 (1+9) 溶液稀释至刻度。此溶液含钍 1mg/mL。

（35）Ti

称取金属钛 0.1000g 于 150mL 铂器皿中，加水少许，缓慢滴加氢氟酸，使其溶解，滴加硝酸氧化，加 10mL 硫酸（1+1），加热蒸发冒白烟，冷却，用水冲洗皿壁，再蒸发至冒烟，冷却，加 90mL 硫酸（1+1），定量转入 1000mL 容量瓶中，用水稀释至刻度。此溶液含钛 0.1mg/mL。

或称取二氧化钛（TiO_2）0.1668g 于铂坩埚中，加 10g 焦硫酸钾，加热熔融至清澈，冷却，用 100mL 硫酸（1+1）浸取，定量转入 1000mL 容量瓶中，用水稀释至刻度。此溶液含钛 0.1mg/mL。

或称取金属钛 0.1000g 于 250mL 烧杯中，加入盐酸（1+1）溶液使之溶解，冷却后定量转入 100mL 容量瓶中，并用（1+1）盐酸溶液稀释至刻度。此溶液含钛 1mg/mL。

或称取 0.1668g TiO_2 于瓷坩埚中，加入浓 H_2SO_4 数滴湿润，加入 2g 焦硫酸钾，熔融至透明（呈红色），保存熔融 10min，冷却后用水浸出，定量转入 100mL 容量瓶中，用水稀释至刻度。此溶液含钛 1mg/mL。

（36）钒（V）

称取五氧化二钒（V_2O_5）0.1785g，溶于含有少量氢氧化钠的水中，用硫酸（1+1）酸化后，定量转入 1000mL 容量瓶中，用水稀释至刻度。此溶液含钒 0.1mg/mL。

或称取偏钒酸铵（NH_4VO_3）0.2296g 于 250mL 烧杯中，加少量水溶解，用硫酸（1+1）酸化后，定量转入 1000mL 容量瓶中，用水稀释至刻度。此溶液含钒 0.1mg/mL。

或称取金属钒 0.1000g 于 250mL 烧杯中，加适量王水加热使其溶解，浓缩至近干，加入 2mL 盐酸，定量转入 100mL 容量瓶中，用水稀释至刻度。此溶液含钒 1mg/mL。

或称取金属钒 0.1000g 于 250mL 烧杯中,加适量 HNO_3 (1+1) 溶解,定量转入 100mL 容量瓶中,用 (1+99) HNO_3 溶液稀释至刻度。此溶液含钒 1mg/mL。

或称取偏钒酸铵 [$(NH_4)VO_3$] 0.2297g 于 250mL 烧杯中,加少量水溶解,用 (1+3) H_2SO_4 酸化后,定量转入 100mL 容量瓶中,用水稀释至刻度。此溶液含钒 1mg/mL。

(37) 钨 (W)

称取三氧化钨 (WO_3) 1.2611g 于 250mL 烧杯中,加 3g 碳酸钠及水 200mL,加热使其溶解,冷却,定量转入 1000mL 容量瓶中,用水稀释至刻度。贮于塑料瓶中。此溶液含钨 1mg/mL。

或称取三氧化钨 (WO_3) 1.2611g 于 250mL 烧杯中,加 50mL 200g/L NaOH 溶液,加热使其溶解,冷却,定量转入 1000mL 容量瓶中,用水稀释至刻度,贮于塑料瓶中。此溶液含钨 1mg/mL。

或称取钨酸钠 (Na_2WO_4) 1.598g 于 250mL 烧杯中,用水溶解,定量转入 1000mL 容量瓶中,用水稀释至刻度。贮于塑料瓶中。此溶液含钨 1mg/mL。

或称取钨酸钠 (Na_2WO_4) 1.795g 于 250mL 烧杯中,用水溶解,或溶于 100mL 100g/L NaOH 溶液,定量转入 1000mL 容量瓶中,用水稀释至刻度。贮于塑料瓶中。此溶液含钨 1mg/mL。

(38) 锌 (Zn)

称取金属锌 0.1000g 于 250mL 烧杯中,加 20mL 盐酸 (1+1),加热使其溶解,冷却,定量转入 1000mL 容量瓶中,用水稀释至刻度。此溶液含锌 0.1mg/mL。

或称取已于 900℃ 灼烧至恒重的氧化锌 (ZnO) 0.1245g 于 250mL 烧杯中,加 20mL 硫酸 (2mol/L) 使其溶解,定量转入 1000mL 容量瓶中,用水稀释至刻度。此溶液含锌 0.1mg/mL。

(39) 锆 (Zr)

称取二氧化锆 (ZrO_2) 0.1351g 于瓷坩埚中,加 4g 焦硫酸钾,于 750℃ 熔融 10~15min,用 100mL 盐酸 (2mol/L) 浸取,定量移入 1000mL 容量瓶中,用盐酸 (2mol/L) 稀释至刻度,摇匀。此溶液含锆 0.1mg/mL。

或称取氯化锆酰 ($ZrOCl_2 \cdot 8H_2O$) 0.8832g 于 250mL 烧杯中,加 130mL 硝酸 (1+4),微沸 5min,使锆离子溶解,冷却,定量移入 250mL 容量瓶中,用水稀释至刻度。此溶液含锆 0.1mg/mL。

或称取金属锆 0.1000g 于塑料烧杯中,加水 10mL,逐滴加入氢氟酸至完全溶解,定量转入 100mL 塑料容量瓶中,用水稀释至刻度。此溶液含锆 1mg/mL。

或称取二氧化锆 (ZrO_2) 0.3375g 于 250mL 烧杯中,加 20mL H_2SO_4 和 10g $(NH_4)_2SO_4$ 加热使其溶解,冷却,定量移入 250mL 容量瓶中,用水稀释至刻度。此溶液含锆 1mg/mL。

4.5.3 阴离子标准溶液的配制

(1) 氟离子 (F^-)

称取氟化钠（NaF）0.2210g 于 100mL 烧杯中，加适量水溶解，定量移入 1000mL 容量瓶中，用水稀释至刻度。此溶液含氟离子 0.1mg/mL。

(2) 氯离子（Cl^-）

称取氯化钠（NaCl）0.1649g 于 100mL 烧杯中，加适量水溶解，定量移入 1000mL 容量瓶中，用水稀释至刻度。此溶液含氯离子 0.1mg/mL。

或称取氯化钾（KCl）0.2103g 于 100mL 烧杯中，加适量水溶解，定量移入 1000mL 容量瓶中，用水稀释至刻度。此溶液含氯离子 0.1mg/mL。

(3) 溴离子（Br^-）

称取溴化钾（KBr）0.1489g 于 100mL 烧杯中，加适量水溶解，定量移入 1000mL 容量瓶中，用水稀释至刻度。此溶液含溴离子 0.1mg/mL。

(4) 称取碘化钾（KI）0.1308g 于 100mL 烧杯中，加适量水溶解，定量移入 1000mL 容量瓶中，用水稀释至刻度。此溶液含碘离子 0.1mg/mL。

(5) 硝酸根（NO_3^-）

称取硝酸钾（KNO_3）0.1631g 于 100mL 烧杯中，加适量水溶解，定量移入 1000mL 容量瓶中，用水稀释至刻度。此溶液含硝酸根 0.1mg/mL。

(6) 亚硝酸根（NO_2^-）

称取亚硝酸钠（$NaNO_2$）0.14997g 于 100mL 烧杯中，加适量水溶解，定量移入 1000mL 容量瓶中，用水稀释至刻度。此溶液含亚硝酸根 0.1mg/mL。

(7) 硫酸根（SO_4^{2-}）

称取在 105℃ 干燥 1～2h 的硫酸钠（Na_2SO_4）0.1479g 或水合硫酸钠（$Na_2SO_4 \cdot 10H_2O$）0.3354g 于 100mL 烧杯中，加适量水溶解，定量移入 1000mL 容量瓶中，用水稀释至刻度。此溶液含硫酸根 0.1mg/mL。

(8) 磷酸二氢根（$H_2PO_4^-$）

称取磷酸二氢钾（KH_2PO_4）0.1433g 于 100mL 烧杯中，加适量水溶解，定量移入 1000mL 容量瓶中，用水稀释至刻度。此溶液含磷酸二氢根 0.1mg/mL。

(9) 氰化物（CN^-）

称取氰化钾（KCN）0.2503g 于 100mL 烧杯中，加适量氢氧化钠（0.1mol/L）溶液，定量移入 1000mL 容量瓶中，用水稀释至刻度。此溶液含氰化物 0.1mg/mL。

(10) 硼酸盐（$H_2BO_3^-$）

称取结晶硼酸（H_3BO_3）0.1017g 于 100mL 烧杯中，加适量水溶解，定量移入 1000mL 容量瓶中，用水稀释至刻度。此溶液含硼酸盐 0.1mg/mL。

(11) 氨氮（NH_3-N）

称取经 105℃ 干燥的氯化铵（NH_4Cl）3.8120g 于 100mL 烧杯中，加适量水溶解，定量移入 1000mL 容量瓶中，用水稀释至刻度。此溶液含氨氮 1mg/mL。

(12) 硝酸盐氮（NO_3^--N）

称取经 105℃ 干燥的硝酸钾（KNO_3）7.2179g 溶于水，于 100mL 烧杯中，加适量水溶解，定量移入 1000mL 容量瓶中，用水稀释至刻度。此溶液含硝酸盐氮 1mg/mL。

称取硝酸钠（$NaNO_3$）6.068g 于 100mL 烧杯中，加适量水溶解，定量移入 1000mL 容量瓶中，用水稀释至刻度。此溶液含硝酸盐氮 1mg/mL。

(13) 亚硝酸盐氮（$NO_2^- $-N）

称取亚硝酸钠（$NaNO_2$）1.232g 于 100mL 烧杯中，加适量水溶解，定量移入 1000mL 容量瓶中，加 1～2mL 氯仿作保护剂，用水稀释至刻度。溶液保存在 4℃ 冰箱中。此溶液含亚硝酸盐氮 1mg/mL。

(14) 二氧化硅（SiO_2）

称取 1.000g SiO_2 于铂坩埚中，加 10g Na_2CO_3 和 1g K_2CO_3，熔融并保持 20min，熔块用水浸出，定量转入 100mL 容量瓶中，用纯水稀释至刻度，摇匀，转移至聚乙烯瓶中贮存。此溶液含 SiO_2 1mg/mL。

(15) 硫（S）

称取在 105℃ 干燥 1～2h 的硫酸钠（Na_2SO_4）0.4430g 于 250mL 烧杯中，加少量水使其溶解，定量移入 1000mL 容量瓶中，以水稀释至刻度，摇匀。此溶液含硫 0.1mg/mL。

(16) 硫化物（S^{2-}）

称取硫化钠（$Na_2S·9H_2O$）0.7490g 于 100mL 烧杯中，加适量水溶解，定量移入 1000mL 容量瓶中，用水稀释至刻度。此溶液含硫化物（S^{2-}）0.1mg/mL。使用前配制。

(17) 硫代硫酸盐（$S_2O_3^{2-}$）

称取硫代硫酸钠（$Na_2S_2O_3·5H_2O$）0.2214g 于 100mL 烧杯中，加煮沸过的冷水溶解，定量移入 1000mL 容量瓶中，用煮沸过的水稀释至刻度。此溶液含硫代硫酸盐（$S_2O_3^{2-}$）0.1mg/mL。

(18) 硫氰酸盐（SCN^-）

称取硫氰酸铵（NH_4SCN）0.1312g 于 100mL 烧杯中，加适量水溶解，定量移入 1000mL 容量瓶中，用水稀释至刻度。此溶液含硫氰酸盐（SCN^-）0.1mg/mL。

或称取硫氰酸钾（KSCN）0.1617g 于 100mL 烧杯中，加适量水溶解，定量移入 1000mL 容量瓶中，用水稀释至刻度。此溶液含硫氰酸盐（SCN^-）0.1mg/mL。

(19) 亚硫酸盐（SO_3^-）

称取亚硫酸钠（Na_2SO_3）0.1574g 于 100mL 烧杯中，加适量水溶解，定量移入 1000mL 容量瓶中，用水稀释至刻度。此溶液含亚硫酸盐（SO_3^-）0.1mg/mL。使用前配制。

(20) 碳酸盐 CO_3^{2-}

称取碳酸钠（Na_2CO_3）0.1766g 溶于水，于 100mL 烧杯中，加适量水溶解，定量移入 1000mL 容量瓶中，用水稀释至刻度。此溶液含碳酸盐（CO_3^{2-}）0.1mg/mL。

(21) 亚铁氰化物 $Fe(CN)_6^{4-}$

称取六氰合铁（Ⅱ）酸钾 [$K_4Fe(CN)_6 \cdot 3H_2O$] 0.1993g 于 100mL 烧杯中，加适量水溶解，定量移入 1000mL 容量瓶中，用水稀释至刻度。此溶液含亚铁氰化物 $Fe(CN)_6^{4-}$ 0.1mg/mL。

(22) 磷（P）

称取磷酸氢二铵 [$(NH_4)_2HPO_4$] 0.4262g 或磷酸二氢钾（KH_2PO_4）0.4394g 于 250mL 烧杯中，加少量水溶解，加几滴硝酸，定量移入 1000mL 容量瓶中，以水稀释至刻度，摇匀。此溶液含磷 0.1mg/mL。

(23) 氯酸盐（ClO_3^-）

称取氯酸钾（$KClO_3$）0.1485g 于 100mL 烧杯中，加适量水溶解，定量移入 1000mL 容量瓶中，用水稀释至刻度。此溶液含氯酸盐（ClO_3^-）0.1mg/mL。

(24) 溴酸盐（BrO_3^-）

称取溴酸钾（$KBrO_3$）0.1315g 于 100mL 烧杯中，加适量水溶解，定量移入 1000mL 容量瓶中，用水稀释至刻度。此溶液含溴酸盐（BrO_3^-）0.1mg/mL。

(25) 碘酸盐（IO_3^-）

称取碘酸钾（KIO_3）0.1229g 于 100mL 烧杯中，加适量水溶解，定量移入 1000mL 容量瓶中，用水稀释至刻度。此溶液含碘酸盐（IO_3^-）0.1mg/mL。

(26) 硅酸盐（SiO_3^{2-}）

称取二氧化硅（SiO_2）0.7897g 于铂坩埚中，加入 8g Na_2CO_3 和 1g K_2CO_3，熔融并保持 20min，用水浸出熔块，定量移入 1000mL 容量瓶中，用水稀释至刻度。溶液保存于塑料瓶中。此溶液含硅酸盐（SiO_3^{2-}）1mg/mL。

(27) 醋酸盐（CH_3COO^-）

称取醋酸钠（$CH_3COONa \cdot 3H_2O$）0.2305g 于 100mL 烧杯中，加适量水溶解，定量移入 1000mL 容量瓶中，用水稀释至刻度。此溶液含醋酸盐（CH_3COO^-）0.1mg/mL。

4.6 指示剂溶液的配制

4.6.1 指示剂的分类

指示剂的分类是根据滴定反应来分类。用于酸碱滴定的指示剂称为酸碱指示剂，用于配位滴定（络合滴定）的指示剂称为金属指示剂，用于氧化还原滴定的指示剂称为氧化还原指示剂，用于沉淀滴定的指示剂称为沉淀指示剂。

4.6.2 酸碱指示剂的配制

常用的酸碱指示剂一般采用质量浓度来表示。

0.1%甲基橙指示剂：称取 0.1g 甲基橙指示剂于 250mL 烧杯中，加 100mL 纯水，溶解后，过滤，即得。

0.1%甲基红指示剂：称取 1g 甲基红指示剂于 250mL 烧杯中，加乙醇

1000mL，溶解后，过滤，即得。

氯酚红指示剂：称取 100mg 氯酚红（$C_{19}H_{12}O_5S$）置于玛瑙乳钵中，加入 23.6mL（$c_{NaOH}=0.1000mol/L$）溶液，研磨至完全溶解后，用纯水定容至 250mL。

酚酞指示剂：称取 50mg 酚酞（$C_{20}H_{14}O_4$），溶于 50mL 95%乙醇中，再加入 50mL 纯水，滴加氢氧化钠（$c_{NaOH}=0.1000mol/L$）溶液至溶液刚好呈现为红色。

溴百里酚蓝指示剂：称取 100mg 溴百里酚蓝（$C_{27}H_{28}Br_2O_5S$，又称麝香草酚蓝），置于玛瑙乳钵中，加入 16.0mL 氢氧化钠（$c_{NaOH}=0.1000mol/L$）溶液，研磨至完全溶解后，用纯水定容至 250mL。此指示剂适用的 pH 值范围为 6.2～7.6。

酚红指示剂：称取 100mg 酚红（$C_{19}H_{14}O_5S$），置于玛瑙乳钵中，加入 28.2mL 氢氧化钠（$c_{NaOH}=0.1000mol/L$）溶液，研磨至完全溶解后，用纯水定容至 250mL。此指示剂适用的 pH 值范围为 6.8～8.4。

溴甲酚蓝-甲基红指示剂：3 体积的 0.1%溴甲酚蓝乙醇液与 1 体积的 0.2%甲基红乙醇液混合，摇匀。

常见的酸碱指示剂及混合指示剂的变色范围、浓度及溶剂参见第 5 章中表 5-8 和表 5-9。

4.6.3 金属指示剂的配制

(1) 铬黑 T 指示剂的配制

铬黑 T 的水溶液不稳定，并且易聚合变质，为了保证铬黑 T 溶液稳定，常用的配制方法有下面两种。

① 0.5%铬黑 T 指示剂 称取 0.5g 铬黑 T 和 2.0g 盐酸羟胺，溶于 15mL 三乙醇胺中，用乙醇稀释至 100mL。可保持 6 个月不分解。

指示剂配制中加入盐酸羟胺的作用是防止铬黑 T 被氧化；加入三乙醇胺的作用是防止铬黑 T 聚合。

② 0.5%铬黑 T 指示剂 称取 0.5g 铬黑 T，加氨-氯化铵缓冲液 10mL，溶解后，加适量乙醇稀释成 100mL（本液不宜久贮）。

③ 铬黑 T 固体混合指示剂 称取 1g 铬黑 T 与 100g 干燥的 NaCl 研磨混匀，装入小广口瓶中，置于干燥器备用。

(2) 钙指示剂

钙指示剂的水溶液及乙醇溶液都不稳定，故配成固体混合指示剂：称取 1g 钙指示剂与 100g 干燥 NaCl 研磨混匀，装入小广口瓶中，置于干燥器中备用。

(3) 0.5%酸性铬蓝 K 指示剂

称取 0.5g 酸性铬蓝 K，溶于 100mL pH=10 的氨-氯化铵缓冲溶液中，加 50mL 纯水使其完全溶解，然后加入 40mL 乙醇。

(4) K-B 指示剂的配制

① K-B 指示剂溶液 称取 0.2g 酸性铬蓝 K 和 0.4g 萘酚绿 B 于小烧杯中，加水稀释至 100mL。

② K-B 固体混合指示剂 1g 酸性铬蓝 K、2g 萘酚绿 B 和 40g NaCl，研细混

匀，装入小广口瓶中，置于干燥器中备用。

(5) 二甲酚橙指示剂的配制

① 0.2%二甲酚橙指示剂　称取 0.2g 二甲酚橙溶于 100mL 水中。

② 二甲酚橙固体混合指示剂　称取 1g 二甲酚橙与 100g 干燥的 KNO_3 混合研细混匀，装入小广口瓶中，置于干燥器备用。

4.6.4　氧化还原指示剂的配制

用于氧化还原滴定反应的指示剂有自身指示剂、专属指示剂和氧化还原指示剂三种。自身指示剂主要是在高锰酸钾滴定法中，利用高锰酸钾本身的颜色指示滴定终点；专属指示剂是在碘量法中使用的淀粉指示剂；氧化还原指示剂是指示剂本身就是氧化剂或还原剂，其氧化型和还原型的颜色不同，在化学计量点附近时发生氧化还原反应，这时指示剂或是氧化型或还原型而引起颜色变化指示终点的到达。

(1) 淀粉指示剂

淀粉有两种不同组分组成，即直链淀粉和支链淀粉。直链淀粉与 I_2 作用显蓝色，灵敏度高，而支链淀粉与 I_2 作用显红紫色，不易观察终点。直链和支链淀粉的相对含量随淀粉来源而异。例如，土豆淀粉大约由 20%的直链淀粉与 80%支链淀粉组成；而玉米淀粉几乎全为支链淀粉。故淀粉指示剂是利用淀粉的可溶性（直链）淀粉可以和 I_2 生成蓝色配合物这一特性指示滴定终点的到达。

0.2%淀粉指示剂：称取 2g 可溶性淀粉于小烧杯中，加 10mg HgI_2 及 5mL 纯水调匀，缓缓倾入 1000mL 沸水中，随加随搅拌，再煮沸 2～3min 使溶液透明即可。

加入 HgI_2 以抑制细菌作用。如果使用是现配现用可不加。

(2) 氧化还原指示剂

① 二苯胺　将 1g 二苯胺在搅拌下溶解于 100mL 浓硫酸或 100mL 浓磷酸中，可长期保持不变。

② 0.5%二苯胺磺酸钠　称取 0.5g 二苯胺磺酸钠于烧杯中，加入 100mL 纯水使之溶解，必要时过滤备用。临用新配。常用作重铬酸钾法（特别适用于在钨存在下测定亚铁）。

③ 0.2%邻苯氨基苯甲酸　称取 0.2g 邻苯氨基苯甲酸和 0.2g 无水碳酸钠于烧杯中，加 100mL 水，加热溶解后，过滤。能保持几个月不分解。

邻菲啰啉亚铁：称取 0.7g 硫酸亚铁（$FeSO_4 \cdot 7H_2O$）和 1.5g 邻菲啰啉（$C_{12}H_8N_2 \cdot H_2O$）于烧杯中，加入水溶解后稀释至 100mL。

4.6.5　沉淀指示剂的配制

(1) 5%铬酸钾指示剂

称取铬酸钾 5g 于烧杯中，加入 100mL 纯水使之溶解。

(2) 10%铁铵矾指示剂

称取 10g 硫酸高铁铵于烧杯中，加入 20mL 硝酸溶液（$c_{HNO_3} = 6mol/L$）和 80mL 纯水使之溶解。

(3) 0.5%荧光素指示剂

称取 0.5g 荧光素于烧杯中,加入 100mL 75% 的乙醇使之溶解。

4.6.6 常用分析测定试纸的制作

分析测定试纸的制作是将不同的试剂浸在滤纸上,可用于检查各种气体、酸、碱以及氧化剂。常用的分析测定试纸的制作方法如下。

(1) 石蕊试纸(红及蓝)

制作:先用热乙醇处理市售石蕊,以除去夹杂的红色素。取 1 份处理后,以 6 份水浸煮,并不断搅拌。滤去不溶物,将滤纸分成两份,一份加稀 H_2SO_4(或稀 H_3PO_4)至变红;另一份加稀 NaOH 至蓝色。分别用这两种溶液浸湿滤纸,并在避光、没有酸碱蒸气的房间中晾干,密闭保存。

用途:红色石蕊试纸检验碱溶液,由红色变为蓝色;蓝色石蕊试纸检验酸溶液,由蓝色变为红色。

(2) 金莲橙 CO 试纸

制作:将金莲橙 CO 5g 溶解在 100mL 水中,浸泡滤纸后,取出晾干,开始为深黄色,晾干后变成鲜明的黄色。

用途:试纸 pH 值变色范围为 1.3~3.2,由红色变为黄色。

(3) 刚果红试纸(红色)

制作:称取 0.5g 刚果红溶于 1000mL 纯水中,加 5 滴乙酸,滤纸在温热溶液中浸湿后,取出晾干。

用途:试纸 pH 值变色范围为 3.0~5.2,遇酸由红色变蓝色(加酸、一氯乙酸及草酸等有机酸也使它变蓝)。

(4) 酚酞试纸(白色)

制作:溶解酚酞 1g 于 100mL 95% 乙醇中,搅拌溶解后,加水 100mL,摇匀,将滤纸放入浸湿后,取出置于无氨气处晾干。

用途:试纸在碱性介质中呈红色,pH 值变色范围为 8.2~10.0,遇碱后由无色变为红色。

(5) 姜黄试纸(黄色)

制作:取姜黄 0.5g 在暗处用 4mL 乙醇浸润,不断振摇(不能全溶),将溶液倾出,然后用 12mL 乙醇与 1mL 水混合液稀释,将滤纸浸入该混合液中,取出后于暗处晾干,保存在密闭的棕色瓶中,并放置于暗处。

用途:试纸与碱作用变为棕色,与硼酸作用干燥后呈红棕色,pH 值变色范围为 7.4~9.2,黄色变为棕红色。

(6) 乙酸铅试纸

制作:将滤纸浸入质量浓度为 10% 的乙酸铅溶液中,取出晾干。

注意:乙酸铅试纸晾干时必须在无 H_2S 的气氛中处理。

用途:用于检验 H_2S,试纸遇硫化氢呈黑色。

(7) 硝酸银试纸

制作:将滤纸浸入 25% 的硝酸银溶液中,取出于暗处晾干,保存在密闭的棕色瓶中，并放置于暗处。

用途：用于检验 H_2S，试纸遇硫化氢呈黑色。

（8）溴化汞试纸

制作：称取 1.25g $HgBr_2$，溶于 25mL 乙醇中，将滤纸浸入 1h 取出，于暗处晾干，保存于密闭的棕色瓶中。

用途：用于比色测定 AsH_3，作用时显黄色。

（9）氯化钯试纸

制作：将滤纸浸入 0.2% 氯化钯溶液中，干燥后再浸入 5% 乙酸中，取出晾干。

用途：用于检验二氧化碳，试纸遇二氧化碳呈黑色。

（10）溴化钾-荧光黄试纸

制作：荧光黄 0.2g、溴化钾 30g、氢氧化钾 2g 及碳酸钠 2g，溶于 100mL 水中，将滤纸浸入溶液后，取出晾干。

用途：用于检验卤素，试纸遇卤素呈红色。

（11）碘化钾-淀粉试纸

制作：称取 3g 可溶性淀粉，加 25mL 纯水搅匀，倾入 225mL 沸腾的纯水中，再加 1g KI 和 1g $Na_2CO_3 \cdot 10H_2O$，用纯水稀释至 500mL。将滤纸浸入 1h，取出于阴凉处晾干，剪成条状贮存于棕色瓶中。

用途：可用于检查卤素、NO_2、O_3、$HClO$、H_2O_2 等氧化剂，作用时变蓝。

（12）铁氰化钾试纸

制作：将滤纸浸入饱和铁氰化钾溶液中，取出晾干。

用途：检验亚铁离子，试纸遇亚铁离子溶液呈蓝色。

（13）亚铁氰化钾试纸

制作：将滤纸浸入饱和亚铁氰化钾溶液中，取出晾干。

用途：用于检验高铁离子，试纸遇高铁离子溶液呈蓝色。

（14）乙酸联苯胺试纸

制作：乙酸铜 2.86g 溶于 1L 水中，与饱和乙酸联苯胺溶液 475mL 及 525mL 水混合，将滤纸浸入后，取出晾干。

用途：用于检验氰化氢，试纸遇氰化氢呈蓝色。

（15）玫瑰红酸钠试纸

制作：将滤纸浸入 0.2% 玫瑰红酸钠溶液中，取出晾干，应用前新制。

用途：用于检验锶，试纸遇锶溶液呈红色斑点。

4.7　缓冲溶液的配制

4.7.1　标准缓冲溶液的配制

（1）邻苯二甲酸氢钾标准缓冲溶液

在分析天平上用固定质量称量法称取 10.21g 于 105℃ 烘箱内烘干 2h 的邻苯二

甲酸氢钾（KHC$_8$H$_4$O$_4$），置于100mL烧杯中，加适量纯水溶解，定量转移至1000mL容量瓶中，用纯水稀释至刻度。此时四硼酸钠的浓度为0.05mol/L，此溶液的pH值在20℃时为4.00。

（2）混合磷酸盐标准缓冲溶液

在分析天平上用固定质量称量法称取3.40g于105℃烘箱内烘干2h的磷酸二氢钾（KH$_2$PO$_4$）和3.66g磷酸氢二钠（Na$_2$HPO$_4$），置于100mL烧杯中，加适量纯水溶解，定量转移至1000mL容量瓶中，用纯水稀释至刻度。此溶液的pH值在20℃时为6.88。

（3）四硼酸钠标准缓冲溶液

在分析天平上用固定质量称量法称取3.81g四硼酸钠（Na$_2$B$_4$O$_7$·10H$_2$O，又称硼砂），置于100mL烧杯中，加适量纯水溶解，定量转移至1000mL容量瓶中，用纯水稀释至刻度。此时四硼酸钠的浓度为0.01mol/L，此溶液的pH值在20℃时为9.22。

pH标准缓冲溶液在不同温度时的pH值见表4-5，pH4.8～5.8标准缓冲溶液的配制见表4-6。

表4-5　pH标准缓冲溶液在不同温度的pH值

温度/℃	标准缓冲溶液pH值		
	邻苯二甲酸氢钾缓冲液	混合磷酸盐缓冲液	四硼酸钠缓冲液
0	4.00	6.98	9.46
5	4.00	6.95	9.40
10	4.00	6.92	9.33
15	4.00	6.90	9.28
20	4.00	6.88	9.22
25	4.01	6.86	9.18
30	4.02	6.85	9.14
35	4.02	6.84	9.10
40	4.04	6.84	9.07

表4-6　pH4.8～5.8标准缓冲溶液的配制

pH值	邻苯二甲酸氢钾溶液体积/mL	氢氧化钠溶液体积/mL	用纯水定容至总体积/mL
4.8	50	16.5	100
5.0	50	22.6	100
5.2	50	28.8	100
5.4	50	34.1	100
5.6	50	38.8	100
5.8	50	42.3	100

注：氢氧化钠溶液的浓度c_{NaOH}=0.1000mol/L。

必须指出，配制标准缓冲溶液时所用的纯水均为新煮沸并冷却的蒸馏水。配制的溶液应储存在聚乙烯或硬质玻璃瓶内。此类溶液可稳定1～2个月。

4.7.2 一般缓冲溶液的配制

一般缓冲溶液的配制见表 4-7。

表 4-7 常用缓冲溶液的配制

缓冲溶液组成	pK_a	缓冲溶液 pH 值	缓冲溶液配制方法
氨基乙酸-HCl	2.35 (pK_{a_1})	2.3	取 150g 氨基乙酸溶于 500mL 水中,加 80mL 浓 HCl,水稀释至 1L
H_3PO_4-柠檬酸盐		2.5	取 113g $Na_2HPO_4 \cdot 12H_2O$ 溶于 200mL 水后,加 387g 柠檬酸,过滤后,用水稀释至 1L
一氯乙酸-NaOH	2.86	2.8	取 200g 一氯乙酸溶于 200mL 水中,加 40g NaOH,溶解后水稀释至 1L
邻苯二甲酸氢钾-HCl	2.95 (pK_{a_1})	2.9	取 500g 邻苯二甲酸氢钾溶于 500mL 水中,加 80mL 浓 HCl,水稀释至 1L
甲酸-NaOH	3.76	3.7	取 95g 甲酸和 40g NaOH 溶于 500mL 水中,水稀释至 1L
NaAc-HAc	4.74	4.7	取 83g 无水 NaAc 溶于水中,加 60mL 冰 HAc,水稀释至 1L
NaAc-HAc	4.74	5.0	取无水 NaAc 160g 溶于水中,加 60mL 冰 HAc,水稀释至 1L
NH_4Ac-HAc	4.74	5.0	取 250g 无水 NH_4Ac 溶于水中,加 25mL 冰 HAc,水稀释至 1L
六亚甲基四胺-HCl	5.15	5.0	取 40g 六亚甲基四胺溶于 200mL 水中,加 10mL 浓 HCl,水稀释至 1L
NH_4Ac-HAc	4.74	6.0	取 600g 无水 NH_4Ac 溶于水中,加 20mL 冰 HAc,水稀释至 1L
NaAc-HPO_4^{2-}		8.0	取 50g 无水 NaAc 和 50g $Na_2HPO_4 \cdot 12H_2O$ 溶于水中,水稀释至 1L
Tris-HCl	8.21	8.2	取 25g Tris 溶于水中,加 8mL 浓 HCl,水稀释至 1L
NH_3-NH_4Cl	9.26	9.2	取 54g NH_4Cl 溶于水中,加 63mL 浓氨水,水稀释至 1L
NH_3-NH_4Cl	9.26	9.5	取 54g NH_4Cl 溶于水中,加 126mL 浓氨水,水稀释至 1L
NH_3-NH_4Cl	9.26	10	取 54g NH_4Cl 溶于水中,加 350mL 浓氨水,水稀释至 1L

注:1. 缓冲溶液配制后可用 pH 试纸检查,如 pH 值不对,可用共轭酸或碱调节,pH 值若要求调精确时,可用 pH 计调节。

2. 若需增加或减少缓冲溶液的缓冲量时,可相应增加或减少共轭酸碱对物质的量,再调节。

3. Tris 为三羟甲基氨基甲烷 $CNH_2(HOCH_2)_3$。

第5章 化学分析操作、实验基本知识与基础理论

5.1 容量仪器的洗涤及量器的规范操作和校正

在分析化验工作中试样的处理，滴定分析中的溶液体积测量都必须使用玻璃器皿及容量器皿。在使用前都必须对这些玻璃器皿及容量器皿进行认真的洗涤，因为玻璃仪器是否干净，直接影响测定结果的精密度和准确度。

对于滴定分析来说，体积测量误差要比称量误差来得大。一般情况下分析结果的准确度在是由误差最大的那个因素决定的，如果体积测量不准确，其他操作步骤即使做得很正确也是徒劳的。因此为了使分析结果能符合所要求的精密度和准确度，就必须准确地测量溶液的体积。测量溶液体积的准确度，一方面取定于所用容量器皿本身容积的准确度，另一方面则取决于容量器皿的合理准备和正确、规范的使用。滴定分析中常用的滴定管、移液管、容量瓶等都是已知容量的玻璃量器。可见这些玻璃仪器的洗涤和正确、规范使用量器是分析化验工作中的一个重要环节。

5.1.1 容量仪器的洗涤与保管

在滴定分析工作中，所用的玻璃仪器，在使用前必须按规定认真洗干净，洗净的器皿应是内壁能被水均匀润湿而不黏附水珠。洗涤玻璃仪器前，应对器皿的沾污物性质进行估计，然后选择适当的洗涤剂及洗涤方法。

(1) 常用洗涤剂及其使用范围

① 肥皂、皂液、去污粉、洗衣粉　多用于用毛刷直接刷洗的器皿，如烧杯、锥形瓶、试剂瓶。

② 洗液（酸性或碱性）　多用于不便用毛刷或不能用毛刷刷洗的器皿，如滴定管、移液管、容量瓶、比色管、比色皿等，也用于刷不掉的器皿上的结垢。

③ 有机溶剂　针对不同类型的油腻污物，选用不同的有机溶剂进行洗涤，如甲苯、二甲苯、氯仿、乙酸乙酯、汽油等。如果要除去洗净器皿上带的水分，可以用乙醇、丙酮，最后再用乙醚。

(2) 洗涤玻璃仪器的方法

洗涤玻璃仪器的方法如下。

① 用水刷洗　先用皂液把手洗干净，然后用不同形状的毛刷[1]刷洗仪器里外表面，用水冲去可溶性物质及刷掉表面黏附的灰尘。

② 用皂液、合成洗涤剂刷洗　水洗后用毛刷蘸皂液、洗涤剂等将器皿内外全

---

[1] 不同形状的毛刷如试管刷、烧杯刷、滴定管刷等。

刷一遍，再用自来水边冲边刷洗。

③用纯水冲洗　用自来水冲干净后，用少量纯水冲洗❶器皿内壁2～3次即可。若挂水珠，则要重新洗涤❷。

(3) 合成洗涤剂的性能及其使用

合成洗涤剂为高效、低毒洗涤剂，既能溶解油污，又能溶于水，对玻璃器皿的腐蚀性小，不会损坏玻璃，是洗涤器皿最佳的选择。

合成洗涤剂种类繁多，必须针对仪器沾污物的性质，采用适合的洗涤剂才能有效地洗净仪器。在使用各种性质不同的洗涤剂时，一定要把上一种洗涤剂除去后再用另一种，以免相互作用，影响洗涤效果。

(4) 铬酸洗液的配制及其使用

铬酸洗液由 $K_2Cr_2O_7$ 和浓 H_2SO_4 配制而成。配制方法为：称取20g研细的工业品 $K_2Cr_2O_7$ 于烧杯中，加20～30mL水，加热至溶解，并浓缩至液面上有一层结晶时取下，冷却至60～70℃时，沿烧杯壁缓慢加入浓 H_2SO_4 500mL(不允许将 $K_2Cr_2O_7$ 溶液加入浓 H_2SO_4 中!)，边加边用玻璃棒搅拌。因为化学反应大量放热，浓 H_2SO_4 不要加得太快，配制好冷却后，装入磨口试剂瓶中保存

用铬酸洗液洗涤器皿时，应首先洗除沾污的大量有机物质，尽量把水控干❸后再将洗涤液❹倒入欲洗涤的器皿中，慢慢转动器皿，使内壁完全被洗涤液润湿，放置一段时间后❺，将铬酸洗涤液倒回原瓶内❻。用自来水冲洗❼干净后，再用纯水淋洗备用。

由于铬酸洗液的腐蚀与氧化性很强，要注意安全，如配制时必须戴防护眼镜，使用时千万不能接触皮肤、眼睛、衣服。

铬酸洗液对玻璃器皿侵蚀作用较小，但具有很强的氧化能力，洗涤效果较好。其缺点是 $Cr(Ⅵ)$ 有毒，污染水质，应尽量避免使用。

(5) 酸性草酸洗涤液的配制及使用

酸性草酸洗涤液用于洗涤氧化性物质，如沾有高锰酸钾、三价铁等的容器，由草酸和盐酸溶液配制而成。配制方法为：称取10g草酸溶于100mL 20%的盐酸溶液。

---

❶　纯水冲洗时应按少量多次的原则，即每次用少量水，分多次冲洗，每次洗涤应充分振荡后，倾倒干净，再进行下一次冲洗。

❷　洗干净的玻璃仪器，应该以壁上不挂水珠为准。

❸　将水控干是为避免将洗液稀释，影响洗涤效果。

❹　倒入的洗液约为待洗涤器皿容积的1/5。

❺　尽管铬酸洗液是种强氧化剂，但是作用比较慢。因此，使用时需将洗液倒入器皿中放置一段时间，一般为3～5min即可，让铬酸与污染物作用完全。

❻　铬酸洗液倒入原瓶中，以备下次继续使用。洗液经反复多次使用后，如已变为绿色时，表示洗液已不具有氧化性，失去洗涤效果，不能倒回原瓶，应倒入废液桶内。

❼　铬酸洗液洗涤后，第一次自来水洗的废水必须倒入废液桶中，以免残留铬酸洗液腐蚀下水道，用水冲洗时不应使用毛刷，以免将器皿重新污染。

(6) 碱性高锰酸钾洗涤液的配制及使用

碱性高锰酸钾洗涤液用于洗涤油污和一些有机物，由高锰酸钾和氢氧化钠溶液配制而成。配制方法为：称取 4g 高锰酸钾于烧杯中，加少量水溶解，慢慢加入 100mL 10％的强氧化钠溶液。

(7) 碱性洗液的配制及其使用

碱性洗液用于洗涤有油污（特别是被有机硅化合物污染）的器皿。常用的碱性洗液有 Na_2CO_3、Na_3PO_4、NaOH 等溶液，浓度一般都在 5％左右。

由于去污反应较慢，一般将器皿浸泡 24h 以上，或浸煮去污。

必须注意从碱性溶液中捞出被洗器皿时，要戴胶皮手套或用镊子拿取，以免烧伤，切勿用手直接拿取。浸煮时必须戴防护眼镜。

(8) 有机溶剂的用途及其使用

有机污物一般难溶于水，但能被氧化，所以用铬酸洗液洗，若洗不干净，可选用适当的有机溶剂洗涤。有机溶剂适用于带有油脂性污物较多的器皿的洗涤。根据油脂的性质，可选用汽油、甲苯、苯、二甲苯、三氯甲烷、四氯乙烯等有机溶剂擦洗或浸泡。用有机溶剂洗完后再用乙醇、丙酮、水洗，效果很好。

由于有机溶剂昂贵，毒性较大。较大的器皿沾有大量的有机物时，可先用废纸擦净，尽量选用碱性洗液或合成洗涤剂。只有无法使用毛刷洗刷的小型或特殊的器皿采用有机溶剂洗涤，如活塞内孔、滴定管尖端等。

(9) 碘-碘化钾洗涤液的配制及其使用

碘-碘化钾洗涤液用于洗涤被硝酸银沾污的器皿和白瓷水槽，由碘和碘化钾配制而成。配制方法为：称取 1g 碘和 2g 碘化钾于❶干烧杯中，加水 100mL 溶解即可。装入棕色瓶❷中保存，备用。

使用时应注意，碘-碘化钾洗涤液具有氧化性，应避免溅在衣服或皮肤上。如不慎溅在衣服或皮肤上，应立即用自来水冲洗。

(10) 砂芯玻璃滤器的洗涤

① 新的滤器使用前应以热的盐酸或铬酸洗液边抽滤边清洗；

② 针对不同的沉淀物采用适当的洗涤液先溶解沉淀，或反置用水抽洗沉淀物，再用蒸馏水冲洗干净，在 110℃烘干，升温或冷却过程都要缓慢进行，以防裂损。

(11) 比色皿的洗涤

比色皿是分光光度分析最常用的器件，要注意保护好透光面，拿取时手指应捏住毛玻璃面，不要接触透光面。用硝酸、重铬酸钾等洗液，对于有色污染的物质可用 HCl(3mol/L)-乙醇（1+1）溶液洗涤。用自来水、实验室用纯水充分洗净后倒立在纱布或滤纸上控去水，如急用，可用乙醇、乙醚润洗后用吹风机吹干。

(12) 玻璃器皿的干燥和保管

---

❶ 加入碘化钾是增加碘的溶解度及降低碘的挥发性。

❷ 碘易挥发，应注意封闭及避光保存，并需要在通风橱中进行操作。

① 玻璃器皿的干燥　分析化验中经常使用的器皿，在每次实验完毕后必须立即洗净，倒置控干备用。用于不同实验的器皿对干燥有不同的要求。一般定量分析中用的锥形瓶、烧杯等，洗净后即可使用；而用于有机分析的器皿一般要求干燥。常用的干燥方法有如下几种。

a. 倒置控干　将玻璃器皿倒置在专门放置玻璃器皿的架上。这是一种简单易行、省钱、省力、适用范围广的方法。

b. 烘干　洗净的仪器控出水分后，放入烘箱，在105～110℃烘1h左右，冷却和保存。

应该注意的是：实心玻璃塞，厚壁仪器烘干时要缓慢升温且温度不可太高，以免炸裂。量器不可在烘箱中烘干。

c. 热（冷）风吹干　急于干燥的仪器或不适合烘干的仪器，如量器、较大的仪器，可用吹干的办法。方法是先用少量乙醇倒入已控出水分的仪器❶中，摇洗一次，倒出，再用乙醚❷摇洗，然后用电吹风吹。开始用冷风吹1～2min❸，使大部分有机溶剂挥发后，再用热风吹干。

② 玻璃仪器的保管　洗净、干燥的玻璃仪器要按实验要求妥善保管，如洗净干燥的称量瓶要保存在干燥器中，滴定管倒置于滴定管架上，比色皿和比色管要放入专用盒内或倒置在专用架上。特别要注意带磨口的仪器如容量瓶、碘量瓶塞子、滴定管活塞、比色管塞子等属于非标准磨口，必须配套使用，使用前要用皮筋把塞子拴在瓶口处，以免互相弄混，避免操作时出现漏液或漏气现象，如果这些带磨口的仪器长时间不用，则在磨口处夹上一小纸片，防止磨口处黏合在一起而打不开。

5.1.2　量器的规范使用方法

在分析化验中，量器的正确、规范使用决定了测定结果的精密度和准确度。量器是指准确量取溶液体积的玻璃仪器，主要有滴定管、移液管、容量瓶、量筒及量杯。它们是用透明性能较好的软质玻璃制成的。

5.1.2.1　滴定管的使用

滴定管是最常用的量器之一，是具有刻度和具有控制溶液流速装置的细长玻璃管。在滴定分析中，滴定管是滴定分析的主要仪器，是滴定时用于准确测量流出的操作溶液体积的量器。

滴定管的使用步骤为：洗涤→涂油→试漏→装溶液和赶气泡→滴定→读数。

(1) 滴定管的分类

滴定管根据其容积、用途、构造和颜色不同可分成四类。

滴定管按其容积大小，可分为常量滴定管、半微量滴定管和微量滴定管（见图

---

❶ 该仪器必须是已控出水分的，否则影响吹干效果。

❷ 乙醚有毒，具有麻醉作用，同时易燃、易爆，因此，此法操作时要求在通风橱中进行，防止中毒。注意不要接触明火，以防有机溶剂蒸气着火爆炸。

❸ 不宜加热的仪器，一般用冷风吹。

5-1)。常量滴定管体积有 25mL、50mL 和 100mL 三种,其最小刻度是 0.1mL,最小刻度可估计至 0.01mL,因此读数可达小数点后第二位,主要用于常量分析。半微量滴定管体积为 10mL,其最小刻度是 0.05mL,主要用于半微量分析。微量滴定管体积有 1mL、2mL 和 5mL 三种,最小刻度是 0.01mL,主要用于微量分析。

滴定管按其用途分为酸式滴定管和碱式滴定管两种(见图 5-1)。酸式滴定管在管的下端有一玻璃活塞,用于盛放酸性、中性、氧化性标准溶液,但是不能盛放碱性溶液❶。碱式滴定管其下端连接一段医用橡皮管,将滴定管身和管尖端连接,在橡皮管内放一玻璃球❷。碱式滴定管用于装盛碱性标准溶液,不能用来盛装 $AgNO_3$、$KMnO_4$、I_2 等氧化性标准溶液❸。

滴定管按其构造可分为普通滴定管、蓝线滴定管和自动滴定管(见图 5-1)。普通滴定管用于盛装普通标准溶液,自动滴定管用于标准溶液需隔绝空气和水汽的滴定操作。

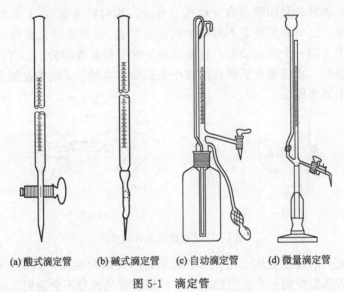

(a) 酸式滴定管　　(b) 碱式滴定管　　(c) 自动滴定管　　(d) 微量滴定管

图 5-1　滴定管

滴定管按其颜色又可分为普通透明滴定管和棕色滴定管。棕色滴定管用于盛装见光易分解的标准溶液,如 I_2、$KMnO_4$、$AgNO_3$ 等标准溶液。

(2) 滴定管的选择原则

在分析化验中,根据实际情况按以下原则选择滴定管。

① 如进行常量滴定分析,用酸滴定碱性物质的溶液,应选用常量的普通透明的普通或蓝线的酸式滴定管。

---

❶ 酸式滴定管玻璃活塞易被碱腐蚀,放置久了,旋塞被粘住后无法转动打开。酸式滴定管是最常用的滴定管,在平时的滴定分析中(而不是久置溶液),除了强碱外,一般均可以采用酸式滴定管进行滴定。
❷ 该玻璃珠直径必须略大于橡皮管内径,否则滴定管中的溶液会滴漏下来。
❸ 橡皮管容易被这些氧化性溶液氧化而变脆。

② 如进行常量滴定分析，用碱滴定酸性物质的溶液，应选择常量普通透明的普通或蓝线的碱式滴定管。

③ 如进行常量的滴定分析，管内装具有氧化性的溶液（如 $KMnO_4$、I_2），应选择常量的棕色的酸式滴定管，以防止溶液在滴定过程中见光分解。

④ 如进行微量滴定分析，应选择微量或半微量滴定管。

(3) 滴定管使用前的准备和标准溶液的装入

① 酸式滴定管使用前的准备　在进行滴定分析时，酸式滴定管的准备有三个步骤，即将滴定管活塞涂凡士林，对滴定管进行洗涤和用标准溶液润洗滴定管。

a. 滴定管活塞涂凡士林的方法　滴定管在使用前应检查活塞是否灵活及是否漏水。如不合要求，可将活塞取下，用滤纸将活塞和活塞槽内的水吸干，然后采用下列两种方法之一涂凡士林：一是用手指将少量凡士林涂润活塞的大头，即图 5-2 中 a 部分，另用玻璃棒将少量凡士林涂润在与活塞 b 部分相对应的滴定管活塞套内壁部分；另一种方法是用手指蘸少量凡士林后，均匀在活塞 a、b 部分分别沿圆周均匀地涂薄薄一层（特别注意不要把中间小孔堵塞）。将涂好凡士林的活塞小心地插入活塞套中并朝一个方向旋转，直至活塞旋转全部呈透明为止，否则，要重新涂凡士林。最后剪一小段橡皮管套住活塞小头部分的沟槽上，或橡皮圈套住活塞，以防滴定过程中活塞脱出。

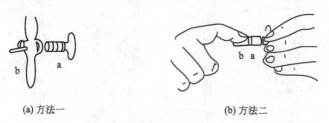

(a) 方法一　　　　　　(b) 方法二

图 5-2　活塞涂凡士林的方法

应当注意：活塞涂上凡士林有助于转动时的灵活和免漏，如果凡士林涂多了，将活塞插入活塞套中朝一个方向旋转后，活塞旋转的部分不会透明，滴定管会漏溶液；如果凡士林涂少了，则活塞旋转时不灵活。

如不慎将凡士林掉进管口尖，产生管口堵塞现象时，采用下列几种方法之一将其排除。方法一：将滴定管管口插入热水中温热片刻，打开活塞使管内水突然流下，将软化凡士林排除。方法二：用一根直径小于管口的细铁丝，从管尖处插入凡士林，转动后取出包裹有凡士林的铁丝，然后将管尖插入四氯化碳中，此时附在壁内的凡士林随即溶解，片刻后，用自来水洗净。方法三：将滴定管装满水至刻度线左右，将滴定管活塞拿在左手，掌心向上，手心顶住活塞，大拇指朝下，滴定管倾斜，右手拿洗耳球从滴定管上端管口将管中的水挤压下去，将滴定管管口的凡士林挤压出去。特别要注意的是，手心一定要紧紧地顶住活塞，否则，在挤压滴定管中水时，活塞会松动，水会从活塞两端被挤出去。

滴定管活塞涂凡士林之后要用水检漏，如漏水则应重新涂凡士林。滴定管检漏的方法为：用水充满滴定管，置于滴定架上直立两分钟，观察有无漏水现象，然后再将活塞旋转180°，再静置2min，观察有无漏水现象。

b. 酸式滴定管的洗涤方法　滴定管若无油污，可用自来水冲洗。若有油污，可用毛刷蘸肥皂水或合成洗涤液洗刷，如仍未洗净，可用铬酸洗涤液洗涤。此时，可将5～10mL铬酸洗液注入酸式滴定管中，转动滴定管，使洗液布满全管壁，放置数分钟，必要时，可将铬酸洗液加满滴定管浸泡一段时间，然后将洗液倒回原铬酸洗液瓶中，用自来水冲洗至流出液为无色，用毛刷蘸肥皂水或合成洗涤液刷洗管壁外，自来水冲洗管壁外，再用少量纯水（10mL左右）润洗2～3次。纯水润洗时应将滴定管倾斜转动，使水润湿整个内部，然后从尖嘴放出。

酸式滴定管洗涤干净的基本要求是自来水冲洗后管内应不挂水珠，否则说明管内有油污。

c. 标准溶液的装入　在加入标准溶液时，应先用此种溶液润洗滴定管，以除去滴定管内残留的水分，确保标准溶液的浓度不变。为此，注入少量待装标准溶液（5～10mL）润洗滴定管❶ 2～3次，然后正式装入标准溶液。具体操作方法为：左手前三指持滴定管上部无刻度处，略倾斜，右手拿住试剂瓶，往滴定管中倒入约5～10mL待装标准溶液❷，然后两手平端滴定管，慢慢转动，使标准溶液润洗全部内壁，润洗后，将活塞打开，使润洗溶液从管尖出口流出，尽量放出残留液。

装好标准溶液后要注意将出口管处的空气赶掉，否则在滴定过程中，气泡逸出后会影响溶液体积的准确测量。酸式滴定管排除气泡的方法如下：一只手拿住滴定管上部没有刻度处，另一只手托着活塞，将滴定管倾斜30°，用手迅速旋转活塞，让溶液急剧地流出，将气泡赶出，从而使下端管口充满溶液。

气泡排除后，于滴定管中加入标准溶液（操作溶液），使之在"0"刻度之上。滴定之前调节滴定管内标准溶液至"0"刻度处后，再进行滴定。

② 碱式滴定管使用前的准备　在进行滴定分析时，碱式滴定管的准备有三个步骤，即检查滴定管是否漏水、对滴定管进行洗涤和用标准溶液润洗滴定管。

a. 碱式滴定管的检漏　对于碱式滴定管，应检查一下橡皮管是否老化，玻璃珠大小是否恰当，玻璃珠过大，操作不便当，溶液流出速度太慢；玻璃珠过小，则会漏水，如玻璃珠不合乎要求，应及时更换。

碱式滴定管检漏具体方法为：将滴定管装入自来水，检查是否漏水，方法同酸式滴定管。如漏水可将滴定管下端的橡皮管取出，换一段新的或弹性很好的橡皮管，并在其中放入一颗直接略大于橡皮管内径的玻璃珠，然后在橡皮管下口接一玻璃尖嘴，再检查是否漏水。

---

❶ 滴定管是已用纯水润洗过的。
❷ 在向滴定管装入标准溶液时，应从盛标准溶液的试剂瓶中直接倒入滴定管中，不可借助其他任何器皿（如烧杯、漏斗等），以免引起标准溶液浓度的改变或造成污染。

b. 碱式滴定管的洗涤方法　对于碱式滴定管的洗涤，铬酸洗液不能接触橡皮管，可将橡皮管取下，用塑料乳头堵住碱式滴定管下口进行洗涤。如需要铬酸洗液浸泡，可将碱式滴定管倒立于装有洗液的瓶中，将橡皮管连接抽气泵，打开水龙头，轻捏玻璃珠，待洗液徐徐上升淹没刻度部分为止。浸泡几分钟后，手捏玻璃珠，让洗液流回原瓶，然后用自来水冲洗滴定管，再用纯水润洗几次。

c. 标准溶液的装入　碱式滴定管润洗方法与酸式滴定管操作基本相同。但是排气泡方法不同，碱式滴定管中的气泡易滞留在橡皮管中，排气泡时，将玻璃尖嘴的橡皮管向上方弯曲，使管口斜向上，两手指挤压玻璃珠两边所在处，使溶液从管口喷出（见图5-3），随之把气泡带出管口，使溶液充满尖嘴管。

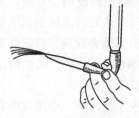

图5-3　碱式滴定管气泡排除方法

(4) 滴定管的操作

使用滴定管时，一般将酸式滴定管夹在滴定架右边，碱式滴定管夹在左边。

① 酸式滴定管的使用方法　操作前将滴定管夹在滴定架上，使滴定管活塞向右，刻度线面对自己。用左手控制活塞，左手从中间向右伸出，拇指在管前，食指及中指在管后，手指均略弯曲，轻轻拿住活塞柄，在转动时应轻轻地将活塞柄向里推（向左扣），以防活塞被顶出。无名指和小手指向手心弯曲，并轻轻顶住与管端相交的直角处（见图5-4）。注意，切不可将手心顶住活塞小头部分，否则造成活塞松动，致使漏水。如果酸式滴定管的持握方式正确，则持握滴定管可达到操作灵活，既能控制滴定速度，又不致使活塞松动。

图5-4　酸式滴定管操作

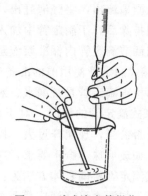

图5-5　碱式滴定管操作

② 碱式滴定管的使用方法　左手拇指在前，食指在后，捏住橡皮管或乳胶管中的玻璃珠所在部位右侧上方的位置，无名指及小指夹住出口管（尖嘴管），使出口管垂直而不摆动，拇指和食指向外挤橡皮管，使玻璃珠珠旁形成空隙，溶液流下（见图5-5），并以捏管的用力大小来控制滴定速度。注意不要捏挤玻璃珠以下部位，不要移动玻璃珠，不要摆动出口管，否则放手时，会有空气进入出口管内形成

气泡，引起滴定体积的测量误差，从而影响测定结果。如果碱式滴定管的持握方式正确，既能控制滴定速度，又不致使玻璃珠移位。

③ 滴定 滴定操作根据实际情况可在锥形瓶或烧杯中进行。在锥形瓶中进行时，左手按操作法控制滴定管活塞，右手的大拇指、食指和中指夹住锥形瓶瓶颈，其余两指自然弯曲辅助在下侧，使锥形瓶底离滴定台高 2～3cm，滴定管下端伸入瓶口内约 1cm（见图 5-6）。滴定时，左手控制溶液流量，右手拿住锥形瓶，以同一方向作圆周运动，即边从滴定管中滴加溶液，边摇动锥形瓶。

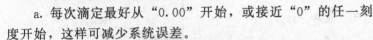

图 5-6 锥形瓶的滴定操作

进行滴定操作时应注意以下几点。

a. 每次滴定最好从"0.00"开始，或接近"0"的任一刻度开始，这样可减少系统误差。

b. 右手拿锥形瓶时，应微动腕关节，使瓶中溶液向同一个方向旋转，将溶液旋出一个旋涡，使反应充分，并且瓶中的溶液也不会溅出；摇瓶时要注意速度不可太慢，以免影响化学反应速率。

c. 通常在滴定刚开始时，速度可稍快些，可呈"见滴成线"状，但不能成流水状从滴定管放出溶液。接近终点时，指示剂的作用使溶液局部变色，但锥形瓶转动 1～2 次后，颜色完全消失。这时，滴定速度要减慢，从连续滴加逐渐减至每次加入一滴，等到必须摇 2～3 次后颜色才能消失时，表示终点已接近，此时用洗瓶冲洗锥形瓶内壁，将摇动时留在壁上的溶液洗下，然后将滴定管活塞稍稍转动使有半滴（或 1/3 滴）溶液悬挂于滴定管尖嘴口，用洗瓶冲洗，将这半滴标准溶液洗落在锥形瓶溶液中，摇动锥形瓶，如此继续滴定至溶液准确到达终点为止。

d. 滴定时，要观察落点周围溶液颜色的变化，且不可只看滴定管上部溶液体积而不顾滴定反应的进行。

e. 使用带磨口玻璃塞的碘量瓶进行滴定时，玻璃塞应夹在右手的中指和无名指之间（见图 5-7），不能将玻璃塞随意乱放。

图 5-7 碘量瓶的滴定操作

f. 使用烧杯滴定时，滴定管下端伸入烧杯内约 1cm，并处在烧杯中心的左后方处，不要离烧杯壁过近，右手持玻璃棒搅拌溶液，左手操纵滴定管，使溶液逐滴滴下（见图 5-5），搅拌时应作圆周搅动，不要碰烧杯壁和底部，近终点时，冲洗杯壁，再加半滴标准溶液。此时，可用玻璃棒下端轻触悬挂的液滴下端（应注意玻璃棒不能触及滴定管尖端），将液滴引下后再将玻璃棒伸入溶液中搅拌，如此继续滴定至溶液准确到达终点为止。

(5) 滴定管的读数

滴定管读数若不准确会引起误差，这常常是滴定分析误差的主要来源之一，因此化学分析工作者应熟悉滴定管的读数方法，并认真对待。读数时应注意以下几点。

① 读数时，滴定管应垂直夹持在滴定架上并将尖嘴上悬挂的液滴除去，或用拇指与食指拿住滴定管上方合适的位置，使滴定管垂直。

② 滴定管内的溶液，由于表面张力的缘故，液面并非平面，而是呈现弯月形。对无色溶液或颜色很浅的溶液，读数时，视线应与弯月面下缘的最低点相切，即视线与弯月面下缘的最低点在同一水平上，否则将引起误差（见图5-8）。深色溶液如$KMnO_4$、I_2溶液等，因看不出弯月弧形，视线应与液面两侧的最高点相切（见图5-9）。

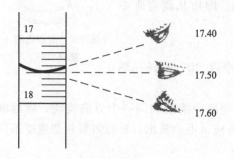

图5-8　正确的读数是17.50mL

图5-9　有色溶液滴定管读数

③ 蓝色线滴定管的读数与上述方法不同，无色溶液有两个弯月面相交于滴定管蓝线的某一点（见图5-10），读数时，视线应与此点在同一水平面上。如为有色溶液应使视线与液面两侧的最高点相切。初学者练习读数时，可借助读数卡练习准确读数，读数卡是用贴有黑纸或涂有黑色长方形（约3cm×1.5cm）的白纸板制成（见图5-11）。读数时将读数卡放于滴定管后面，使黑色部分在弯月面下1mm左右，此时可看到弯月面发射成为黑色，读取弯月面下缘的最低点。对于有色溶液，可将读数卡的白色部分附在滴定管背后，读出液面两侧最高点的读数。

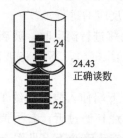

图5-10　蓝色线滴定管读数

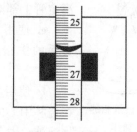

图5-11　读数卡

④ 注入溶液或放出溶液后必须等待1~2min，使附着在滴定管内壁上的溶液流下来以后再读数，如果放出液的速度较慢（例如，接近化学计量点附近），那么等0.5~1min后即可读数。

⑤ 常量滴定管读数必须读到小数点后第二位，而且要求估读到0.01mL，滴定

管上两小刻度之间为 0.1mL。分析工作者必须经过严格训练，才能估计出 0.1mL 的十分之一值，一般可这样估计：当液面在两小刻度之间为 0.05mL；在两小刻度的三分之一处为 0.03mL 或 0.07mL；当液面在两小刻度五分之一处为 0.02mL。微量滴定管读数必须读到小数点后第三位，而且要求估读到 0.001mL。

⑥ 每次滴定时，滴定管的标准溶液应从"0"刻度处，或在"0"刻度稍下一些的位置开始，以减少滴定管产生的系统误差。滴定最好从"0"刻度处开始滴定，便于原始记录简明，作为一个操作熟练的化学分析工作者也应该达到此要求。

5.1.2.2 移液管的使用

(1) 移液管

移液管是准确移取一定量溶液的容量器皿，它分为无分度和有分度两类。无分度移液管的上、下两部分有较细的管颈，中间为大肚，出口缩为尖端，以防液流过快，上部刻有一环形标线，膨大（胖肚）部分标有它的容积和标定时的温度［见图 5-12(a)］，这种移液管也称胖肚移液管，用于移取整数的体积。在标定的温度下吸取溶液，使溶液的弯月面与移液管标线相切，让溶液按一定的方法自由流出，则流出的体积与移液管标明的体积相同。常用的移液管（mL）有 5、10、20、25、50、100 等规格。

另一种移液管是有分度移液管［见图 5-12(b)］，又称吸量管，在管子上端刻有它的容积和测定该容积时的温度（一般为 20℃）。它用于移取非整数的小体积的溶液，并可吸取随意量的准确体积，但吸量管的准确度不如移液管。使用吸量管时，通常是使液面从吸量管的最高刻度降到另一刻度，两刻度之间的体积正好为所需体积。常用的吸量管（mL）有 1、2、5、10 等。

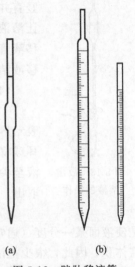

图 5-12　胖肚移液管 (a) 和吸量管 (b)

(2) 移液管的准备

移液管在使用前必须是经过洗涤液和水充分洗净的（洗涤方法、要求与滴定管相同）。移取溶液前，用小滤纸将管尖端内外的水吸净，然后用待吸溶液润洗管内壁 3 次，以除去管内残留水分，保证待移取的溶液浓度不变。为此，可取少许待移取溶液于洁净而干燥的小烧杯中，用移液管吸取溶液润洗。

(3) 移液管的操作

吸取溶液时，用右手大拇指和中指拿住移液管上部，将移液管插入溶液 1～2cm❶。然后左拿洗耳球于移液管上管口抽气，将溶液吸入管中，当吸入 1/5 体积

---

❶ 插入溶液不要太浅或太深，太浅容易吸空；太深又会使管外黏附溶液过多，在移液时流到接收容器中，影响量取体积的准确性。

时，立即用右手食指按住管口，拿走移液管放横转动，使溶液能接触全部管壁，然后使移液管直立，将溶液由嘴尖口放出，如此重复3次即可。再按上述方法将移液管插入溶液中吸取，当溶液吸至标线以上3～5cm时，用右手食指迅速按紧上管口，提起移液管，将移液管竖直并使管口尖嘴处接触盛待移液的容器❶内壁，然后右手拿移液管，左手提起盛待移液的容器，平行移动使移液管刻度线与眼睛平视，稍稍松开右手食指，或微微转动管身，使液面慢慢下降，直到眼睛视线与管内溶液的弯月面下缘的最低点在同一水平面上，即弯月面下缘与标线相切，立即用食指按紧上管口，使溶液不再流出，取出移液管。左手改拿盛接溶液的容器并略倾斜，将移液管竖直并使下部尖嘴与盛接溶液的容器成30～45°接触，松开手指让溶液垂直自由顺壁流下（见图5-13），流完后等待15s左右，将移液管尖嘴在容器内壁往左右旋动一下❷，然后将移液管取出，移液结束❸。移液管使用后，应立即洗净放在架上。

（4）吸量管操作时的注意事项

① 使用前看一下吸量管上端是否有"吹"字，若有"吹"，表示溶液从刻度线放出溶液至尖嘴时，残留在尖端的溶液要用洗耳球将溶液全部吹下去；若无"吹"，表示溶液从刻度线放出溶液至尖嘴后，将吸量管尖嘴在容器内壁停留几秒，然后将吸量管取出，移液结束（残留在尖端的溶液不计在流出体积之内）。

图5-13 放出溶液的操作

② 吸量管的准备和操作方法与移液管相同，用吸量管时，总是使液面某一分度（通常是最高线）落到另一分度，使两分度间的体积刚好等于所需体积，因此，很少把溶液直接放到吸量管底部的。由于吸量管是移取刻度之间的溶液体积，故可连续操作放出溶液体积。比如一支5mL的吸量管，可连续分别放出1mL、2mL溶液。

③ 同一实验中，尽量使用吸量管的同一段，且尽量使用上部分而不采用末端收缩部分，以减小误差。

④ 吸量管使用后，应立即洗净放在移液管架上。

5.1.2.3 容量瓶的使用

（1）容量瓶

容量瓶主要是用于配制标准溶液或稀释一定量溶液到一定体积的器皿中，例如将一定质量的某基准试剂溶解后全部定量转移到容量瓶中，再冲稀到标线，即可得到准确浓度的溶液。

---

❶ 左手改拿盛待移液的容器，并将该容器倾斜约45°。
❷ 使管尖部每次存留的体积仍然基本相同，不会导致平行测定时的误差过大。
❸ 移液管内溶液流完后，管中因毛细管作用残留的溶液，切不要以任何方式自管中移出。因为移液管的容积在检定时是根据自然流出液体的量来计算的，尖端残留的溶液不计在流出体积之内。如果移液管上标明"吹"字，则应将末端保留溶液吹出。

容量瓶是一个具有细长颈的梨形平底瓶,带有磨口玻璃塞或塑料塞。容量瓶在颈部有一环形标线,瓶体 20℃字样,表示 20℃的溶液液面到刻度时其容积等于容量瓶标示容量。在指定的温度下当溶液充满至弯月面与标线相切时,所容纳的溶液体积等于瓶上标示的体积。容量瓶的规格有 5mL、10mL、25mL、50mL、100mL、200mL、250mL、500mL、1000mL 和 2000mL 等。

(2) 容量瓶的准备

使用容量瓶前,必须检查容量瓶瓶塞是否漏水或标线位置是否离瓶口太近,漏水或标刻线离瓶口太近(不便混匀溶液)的容量瓶不能使用。

检查是否漏水的方法:将自来水加入瓶内至标线附近,塞紧磨口塞,右手全部手指指尖托住瓶底,左手食指按住塞子,其余手指拿住瓶颈标线以上部分(见图 5-14),将容量瓶倒立 2min,观察有无渗水现象。如不漏水,再将容量瓶直立,转动瓶塞 180°,再倒立 2min,如仍不漏水,即可使用。用橡皮筋或细绳将瓶塞系在瓶颈上。

容量瓶应洗涤干净,洗涤要求与方法与滴定管相同。

(3) 容量瓶的操作

用容量瓶配制溶液的方法为:如果用固体物质配制标准溶液或分析试液时,根据所需溶液的浓度或体积,计算出所需试剂的质量,用固定质量称量法,采用万分之一的分析天平准确称取试剂质量置于小烧杯内,用少量纯水溶解,溶解完后,再将溶液定量转入容量瓶中,定量转移操作方法如图 5-15 所示。

图 5-14 检查漏水操作

图 5-15 转移溶液操作

容量瓶的操作:右手拿玻璃棒,左手拿烧杯,使烧杯嘴紧靠玻璃棒,而玻璃棒则悬空伸入容量瓶口中,棒的下端靠在瓶颈内壁上,慢慢倾斜烧杯,使溶液沿着玻璃棒流下❶,倾完溶液后,将烧杯嘴沿玻璃棒慢慢上移,同时将烧杯直立,使附着在烧杯嘴上的一滴溶液流回烧杯中,然后将玻璃棒放回烧杯中。残留在烧杯中的少许溶液,用洗瓶吹出少量纯水洗玻璃棒和烧杯内壁,依上述操作将洗出液定量转入

---

❶ 玻璃棒下端靠近瓶颈内壁,但不要太接近瓶口,以免有溶液溢出。

容量瓶中,并重复洗涤烧杯内壁 5 次以上❶。然后加纯水至容量瓶 2/3 容积处❷,将干的瓶塞塞好,以同一方向旋摇容量瓶,使溶液初步混匀。此时且不可倒转容量瓶,继续加纯水至离刻线 1cm 处后,等 1~2min❸,用洗瓶或小胶帽滴管逐滴加入纯水,使弯月面下缘与刻度线相切,盖上瓶塞,以左手食指压住瓶塞,其余手指拿住标线上瓶颈部分,右手全部指尖托着瓶底边缘,将瓶倒转,使气泡上升到顶部,摇动溶液,再将瓶竖直,如此将瓶倒、竖摇动 6~8 次❹后,将容量瓶竖直,由于瓶塞部分溶液未完全混匀,打开瓶塞使瓶塞附近溶液流下,重新塞好塞子,再次倒转摇动 3~5 次,使溶液混合均匀(溶液的混匀见图5-16)。

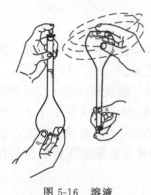

图 5-16 溶液混匀操作

如果把浓溶液定量稀释,则用移液管吸取一定体积的浓溶液移入容量瓶中,按上述操作方法稀释至刻度,摇匀即可。

(4) 使用容量瓶的注意事项

① 容量瓶必须仔细洗净。容量瓶为非标准磨口,所以瓶塞和容量瓶配套使用,不能混用,否则瓶塞、瓶口不会密合,产生漏水现象。

② 不可将其玻璃磨口塞随便取下放在桌面上,以免沾污或搞混淆,可用右手的食指和中指夹住瓶塞的扁头部分,当需用两手操作不能用手指夹住瓶塞时,可用橡皮筋或细绳将瓶塞系在瓶颈上。

③ 容量瓶只适于配制一定体积的溶液,不适于长期保存溶液。尤其是碱性溶液,它会侵蚀瓶壁并使瓶塞粘住无法打开。所以配好的溶液,如当时不用或使用不完,应转入贮存瓶中。贮存瓶应先用少量该溶液润洗 3 次,如果见光会分解的溶液,则应转入棕色的贮存瓶中保存。

④ 容量瓶容积受温度影响较显著,因此任何溶液均需冷至室温后再将溶液转入容量瓶。用水或溶剂稀释至刻线过程中,只能用手拿住标线上的瓶颈部分,不能握住球形部分,以防瓶中液体温度发生变化,影响容积。

⑤ 用水或溶剂稀释至刻度时,必须达到弯月面下缘和标线相切为止。观察时的视线应和标线在同一水平位置上。在稀释至刻度时,应点滴注入,以免过量。

⑥ 容量瓶不可在烘箱中烘烤,也不可在电炉等加热器上加热,如需使用干燥的容量瓶,可用乙醇等有机物荡洗晾干或电吹风的冷风吹干。

⑦ 容量瓶若长期不使用时,应将磨口塞部分擦干并用小纸片将磨口隔开。

---

❶ 以确保转移完全。

❷ 如不进行初步混匀,而是将纯水调至刻度,那么当溶液与水摇匀混合时,会发生收缩或膨胀,弯月面不能再落在刻度上。

❸ 使附在瓶颈内壁的溶液流下。

❹ 容量瓶较大,反复次数应相应增加到 10 余次。

⑧ 准确度要求高的分析，容量瓶需进行校正。

5.1.2.4 量杯、量筒的使用

量杯：玻璃制成的杯形倒立圆锥体，倒、量、洗涤都很方便，它只能用来量取精确度要求不高的液体。

量筒：玻璃制成的筒形体，量取大量液体很合用。液体的注入和倒出都较容量瓶和移液管迅速。量取液体的精确度比量杯高，比容量瓶和移液管低。

可见，量筒和量杯是另一类量器，它用于量取对体积要求不太精确的液体。在配制非标准溶液时可以使用它们量取体积。例如，滴定分析中，除了标准溶液外所需要的各种浓度溶液都可以用量筒和量杯量取体积。其规格有 5mL、10mL、25mL、50mL、100mL、250mL、500mL、1000mL 等。

使用量杯和量筒时应注意以下几点。

① 不允许用大量筒（杯）来量取少量液体，因为用量杯（筒）测量液体体积的准确度与量筒（杯）的直径有关。量筒（杯）越粗，所量液体的体积准确度越低。

② 不得在量筒和量杯中配制和稀释溶液。

③ 不得将量筒（杯）加热，或注入热溶液，或骤冷。因为量筒（杯）的底部玻璃厚薄不匀，受热、骤冷很容易破裂，而且还会引起容积变化。

5.1.3 容量器皿的校正

滴定分析法的主要量器有三种：滴定管、移液管和容量瓶。由于温度的变化，试剂的侵蚀以及出产的质量等原因，容量器皿的容积并不一定与它所标示的容积完全一致，甚至误差可能超过分析所允许的误差范围。因此，在准确度要求高的分析工作中，必须针对这三种量器进行校正。几种国产玻璃量器允许误差范围见表5-1。

表 5-1 国产容量器皿的允许误差　　　　　　　　　单位：mL

名　称		滴定管		移液管		容量瓶	
容积		25mL	50mL	10mL	25mL	100mL	250mL
等级	A级	±0.05	±0.05	±0.02	±0.03	±0.10	±0.15
	B级	±0.10	±0.10	±0.04	±0.06	±0.20	±0.30

容积的单位是"升"（滴定分析中常以升的千分之一即"毫升"）为基本单位，即在真空中 1000g 纯水在其密度为最大值的温度（3.98℃）时所占的容积。实用上如果采用温度 3.98℃ 显然太低，为了统一容量量值，进行示值比较，国际上规定以 20℃ 作为标准温度。我国采用 20℃ 为标准温度。在工作温度的变化影响中，所有因素以溶液体积变化影响最大，如钠铅玻璃制成的 1000mL 容量器皿，温度相差 1℃ 则会引起 0.026mL 体积的变化。在一般分析工作中，对于 100mL 以下的容量器皿，如温度在 20℃±5℃，校正数并不大，可以不计。但在工作室温度过高或过低时还应当进行校正。所以化学分析室应维持一定的温度。

校正容量器皿的方法，一般是称量一定体积的水，根据该温度时的密度将水的质量换算为容积，即分析天平上称出标准容器容纳或放出纯水的质量，除以测定温度下纯水的密度，即得实际容积：

$$V_{20} = \frac{标准容器容纳或放出纯水的质量(g)}{测定温度下纯水的密度\ \rho(g/mL)}$$

这种方法称为"称量法"。

由于一般称量不在真空中进行，因此，在换算时必须考虑以下因素的影响：

① 水的密度随温度而变化的校正；

② 玻璃器皿的体积随温度而变的校正；

③ 盛有水的器皿是在空气中称量的，空气浮力对称量水量的影响，使称量减轻的校正。

为了便于计算，通常将上述三项校正合并得一总校正值 p，见表 5-2。

表 5-2　不同温度时的 p 值

温度/℃	p/(g/mL)	温度/℃	p/(g/mL)	温度/℃	p/(g/mL)
5	0.99853	16	0.99778	26	0.99588
7	0.99852	17	0.99764	27	0.99566
8	0.99849	18	0.99794	28	0.99539
9	0.99845	19	0.99733	29	0.99512
10	0.99839	20	0.99715	30	0.99485
11	0.99833	21	0.99695	31	0.99464
12	0.99824	22	0.99676	32	0.99434
13	0.99815	23	0.99655	33	0.99406
14	0.99804	24	0.99634	34	0.99375
15	0.99792	25	0.99612	35	0.99345

例如，在 26℃时，某支 25mL 移液管放出的纯水质量 24.936g，查表 5-2 得密度为 0.99588g/mL，则该移液管在 20℃时的实际容积为：

$$V_{20} = \frac{24.913\text{g}}{0.99588\text{g/mL}} = 25.02\text{mL}$$

则这支移液管的校正值为 (25.02−25.00)mL＝0.02mL。

(1) 滴定管容积的校正步骤

① 在洗净的滴定管内盛满纯水，调至零刻度后，以 10mL/min 速度（4 滴/s）放出 10mL❶ 水，置于已恒重并称重的具塞锥形瓶（50mL）中，密塞，1min 后，读取滴定管内液面位置❷，称量锥形瓶与水的质量❸，不必倒出瓶中水，继续由滴

---

❶ 每次放出的纯水的体积称为表观体积。根据滴定管大小不同，表观体积大小可分为 1mL、5mL、10mL。

❷ 每次滴定管放出的表观体积不一定是准确的 10mL，但相差不超过 0.1mL，锥形瓶中的水不必倒出，可连续校完。

❸ 用同一架分析天平称其质量，准确至 0.01g。

定管中放出水置于原锥形瓶，至 20mL 处。1min 后读数并称重，如此继续放水，每次 10mL，至滴定管内 50mL 水放完为止。记录每次称出的水质量及相应的体积值。

② 重新校正一次。两次相应区间的水质量相差应小于 0.020g，求出其平均值。

③ 测量水温❶。根据水的温度、水的质量及该温度下水的密度，计算出滴定管该部分管柱的体积。

(2) 移液管的校正步骤

① 在洁净的移液管或刻度吸管内吸入已测过温度的纯化水，并使水弯月面恰好在刻线处。将水放入预先恒重并称好质量的具塞小锥形瓶中，称量，计算，可得水的质量。

② 重复操作一次，取平均值。

③ 根据水的温度查水的密度表，计算，可得移液管或刻度吸管的体积。

(3) 容量瓶的校正

① 绝对校正法（也称称量法） 将待校正的清洁、干燥的容量瓶恒重，称重；注入纯水至标线，记录水温，用滤纸吸干瓶内壁水珠滴，盖上瓶塞称量；两次称量之差即为容量瓶容纳水的质量。根据上述方法求算出容量瓶 20℃时的真实容积数值，求出校正值。

② 相对校正法 将容量瓶洗净控干，用洁净的移液管吸取纯水注入容量瓶中；假如容量瓶容积为 250mL，移液管为 25mL，则共吸 10 次；观察容量瓶中水的弯月面是否与标线相切，若不相切，表示有误差，一般将容量瓶控干再校正一次；如还是不相切，则在容量瓶上作新标记，以后配合该移液管，可以新标记为准。

5.2　试样的称量方法及称量误差

称量是定量分析的基本操作之一。在天平上称量物质或试样，应根据要求不同，采用不同的称量方法。常用的称量方法有两种——固定质量称量法和递减称量法。

5.2.1　试样的称量方法

(1) 固定质量称量法（称取指定质量的物质或试样）

此法用于称取不易吸水、在空气中性质稳定的固体试样，如金属、矿样等。这种方法的优点是能给分析结果的计算带来方便，因此在工业分析上被广泛采用。例如，要求配制浓度为 $c_{1/6K_2Cr_2O_7} = 0.1000$mol/L 的重铬酸钾溶液 1000mL，需称取 4.904g 重铬酸钾。固定质量法操作步骤如下：

先称取容器质量（如小表面皿、小烧杯、铝铲、不锈钢篑等）。然后用小药匙

---

❶ 测量水温时，必须将温度计插入水中 5~10min 后读数，读数时温度计下端玻璃球仍应浸在水中。严格来说，温度计使用分度值为 0.1℃的温度计。

图 5-17 固定质量称量法姿势

逐渐加试样于容器中，直至所加试样差约 10mg 时，用手持试样的小药匙，慢慢伸向容器中心部分上方 2～3cm 处，匙的顶部顶在掌心，用大拇指、中指以及掌心拿稳药匙，用食指轻轻振动小药匙让试样慢慢抖入容器中（见图 5-17），如果不慎多抖入试样，用小药匙挖出部分试样，然后再重复上述操作，直至合乎要求为止。

(2) 递减称量法（称取一定质量范围的试样）

此法常用于称取易吸湿、易氧化或易与二氧化碳反应的物质或液体试样。其操作步骤如下。

先将适量的试样放入洁净、干燥的称量瓶中，用盖盖好。用折叠好 1～1.5cm 宽的无毛边小纸条❶套在称量瓶中间，用手持住纸条尾部（见图 5-18），将称量瓶置于天平盘中央，称其质量为 W_1 g，然后再用纸条套取出称量瓶，将称量瓶放在接收试样容器上方，用小纸片包住称量瓶盖，并慢慢打开，再用瓶盖轻轻敲击瓶口上部，使试样落入容器中（见图 5-19）。当倾出的试样已接近所要称取的质量时，一边慢慢地将称量瓶扶正，一边轻轻地敲击瓶口上部，使黏附在瓶口上试样落入容器中或返回到称量瓶中，然后盖好瓶盖，将称量瓶放回天平盘中，称得质量为 W_2 g，两份之差，即为倒出试样的质量❷，按上述方法连续递减，可称取多份试样。

图 5-18 用纸条套住称量瓶

图 5-19 试样敲击方法

5.2.2 称量误差

由称量所引起的误差通常有仪器误差、操作疏忽或仪器故障。

仪器误差为系统误差，其大小、正负可以估计。为了使称量的仪器误差减小，必须对天平进行校正，同时要注意选择灵敏度能够达到分析要求的天平进行称量。

例如滴定分析中，一般根据生产要求使用万分之一的天平或千分之一的天平。如果称量 100mg 试样，用万分之一的分析天平，由于称量出来的质量是两次称量的结果，所以它将产生 0.2% 的相对称量误差：

$$相对误差 = \frac{0.0001g \times 2}{0.1g} \times 100\% = 0.2\%$$

---

❶ 有条件的可使用白色细纱手套拿称量瓶。

❷ 也可利用电子天平的去皮功能，直接称出试样的质量。

对于千分之一的分析天平,它将产生 2% 的称量误差:

$$相对误差 = \frac{0.001\text{g} \times 2}{0.1\text{g}} \times 100\% = 2\%$$

因天平称量操作不当或天平故障所引起的误差,有时会很大,必须引起注意。所以要求分析人员认真工作,努力提高操作技能,保管好天平,以减少产生误差的机会。

分析天平是分析化学实际工作中常用的精密仪器,为了保持天平的性能和使用寿命,必须遵守下列规则。

① 称量前先将天平罩取下叠好,检查天平是否处于水平状态,天平盘上有无沾污,用软毛刷拭去灰尘,然后检查和调整天平的零点。

② 天平的前门不得随意打开,称量过程中取放物体只能打开天平左右两边侧门。

③ 称量物体要放在秤盘中央,便于天平快速平衡,化学试剂和试样不得直接放在天平盘上,必须盛在干净的器皿中称量。如果化学试剂或试样性质稳定,可选用干燥小烧杯或表面皿称量,对于具有腐蚀性气体或吸湿性物质,应放在称量瓶中或密封的器皿中称量。如果盘上沾有药品应立即擦净,以免损坏天平。

④ 称量的物质必须与天平室内的温度一致,过热或过冷的物体应放在干燥器内放置一段时间,使其温度达到室温方可称量。

⑤ 决不可使天平的载重超过限度,否则会损坏天平。

⑥ 称量完毕后,检查被称物是否从天平取出,天平门是否关好,切断电源,罩好天平罩。

⑦ 称量结果必须记在记录本上,不可记在零星纸上或其他地方,以免遗失。

⑧ 要保持天平室的整洁、安静,不得高声大叫,走路、开、关门以及搬动凳子等一切动作都要轻。

⑨ 天平使用后应进行登记。

5.3 试样的采集、制备和分解

一个完整的分析化验过程包括试样的采集、制备、分解、测定和结果计算分析得出结论等五个步骤,其中试样的采集、制备、分解是复杂物质分析中的关键步骤。

试样的采集、制备是分析工作中一项重要的基础工作。分析试样必须具有高度的代表性,否则无论分析做得再认真、再准确也是无意义的。因为那样的分析结果,只仅仅说明分析部分的组成,而不能代表整批物料的情况;更有害的是错误地提供无代表性的分析数据,会引起人力、物力的浪费,给生产带来难以估计的损失。所以慎重地了解试样来源,正确合理地采取和制备试样其重要意义实在不低于进行正确分析时所要求注意的其他条件。

5.3.1 试样的采集

由一批物料中取得具有代表性的部分样品的步骤,称为试样的采集。试样的采取有时不由化学分析室直接承担，而是由技术或检验部门按标准或规定进行。但作为分析人员也应该了解和熟悉采样的正确方法和基本知识。

(1) 气体试样的采取

① 常压下取样，先用一般吸气装置如吸筒、抽气泵等，使盛器瓶产生真空，自由吸入气体试样。

② 气体压力高于常压下取样，可由球胆、盛器瓶直接盛取试样。

③ 气体压力低于常压下取样，可将取样器抽成真空，再同取样管接通进行取样。

(2) 液体试样的采取

① 液体样品必须混合均匀方能取样，不得有分层和不溶解等现象。

② 凡有固体溶解的样品，必须待完全溶解方能取样，除有规定外，一般应在室温下取样。

③ 如遇有不易克服的分层或不完全溶解的现象，生产上又迫切需要检查的液体试样，应尽可能使之均匀，并按比例取样，其结果只作参考，不能作正式报告。

④ 大池、槽车或贮罐内的液体的取样，应找几个有代表性的点取样，然后将几个点的样品进行充分混合均匀后，方能作为化验试样。

⑤ 成批桶装、罐装的液体，一般按3％～15％的比例抽样，并充分混合均匀后方可进行分析，根据生产要求亦可逐一检验。

a. 对装在大容器中的液体取样，先用搅拌方法混合均匀，然后用内径1cm、长80～100cm的玻璃管在容器的不同深度和不同部位取样，混匀后供分析用。

b. 对同一批分数个小容器分装的液体取样，则按该产品规定取样数量，将应取得样品事先混匀，然后取近等量试样于一个试剂瓶中，混匀供分析用。

⑥ 对密闭容器中的液体取样，可事先放出前面一部分弃去，然后再接取供分析用。

⑦ 从水管中取样，先放去管内静水，然后再接取供分析用。

⑧ 河、池等水源的采样，尽可能在背阴的地方，在水面以下0.5m深、离岸1～2m处采样。

(3) 固体原料试样的采取

① 需了解样品的各性质，如吸水性、分解能力、均匀程度、含杂质情况等，以便酌情取样。

② 容器各部分的样品应普遍取到，如不能时，则应取中部或表面等能反映全部性质和含量的样品。

③ 成批桶装、袋装的固体样品，一般按3％～15％抽样，根据生产要求，亦可超过15％或逐件取样化验。

④ 湿品或正在干燥的样品，必须按比例取样，各部分均应取到。

⑤ 大量不均匀样品，第一次取样应较多，主要有反映各部分情况的样品，然后按照四分法取样。

⑥ 易变的样品，最好是随时取样，随时化验分析；如不能时应注意取样至化验之前的保存。

⑦ 对一些颗粒大小及组成不均匀的如矿石、煤焦、砂土等原始样品的采取，一般按物料的万分之三至千分之一采集。将物料堆成一定高度，按纵横方向分隔0.5~1m划一直线，然后在2~3m取一点，在深度0.3~0.5m处取样，总合为平均试样。

(4) 金属锭块或制件样品的采取

一般用钻、刨、割、切削、击碎等方法，按锭块或制件的采样规定采取试样。如无明确规定，则从锭块或制件的纵横面各部位采取，如送样单位有特殊要求，可协商采取。

5.3.2 试样的制备

分析化验结果是否有意义，直接取决于试样有无代表性。而试样有代表性除了采样必须合理（如采样部位、方法和数量）外，还取决于试样的制备是否正确，所以试样的制备同样重要。

采集的原始试样往往由于量大而不均匀。要获得均匀地供分析用的少量试样必须经过多次粉碎和缩分才能达到目的。制备试样一般包括四个步骤：粉碎、过筛、混匀和缩分。

可先用粉碎机或其他破碎器具将样品制成小颗粒，再用球磨机或研钵等粉碎成更小颗粒。每经一次粉碎就过筛、混匀、缩分一次，其过程见图5-20。

缩分法采用四分法：将试样混匀后，堆成圆锥形［见图5-21(a)］并略为压平［见图5-21(b)］，通过中心分为四等份［见图5-21(c)］，把任意对角的两份弃去，剩余对角的两份收集在一起，这样就缩减了一半，根据需要可将试样再度粉碎至更细的颗粒，并过筛、混匀、缩分。如此反复处理直至留下所需量为止。

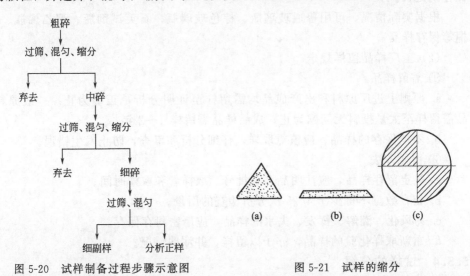

图5-20 试样制备过程步骤示意图　　图5-21 试样的缩分

试样的最后细度应便于试样的分解，一般要求试样通过100~200目筛孔，在生产单位均有具体规定，如一般矿样、耐火材料应全部通过＞120目筛孔；铁合金应全部通过＞160目筛孔；特别难溶的试样要求全部通过＞300目孔筛。常用标准筛号见表5-3。

表 5-3 标准筛号

筛号 网目(筛孔)	筛孔边长尺寸 (试样粒度大小)/mm	筛号 网目(筛孔)	筛孔边长尺寸 (试样粒度大小)/mm	筛号 网目(筛孔)	筛孔边长尺寸 (试样粒度大小)/mm
4	5	20	0.85	100	0.15
5	4	25	0.7	120	0.125
6	3.3	30	0.6	140	0.105
7	2.8	35	0.5	170	0.085
8	2.3	40	0.42	200	0.075
9	2	45	0.355	230	0.063
10	1.7	50	0.3	270	0.053
12	1.4	60	0.25	325	0.042
14	1.2	70	0.21	400	0.037
18	1.0	80	0.18		

5.3.3 样品的保存和留样

(1) 样品的保存

采集的样品保存时间越短，分析结果越可靠。为了避免样品在运送过程中待测组分的损失（由于挥发、分解和被污染原因等造成），能够在现场进行测定的项目，应在现场完成。若样品必须保存，则应根据样品的物理性质、化学性质和分析要求，采用合适的方法保存样品。可采用低温、冷冻、真空和冷冻真空干燥，加稳定剂、防腐剂或保存剂，或通过化学反应使不稳定成分转化为稳定成分等措施使样品保存期延长。

根据实际情况，可用普通玻璃瓶、棕色玻璃瓶、石英试剂瓶、聚乙烯瓶、袋、桶等保存样品。

(2) 工厂样品留样规定

① 需留样品

a. 原则上进厂原料和出产成品均需留样至证明分析是正确为止。一般原料样品需留样至大量投料无问题为止；成品样品需留样1～2年。

b. 不能保存的样品，应慎重取样，仔细分析和审查，防止发生错误。

② 留样方法

a. 规定留存样品，应注明品名、批号、取样者和取样时间。

b. 留存数量不得少于4～5次分析检查的用量。

c. 易风化、潮解、挥发、失水的样品，应严密封存保存。

d. 重新取样化验的样品，亦予以留样，并注明情况。

5.3.4 试样的分解

5.3.4.1 分解试样的一般要求

① 试样应完全分解。

② 在分解过程中待测成分不应有挥发性损失。

③ 不能引入被测组分和干扰物质，即所用试剂及反应产物对后续测定应无干扰。

5.3.4.2 分解试样的方法

分解试样常用的方法有溶解法和熔融法两种。

溶解法：采用适当的溶剂，将试样溶解后制成溶液的方法。溶解通常按采用水、稀酸、浓酸、混合酸的顺序处理。某些样品则用碱或有机溶剂溶解。

熔融法：利用酸性或碱性熔剂与试剂混合，在高温下进行复分解反应，将试样中的全部组分转化为易溶于水或酸的化合物。

在某些情况下，也可先将试样用适当的溶剂（如酸）溶解后，不溶物再用熔融法处理，将二液合并，然后进行分析。

(1) 溶解分解法

试样以溶解方式分解比较简单、快速，所以分解试样尽可能采用溶解法。试样不能溶解或溶解不完全时采用熔融法。对金属及其化合物常用作溶剂的有盐酸、硝酸、硫酸、氢氟酸、高氯酸、磷酸、混合酸等，而酸溶解方式是利用了酸的腐蚀性、氧化性、还原能力和配位作用，达到试样的快速分解，完全地溶解。不同品种的试样，分解溶剂也有所不同。

① 盐酸　盐酸的恒沸点为110℃，是分解试样的重要强酸之一，它能分解许多金属如铁、钴、镍、铝、铬、铍、镁、锗、锌、钛、锰等。它与金属作用放出氢，生成可溶性的氯化物。盐酸还能分解铁、锰、钙、镁、锌等的氧化物及碳酸盐矿物。磷酸盐、硫化物、氟化物一般都可溶于盐酸。盐酸也是弱还原剂，如在溶解锰矿时，它可还原 MnO_2 而加速溶解：

$$MnO_2 + 4H^+ + 4Cl^- \longrightarrow MnCl_2 + 2H_2O + Cl_2 \uparrow$$

但金属铜不溶于盐酸，而溶于盐酸+过氧化氢混合液。

② 硝酸　硝酸恒沸点为120.5℃，具有很强的氧化性，其氧化能力随酸的浓度升高而增强，所以硝酸溶样兼有酸的腐蚀作用和氧化作用，溶解能力强，溶解速度快。除铂、金和某些稀有金属外，浓硝酸能分解几乎所有的金属试样。但铁、铝、铬等在硝酸中由于生成氧化膜而钝化阻碍试样溶解。钨、锑、锡与硝酸作用生成不溶性的酸。几乎所有的硫化物及其矿石皆可溶于硝酸。

尽管浓硝酸具有很强的氧化性，但在钢铁材料分析中不选用浓硝酸，因为试样因表面钝化使溶解速度下降。故常用作溶剂的硝酸为1+1或1+2、1+3、1+4或其他比例的稀硝酸。

硝酸为溶剂时能分解破坏碳化物，经分解的金属离子大都被氧化成高价，但要注意溶解后的试液中常含有亚硝酸和氧的其他氧化物，对后续显色反应有影响，将破坏分光光度法中有机显色剂和滴定分析法指示剂，因此，在硝酸溶样后，需要把溶液煮沸，将氮氧化物除尽或加尿素使其分解。

③ 硫酸　稀硫酸没有氧化性，但热、浓硫酸是一种相当强的氧化剂，恒沸点

为 338℃。硫酸可溶解铁、钴、镍、锌等金属及其合金；能溶解铝、铍、锰、钍、钛、铀等的矿石；能置换大多数挥发性酸和破坏有机物。例如，硫酸可在高温下分解矿石，加热蒸发到冒三氧化硫白烟可除去试样中挥发性盐酸、硝酸、氢氟酸及水等。

④ 氢氟酸　氢氟酸的恒沸点为 120℃，主要用于分解硅酸盐，生成挥发性 SiF_4

$$SiO_2 + 4HF \longrightarrow SiF_4 \uparrow + 2H_2O$$

在分解硅酸盐及含硅化合物时，氢氟酸常与硫酸混合应用，注意分解时应采用铂坩埚或聚四氟乙烯器皿，并在通风橱内进行。

⑤ 高氯酸　稀的高氯酸，不论是热的或冷的都没有氧化能力。高氯酸和水能形成恒沸混合物（$w=72.4\%$），沸点为 230℃，这种浓度的高氯酸通常称为"浓高氯酸"。这种恒沸混合物冷的时候无氧化能力，可以妥善贮存而不会发生危险。但加热时是一种强的氧化剂。纯的高氯酸（100%）是很危险的氧化剂，放置时就会完全分解，起初很缓慢，但过些时候就会发生剧烈爆炸，其化学反应式为：

$$4HClO_4 \longrightarrow 2Cl_2 + 7O_2 + 2H_2O$$

热的高氯酸几乎能与所有金属（除金和一些铂族金属外）反应，并能把它们氧化成最高氧化态。只有铅和锰仍然保持着较低的氧化态，分别以 Pb^{2+}、Mn^{2+} 形态存在，但在有大过量磷酸存在下，锰可以被氧化为 Mn^{3+}。

使用浓热的高氯酸时，如与有机物接触，由于剧烈的氧化作用常发生爆炸，必须注意避免。

高氯酸常用来分析钢和其他铁合金，因为它不仅能快速溶解这些样品，而且能把常见元素同时氧化为高价氧化态。许多其他的金属和合金也能溶于高氯酸，这时可用高氯酸，也可将高氯酸与其他酸一起使用。例如，用高氯酸处理钨或钨合金时会生成难溶的 WO_3，但加入磷酸则可使其溶解。溶解锡-铅-锑合金时采用高氯酸和磷酸混合酸，其效果很好。

高氯酸在加热情况下不仅是一种强氧化剂，而且是一种很强的脱水剂，可使硅酸迅速脱水形成很易滤出的二氧化硅。

非金属也能与高氯酸作用，特别重要的是磷及其各种化合物能被氧化为磷酸盐。因此，一般在溶解样品后测定金属中的磷时需要进一步氧化，而在高氯酸溶解试样时就不需要了。但是所用的高氯酸含量至少为 60%，磷转化为正磷酸盐才能完全。

值得注意的是，含硫试样，用高氯酸分解时会有部分 H_2S 损失，因此测定金属中的硫，不能单独用高氯酸分解样品。

⑥ 磷酸　磷酸在分析中使用较上述酸的机会要少些，因为磷酸根往往会干扰下一步的分析操作。但是磷酸沸点高，能溶解大多数矿石，例如磷酸能溶解并测定铬铁矿及不溶解于氢氟酸的各种硅酸盐中的二价铁，只要隔绝空气，二价铁不会被氧化，并能在这种溶液中溶于盐酸。很多硅酸盐（如高岭土、云母、长石）也能溶

于磷酸。

还可利用磷酸沸点高的特点,来驱赶挥发性化合物,例如可用浓磷酸加热到 280℃时,使铝矾土和岩石中硫以 H_2S 形式分离出来。

⑦ 混合溶剂 为了加速试样的快速溶解,在分析工作中常使用混合溶剂。混合溶剂具有更强的溶解能力,例如王水(由 3 份浓盐酸和 1 份浓硝酸混合而成)可溶解铂、金等贵金属及耐酸合金等,它是利用了硝酸的氧化作用和盐酸的配位能力,使其溶解能力更强。王水溶解铂的反应式为:

$$3Pt + 4HNO_3 + 18HCl \longrightarrow 3H_2PtCl_6 + 4NO\uparrow + 8H_2O$$

常用的混合溶剂有:$H_2SO_4 + H_3PO_4$、$H_2SO_4 + HF$、$HCl + H_2O_2$、$HCl + Br_2$、$HCl + HClO_4$、$HCl + HNO_3 + HClO_4$、$NaOH + H_2O_2$ 等。

在钢铁分析中常用到硫酸与磷酸的混合酸,是利用了硫酸的侵蚀性和氧化性,磷酸的配位性。盐酸和过氧化氢的混合液具有很强的溶解能力,溶解速率快,常用作不锈钢试样的溶解酸,它利用盐酸的侵蚀性和过氧化氢的氧化性。氢氧化钠与过氧化氢的溶液可用来溶解铝-硅合金,是利用氢氧化钠的侵蚀性和过氧化氢的氧化性。硝酸与过氧化氢也是溶解毛发、肉类等有机物的良好混合溶剂。

(2) 熔融分解法

溶剂不能分解的金属或化合物,往往采用熔剂进行分解。熔融反应都是在高温下的复分解反应。为了使反应进行完全通常使用过量的熔剂,一般为试样的 6~8 倍。

对于碱性试样,选用酸性熔剂;对于酸性试样选用碱性熔剂,所以根据熔剂性质分为酸熔法和碱熔法。

① 酸溶法 常用的酸性熔剂有焦硫酸钾($K_2S_2O_7$)或硫酸氢钾($KHSO_4$),硫酸氢钾加热后脱水也生成焦硫酸钾:

$$2KHSO_4 \xrightarrow{加热} K_2S_2O_7 + H_2O$$

这种熔剂的氧化性很弱,在 300℃以上可与碱性或中性氧化物作用生成可溶性硫酸盐。例如含 TiO_2 的金红石与焦磷酸钾的分解反应如下:

$$TiO_2 + 2K_2S_2O_7 \xrightarrow{加热} Ti(SO_4)_2 + 2K_2SO_4$$

用焦硫酸钾熔剂分解的试样还有:Al_2O_3、Cr_2O_3、Fe_3O_4、ZrO_2、钛铁矿、中性耐火材料(铝砂、高铝砖)及碱性耐火材料(镁砂、镁砖)等。

② 碱熔法 常用的碱性熔剂有碳酸钠(Na_2CO_3)、碳酸钾(K_2CO_3)、氢氧化钠(NaOH)、氢氧化钾(KOH)、过氧化钠(Na_2O_2)或它们的混合熔剂等。酸性试样如酸性氧化物(硅酸盐、黏土)、酸性炉渣($CaO/SiO_2 < 1$)以及酸不溶性残渣等均可用碱熔法分解,转化为可溶于酸的化合物。例如长石($2SiO_2 \cdot Al_2O_3$)的分解反应式为:

$$2SiO_2 \cdot Al_2O_3 + 3Na_2CO_3 \xrightarrow{高温} 2NaAlO_2 + 2Na_2SiO_3 + 3CO_2\uparrow$$

由于熔融均在高温下进行,而熔剂又具有很强的化学活性,因此合理选择熔融的坩埚显得至关重要，不仅要使坩埚不受损失，还要保证分析的准确度。例如用 $K_2S_2O_7$ 进行熔融时，可在铂、石英，甚至瓷坩埚中进行。分解试样常用的熔剂及器皿材料参见第 2 章中表 2-5。值得提及的是试样分解时不得引入待测组分或干扰组分，例如在分析含有铝、钛试样时就必须考虑不能在瓷坩埚中熔融，因为将会引入瓷中的组分（铝、钛）。

5.4 滴定分析概述

5.4.1 分析化学的任务与作用

分析化学应用范围非常广泛，涉及国民经济、资源开发、环境保护以及人的衣、食、住、行等诸多方面，它将数学、物理学、计算机科学、生物学和医学结合起来，通过各种分析方法和手段得到有用数据，从中获取物质的组成、结构和性质的信息，为工业、农业、国防和科学技术服务。

5.4.2 分析化学中分析方法的分类

分析化学分析方法的分类是根据分析化学的任务、测定对象、测定原理、试样的取量及分析性质的不同分为 5 类。

(1) 定性分析、定量分析和结构分析

根据分析化学的任务不同进行分类，将分析化学分为定性分析、定量分析和结构分析。定性分析的任务是鉴定物质由哪些元素或离子构成，确定化合物的组成的；定量分析的任务是测定物质中有关组成部分的含量；而结构分析的任务是研究物质的分子结构或晶体结构。

在企业生产中，由于对生产原料、辅助材料、中间产品、副产品和产品组成是已知的，此时不必做定性分析，只需测定试样中组分含量，即定量分析。

(2) 无机分析和有机分析

根据分析测定的对象不同进行分类，将分析化学分为无机分析和有机分析。无机分析的测定对象是无机物，在分析中，一般要求鉴定物质的组成和测定各组分的含量。有机分析的测定对象是有机物，一般对有机物进行官能团分析和结构分析。

(3) 化学分析和仪器分析

根据测定原理不同进行分类，将分析化学分为化学分析和仪器分析。化学分析是以物质的化学反应为基础的分析方法。这类方法有重量分析、滴定分析和气体分析（以前将滴定分析和气体分析合在一起称为容量分析）。仪器分析是以物质的物理和物理化学性质为基础，并使用较特殊的仪器对被测物进行含量测定的分析方法。这类方法有光学分析法、电化学分析法、色谱分析法、质谱分析法、核磁共振分析法、放射化学分析法等。

(4) 常量分析、半微量分析、微量分析和超微量分析

根据试样的取样量不同进行分类，可分为常量分析、半微量分析、微量分析和超微量分析。各类方法的分类见表 5-4。

表5-4 各类方法的取样量

方　法	取样质量	取样体积/mL	方　法	取样质量	取样体积/mL
常量分析	>0.1g	>10	微量分析	0.1~10mg	0.01~1
半微量分析	0.01~0.1g	1~10	超微量分析	<0.1mg	<0.01

(5) 例行分析和仲裁分析

在实际工作中，根据不同的情况，将分析工作分为例行分析和仲裁分析。例行分析是指一般化验室日常生产中的分析，也称常规分析。仲裁分析是指不同的单位对分析结果有争议时，请权威单位用指定的方法进行仲裁的分析工作，也称裁判分析。

5.4.3 滴定分析法的分类与滴定反应的条件

(1) 滴定分析概述

滴定分析是以化学反应为基础的滴定分析方法。在分析过程中，用滴定管将一种已知准确浓度的试剂（即标准溶液或称为滴定剂或称操作溶液）滴加到待测物质的溶液中，直到标准溶液与待测组分刚好完全反应，然后根据标准溶液的浓度和滴定时所消耗的体积，计算待测物质组分的含量，这种分析方法称为滴定分析法。用滴定管将标准溶液滴入待测物质的溶液中的这一过程称为滴定。滴入的标准溶液与待测溶液物质刚好反应完全时的这一点称为化学计量点。为了确定化学计量点，使刚好在化学计量点时就停止滴定，常常在被滴定的溶液中加入一种称为"指示剂"的辅助试剂，借助指示剂在化学计量点附近发生颜色的改变来指示滴定反应的完成，此时滴入的滴定剂刚好使指示剂变色的这一点称为滴定终点。在实际分析中滴定终点与化学计量点往往不一致，由此引起的误差称为滴定误差，也称终点误差。

例如用 0.1mol/L NaOH 溶液滴定 HCl 溶液，其反应为：

$$NaOH + HCl = NaCl + H_2O$$

化学计量点时 pH=7，以酚酞为指示剂，滴定至微红色，停止滴定，此时的 pH=9，即终点。由此产生的化学计量点与终点的 pH 值不一致所引起的误差为滴定误差。

(2) 滴定分析法的分类

根据滴定分析中所利用的化学反应不同，将滴定分析法分为酸碱滴定法、配位滴定法、氧化还原滴定法和沉淀滴定法。

① 酸碱滴定法　酸碱滴定法是以质子传递反应为基础的一种滴定分析方法，可用于酸、碱以及能够与酸、碱直接或间接发生质子转移的物质测定。例如下列酸碱滴定反应式：

强酸（碱）滴定强碱（酸）：　$H_3O^+ + OH^- = 2H_2O$

强碱滴定弱酸：　$HA + OH^- = A^- + H_2O$

强酸滴定弱碱：　$A^- + H_3O^+ = HA + H_2O$

② 配位滴定法　配位滴定法是以配位反应为基础的一种滴定分析方法，可用于金属离子进行测定。常用的配位剂是乙二胺四乙酸二钠盐（即 EDTA，用

H_2Y^{2-} 表示)。例如,它与金属离子 Ca^{2+}、Mg^{2+} 的反应为:

$$Ca^{2+} + H_2Y^{2-} \Longrightarrow CaY^{2-} + 2H^+$$

$$Mg^{2+} + H_2Y^{2-} \Longrightarrow MgY^{2-} + 2H^+$$

③ 氧化还原滴定法　氧化还原滴定法是以氧化还原反应为基础的一种滴定分析方法,可用于测定具有氧化性的物质、还原性的物质以及一些不具有氧化还原性的物质。用氧化剂作滴定剂可测定还原性物质,如重铬酸钾法中是以重铬酸钾为滴定剂来滴定还原性物质 Fe^{2+},其反应为:

$$Cr_2O_7^{2-} + 6Fe^{2+} + 14H^+ \Longrightarrow 2Cr^{3+} + 6Fe^{3+} + 7H_2O$$

④ 沉淀滴定法　沉淀滴定法是以沉淀反应为基础的一种滴定分析方法,可用于 Ag^+、CN^-、SCN^- 以及卤素等离子的测定。常见的是利用生成难溶银盐的反应,即"银量法"。例如,用硝酸银标准溶液测定卤化物 X^- 及 SCN^- 的含量,其反应为:

$$Ag^+ + X^- \Longrightarrow AgX$$

式中,X^- 表示 Cl^-、Br^-、I^-、SCN^-。

(3) 滴定反应的条件

各种化学反应很多,但并不是所有的化学反应都能用于滴定分析,能用于滴定分析的化学反应必须具备下列条件。

① 反应必须按一定的反应方程式进行,即反应必须具有确定的化学计量关系,不发生副反应。

② 反应必须定量地完成,即反应进行的完全程度要达到 99.9% 以上。

③ 反应速率要快。如果反应进行很慢,就无法正确判断滴定终点。对于反应速率慢的反应,可采用适当措施来提高其反应速率。

④ 要有适当的指示终点的方法。如用合适的指示剂指示终点,或用其他物理化学的方法(如电位滴定、光度滴定)来确定终点。

5.4.4　滴定方式

(1) 直接滴定法

凡是能满足滴定分析的化学反应必须具备条件的反应都可采用直接滴定法进行测定,即用标准溶液直接滴定被测物质溶液。

如果反应不能满足滴定分析的化学反应的应具备的条件,就不能用直接滴定法进行滴定,但可采用其他的滴定方式进行滴定。

其他的滴定方式有返滴定法(也称回滴定法)、置换滴定法和间接滴定法,这些滴定方式在分析化学应用中得到了扩展。

(2) 返滴定法

返滴定法是在待测溶液中先加入一定量过量的标准溶液 A,待反应完成后,再用另一种标准溶液 B 滴定反应后剩余量的标准溶液 A。根据标准溶液 A 和 B 的浓度及体积计算待测物质的含量。

对于反应速率较慢或待测物质为难溶于水的固体或没有合适的指示剂时可采用

此法进行测定。例如，用 EDTA 配位滴定法测定 Al^{3+} 时，EDTA 与 Al^{3+} 的反应速率较慢，若准确度要求较高，就不能采用直接滴定法，而是采用返滴定法进行测定。测定时先于待测试液中加入一定量已知浓度的 EDTA 标准溶液，在一定条件下反应后，用 Zn^{2+} 标准溶液滴定剩余量的 EDTA，根据滴定至终点时消耗 EDTA 的体积及 EDTA 的浓度计算 Al^{3+} 的含量。其反应式如下：

$$Al^{3+} + H_2Y^{2-} \Longrightarrow AlY^- + 2H^+$$
（过量）

滴定反应： $$Zn^{2+} + H_2Y^{2-} \Longrightarrow ZnY^{2-} + 2H^+$$
（余量）

例如，$CaCO_3$ 不溶于水，可采用返滴定法进行测定。测定时于待测试样中加入一定量已知浓度的 HCl 标准溶液，待反应完成后，用 NaOH 标准溶液滴定剩余量的 HCl，根据滴定至终点时消耗 NaOH 的体积及 NaOH 的浓度计算 $CaCO_3$ 的含量。其反应式为：

$$CaCO_3 + 2HCl \Longrightarrow CaCl_2 + CO_2 + H_2O$$
（过量）

滴定反应： $$NaOH + HCl \Longrightarrow NaCl + H_2O$$
（余量）

例如，某试样 Cl^- 测定在中性或弱碱性条件下，有干扰物质影响，不能用 K_2CrO_4 指示终点，这时可采用佛尔哈德法进行返滴定。测定时于待测试液中加入一定量已知浓度的 $AgNO_3$ 标准溶液，待反应完成后，用 NH_4SCN 标准溶液滴定剩余量的 $AgNO_3$，根据滴定至终点时消耗 $AgNO_3$ 的体积及 $AgNO_3$ 的浓度计算 Cl^- 的含量。其反应式如下：

$$Cl^- + AgNO_3 \Longrightarrow AgCl + NO_3^-$$
（过量）

滴定反应： $$NH_4SCN + AgNO_3 \Longrightarrow AgSCN + NH_4NO_3$$
（余量）

（3）置换滴定法

置换滴定法是先用适当的试剂与待测物质反应，定量置换出一种能被滴定的物质，然后用适当的标准溶液进行滴定。

当有些被测定物质与滴定剂之间没有定量关系或伴有副反应时可采用此方法进行测定。例如，硫代硫酸钠是常用的标准溶液，但不能用该溶液来直接滴定重铬酸钾及其强氧化性物质，因为在酸性条件下，重铬酸钾及其强氧化性物质与硫代硫酸钠之间的反应没有一定的化学计量关系（硫代硫酸钠的反应产物不是 $S_4O_6^{2-}$，而是 $S_4O_6^{2-}$ 和 SO_4^{2-} 的混合物），无法进行计算，但可采用置换滴定方式进行滴定。如在 $K_2Cr_2O_7$ 试样中加入过量的 KI，就会置换出一定量的 I_2，此时可用 $Na_2S_2O_3$ 标准溶液进行滴定，根据滴定至终点时消耗 $Na_2S_2O_3$ 的体积和 $Na_2S_2O_3$ 的浓度及化学计量关系计算 $K_2Cr_2O_7$ 的含量或浓度。

置换反应： $Cr_2O_7^{2-} + 6I^- + 14H^+ =\!=\!= 2Cr^{3+} + 3I_2 + 7H_2O$

滴定反应： $I_2 + 2S_2O_3^{2-} =\!=\!= 2I^- + S_4O_6^{2-}$

(4) 间接滴定法

一些不能直接与滴定剂反应的物质，可通过另一化学反应间接地进行滴定。

例如，用氧化还原法测定 Ca^{2+}，由于 Ca^{2+} 不具有氧化还原性，不可能用氧化剂或还原剂进行直接滴定，但可采用间接滴定方式进行滴定。测定时先将 Ca^{2+} 沉淀为 CaC_2O_4，经过滤、洗涤等步骤，将 CaC_2O_4 洗涤干净后，溶解于硫酸中，得到 $C_2O_4^{2-}$，然后用 $KMnO_4$ 标准溶液滴定 $C_2O_4^{2-}$，根据滴定至终点时消耗 $KMnO_4$ 溶液的体积和 $KMnO_4$ 溶液的浓度及化学计量关系间接地计算 Ca^{2+} 的含量。其反应式如下：

$$Ca^{2+} + C_2O_4^{2-} =\!=\!= CaC_2O_4 \downarrow$$

$$CaC_2O_4 + H^+ =\!=\!= Ca^{2+} + HC_2O_4^-$$

滴定反应：$2MnO_4^- + 5C_2O_4^{2-} + 16H^+ =\!=\!= 2Mn^{2+} + 10CO_2 + 8H_2O$

5.4.5 滴定分析结果的计算

在滴定分析中，常用被测物质的质量分数 w_B 来表示分析结果。

设称取试样的质量为 $m(g)$，测得被测物质的质量为 $m_B(g)$，则被测物质在试样中的质量分数（w_B）计算公式为：

$$w_B = \frac{m_B}{m} \times 100\% \tag{5-1a}$$

对于滴定反应 $aA + bB =\!=\!= cC + dD$

根据被测物质 A 及滴定剂 B 的物质的量之比：$\dfrac{n_A}{n_B} = \dfrac{a}{b}$，有 $\dfrac{\frac{m_A}{M_A}}{(cV)_B} = \dfrac{a}{b}$，将该式代入式 (5-1a) 中，得

$$w_B = \frac{a}{b} \times \frac{(cV)_B M_A \times 10^{-3}}{m} \times 100\% \tag{5-1b}$$

【例 5-1】 用重铬酸钾法测定铁含量，称取 0.9054g 试样，溶解后再处理为 Fe^{2+}，用 0.01667mol/L $K_2Cr_2O_7$ 标准溶液滴定，用去 25.60mL，计算试样中分别以 Fe、FeO、Fe_2O_3 表示的质量分数。（$A_{Fe} = 55.85$g/mol, $M_{FeO} = 71.85$g/mol, $M_{Fe_2O_3} = 159.7$g/mol）

解：首先写出滴定反应式，确定反应中 $K_2Cr_2O_7$ 与 Fe 摩尔比。

$$Cr_2O_7^{2-} + 6Fe^{2+} + 14H^+ =\!=\!= 2Cr^{3+} + 6Fe^{3+} + 7H_2O$$

$$\frac{n_A}{n_B} = \frac{n_{Fe}}{n_{K_2Cr_2O_7}} = \frac{6}{1} \qquad \frac{\frac{m_{Fe}}{M_{Fe}}}{(cV)_{K_2Cr_2O_7}} = \frac{6}{1}$$

根据式 (5-1b)，得

$$w_{Fe} = \frac{6}{1} \times \frac{(cV)_{K_2Cr_2O_7} M_{Fe} \times 10^{-3}}{m} \times 100\%$$

$$= \frac{6 \times 0.01667 \times 25.60 \times 55.85 \times 10^{-3}}{0.9054} \times 100\%$$

$$= 0.1579 = 15.79\%$$

$$w_{FeO} = \frac{6}{1} \times \frac{(cV)_{K_2Cr_2O_7} M_{FeO} \times 10^{-3}}{m} \times 100\%$$

$$= \frac{6 \times 0.01667 \times 25.60 \times 71.85 \times 10^{-3}}{0.9054} \times 100\%$$

$$= 0.2032 = 20.32\%$$

由于 1mol $Cr_2O_7^{2-}$ ⇋ 6mol Fe ⇋ 3mol Fe_2O_3，故 $\frac{n_A}{n_B} = \frac{n_{Fe_2O_3}}{n_{K_2Cr_2O_7}} = \frac{3}{1}$，因此 $w_{Fe_2O_3}$ 为：

$$w_{Fe_2O_3} = \frac{3}{1} \times \frac{(cV)_{K_2Cr_2O_7} M_{Fe_2O_3} \times 10^{-3}}{m} \times 100\%$$

$$= \frac{3 \times 0.01667 \times 25.60 \times 159.7 \times 10^{-3}}{0.9054} \times 100\%$$

$$= 0.2258 = 22.58\%$$

【例 5-2】 测定某试样中铜的含量，采用置换滴定法。称取试样 0.5068g，溶解后加入过量的 KI，用 0.1035mol/L $Na_2S_2O_3$ 标准溶液滴定释放出来的 I_2 至终点，消耗 26.37mL。计算该试样中铜的质量分数。($A_{Cu} = 63.54$ g/mol)

解：置换反应式为： $2Cu^{2+} + 4I^- = 2CuI\downarrow + I_2$

滴定反应式为： $I_2 + 2S_2O_3^{2-} = 2I^- + S_4O_6^{2-}$

$$2\text{mol } Cu^{2+} ⇋ 1\text{mol } I_2 ⇋ 2S_2O_3^{2-}$$

所以 $n_{Cu^{2+}} = n_{S_2O_3^{2-}}$

$$w_{Cu} = \frac{(cV)_{Na_2S_2O_3} A_{Cu} \times 10^{-3}}{m} \times 100\%$$

$$= \frac{0.1035 \times 26.37 \times 63.54 \times 10^{-3}}{0.5068} \times 100\%$$

$$= 0.3422 = 34.22\%$$

【例 5-3】 检验某病人血液中的含钙量，取 10.0mL 血液，稀释后用 $(NH_4)_2C_2O_4$ 溶液处理，使 Ca^{2+} 生成 CaC_2O_4 沉淀，沉淀经过滤洗涤后，将其溶解于强酸中，然后用 0.0500mol/L $KMnO_4$ 溶液滴定，用去 1.20mL，试计算此血液中钙的浓度（g/L）。($A_{Ca} = 40.0$ g/mol)

解：处理反应式为： $Ca^{2+} + C_2O_4^{2-} = CaC_2O_4$

$$CaC_2O_4 + H^+ = HC_2O_4^- + Ca^{2+}$$

滴定反应式为：$5C_2O_4^{2-} + 2MnO_4^- + 16H^+ = 10CO_2\uparrow + 2Mn^{2+} + 8H_2O$

$$1\text{mol Ca}^{2+} \rightleftharpoons 1\text{mol CaC}_2\text{O}_4 \rightleftharpoons 2/5\text{mol KMnO}_4$$

所以 $\dfrac{n_A}{n_B} = \dfrac{n_{Ca}}{n_{KMnO_4}} = \dfrac{5}{2}$, $\dfrac{(cV)_{Ca}}{(cV)_{KMnO_4}} = \dfrac{5}{2}$

$$c_{Ca} = \dfrac{5}{2} \times \dfrac{0.0500 \times 1.20}{10.0} \text{mol/L} = 0.0150 \text{mol/L}$$

$$\rho_{Ca} = (0.0150 \times 40.0) \text{g/L} = 0.600 \text{g/L}$$

5.5 酸碱滴定法

以酸碱反应为基础建立起来的酸碱滴定法是一种最基本、最重要的滴定分析方法，应用非常广泛，它通过各种滴定方式，不仅可测定酸碱，还可测定酸酐、醇、酮、醛、酯等物质。

酸碱滴定法中关键问题是化学计量点的确定，为此需加入指示剂来指示在化学计量点附近发生颜色的变化。如何确定化学计量点？如何选择合适的指示剂来正确指示化学计量点？本节将作详细讨论。在解决这些问题之前，首先必须了解酸碱滴定的基本理论（酸碱质子理论）、各类酸碱溶液 pH 值的计算，指示剂的变色原理、变色范围等基本知识。

5.5.1 酸碱质子理论

5.5.1.1 酸碱质子的概念

酸碱质子理论是在 1923 年由布朗斯特（J. N. Bronsted）和劳莱（T. M. Lowry）提出的。其理论是：凡是能给出质子（H^+）的物质是酸，凡是能接受质子的物质是碱。能给出多个质子的物质是多元酸，能接受多个质子的物质是多元碱。酸（HA）给出质子后，变为它的共轭碱（A^-），碱（A^-）接受质子后，变为它的共轭酸（HA）。这一对酸碱之间具有相互联系和相互依存的关系，这种因质子得失而相互转化的酸碱称为共轭酸碱对。这种酸碱的共轭关系可表示如下：

$$\text{HA（酸）} \rightleftharpoons H^+ \text{（质子）} + A^- \text{（碱）}$$

共轭酸碱对

例如下面几种共轭酸碱对：

$$\begin{aligned}
\text{酸} \qquad &\qquad \text{碱} \\
\text{HOAc} &\rightleftharpoons H^+ + \text{OAc}^- \\
H_3PO_4 &\rightleftharpoons H^+ + H_2PO_4^- \\
H_2PO_4^- &\rightleftharpoons H^+ + HPO_4^{2-} \\
HPO_4^{2-} &\rightleftharpoons H^+ + PO_4^{3-} \\
NH_4^+ &\rightleftharpoons H^+ + NH_3 \\
H_2CO_3 &\rightleftharpoons H^+ + HCO_3^- \\
HCO_3^- &\rightleftharpoons H^+ + CO_3^{2-}
\end{aligned}$$

上述反应称为酸碱半反应。按质子理论，酸或碱可以是中性分子，也可以是阳离子或阴离子；在上述半反应中同一形态物质在某一半反应中是酸，而在另一半反应中是碱。如 $H_2PO_4^-$、HPO_4^{2-}、HCO_3^-。这种既可接受质子又可给出质子的物质称为两性物质，以 $H_2PO_4^-$ 为例：

$$H_2PO_4^- + H^+ \rightleftharpoons H_3PO_4$$

$$H_2PO_4^- - H^+ \rightleftharpoons HPO_4^{2-}$$

5.5.1.2 酸碱反应

酸碱反应实质上是酸碱相互作用时，发生质子转移的过程，反应中酸和碱分别转化为各种共轭碱和共轭酸，从反应式来看，就是两个共轭酸碱对之间的质子转移反应。所以，一个酸碱反应包含两个酸碱半反应。例如 NH_3 与 HCl 之间的酸碱反应：

半反应 1 $HCl(酸1) \rightleftharpoons Cl^-(碱1) + H^+$

半反应 2 $NH_3(碱2) + H^+ \rightleftharpoons NH_4^+(酸2)$

总反应 $HCl(酸1) + NH_3(碱2) \rightleftharpoons NH_4^+(酸2) + Cl^-(碱1)$

                           共轭酸碱对

5.5.1.3 水溶液中的酸碱平衡

(1) 酸的离解及其离解常数

由于质子的半径特别小，故电荷密度很高，使得游离的质子在水溶液中不可能单独存在，或者说只能瞬时存在。因此上述共轭酸碱半反应不能单独进行（类似于氧化还原半反应），当一种酸给出质子时，溶液中必定有一种碱来接受质子。例如乙酸（HAc）在水溶液中的离解，水是接受质子的碱：

半反应 1 $HAc(酸1) \rightleftharpoons H^+ + Ac^-(碱1)$

半反应 2 $H_2O(碱2) + H^+ \rightleftharpoons H_3O^+(酸2)$

总反应 $HAc(酸1) + H_2O(碱2) \rightleftharpoons H_3O^+(酸2) + Ac^-(碱1)$

                           共轭酸碱对

在这里溶剂水起了碱的作用。水接受了 HAc 提供的 H^+，生成它的共轭酸 H_3O^+。

由此可见，酸的离解是酸与溶剂之间的质子转移反应，即酸给出质子转变为共轭碱，而溶剂接受质子转变为共轭酸。

乙酸（HAc）在水溶液中的离解，其离解常数 K_a 的表达式为：

$$HAc + H_2O \rightleftharpoons H_3O^+ + Ac^- \quad\quad K_a = \frac{[H_3O^+][Ac^-]}{[HAc]} = 1.8 \times 10^{-5}$$

(2) 碱的离解及其离解常数

例如 NH_3 在水溶液中的离解，这时水是给出质子的酸：

半反应 1 $H_2O(酸1) \rightleftharpoons H^+ + OH^-(碱1)$

半反应2　　　NH_3(碱2) + H^+ $\rightleftharpoons$ NH_4^+(酸2)

总反应　　H_2O(酸1) + NH_3(碱2) $\rightleftharpoons$ NH_4^+(酸2) + OH^-(碱1)

　　　　　　　　　　　　　　共轭酸碱对

在这里溶剂水起了酸的作用。水提供了质子给 NH_3，生成它的共轭碱 OH^-。

可见，碱的离解是碱与溶剂之间的质子转移反应，即碱接受溶剂给出的质子转变为共轭酸，溶剂则给出质子转变为共轭碱。

NH_3 在水溶液中的离解，其离解常数 K_b 的表达式为：

$$H_2O + NH_3 \rightleftharpoons NH_4^+ + OH^- \qquad K_b = \frac{[NH_4^+][OH^-]}{[NH_3]} = 1.8 \times 10^{-5}$$

(3) 水的质子自递反应

由上面两个例子可知，在酸的离解反应中，溶剂水起着碱的作用；在碱的离解反应中，溶剂水起着酸的作用。由此可见，溶剂水是两性物质。

由于水是两性物质，因此一个水分子可以从另一个水分子中夺取 H^+ 形成 H_3O^+ 和 OH^-：

$$H_2O(酸1) + H_2O(碱2) \rightleftharpoons H_3O^+(酸2) + OH^-(碱1)$$

　　　　　　　　　　　共轭酸碱对

这种水溶剂之间的质子传递作用，称为质子自递作用。这个反应的平衡常数称为水的**质子自递常数**，以 K_w 表示，即：

$$K_w = [H_3O^+][OH^-]$$

为了简便，通常将水合质子 H_3O^+ 简写为 H^+，因此水的自递常数可简写为：

$$K_w = [H^+][OH^-] = 1.00 \times 10^{-14} \quad (25℃) \qquad (5-2)$$

(4) 酸碱的强度

酸的强度取决于物质给出质子的能力，酸给出质子的能力愈强，酸性就愈强；反之就愈弱。碱的强度取决于物质接受质子的能力，碱接受质子的能力愈强，碱性就愈强；反之就愈弱。各种酸、碱强度的大小用酸碱离解常数来表示，酸的离解常数 K_a 值愈大，酸性就愈强；碱的离解常数 K_b 值愈大，碱性就愈强。在共轭酸碱对中，如果共轭酸的酸性愈强，则它的共轭碱的碱性就愈弱；如果共轭碱的碱性愈强，则它的共轭酸的酸性就愈弱。

酸碱的强弱用 K_a 或 K_b 表示。

例如：　　　$HCl + H_2O \rightleftharpoons H_3O^+ + Cl^-$　　$K_a = 10^3$

　　　　　　$HAc + H_2O \rightleftharpoons H_3O^+ + Ac^-$　　$K_a = 1.8 \times 10^{-5}$

　　　　　　$H_2S + H_2O \rightleftharpoons H_3O^+ + HS^-$　　$K_a = 1.3 \times 10^{-7}$

酸性强弱顺序：$HCl > HAc > H_2S$。

碱性强弱顺序：$HS^- > Ac^- > Cl^-$。

常见弱酸离解常数见表 5-5，弱碱的离解常数见表 5-6。

表 5-5 弱酸在水中的离解常数（25℃，$I=0$）

弱 酸	分 子 式	K_a	pK_a
砷酸	H_3AsO_4	$6.3\times10^{-5}(K_{a_1})$	2.20
		$1.0\times10^{-7}(K_{a_2})$	7.00
		$3.2\times10^{-12}(K_{a_3})$	11.50
亚砷酸	$HAsO_2$	6.0×10^{-10}	9.22
硼酸	H_3BO_3	5.8×10^{-10}	9.24
焦硼酸	$H_2B_4O_7$	$1\times10^{-4}(K_{a_1})$	4.0
		$1\times10^{-9}(K_{a_2})$	9.0
碳酸	H_2CO_3	$4.2\times10^{-7}(K_{a_1})$	6.38
		$5.6\times10^{-11}(K_{a_2})$	10.25
氢氰酸	HCN	6.2×10^{-10}	9.2
铬酸	H_2CrO_4	$1.8\times10^{-1}(K_{a_1})$	0.74
		$3.2\times10^{-7}(K_{a_2})$	6.50
氢氟酸	HF	6.6×10^{-4}	3.18
亚硝酸	HNO_2	5.1×10^{-4}	3.29
过氧化氢	H_2O_2	1.8×10^{-12}	11.75
磷酸	H_3PO_4	$7.6\times10^{-3}(K_{a_1})$	2.12
		$6.3\times10^{-8}(K_{a_2})$	7.20
		$4.4\times10^{-13}(K_{a_3})$	12.36
焦磷酸	$H_4P_2O_7$	$3.0\times10^{-2}(K_{a_1})$	1.52
		$4.4\times10^{-3}(K_{a_2})$	2.36
		$2.5\times10^{-7}(K_{a_3})$	6.60
		$5.6\times10^{-10}(K_{a_4})$	9.25
亚磷酸	H_3PO_3	$5.0\times10^{-2}(K_{a_1})$	1.30
		$2.5\times10^{-7}(K_{a_2})$	6.60
氢硫酸	H_2S	$1.3\times10^{-7}(K_{a_1})$	6.88
		$7.1\times10^{-15}(K_{a_2})$	14.15
硫酸	HSO_4^-	$1.0\times10^{-2}(K_{a_2})$	1.99
亚硫酸	H_2SO_3	$1.3\times10^{-9}(K_{a_1})$	1.90
		$6.3\times10^{-8}(K_{a_2})$	7.20

续表

弱 酸	分 子 式	K_a	pK_a
偏硅酸	H_2SiO_3	$1.7 \times 10^{-10}(K_{a_1})$	9.77
		$1.6 \times 10^{-12}(K_{a_2})$	11.8
甲酸	HCOOH	1.8×10^{-4}	3.74
乙酸	CH_3COOH	1.8×10^{-5}	4.74
一氯乙酸	$CH_2ClCOOH$	1.4×10^{-3}	2.86
二氯乙酸	$CHCl_2COOH$	5.0×10^{-2}	1.30
三氯乙酸	CCl_3COOH	0.23	0.64
乳酸	$CH_3CHOHCOOH$	1.4×10^{-4}	3.86
氨基乙酸盐	$^+NH_3CH_2CCOH$	$4.5 \times 10^{-3}(K_{a_1})$	2.35
	$^+NH_3CH_2COO^-$	$2.5 \times 10^{-10}(K_{a_2})$	9.60
水杨酸	$C_6H_4(OH)COOH$	$1.07 \times 10^{-3}(K_{a_1})$	2.97
		$4.0 \times 10^{-14}(K_{a_2})$	13.40
抗坏血酸	$C_6H_8O_6$	$5.0 \times 10^{-5}(K_{a_1})$	4.30
		$1.5 \times 10^{-10}(K_{a_2})$	9.82
苯甲酸	C_6H_5COOH	6.2×10^{-5}	4.21
草酸	$H_2C_2O_4$	$5.9 \times 10^{-2}(K_{a_1})$	1.22
		$6.4 \times 10^{-5}(K_{a_2})$	4.19
α-酒石酸	CH(OH)COOH | CH(OH)COOH	$9.1 \times 10^{-4}(K_{a_1})$	3.04
		$4.3 \times 10^{-5}(K_{a_2})$	4.37
邻苯二甲酸	$H_2C_8H_4O_4$	$1.1 \times 10^{-3}(K_{a_1})$	2.96
		$3.9 \times 10^{-6}(K_{a_2})$	5.41
柠檬酸	$H_3C_6H_5O_7$	$7.4 \times 10^{-4}(K_{a_1})$	3.13
		$1.7 \times 10^{-5}(K_{a_2})$	4.76
		$4.0 \times 10^{-7}(K_{a_3})$	6.40
苯酚	C_6H_5OH	1.1×10^{-10}	9.95
乙二胺四乙酸	$H_6\text{-EDTA}^{2+}$	$0.13(K_{a_1})$	0.9
	$H_5\text{-EDTA}^+$	$3 \times 10^{-2}(K_{a_2})$	1.6
	$H_4\text{-EDTA}$	$1 \times 10^{-2}(K_{a_3})$	2.0
	$H_3\text{-EDTA}^-$	$2.1 \times 10^{-3}(K_{a_4})$	2.67
	$H_2\text{-EDTA}^{2-}$	$6.9 \times 10^{-7}(K_{a_5})$	6.16
	$H\text{-EDTA}^{3-}$	$5.5 \times 10^{-11}(K_{a_6})$	10.26

表 5-6　弱碱在水中的离解常数（25℃，$I=0$）

弱　碱	分　子　式	K_b	pK_b
氨水	NH_3	1.8×10^{-5}	4.74
联氨	H_2NNH_2	$3.0\times10^{-6}(K_{b_1})$	5.52
		$7.6\times10^{-15}(K_{b_2})$	14.12
羟胺	NH_2OH	9.1×10^{-9}	8.04
甲胺	CH_3NH_2	4.2×10^{-4}	3.38
乙胺	$C_2H_5NH_2$	5.6×10^{-4}	3.25
苯胺	$C_6H_5NH_2$	4.6×10^{-10}	9.34
二甲胺	$(CH_3)_2NH$	1.2×10^{-4}	3.93
二乙胺	$(C_2H_5)_2NH$	1.3×10^{-3}	2.89
乙醇胺	$HOCH_2CH_2NH_2$	3.2×10^{-5}	4.50
三乙醇胺	$(HOCH_2CH_2)_3N$	5.8×10^{-7}	6.24
六亚甲基四胺	$(CH_2)_6N_4$	1.4×10^{-9}	8.85
乙二胺	$H_2NCH_2CH_2NH_2$	$8.5\times10^{-5}(K_{b_1})$	4.07
		$7.1\times10^{-8}(K_{b_2})$	7.15
吡啶	C_5H_5N	1.7×10^{-9}	8.77

(5) 共轭酸碱对的 K_a 和 K_b 关系

① 一元酸碱对的 K_a 和 K_b 关系

例如：　$HAc + H_2O \rightleftharpoons H_3O^+ + Ac^-$　　$K_a = \dfrac{[H_3O^+][Ac^-]}{[HAc]}$

$Ac^- + H_2O \rightleftharpoons HAc + OH^-$　　$K_b = \dfrac{[HAc][OH^-]}{[Ac^-]}$

$K_aK_b = \dfrac{[H_3O^+][Ac^-]}{[HAc]} \times \dfrac{[HAc][OH^-]}{[Ac^-]} = [H_3O^+][OH^-] = K_w = 10^{-14}$

所以，对于一元共轭酸碱对的 K_a 和 K_b 关系为：

$$K_aK_b = K_w \tag{5-3}$$

前例中 Cl^-：　$K_b = \dfrac{K_w}{K_a} = \dfrac{10^{-14}}{10^3} = 10^{-17}$

Ac^-：　$K_b = \dfrac{10^{-14}}{1.8\times10^{-3}} = 5.6\times10^{-10}$

HS^-：　$K_b = ?$ 其计算结果见下一小节叙述。

② 多元酸碱的 K_a 与 K_b 的关系

$H_2S + H_2O \rightleftharpoons H_3O^+ + HS^-$　　$K_{a_1} = \dfrac{[H_3O^+][HS^-]}{[H_2S]}$

$$HS^- + H_2O \rightleftharpoons H_3O^+ + S^{2-} \qquad K_{a_2} = \frac{[H_3O^+][S^{2-}]}{[HS^-]}$$

$$S^{2-} + H_2O \rightleftharpoons HS^- + OH^- \qquad K_{b_1} = \frac{[HS^-][OH^-]}{[S^{2-}]}$$

$$HS^- + H_2O \rightleftharpoons H_2S + OH^- \qquad K_{b_2} = \frac{[H_2S][OH^-]}{[HS^-]}$$

$$K_{a_1}K_{b_2} = \frac{[H_3O^+][HS^-]}{[H_2S]} \times \frac{[H_2S][OH^-]}{[HS^-]} = [H_3O^+][OH^-]$$

$$K_{a_2}K_{b_1} = \frac{[H_3O^+][S^{2-}]}{[HS^-]} \times \frac{[HS^-][OH^-]}{[S^{2-}]}$$

$$K_{a_1}K_{b_2} = K_{a_2}K_{b_1} = 10^{-14}$$

前例中的 HS^- 与水的反应中,HS^- 是碱,因此根据 $K_{a_1} = 1.3 \times 10^{-7}$,得

$$K_{b_2} = \frac{10^{-14}}{1.3 \times 10^{-7}} = 1.7 \times 10^{-8}$$

同理可得出:

H_3PO_4 $\qquad K_{a_1}K_{b_3} = K_{a_2}K_{b_2} = K_{a_3}K_{b_1} = K_w$

H_2CO_3 $\qquad K_{a_1}K_{b_2} = K_{a_2}K_{b_1} = K_w$

5.5.2 酸碱水溶液 pH 值的计算

5.5.2.1 酸碱溶液 pH 值的定义

溶液 pH 值的定义为:

$$pH = -\lg[H^+]$$

溶液 pOH 值的定义为:

$$pOH = -\lg[OH^-] \tag{5-4}$$

由于水的自递常数(也称离子积)K_w:

$$K_w = [H^+][OH^-] = 10^{-14}$$

$$pK_w = -\lg K_w = 14$$

因此,pH 与 pOH 和 pK_w 的关系为:

$$pH + pOH = pK_w = 14$$

则 $\qquad pH = 14 - pOH \tag{5-5}$

5.5.2.2 强酸、强碱溶液 pH 值的计算

(1)强酸溶液 pH 值的计算

由于强酸在水溶液中全部离解,因此溶液中 $[H^+]$ 来源于两个部分:一部分来源于强酸的离解,另一部分来源于水的离解。根据质子方程式可推出 pH 值的计算公式:

$$[H^+] = \frac{1}{2}(c_a + \sqrt{c_a^2 + 4K_w}) \tag{5-6a}$$

① 当 $c_a \geqslant 10^{-6}$ mol/L,水的离解可以忽略,即 $4K_w$ 可忽略不计,则计算公式为

$$[H^+]=c_{酸} \tag{5-6b}$$

② 当 $c_a \leqslant 10^{-8}$ mol/L，酸的离解可以忽略，即 c 及 c^2 可忽略不计，则计算公式为

$$[H^+]=\sqrt{K_w} \tag{5-6c}$$

③ 当 10^{-8} mol/L $< c_a < 10^{-6}$ mol/L，这时酸和水的离解都不能忽略，则计算公式为

$$[H^+]=\frac{1}{2}(c_a+\sqrt{c_a^2+4K_w})$$

【例 5-4】 计算 1.0×10^{-5} mol/L 盐酸溶液的 pH 值。

解：由于 $c_{HCl} > 10^{-6}$ mol/L，溶液中 $[H^+]$ 主要来源于 HCl 溶液的离解，水的离解可以忽略不计，故根据式(5-6b)，有

$$[H^+]=c_{酸}=1.0 \times 10^{-5} \text{mol/L}$$
$$pH=-\lg 1.0 \times 10^{-5}=5.00$$

【例 5-5】 计算 1.0×10^{-9} mol/L 盐酸溶液的 pH 值。

解：由于 $c_{HCl} < 10^{-9}$ mol/L，溶液中 $[H^+]$ 主要来源于水的离解，则 HCl 溶液的离解可以忽略不计，故根据式(5-6c)，有

$$[H^+]=\sqrt{K_w}=\sqrt{10^{-14}} \text{mol/L}=10^{-7} \text{mol/L}$$
$$pH=7.00$$

【例 5-6】 计算 5.0×10^{-7} mol/L 盐酸溶液的 pH 值。

解：由于 10^{-8} mol/L $< c_{HCl} < 10^{-6}$ mol/L，根据式(5-6a)，有

$$[H^+]=\frac{1}{2}(c_a+\sqrt{c_a^2+4K_w})$$
$$=\frac{1}{2} \times (5.0 \times 10^{-7}+\sqrt{(5.0 \times 10^{-7})^2+4 \times 10^{-14}}) \text{mol/L}$$
$$=5.2 \times 10^{-7} \text{mol/L}$$
$$pH=6.30$$

(2) 强碱溶液 pH 值的计算

对于强碱溶液，溶液中 $[OH^-]$ 来源于两个部分，一部分来源于强碱的离解，另一部分来源于水的离解。根据质子方程式可推出 pOH 值的计算公式：

$$[OH^-]=\frac{1}{2}(c_b+\sqrt{c_b^2+4K_w}) \tag{5-7a}$$

① 当 $c_{碱} \geqslant 10^{-6}$ mol/L，水的离解可以忽略，即 $4K_w$ 可忽略不计，则计算公式为

$$[OH^-]=c_b \tag{5-7b}$$

② 当 $c_b \leqslant 10^{-8}$ mol/L，碱的离解可以忽略，即 c 及 c^2 可忽略不计，则计算公式为

$$[OH^-]=\sqrt{K_w} \tag{5-7c}$$

③ 当 $10^{-8}\text{mol/L} < c_b < 10^{-6}\text{mol/L}$，这时碱和水的离解都不能忽略，则计算公式为

$$[OH^-] = \frac{1}{2}(c_b + \sqrt{c_b^2 + 4K_w})$$

【例 5-7】 计算 $1.0 \times 10^{-4}\text{mol/L}$ 氢氧化钠溶液的 pH 值。

解：由于 $c_{\text{NaOH}} > 10^{-6}\text{mol/L}$，溶液中 $[OH^-]$ 主要来源于 NaOH 溶液的离解，水的离解可以忽略不计，故根据式(5-7b)，有

$$[OH^-] = c_{\text{碱}} = 1.0 \times 10^{-4}\text{mol/L}$$
$$\text{pOH} = -\lg 1.0 \times 10^{-4} = 4.00$$
$$\text{pH} = 14.00 - 4.00 = 10.00$$

5.5.2.3 一元弱酸、弱碱溶液 pH 值的计算

(1) 一元弱酸溶液 pH 值的计算

弱酸在水溶液中不能完全离解，其离解程度由弱酸的强度来决定，其强度大小取决于弱酸的离解常数 K_a。水溶液中 $[H^+]$ 来源于两个方面，即弱酸离解出来的 H^+ 和水离解出来的 H^+。考虑允许 5% 误差，$[H^+]$ 通过下列公式进行计算：

当 $cK_a \geq 10K_w$ 时，用近似式计算：

$$[H^+] = \frac{1}{2}(-K_a + \sqrt{K_a^2 + 4cK_a}) \tag{5-8a}$$

当 $\frac{c}{K_a} \geq 105$ 时，用近似式计算：

$$[H^+] = \sqrt{cK_a + K_w} \tag{5-8b}$$

当 $\frac{c}{K_a} \geq 105$，$cK_a \geq 10K_w$ 时，用最简式计算：

$$[H^+] = \sqrt{cK_a} \tag{5-8c}$$

式中，K_a 为弱酸的离解常数；c 为弱酸的原始浓度，mol/L。

【例 5-8】 计算 0.010mol/L 乙酸溶液的 pH 值。

解：查表 5-5 得 HAc 的 $K_a = 1.8 \times 10^{-5}$，$pK_a = 4.74$

$$cK_a = 0.010 \times 1.8 \times 10^{-5} > 10K_w$$
$$\frac{c}{K_a} = \frac{0.010}{1.8 \times 10^{-5}} = 556 > 105$$

故根据式(5-8c)，则

$$[H^+] = \sqrt{cK_a} = \sqrt{0.010 \times 1.8 \times 10^{-5}}\text{mol/L} = 4.2 \times 10^{-4}\text{mol/L}$$
$$\text{pH} = 3.37$$

【例 5-9】 计算 0.0010mol/L 乙酸溶液的 pH 值。

解：查表 5-5，得 HAc 的 $K_a = 1.8 \times 10^{-5}$，$pK_a = 4.74$

$$cK_a = 0.0010 \times 1.8 \times 10^{-5} > 10K_w$$

$$\frac{c}{K_a} = \frac{0.0010}{1.8\times10^{-5}} = 55.6 < 105$$

故根据式(5-8a)，则

$$[H^+] = \frac{1}{2}(-K_a + \sqrt{K_a^2 + 4cK_a})$$

$$= \frac{1}{2} \times (-1.8\times10^{-5} + \sqrt{(1.8\times10^{-5})^2 + 4\times0.0010\times1.8\times10^{-5}})\,\text{mol/L}$$

$$= 1.3\times10^{-4}\,\text{mol/L}$$

pH=3.89

【例 5-10】 计算 0.10mol/L 氯化铵溶液的 pH 值。

解：NH_4Cl 为强酸弱碱盐，在水溶液中发生水解：

$$NH_4^+ + H_2O \rightleftharpoons H_3O^+ + NH_3$$

根据质子理论，NH_4^+ 能给出质子，故 NH_4^+ 为酸，使溶液呈酸性，故根据式(5-8c) 和式(5-3)，得强酸弱碱盐的 $[H^+]$ 计算公式

$$[H^+] = \sqrt{cK_a} = \sqrt{c\frac{K_w}{K_b}} \tag{5-9}$$

式中，K_w 为水的自递常数；K_b 为弱碱的离解常数；c 为强酸弱碱盐的原始浓度，mol/L。

根据题意，查表 5-6 得 NH_3 的 $K_b = 1.8\times10^{-5}$，故

$$[H^+] = \sqrt{c\frac{K_w}{K_b}} = \sqrt{0.10 \times \frac{1.0\times10^{-14}}{1.8\times10^{-15}}}\,\text{mol/L} = 7.45\times10^{-6}\,\text{mol/L}$$

pH=5.13

(2) 一元弱碱溶液 pH 值的计算

弱碱在水溶液中不能完全离解，其离解程度由弱碱的强度来决定，其强度大小取决于弱碱的离解常数 K_b。水溶液中 $[OH^-]$ 来源于两个方面，即弱碱离解出来的 OH^- 和水离解出来的 OH^-。考虑允许 5% 误差，故 $[OH^-]$ 通过下列公式进行计算，然后再换算成 pH 值：

当 $cK_b \geqslant 10K_w$ 时，用近似式计算：

$$[OH^-] = \frac{1}{2}(-K_b + \sqrt{K_b^2 + 4cK_b}) \tag{5-10a}$$

当 $\frac{c}{K_b} \geqslant 105$ 时，用近似式计算：

$$[OH^-] = \sqrt{cK_b + K_w} \tag{5-10b}$$

当 $\frac{c}{K_b} \geqslant 105$，$cK_a \geqslant 10K_w$ 时，用最简式计算：

$$[OH^-] = \sqrt{cK_b} \tag{5-10c}$$

式中，K_b 为弱碱的离解常数；c 为弱碱的原始浓度，mol/L。

【例 5-11】 计算 0.010mol/L 氨水溶液的 pH 值。

解：查表 5-6 得 $NH_3 \cdot H_2O$ 的 $K_b = 1.8 \times 10^{-5}$

$$cK_b = 0.010 \times 1.8 \times 10^{-5} > 10K_w$$

$$\frac{c}{K_b} = \frac{0.010}{1.8 \times 10^{-5}} = 556 > 105$$

故根据式(5-10c)，有

$$[OH^-] = \sqrt{cK_b} = \sqrt{0.010 \times 1.8 \times 10^{-5}} \text{mol/L} = 4.2 \times 10^{-4} \text{mol/L}$$

$$pOH = 3.37$$

$$pH = 14 - 3.37 = 10.63$$

【例 5-12】 计算 0.10mol/L 乙酸钠溶液的 pH 值。

解：NaAc 为弱酸强碱盐，在水溶液中发生水解：

$$Ac^- + H_2O \rightleftharpoons HAc + OH^-$$

根据质子理论，Ac^- 能接受质子，故 Ac^- 为碱，使溶液呈碱性，故由式(5-10c)和式(5-3)，得弱酸强碱盐的 $[OH^-]$ 计算公式：

$$[OH^-] = \sqrt{cK_b} = \sqrt{c\frac{K_w}{K_a}} \tag{5-11}$$

然后再换算成 pH 值。

式中，K_w 为水的自递常数；K_a 为弱酸的离解常数；c 为弱酸强碱盐的原始浓度，mol/L。

根据题意，查表 5-5 得 HAc 的 $K_a = 1.8 \times 10^{-5}$，故

$$[OH^-] = \sqrt{c\frac{K_w}{K_a}} = \sqrt{0.10 \times \frac{1.0 \times 10^{-14}}{1.8 \times 10^{-15}}} \text{mol/L} = 7.45 \times 10^{-6} \text{mol/L}$$

$$pOH = 5.13$$

$$pH = 14 - 5.13 = 8.87$$

5.5.2.4 多元弱酸、弱碱溶液 pH 值的计算

(1) 多元弱酸溶液 pH 值的计算

例如 H_3PO_4：$K_{a_1} = 7.6 \times 10^{-3}$，$K_{a_2} = 6.3 \times 10^{-8}$，$K_{a_3} = 4.4 \times 10^{-13}$

$$K_{a_1} \gg K_{a_2} \gg K_{a_3}$$

可见，溶液中的 H^+ 主要来源于第一级离解，故可按一元弱酸公式计算。

【例 5-13】 计算 0.10mol/L 磷酸溶液的 pH 值。

解：H_3PO_4 的 $K_{a_1} = 7.6 \times 10^{-3}$

$$cK_{a_1} = 0.10 \times 7.6 \times 10^{-3} > 10K_w$$

$$\frac{c}{K_{a_1}} = \frac{0.10}{7.6 \times 10^{-3}} = 13 < 105$$

故根据式(5-8a)，有

$$[H^+] = \frac{1}{2}(-K_a + \sqrt{K_a^2 + 4cK_a})$$

$$= \frac{1}{2} \times (-7.6 \times 10^{-3} + \sqrt{(7.6 \times 10^{-3})^2 + 4 \times 0.10 \times 7.6 \times 10^{-3}}) \text{mol/L}$$

$$= 0.024 \text{mol/L}$$

pH=1.62

（2）多元弱碱溶液 pH 值的计算

例如 Na_2CO_3 是二元碱：

$$CO_3^{2-} + H^+ \Longleftrightarrow HCO_3^-$$
$$HCO_3^- + H^+ \Longleftrightarrow H_2CO_3$$

查表 5-5 得 Na_2CO_3 的 $K_{a_1}=4.2\times10^{-7}$，$K_{a_2}=5.6\times10^{-11}$，根据共轭酸碱对的 K_a 与 K_b 关系，有：

$$K_{a_1}K_{b_2}=K_w=10^{-14}$$
$$K_{a_2}K_{b_1}=K_w=10^{-14}$$

则 Na_2CO_3 的 K_{b_1} 和 K_{b_2} 为：

$$K_{b_1}=\frac{K_w}{K_{a_2}}=\frac{1.0\times10^{-14}}{5.6\times10^{-11}}=1.8\times10^{-4}$$

$$K_{b_2}=\frac{K_w}{K_{a_1}}=\frac{1.0\times10^{-14}}{4.2\times10^{-7}}=2.4\times10^{-8}$$

$$K_{b_1}\gg K_{b_2}$$

溶液中 OH^- 浓度的计算可按一元弱碱公式计算，再换算成 pH 值。

【例 5-14】 计算 0.10mol/L 碳酸钠溶液的 pH 值。

解：Na_2CO_3 的 $K_{b_1}=1.8\times10^{-4}$

$$cK_{b_1}=0.10\times1.8\times10^{-4}>10K_w$$

$$\frac{c}{K_{b_1}}=\frac{0.10}{1.8\times10^{-4}}=556>10^5$$

故根据式(5-10c)，有

$$[OH^-]=\sqrt{cK_{b_1}}=\sqrt{0.10\times1.8\times10^{-4}}\text{mol/L}=4.2\times10^{-3}\text{mol/L}$$

pOH=2.38

pH=14−2.38=11.62

【例 5-15】 计算 0.10mol/L 邻苯二甲酸钾钠（$NaKC_8H_4O_4$）溶液的 pH 值。

解：查表 5-5 得邻苯二甲酸的 $K_{a_1}=1.1\times10^{-3}$，$K_{a_2}=3.9\times10^{-6}$，根据共轭酸碱对的 K_a 与 K_b 关系，有：

$$K_{a_1}K_{b_2}=K_w=10^{-14}$$
$$K_{a_2}K_{b_1}=K_w=10^{-14}$$

则邻苯二甲酸钾钠的 K_{b_1} 和 K_{b_2} 为：

$$K_{b_1}=\frac{K_w}{K_{a_2}}=\frac{1.0\times10^{-14}}{3.9\times10^{-6}}=2.6\times10^{-9}$$

$$K_{b_2}=\frac{K_w}{K_{a_1}}=\frac{1.0\times10^{-14}}{1.1\times10^{-3}}=9.1\times10^{-12}$$

$$cK_{b_1}=0.10\times2.6\times10^{-9}>10K_w$$

$$\frac{c}{K_{b_1}} = \frac{0.10}{2.6 \times 10^{-9}} > 10^5$$

故根据式(5-10c),有

$$[OH^-] = \sqrt{cK_{b_1}} = \sqrt{0.10 \times 2.6 \times 10^{-9}} \text{ mol/L} = 1.6 \times 10^{-5} \text{ mol/L}$$

pOH = 4.80

pH = 14 − 4.80 = 9.2

5.5.2.5 两性物质溶液 pH 值的计算

在水溶液中既能给出质子,也能接受质子的物质称为两性物质。如 $NaHCO_3$、K_2HPO_4、NaH_2PO_4、$KHC_8H_4O_4$(邻苯二甲酸氢钾)、NH_4Ac 等在水溶液中,既可给出质子呈现出酸性,又可接受质子呈现出碱性。

例如 $NaHCO_3$,HCO_3^- 可得到质子,生成共轭酸:

$$HCO_3^- + H^+ \Longleftrightarrow H_2CO_3$$

故 HCO_3^- 表现出碱的性质。

HCO_3^- 也失去质子,生成共轭碱:

$$HCO_3^- \Longleftrightarrow H^+ + CO_3^{2-}$$

故 HCO_3^- 表现出酸的性质。

这类物质的酸碱平衡较为复杂,可根据具体情况进行合理的简化处理,考虑允许误差为 5%,故两性物质溶液 pH 值的计算公式如下:

① 当 $cK_{a_2} \geqslant 10K_w$,$\frac{c}{K_{a_1}} < 10$ 时,$[H^+]$ 近似计算公式为:

$$[H^+] = \sqrt{\frac{cK_{a_1}K_{a_2}}{K_{a_1}+c}} \tag{5-12a}$$

② 当 $cK_{a_2} < 10K_w$,$\frac{c}{K_{a_1}} \geqslant 10$ 时,$[H^+]$ 近似计算公式为:

$$[H^+] = \sqrt{\frac{K_{a_1}(cK_{a_2}+K_w)}{c}} \tag{5-12b}$$

③ 当 $cK_{a_2} \geqslant 10K_w$,$\frac{c}{K_{a_1}} \geqslant 10$ 时,$[H^+]$ 最简计算公式为:

$$[H^+] = \sqrt{K_{a_1}K_{a_2}} \tag{5-12c}$$

或

$$pH = \frac{1}{2}(pK_{a_1} + pK_{a_2}) \tag{5-12d}$$

式中,c 为弱酸溶液的浓度,mol/L;K_{a_1}、K_{a_2} 分别为弱酸的一级和二级离解常数;K_w 为水的自递常数。

④ 弱酸弱碱盐也是两性物质,如醋酸铵是弱酸弱碱盐,NH_4^+ 可给出质子,生成共轭碱 NH_3;Ac^- 可得到质子,生成共轭酸 HAc,故醋酸铵是两性物质,可用最简式进行计算,即式(5-12c):

$$[H^+] = \sqrt{K_{a_1}K_{a_2}}$$

式中，K_{a_1} 为 HAc 的离解常数，K_{a_2} 为 NH_4^+ 的离解常数，但 NH_4^+ 的离解常数在表中查不到，只能查得 NH_3 的 K_b。通过 $K_aK_b=K_w$ 关系，弱酸弱碱盐溶液 $[H^+]$ 的计算公式为：

$$[H^+] = \sqrt{\frac{K_aK_w}{K_b}} \tag{5-12e}$$

式中，K_w 为水的自递常数；K_a 为弱酸的离解常数；K_b 为弱碱的离解常数。

【例 5-16】 计算 0.010mol/L 碳酸氢钠（$NaHCO_3$）溶液的 pH 值。

解： 查表 5-5 得 H_2CO_3 的 $K_{a_1}=4.2\times10^{-7}$（$pK_{a_1}=6.38$），$K_{a_2}=5.6\times10^{-11}$（$pK_{a_2}=10.26$）

$$cK_{a_2} = 0.010 \times 5.6\times10^{-11} > 10K_w$$

$$\frac{c}{K_{a_1}} = \frac{0.010}{4.2\times10^{-7}} > 10$$

故根据式(5-12c)，则

$$[H^+] = \sqrt{K_{a_1}K_{a_2}} = \sqrt{4.2\times10^{-7}\times5.6\times10^{-11}} \text{mol/L} = 4.9\times10^{-9}\text{mol/L}$$

$$pH = 8.31$$

或根据式(5-12d)，则

$$pH = \frac{1}{2}(pK_{a_1}+pK_{a_2}) = \frac{1}{2}\times(6.38+10.26) = 8.32$$

【例 5-17】 计算 0.10mol/L 磷酸二氢钠（NaH_2PO_4）溶液的 pH 值。

解： 查表 5-5 得 H_3PO_4 的 $K_{a_1}=7.6\times10^{-3}$（$pK_{a_1}=2.12$），$K_{a_2}=6.3\times10^{-8}$（$pK_{a_2}=7.20$），$K_{a_3}=4.4\times10^{-13}$（$pK_{a_3}=12.36$）

根据题意可知，溶液中大量存在的物质有 $H_2PO_4^-$，与之有关的离解常数为 K_{a_1} 和 K_{a_2}：

$$H_3PO_4 \xrightarrow{K_{a_1}} H_2PO_4^- \xrightarrow{K_{a_2}} HPO_4^{2-}$$

$$cK_{a_2} = 0.10\times6.3\times10^{-8} > 10K_w$$

$$\frac{c}{K_{a_1}} = \frac{0.10}{7.6\times10^{-3}} = 13 > 10$$

根据式(5-12c)，有

$$[H^+] = \sqrt{K_{a_1}K_{a_2}} = \sqrt{7.6\times10^{-3}\times6.3\times10^{-8}}\text{mol/L} = 2.2\times10^{-5}\text{mol/L}$$

$$pH = 4.66$$

【例 5-18】 计算 0.10mol/L 磷酸氢二钠（Na_2HPO_4）溶液的 pH 值。

解： 已知，H_3PO_4 的 $K_{a_1}=7.6\times10^{-3}$（$pK_{a_1}=2.12$），$K_{a_2}=6.3\times10^{-8}$（$pK_{a_2}=7.20$），$K_{a_3}=4.4\times10^{-13}$（$pK_{a_3}=12.36$）

根据题意可知，溶液中大量存在的物质有 HPO_4^{2-}，与之有关的离解常数为 K_{a_2} 和 K_{a_3}：

$$H_3PO_4 \xrightarrow{K_{a_1}} H_2PO_4^- \xrightarrow{K_{a_2}} HPO_4^{2-} \xrightarrow{K_{a_3}} PO_4^{3-}$$

所以在运用公式和判别时,注意将两性物质溶液 pH 值计算公式中的 K_{a_1}、K_{a_2} 分别换成 H_3PO_4 的 K_{a_2}、K_{a_3}。因此,

$$cK_{a_3} = 1.0 \times 10^{-2} \times 4.4 \times 10^{-13} < 10K_w$$

$$\frac{c}{K_{a_2}} = \frac{0.010}{6.3 \times 10^{-8}} > 10$$

根据式(5-12b),有

$$[H^+] = \sqrt{\frac{K_{a_2}(cK_{a_3} + K_w)}{c}} = \sqrt{\frac{6.3 \times 10^{-8} \times (1.0 \times 10^{-2} \times 4.4 \times 10^{-13} + 10^{-14})}{1.0 \times 10^{-2}}} \text{ mol/L}$$

$$= 3.0 \times 10^{-10} \text{ mol/L}$$

pH = 9.52

如果 pH 计算要求不高时,可用最简式计算:

$$[H^+] = \sqrt{K_{a_2}K_{a_3}} = \sqrt{6.3 \times 10^{-8} \times 4.4 \times 10^{-13}} \text{ mol/L} = 1.7 \times 10^{-10} \text{ mol/L}$$

pH = 9.78

【例 5-19】 计算 0.10mol/L 邻苯二甲酸氢钾（$KHC_8H_4O_4$）溶液的 pH 值。

解：邻苯二甲酸氢钾为两性物质,查表 5-5 得邻苯二甲酸的 $K_{a_1} = 1.1 \times 10^{-3}$,$K_{a_2} = 3.9 \times 10^{-6}$。

$$cK_{a_2} = 0.10 \times 3.9 \times 10^{-6} > 10K_w$$

$$\frac{c}{K_{a_1}} = \frac{0.10}{1.1 \times 10^{-3}} = 91 > 10$$

根据式(5-12c),有

$$[H^+] = \sqrt{K_{a_1}K_{a_2}} = \sqrt{1.1 \times 10^{-3} \times 3.9 \times 10^{-6}} \text{ mol/L} = 6.6 \times 10^{-5} \text{ mol/L}$$

pH = 4.18

【例 5-20】 计算 0.10mol/L 乙酸铵（NH_4Ac）溶液的 pH 值。

解：乙酸铵是弱酸弱碱盐,通过式(5-12e)计算 NH_4Ac 溶液的 pH 值。

由表 5-5 和表 5-6,分别得 HAc 的 $K_a = 1.8 \times 10^{-5}$,$NH_3 \cdot H_2O$ 的 $K_b = 1.8 \times 10^{-5}$

$$[H^+] = \sqrt{\frac{K_a K_w}{K_b}} = \sqrt{\frac{K_{a,HAc} K_w}{K_{b,NH_3}}}$$

$$= \sqrt{\frac{1.8 \times 10^{-5} \times 1.0 \times 10^{-14}}{1.8 \times 10^{-5}}} \text{ mol/L} = 1.0 \times 10^{-7} \text{ mol/L}$$

pH = 7.00

5.5.2.6 缓冲溶液 pH 值的计算

(1) 缓冲溶液 pH 值的计算

弱酸及其共轭碱（弱酸盐）组成的缓冲溶液的 pH 值计算公式如下：

$$[H^+] = K_a \frac{c_a}{c_b} \tag{5-13a}$$

$$pH = pK_a - \lg \frac{c_a}{c_b} \tag{5-13b}$$

式中，K_a 为弱酸的离解常数；c_a 为弱酸溶液的物质的量浓度，mol/L；c_b 为弱酸盐溶液物质的量浓度，mol/L。

【例 5-21】 计算 0.25mol/L 乙酸-0.50mol/L 乙酸钠缓冲溶液的 pH 值。

解：查表 5-5 得 HAc 的 $pK_a = 4.74$，$c_a = c_{HAc} = 0.25$mol/L，$c_b = c_{Ac^-} = 0.50$mol/L，根据式(5-13b) 计算，得

$$pH = pK_a - \lg \frac{c_a}{c_b} = 4.74 - \lg \frac{0.25}{0.50} = 5.04$$

【例 5-22】 计算 0.10mol/L 氯化铵-0.20mol/L 氨缓冲溶液的 pH 值。

解：查表 5-6 得 NH_3 的 $pK_b = 4.74$，$c_a = c_{NH_4^+} = 0.10$mol/L，$c_b = c_{NH_3} = 0.20$mol/L，根据式(5-13b) 计算，得

$$pH = pK_a - \lg \frac{c_a}{c_b} = (14 - pK_b) - \lg \frac{c_{NH_4^+}}{c_{NH_3}} = (14 - 4.74) - \lg \frac{0.10}{0.20} = 8.96$$

(2) 缓冲溶液的选择

在分析化验中，经常要用到缓冲溶液来控制溶液的 pH 值。其作用是当有少量水或少量酸或少量碱加入测定溶液中，可使溶液的 pH 值变化较小，以达到控制溶液 pH 值的作用。

在选择缓冲溶液需考虑如下几个问题。

① 缓冲溶液控制的 pH 值范围：pH<2，可用适当的 HCl 溶液控制 pH 值；pH>12，可用适当的 NaOH 溶液控制 pH 值；pH=2~12，用弱酸及其共轭碱组成的缓冲溶液来控制 pH 值。

弱酸及其共轭碱组成的缓冲溶液可控制的 pH 值范围为：$pH = pK_a \pm 1$。

例如，乙酸的 $pK_a = 4.74$，乙酸和乙酸钠组成的缓冲溶液可控制的 pH 值范围为：

$$pH = pK_a \pm 1 = 4.74 \pm 1$$

即缓冲溶液控制的 pH 值范围为 3.74~5.74。

例如，$NH_3 \cdot H_2O$ 的 $pK_b = 4.74$，$NH_3 \cdot H_2O$ 和 NH_4Cl 组成的缓冲溶液可控制的 pH 值范围为：

$$pH = (14 - pK_b) \pm 1 = 9.26 \pm 1$$

即缓冲溶液控制的 pH 值范围为 8.26~10.26。

② 缓冲溶液对分析过程没有干扰。

③ 缓冲溶液应有足够的缓冲容量。

缓冲溶液浓度一般在 $0.01\sim 1\mathrm{mol/L}$；弱酸和共轭碱组分的浓度比最好为1∶1，当浓度较大时，缓冲能力大。

(3) 缓冲溶液的配制

弱酸及其共轭碱组成的缓冲溶液的配制计算公式见式(5-13a)。

【例 5-23】 欲配制 pH＝5.00 的乙酸-乙酸钠缓冲溶液 1L，其中 $c_{\mathrm{HAc}}=0.20\mathrm{mol/L}$，问应加 $\mathrm{NaAc}\cdot 3\mathrm{H_2O}$ 多少克？若配制此缓冲溶液 5L，应加 $\mathrm{NaAc}\cdot 3\mathrm{H_2O}$ 多少克？

解：查表 5-5 得 HAc 的 $K_a=1.8\times 10^{-5}$，根据式(5-13a)，有

$$[\mathrm{H^+}]=K_a\frac{c_a}{c_b}$$

将上式整理得

$$c_b=\frac{K_a c_a}{[\mathrm{H^+}]}=\frac{1.8\times 10^{-5}\times 0.20}{1.0\times 10^{-5}}\mathrm{mol/L}=0.36\mathrm{mol/L}$$

由于

$$c_b=c_{\mathrm{NaAc}\cdot 3\mathrm{H_2O}}=\frac{m_{\mathrm{NaAc}\cdot 3\mathrm{H_2O}}}{M_{\mathrm{NaAc}\cdot 3\mathrm{H_2O}}V}$$

查附录 17，得 $M_{\mathrm{NaAc}\cdot 3\mathrm{H_2O}}=136\mathrm{g/mol}$。

因此

$$m_{\mathrm{NaAc}\cdot 3\mathrm{H_2O}}=c_{\mathrm{NaAc}\cdot 3\mathrm{H_2O}}M_{\mathrm{NaAc}\cdot 3\mathrm{H_2O}}V=(0.36\times 136\times 1)\mathrm{g}=49\mathrm{g}$$

所以配制 1L 此缓冲溶液应加 $\mathrm{NaAc}\cdot 3\mathrm{H_2O}$ 49g。配制 5L 此缓冲溶液应加 $\mathrm{NaAc}\cdot 3\mathrm{H_2O}$ 为：

$$(49\times 5)\mathrm{g}=245\mathrm{g}$$

【例 5-24】 欲配制 pH＝10.00 的氨-氯化铵缓冲溶液 5L，其中 $c_{\mathrm{NH_3\cdot H_2O}}=1.0\mathrm{mol/L}$，问应加 $\mathrm{NH_4Cl}$ 多少克？

解：查表 5-6 得 $\mathrm{NH_3\cdot H_2O}$ 的 $K_b=1.8\times 10^{-5}$，根据式(5-13a)，有

$$[\mathrm{H^+}]=K_a\frac{c_a}{c_b}$$

以及 $K_a K_b=K_w$ 关系，将上式整理得

$$c_a=\frac{[\mathrm{H^+}]c_b}{K_a}=\frac{K_b[\mathrm{H^+}]c_b}{K_w}=\frac{1.8\times 10^{-5}\times 1.0\times 10^{-10}\times 1.0}{1.0\times 10^{-14}}\mathrm{mol/L}=0.18\mathrm{mol/L}$$

由于

$$c_a=c_{\mathrm{NH_4Cl}}=\frac{m_{\mathrm{NH_4Cl}}}{M_{\mathrm{NH_4Cl}}V}$$

附录 17，得 $M_{\mathrm{NH_4Cl}}=54\mathrm{g/mol}$。

因此

$$m_{\mathrm{NH_4Cl}}=c_{\mathrm{NH_4Cl}}M_{\mathrm{NH_4Cl}}V=(0.18\times 54\times 5)\mathrm{g}=48.6\mathrm{g}$$

所以配制 5L 此缓冲溶液应加 $\mathrm{NH_4Cl}$ 48.6g。

几种酸碱溶液的 pH 值计算公式及其使用条件见表 5-7。

表 5-7 几种酸碱溶液的 pH 值计算公式及其使用条件

溶液类型	使用条件（允许误差 5%）	计算公式
强酸	$c_a \geq 10^{-6}$ mol/L	$[H^+] = c$
	$c_a \leq 10^{-8}$ mol/L	$[H^+] = \sqrt{K_w}$
	10^{-8} mol/L $< c_a < 10^{-6}$ mol/L	$[H^+] = \frac{1}{2}(c_a + \sqrt{c_a^2 + 4K_w})$
强碱	$c_b \geq 10^{-6}$ mol/L	$[OH^-] = c$
	$c_b \leq 10^{-8}$ mol/L	$[OH^-] = \sqrt{K_w}$
	10^{-8} mol/L $< c_b < 10^{-6}$ mol/L	$[OH^-] = \frac{1}{2}(c_b + \sqrt{c_b^2 + 4K_w})$
一元弱酸	$cK_a \geq 10K_w$	$[H^+] = \frac{1}{2}(-K_a + \sqrt{K_a^2 + 4cK_a})$
	$c/K_a \geq 105$	$[H^+] = \sqrt{cK_a + K_w}$
	$cK_a \geq 10K_w, c/K_a \geq 105$	$[H^+] = \sqrt{cK_a}$
一元弱碱	$cK_b \geq 10K_w$	$[OH^-] = \frac{1}{2}(-K_b + \sqrt{K_b^2 + 4cK_b})$
	$c/K_b \geq 105$	$[OH^-] = \sqrt{cK_b + K_w}$
	$cK_b \geq 10K_w, c/K_b \geq 105$	$[OH^-] = \sqrt{cK_b}$
两性物质	$cK_{a_2} \geq 10K_w, c/K_{a_1} < 10$	$[H^+] = \sqrt{\frac{cK_{a_1}K_{a_2}}{K_{a_1} + c}}$
	$cK_{a_2} < 10K_w, c/K_{a_1} \geq 10$	$[H^+] = \sqrt{\frac{K_{a_1}(cK_{a_2} + K_w)}{c}}$
	$cK_{a_2} \geq 10K_w, c/K_{a_1} \geq 10$	$[H^+] = \sqrt{K_{a_1}K_{a_2}}$
缓冲溶液	$c_a \gg [OH^-] - [H^+]$ $c_b \gg [H^+] - [OH^-]$	$[H^+] = K_a \frac{c_a}{c_b}$

5.5.3 酸碱指示剂

（1）指示剂的变色原理

酸碱指示剂一般是有机弱酸或有机弱碱，在溶液中部分离解，离解出来酸式型体和碱式型体具有不同的颜色。当溶液的 pH 值发生变化时，指示剂失去质子由酸式型体转变为碱式型体，或接受质子由碱式型体转变为酸式型体。此时指示剂的结构发生了变化，从而引起颜色的改变。

例如，酚酞是一种有机弱酸，其 $K_{a_2} = 6 \times 10^{-10}$，它在溶液中存在如下离解平衡：

无色分子   无色   无色离子   红色离子

酚酞在水溶液中以何种形式存在，取决于水溶液的 pH 值。在水溶液中，随着 pH 值的上升，上述平衡向右移动，酚酞失去质子，由酸式型体转变为碱式型体，其颜色由无色转变为红色；当溶液的 pH 值降低时，平衡向左移动，酚酞得到质子，由碱式型体转变为酸式型体，颜色由红色转变为无色。

又如甲基橙是一种有机弱碱，它在溶液中存在如下离解平衡：

$$^-O_3S-\text{C}_6H_4-N=N-\text{C}_6H_4-N(CH_3)_2 \xrightleftharpoons[-H^+]{+H^+} {}^-O_3S-\text{C}_6H_4-\overset{H}{N}-N=\text{C}_6H_4=N^+(CH_3)_2$$

黄色离子　　　　　　　　　　　　　　　　红色离子

在水溶液中，随着 pH 值的上升，平衡向左移动，甲基橙失去质子，由酸式型体转变为碱式型体，其颜色由红色转变为黄色；当 pH 值降低时，平衡向右移动，甲基橙得到质子，由碱式型体转变为酸式型体，颜色由黄色转变为红色。

(2) 指示剂的变色范围

由指示剂变色原理可知，指示剂的变色与溶液的 pH 值有关，但是指示剂变色并不是 pH 值稍有变化就能看到它的颜色变化，而是有一个过渡过程，当溶液的 pH 值改变到一定的范围，才能看到指示剂颜色的变化。也就是说指示剂的变色与溶液的 pH 值之间存在一定关系。现以弱酸指示剂（HIn）为例来阐述这个问题。

HIn 在溶液中存在如下离解平衡：

$$\text{HIn} \rightleftharpoons H^+ + \text{In}^-$$
　酸式色　　　　碱式色

HIn 和 In$^-$ 分别代表两种不同结构的指示剂分子和离子，它们的颜色不同，HIn 为酸，其颜色称为酸式色；In$^-$ 为其共轭碱，其颜色称为碱式色。当离解达到平衡时，得：

$$K_{\text{HIn}} = \frac{[H^+][\text{In}^-]}{[\text{HIn}]} \tag{5-14a}$$

将式(5-14a) 整理：

$$[H^+] = K_{\text{HIn}} \frac{[\text{HIn}]}{[\text{In}^-]}$$

$$-\lg[H^+] = -\lg K_{\text{HIn}} - \lg \frac{[\text{HIn}]}{[\text{In}^-]}$$

$$\text{pH} = pK_{\text{HIn}} - \lg \frac{[\text{HIn}]}{[\text{In}^-]} \tag{5-14b}$$

式中，K_{HIn} 是指示剂离解常数，也称为酸碱指示剂常数。其值取决于指示剂的性质和溶液的温度，式(5-14b) 说明，在一定温度下，对于指定的指示剂，K_{HIn} 是一个常数。当 pH 值变化时，$\frac{[\text{HIn}]}{[\text{In}^-]}$ 比值随之改变，从而引起指示剂的颜色改变。或者说酸碱指示剂颜色的变化取决于 $\frac{[\text{HIn}]}{[\text{In}^-]}$ 的比值。但是人的眼睛对颜色的敏感度有限，只有当溶液的 pH 值变化较大时，随之引起 $\frac{[\text{HIn}]}{[\text{In}^-]}$ 比值改变较大的情况

下，才能看出指示剂颜色的变化。因此

当 $\frac{[\mathrm{HIn}]}{[\mathrm{In}^-]}=10$ 时，看到的是酸式色，由式(5-14b) 得 $\mathrm{pH}=\mathrm{p}K_{\mathrm{HIn}}-1$；

当 $\frac{[\mathrm{HIn}]}{[\mathrm{In}^-]}=\frac{1}{10}$ 时，看到的是碱式色，由式(5-14b) 得 $\mathrm{pH}=\mathrm{p}K_{\mathrm{HIn}}+1$；

当 $\frac{[\mathrm{HIn}]}{[\mathrm{In}^-]}=1$，看到的是中间色，由式(5-14b) 得 $\mathrm{pH}=\mathrm{p}K_{\mathrm{HIn}}$，即指示剂的理论变色点；

当 $10\geqslant\frac{[\mathrm{HIn}]}{[\mathrm{In}^-]}\geqslant\frac{1}{10}$ 时，看到的是混合色，由式(5-14b) 得 $\mathrm{pH}=\mathrm{p}K_{\mathrm{HIn}}\pm1$。

由此可知，当溶液的 pH 值由 $\mathrm{p}K_{\mathrm{HIn}}-1$ 变化到 $\mathrm{p}K_{\mathrm{HIn}}+1$ 时，溶液的颜色变化由酸式色逐渐变为碱式色，此时，$\mathrm{pH}=\mathrm{p}K_{\mathrm{HIn}}\pm1$，这一 pH 值范围称为指示剂的变色范围。

由于各种指示剂的 K_{HIn} 值不同，因此各种指示剂的变色范围也就不相同。由理论推算出来的指示剂变色范围为 2 个 pH 单位，即 $\mathrm{pH}=\mathrm{p}K_{\mathrm{HIn}}\pm1$。表 5-8 列出了常见的酸碱指示剂及其变色范围。

表 5-8 常见的酸碱指示剂及其变色范围

指示剂	$\mathrm{p}K_{\mathrm{HIn}}$	变色范围 pH 值	颜色		浓度及溶剂
			酸式色	碱式色	
百里酚蓝	1.7	1.2~2.8	红	黄	0.1%的20%乙醇溶液
甲基黄	3.3	2.9~4.0	红	黄	0.1%的90%乙醇溶液
甲基橙	3.4	3.1~4.4	红	黄	0.1%的水溶液
溴酚蓝	4.1	3.0~4.6	黄	蓝	0.1%的20%乙醇溶液或其钠盐水溶液
溴甲酚绿	4.7	4.0~5.6	黄	蓝	0.1%的20%乙醇溶液或其钠盐水溶液
甲基红	5.0	4.4~6.2	红	黄	0.1%的60%乙醇溶液或其钠盐水溶液
溴甲酚紫	6.1	5.2~6.8	黄	紫红	0.1%的60%乙醇溶液
溴百里酚蓝	7.3	6.0~7.6	黄	蓝	0.05%的20%乙醇溶液或其钠盐水溶液
中性红	7.4	6.8~8.0	红	黄橙	0.1%的60%乙醇溶液
苯酚红	8.0	6.8~8.4	黄	红	0.1%的60%乙醇溶液或其钠盐水溶液
酚酞	9.1	8.0~10.0	无色	红	0.1%的90%乙醇溶液
百里酚蓝	8.9	8.0~9.6	黄	蓝	0.1%的20%乙醇溶液
百里酚酞	10.0	9.4~10.6	无色	蓝	0.1%的90%乙醇溶液

(3) 影响指示剂变色范围的因素

① 肉眼对指示剂变色范围观察的局限性　由于人们的眼睛对于不同颜色的敏感性不一样，实验测得的各种指示剂的变色范围却不都是两个 pH 单位（$\mathrm{pH}=\mathrm{p}K_{\mathrm{HIn}}\pm1$）。例如苯酚红的 $\mathrm{p}K_{\mathrm{HIn}}=8.0$，但其变色范围的 pH 值不是 7.0~9.0，而是 6.8~8.4（黄~红）。又如甲基橙的 $\mathrm{p}K_{\mathrm{HIn}}=3.4$，其变色范围 pH 值在 3.1~4.4(pH 值<3.1 时呈现红色，在 pH>4.4 时呈现黄色，在 pH 值为 3.1~4.4 时为橙色），而不是理论推算出来的变色范围 pH 值为 2.4~4.4，这是因为眼睛对于黄色敏感性差些，而对红色敏感性强，所以当红色略带黄色时看不出黄色，只有当黄色所占的比例较大时才能被看出来，所以甲基橙变色范围在 pH 值小的一边可短些。

因此在使用甲基橙指示剂时，让它由黄色向红变色（酸滴定碱），比其由红向黄变色（碱滴定酸）要容易观察。用碱滴定酸时，一般采用酚酞为指示剂，滴定终点由无色变为红色比较敏感。

② 指示剂浓度（用量）对变色范围的影响　指示剂本身是有机弱酸或弱碱，要消耗一定量的标准溶液或被测物质，一般来说，指示剂的用量少一些为好。另外，指示剂过浓，亦会使终点的变色不敏锐，从而带来误差。

③ 使用混合指示剂　指示剂具有一定的pH值变色范围，只有当溶液pH值的改变超过一定值时，指示剂才能从一种颜色转变为另一种颜色。若指示剂的变色范围越窄，则变色越敏锐，因此当溶液中pH值稍有改变，指示剂就可由一种颜色转变为另一种颜色，有利于提高测定结果的准确度。

在实际工作中，某些酸碱滴定pH突跃范围很窄，若使用一般的指示剂不能判别终点，此时可使用混合指示剂。混合指示剂是利用颜色之间的互补作用，使指示剂的变色范围变窄，在终点时颜色变色敏锐。这也是混合指示剂的优点。

混合指示剂的配制方法有两种，一种是在某种指示剂中加入一种惰性染料配制而成，例如指示剂中性红与染料亚甲基蓝混合，在pH7.0时为蓝紫色，变色范围只有0.2个pH左右，比单独使用中性红（pH6.8～8.0）要窄得多。另一种是由两种或更多的指示剂混合而成。例如溴甲酚绿（$pK_{HIn}=4.9$）和甲基红（$pK_{HIn}=5.0$），这两种指示剂可配成混合指示剂。二者单独存在时的变色如下：

溴甲酚绿	pH<4.0 为黄色（酸式色）	pH>5.6 为蓝色（碱式色）
甲基红	pH<4.4 为红色（酸式色）	pH>6.2 为黄色（碱式色）

当它们按一定比例混合后，两种颜色叠加在一起，酸式色为酒红色（红中略带黄），碱式色为绿色。当pH=5.1时，由于甲基红为橙色，溴甲酚绿为绿色，两者互为补色而呈现浅灰色，此时颜色发生突变，变色敏锐。常用混合指示剂列于表5-9。

表5-9　常见的酸碱混合指示剂及其颜色变化

指示剂溶液的组成	变色时 pH值	颜色		备　注
		酸式色	碱式色	
一份0.1%甲基黄乙醇溶液 一份0.1%亚甲基蓝乙醇溶液	3.25	蓝紫	绿	pH3.2　蓝紫色 pH3.4　绿色
一份0.1%甲基橙水溶液 一份0.25%靛蓝二磺酸钠水溶液	4.1	紫	黄绿	
一份0.1%溴甲酚绿钠盐水溶液 一份0.2%甲基橙水溶液	4.3	橙	蓝绿	pH3.5　黄色 pH4.0　黄绿色 pH4.3　浅绿色
一份0.1%溴甲酚绿乙醇溶液 一份0.2%甲基红乙醇溶液	5.1	酒红	绿	
一份0.2%甲基红乙醇溶液 一份0.1%亚甲基蓝乙醇溶液	5.4	红紫	绿	pH5.2　红紫色 pH5.4　暗蓝色 pH5.6　绿色

续表

指示剂溶液的组成	变色时 pH 值	颜色 酸式色	颜色 碱式色	备注
一份 0.1%溴甲酚绿钠盐水溶液 一份 0.1%氯酚红钠盐水溶液	6.1	黄绿	蓝紫	pH5.4 蓝绿色 pH5.8 蓝色 pH6.0 蓝带紫 pH6.2 蓝紫色
一份 0.1%溴甲酚紫钠盐水溶液 一份 0.1%溴百里酚蓝钠盐水溶液	6.7	黄	蓝紫	pH6.2 黄紫色 pH6.6 紫色 pH6.8 蓝紫色
一份 0.1%中性红乙醇溶液 一份 0.1%亚甲基蓝乙醇溶液	7.0	蓝紫	绿	pH7.0 蓝紫
一份 0.1%溴百里酚蓝钠盐水溶液 一份 0.1%酚红盐水溶液	7.5	黄	绿	pH7.2 暗绿色 pH7.4 淡紫色 pH7.6 深紫色
一份 0.1%甲酚红钠盐水溶液 一份 0.1%百里酚蓝钠盐水溶液	8.3	黄	紫	pH8.2 玫瑰色 pH8.4 清晰的紫色
一份 0.1%酚酞 50%乙醇溶液 一份 0.1%百里酚蓝 50%乙醇溶液	9.0	黄	紫	黄→绿→紫
一份 0.1%酚酞乙醇溶液 一份 0.1%百里酚酞乙醇溶液	9.9	无	紫	pH9.6 玫瑰色 pH10 紫色
一份 0.1%百里酚酞乙醇溶液 一份 0.1%茜素黄 R 乙醇溶液	10.2	黄	紫	

5.5.4 酸碱滴定曲线及指示剂的选择

在酸与碱相互滴定过程中，溶液的 H^+ 浓度（即 pH 值）发生变化，如果将滴定剂的用量和溶液 pH 值变化的关系绘成曲线，这就是滴定曲线。通过滴定曲线可以看到在化学计量点附近有一个 pH 值的突跃过程。由于酸碱的强弱不同，酸碱的浓度不同，则其溶液的 pH 值随滴定过程的变化也不同，因此在不同类型的酸碱滴定中，其滴定曲线的突跃大小和化学计量点位置也不同。因此在酸碱滴定过程中，为了绘制滴定曲线，必须了解酸碱滴定过程中 pH 值的变化规律，尤其是化学计量点附近 pH 值的变化情况，并以此作为选择指示剂的根据。

5.5.4.1 强碱滴定强酸或强酸滴定强碱

（1）强碱滴定强酸的滴定曲线

现以 0.1000mol/L NaOH 溶液滴定 20.00mL 0.1000mol/L HCl 溶液为例来进行讨论。滴定过程中溶液 pH 值的变化可分为四个阶段来考虑。

① 滴定前 滴定之前，溶液的 pH 值由 HCl 溶液的初始浓度决定，即

$$c_{HCl}=[H^+]=0.1000\text{mol/L}$$

$$pH=1.00$$

② 滴定开始到化学计量点前 随着 NaOH 的逐渐加入，溶液中的 HCl 不断被中和，故溶液的 pH 值由剩余 HCl 的量来决定。即

$$[H^+] = \frac{c_{HCl} \times 剩余\ HCl\ 溶液的体积}{溶液的总体积} \quad (5\text{-}15)$$

当加入 19.98mL NaOH 时，这时中和了 19.98mL HCl，还剩余 0.02mL HCl，根据式(5-15)，此时溶液中的 HCl 浓度为：

$$[H^+] = \frac{0.1000 \times 0.02}{20.00 + 19.98} \text{mol/L} = 5.0 \times 10^{-5} \text{mol/L}$$

$$pH = 4.30$$

同理，在化学计量点之前，加入不同体积的 NaOH 时，可根据式(5-15) 分别计算出 pH 值。计算结果列于表 5-10。

③ 滴定到化学计量点时　即加入 20.00mL NaOH，将 HCl 全部中和，这时溶液中的 H^+ 浓度来自于水的离解，此时

$$[H^+] = [OH^-] = 10^{-7} \text{mol/L}$$

$$pH = 7.00$$

④ 化学计量点之后　化学计量点之后，再加入 NaOH 就过量了，故溶液的 pH 值由过量 NaOH 的量来决定。即

$$[OH^-] = \frac{c_{NaOH} \times 过量\ NaOH\ 溶液的体积}{溶液的总体积} \quad (5\text{-}16)$$

当加入 20.02mL NaOH，NaOH 溶液过量了 0.02mL，根据式(5-16)，此时溶液中 NaOH 的浓度为：

$$[OH^-] = \frac{0.1000 \times 0.02}{20.00 + 20.02} \text{mol/L} = 5.0 \times 10^{-5} \text{mol/L}$$

$$pOH = 4.30$$

$$pH = 14 - pOH = 14 - 4.30 = 9.70$$

同理，在化学计量点之后各点 pH 值都可根据式(5-16) 进行计算。计算结果列于表 5-10。

表 5-10　0.1000mol/L NaOH 溶液滴定 0.1000mol/L HCl 溶液

加入 NaOH 溶液		剩余 HCl 溶液的体积 V/mL	过量 NaOH 溶液的体积 V/mL	$[H^+]$ /(mol/L)	pH 值	
mL	%					
0.00	0	20.00		1×10^{-1}	1.0	
10.00	50.0	10.00		3×10^{-2}	1.5	
18.00	90.00	2.00		5×10^{-3}	2.3	
19.80	99.0	0.20		5×10^{-4}	3.3	
19.98	99.9	0.02		5×10^{-5}	4.3	−0.1%误差
20.00	100.0			1×10^{-7}	7.0	滴定突跃
20.02	100.1		0.02	2×10^{-10}	9.7	+0.1%误差
20.20	101.0		0.20	2×10^{-11}	10.7	
22.00	110.0		2.00	2×10^{-12}	11.7	
30.00	150.0		10.00	5×10^{-13}	12.3	
40.00	200.0		20.00	3×10^{-13}	12.5	

根据滴定计算数据，以溶液的加入量为横坐标，相应的溶液 pH 值为纵坐标，绘制滴定曲线（见图 5-22）。由表 5-10 和图 5-22 可知：a. 在滴定至化学计量点之前，即加入 NaOH 溶液至 19.98mL 时，有 99.9% 的 HCl 被滴定，溶液的 pH 值变化较慢，pH 值只增加 3.3 个单位（pH1.0→4.3）。b. 在化学计量点前后 ±0.1% 之差，即加入 NaOH 溶液 19.98～20.02mL 范围，滴定体积只增加 0.04mL（相当于 1 滴溶液），但 pH 值从 4.3 增加到 9.7 单位，pH 增加 5.4 个单位（pH=4.3→9.7），pH 值的变化发生了急剧变化。因此将化学计量点前后 ±0.1% 相对误差范围内 pH 值的急剧变化称为"滴定突跃"，也称为"突跃范围"。c. 滴定突跃之后，溶液中加入了过量的 NaOH 溶液，其 pH 值由过量的 NaOH 溶液的量来决定。

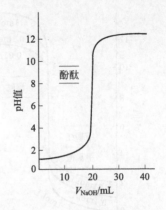

图 5-22　0.1000mol/L NaOH 溶液滴定 20.00mL 0.1000 mol/L HCl 溶液

(2) 指示剂的选择

通过计算滴定过程中 pH 值的变化规律，尤其是化学计量点附近 pH 值的突跃变化，则可据此来选择指示剂。所以选择指示剂的原则是：选择变色范围处于或部分处于滴定突跃范围内的指示剂来指示滴定终点。

例如用 0.1000mol/L NaOH 溶液滴定 20.00mL 0.1000mol/L HCl 溶液，滴定突跃范围的 pH 值为 4.3～9.7，可选用甲基橙（变色范围 pH 值为 3.1～4.4）、甲基红（变色范围 pH 值为 4.4～6.2）或酚酞（变色范围 pH 值为 8.0～10.0）为指示剂。滴定突跃是选择指示剂的根据，此时终点误差不超过 ±0.1%，符合分析化学定量分析要求。但要注意一点，由于人的眼睛对指示剂的颜色敏感性不同，有多种可供选择的指示剂时，最好选择指示剂的颜色变化容易观察的。本例中，选择酚酞比较好，颜色由无色变到微红色，便于观察。

(3) 影响滴定突跃的因素

在强酸强碱的滴定中，滴定突跃范围与酸、碱的浓度有关。滴定突跃随着滴定剂和被滴定物质的浓度增大而变大。例如不同浓度 NaOH 溶液滴定不同浓度 HCl 溶液的滴定曲线如图 5-23 所示。当用 1.000mol/L NaOH 溶液滴定 20.00mL 1.000mol/L HCl 溶液，根据前述的计算原理，同理可计算出该体系的滴定突跃范围的 pH 值为 3.3～10.7，这时选用的指示剂较多，不仅可选用甲基橙、甲基红或酚酞为指示剂，还可选用其他的指示剂。若用 0.01000mol/L NaOH 溶液滴定 20.00mL 0.01000mol/L HCl 溶液，滴定突跃范围的 pH 值为 5.3～8.7，此时不宜选用甲基橙为指示剂，如果用甲基橙作指示剂，其滴定误差就会超过 0.1%。

(4) 强碱滴定强酸的滴定曲线

当用 0.1000mol/L HCl 溶液滴定 20.00mL 0.1000mol/L NaOH 溶液，滴定曲线见图 5-24。滴定曲线的形状与 NaOH 溶液滴定 HCl 溶液情况相同，但 pH 值变

化则相反,滴定突跃范围的 pH 值为 9.70～4.30,其计算方法如下:

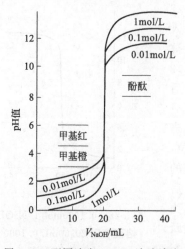

图 5-23　不同浓度 NaOH 溶液滴定
不同浓度 HCl 溶液的滴定曲线

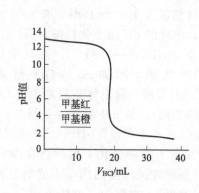

图 5-24　0.1000mol/L HCl 溶液滴定
20.00mL 0.1000mol/L NaOH 溶液

当加入 19.98mL HCl 时,这时中和了 19.98mL NaOH,还剩余 0.02mL NaOH,此时溶液中的 NaOH 浓度为:

$$[OH^-]=\frac{0.1000\times0.02}{20.00+19.98}mol/L=5.0\times10^{-5}mol/L$$

$$pOH=4.30$$

$$pH=14-4.3=9.7$$

当加入 20.02mL HCl,HCl 溶液过量了 0.02mL,此时溶液中 HCl 的浓度为:

$$[H^+]=\frac{0.1000\times0.02}{20.00+20.02}mol/L=5.0\times10^{-5}mol/L$$

$$pH=4.30$$

同理,根据滴定曲线选择合适的指示剂,可选择甲基橙、甲基红、酚酞指示剂。但是酚酞指示剂变色范围虽然在滴定突跃范围内,但滴定到终点时,颜色变化由红色变到无色,使终点观察不明显,一般不宜采用。

应该指出的酸碱指示剂一般都是有机弱酸或弱碱,因此指示剂不能多加,若加入量过多,会使终点颜色变化不敏锐,同时会多消耗一定的指示剂,带来误差。

5.5.4.2　强碱滴定弱酸

(1) 滴定曲线

现以 0.1000mol/L NaOH 溶液滴定 20.00mL 0.1000mol/L HAc(乙酸)溶液为例来进行讨论。滴定过程中发生的反应为:

$$HAc + OH^- \Longleftrightarrow Ac^- + H_2O$$

滴定过程中溶液 pH 值的变化可分为四个阶段来考虑。

① 滴定前　滴定之前,由于还未滴入 NaOH,溶液的 $[H^+]$ 由 HAc 溶液的

离解平衡来计算：

$$HAc + H_2O \rightleftharpoons H_3O^+ + Ac^-$$

$$K_a = \frac{[H_3O^+][Ac^-]}{[HAc]} = \frac{[H^+][Ac^-]}{[HAc]} = 1.8 \times 10^{-5}$$

根据弱酸的 $[H^+]$ 计算公式（最简式），得：

$$[H^+] = \sqrt{cK_a} = \sqrt{0.1000 \times 1.8 \times 10^{-5}} \text{mol/L} = 1.4 \times 10^{-3} \text{mol/L}$$

$$pH = 2.87$$

② 滴定开始至化学计量点前　这时溶液的体系是由未反应的 HAc 和反应产物 Ac^- 组成的缓冲溶液体系，根据 HAc 的离解平衡，可导出下列计算公式。

$$[H^+] = K_a \times \frac{[HAc]}{[Ac^-]}$$

$$pH = pK_a - \lg \frac{[HAc]}{[Ac^-]}$$

当加入 19.98mL NaOH 时，就中和 19.98mL HAc，还剩余 0.02mL HAc，这时溶液中的 HAc 和 Ac^- 浓度分别为：

$$[HAc] = \frac{c_{HAc} \times 剩余 HAc 的体积}{溶液的总体积} = \frac{0.1000 \times 0.02}{20.00 + 19.98} \text{mol/L} = 5.0 \times 10^{-5} \text{mol/L}$$

或

$$[HAc] = \frac{0.02}{20.00} = 0.1\%$$

$$[Ac^-] = \frac{c_{NaOH} \times 加入 NaOH 的体积}{溶液的总体积} = \frac{0.1000 \times 19.98}{20.00 + 19.98} \text{mol/L} = 5.0 \times 10^{-2} \text{mol/L}$$

或

$$[Ac^-] = \frac{19.98}{20.00} = 99.9\%$$

因此，得

$$pH = pK_a - \lg \frac{[HAc]}{[Ac^-]} = 4.74 - \lg \frac{5.0 \times 10^{-5}}{5.0 \times 10^{-2}} = 7.74$$

或

$$pH = pK_a - \lg \frac{[HAc]}{[Ac^-]} = 4.74 - \lg \frac{0.1\%}{99.9\%} = 7.74 \tag{5-17}$$

③ 滴定到化学计量点时　化学计量点时，由于 HAc 全部被中和，生成弱酸强碱盐 NaAc，溶液显碱性，故溶液的 pOH 值根据一元弱碱公式来计算，此时 NaAc 的浓度稀释一倍，因此为 0.05000mol/L，故：

$$[OH^-] = \sqrt{cK_b} = \sqrt{c\frac{K_w}{K_a}} = \sqrt{0.05000 \times \frac{1.0 \times 10^{-14}}{1.8 \times 10^{-5}}} \text{mol/L} = 5.3 \times 10^{-6} \text{mol/L} \tag{5-18}$$

$$pOH = 5.28 \quad pH = 14 - 5.28 = 8.72$$

④ 化学计量点之后　化学计量点之后，再加入 NaOH 就过量了，它抑制了 Ac^- 的离解过程，故溶液的 pH 值由过量 NaOH 的量来决定。即：

$$[OH^-] = \frac{c_{NaOH} \times 过量 NaOH 溶液的体积}{溶液的总体积}$$

当加入 20.02mL NaOH，NaOH 溶液过量了 0.02mL，此溶液中 NaOH 的浓度为：

$$[OH^-] = \frac{0.1000 \times 0.02}{20.00 + 20.02} mol/L = 5.0 \times 10^{-5} mol/L$$

$$pOH = 4.30 \quad pH = 14 - 4.30 = 9.70$$

同理，采用类似的方法可计算出各点的 pH 值，计算结果列于表 5-11。

表 5-11 0.1000mol/L NaOH 溶液滴定 0.1000mol/L HAc 溶液

加入 NaOH 溶液		剩余 HAc 溶液的体积 /mL	过量 NaOH 溶液的体积 /mL	pH 值	
mL	%				
0.00	0	20.00		2.87	
10.00	50.0	10.00		4.74	
18.00	90.00	2.00		5.69	
19.80	99.0	0.20		6.74	
19.98	99.9	0.02		7.74	−0.1%误差
20.00	100.0			8.72	滴定突跃
20.02	100.1		0.02	9.70	+0.1%误差
20.20	101.0		0.20	10.70	
22.00	110.0		2.00	11.70	
30.00	150.0		10.00	12.30	
40.00	200.0		20.00	12.52	

根据计算结果可绘制滴定曲线（见图 5-25）。由表 5-11、表 5-8 和图 5-25 可知：a. 由于 HAc 是弱酸，其离解度比同浓度的 HCl 溶液要小得多，所以滴定之前溶液的 $[H^+]$ 浓度不是原始浓度 0.1mol/L，而是 1.4×10^{-3} mol/L，pH 值不是 1.0，而是 2.87，比同浓度的 HCl 溶液的 pH 值约大 2 个 pH 单位。b. 滴定开始后，pH 值升高较快，这是由于反应生成的 Ac^- 产生同离子效应，抑制了 HAc 的离解，使得 $[H^+]$ 较快降低，pH 值较快增大。c. 当继续滴入 NaOH 溶液时，由于 NaAc 的不断生成，溶液形成了 HAc-Ac^- 缓冲体系，使得 pH 值增加较慢，滴定曲线较为平坦。随着 NaOH 溶液不断加入，剩余的 HAc 的量逐渐减少，溶液的缓冲能力逐渐减弱，于是

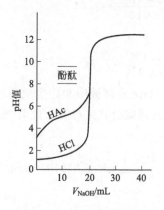

图 5-25 0.1000mol/L NaOH 溶液滴定 20.00mL 0.1000 mol/L HAc 溶液

溶液的 pH 值又迅速升高，滴定曲线上出现斜率增大现象。d. 滴定突跃范围的 pH 值为 7.74～9.7，不是由酸性变化到碱性，而是在碱性范围内变色。这是因为加入 NaOH 溶液至 19.98mL 时，有 99.9％的 HAc 被滴定，由于溶液中存在大量的强碱弱酸盐 NaAc，其水解使溶液呈碱性 (pH=7.74)。而滴定突跃之后，溶液中加入了过量的 NaOH 溶液，其 pH 值由过量的 NaOH 溶液的量来决定。例如，加入 20.02mL NaOH 时，pH=9.7。

(2) 指示剂的选择

在 0.1000mol/L NaOH 溶液滴定 20.00mL 0.1000mol/L HAc 溶液过程中，由于滴定突跃在碱性范围内，根据选择指示剂的原则，应选用在碱性范围内变色的指示剂，如酚酞或百里酚蓝均可作指示剂，而在酸性范围内变色的指示剂，如甲基橙、甲基红就不能使用。

(3) 影响滴定突跃的因素及弱酸被直接准确滴定的判别式

由滴定突跃的计算可知，在强碱滴定弱酸中，滴定突跃的下端是根据式 (5-17) 计算，它与酸的强度 K_a 有关；滴定突跃的上端根据式 (5-18) 计算，它与碱的浓度有关。由此可见，影响滴定突跃大小的因素除了酸碱浓度外，还与酸的强度 K_a 有关。酸碱的浓度愈大，滴定突跃愈大；酸愈强，滴定突跃愈大。图 5-26 为 NaOH 溶液滴定不同弱酸溶液的滴定曲线。由图可见，当酸的浓度一定时，K_a 值愈大，滴定突跃愈大。K_a 值愈小，滴定突跃愈小。如果酸很弱、浓度很低，会使得滴定突跃很小，这对指示剂的选择造成很大的困难。当 $c_a K_a < 10^{-8}$ 时，就看不出明显的滴定突跃，无法用一般的指示剂确定滴定终点。因此对于弱酸能直接被准确滴定的判别式为：

$$c_a K_a \geqslant 10^{-8}$$

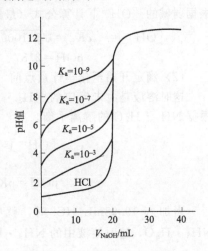

图 5-26　0.1000mol/L NaOH 溶液与不同强度弱酸溶液的滴定曲线

如果能满足这个要求，弱酸就能被准确直接滴定。

酸碱滴定突跃范围越大，指示剂变色越明显，滴定误差也越小。酸碱越弱，滴定突跃越小，则要求指示剂的变色范围越接近化学计量点越好，变色范围越窄越好。

例如，HBO_3 的 $K_{a_1}=5.7\times10^{-10}$，因为 $cK_a < 10^{-8}$，所以不能直接用碱进行滴定，但是如果利用甘油等多羟基化合物与 HBO_3 反应生成配位酸：

$$2\begin{matrix}H\\R-C-OH\\R-C-OH\\H\end{matrix} + H_3BO_3 \rightleftharpoons H\begin{matrix}H\\R-C-O\\R-C-O\end{matrix}B\begin{matrix}O-C-R\\O-C-R\\H\end{matrix} + 3H_2O$$

这种配位酸的离解常数在 10^{-6} 左右，故可以酚酞作指示剂，用 NaOH 标准溶液进行滴定。

5.5.4.3 强酸滴定弱碱

现以 0.1000mol/L HCl 溶液滴定 20.00mL 0.1000mol/L $NH_3 \cdot H_2O$ 溶液为例来进行讨论。滴定过程中发生的反应为：

$$NH_3 \cdot H_2O + H^+ \rightleftharpoons NH_4^+ + H_2O$$

滴定过程中溶液 pH 值的变化可分为四个阶段来考虑。

(1) 滴定前

滴定之前，由于还未滴入 HCl 溶液，溶液的 $[H^+]$ 由 $NH_3 \cdot H_2O$ 溶液的离解平衡来计算：

$$NH_3 \cdot H_2O \rightleftharpoons NH_4^+ + OH^-$$

$$K_b = \frac{[NH_4^+][OH^-]}{[NH_3 \cdot H_2O]} = 1.8 \times 10^{-5}$$

根据弱碱的 $[OH^-]$ 计算公式（最简式），得

$$[OH^-] = \sqrt{cK_b} = \sqrt{0.1000 \times 1.8 \times 10^{-5}} \text{mol/L} = 1.4 \times 10^{-3} \text{mol/L}$$

$$pOH = 2.87 \quad pH = 14 - 2.87 = 11.13$$

(2) 滴定开始至化学计量点前

这时溶液是由未反应的 $NH_3 \cdot H_2O$ 和反应产物 NH_4^+ 组成的缓冲溶液体系，根据 $NH_3 \cdot H_2O$ 的解离平衡，有

$$[OH^-] = K_b \times \frac{[NH_3 \cdot H_2O]}{[NH_4^+]}$$

$$pOH = pK_b - \lg \frac{[NH_3 \cdot H_2O]}{[NH_4^+]} \tag{5-19}$$

当加入 19.98mL HCl 时，就中和 19.98mL $NH_3 \cdot H_2O$，还剩余 0.02mL $NH_3 \cdot H_2O$，这时溶液中的 $NH_3 \cdot H_2O$ 和 NH_4^+ 浓度分别为：

$$[NH_3 \cdot H_2O] = \frac{0.02\text{mL}}{20.00\text{mL}} = 0.1\%$$

$$[NH_4^+] = \frac{19.98\text{mL}}{20.00\text{mL}} = 99.9\%$$

根据式(5-19)，得

$$pOH = 4.74 - \lg \frac{0.1\%}{99.9\%} = 7.74$$

$$pH = 14 - 7.74 = 6.26$$

(3) 滴定到化学计量点时

化学计量点时，由于 $NH_3 \cdot H_2O$ 全部被中和生成强酸弱碱盐 NH_4Cl，溶液显酸性，故溶液的 pH 值根据弱酸公式来计算，此时 NH_4Cl 的浓度稀释一倍，因此为 0.05000mol/L，故：

$$[H^+] = \sqrt{cK_a} = \sqrt{c\frac{K_w}{K_b}} = \sqrt{0.05000 \times \frac{1.0 \times 10^{-14}}{1.8 \times 10^{-5}}} \text{mol/L} = 5.3 \times 10^{-6} \text{mol/L}$$

$$pH = 5.28$$

(4) 化学计量点之后

化学计量点之后，溶液的 pH 值由过量 HCl 的量来决定。即

$$[H^+]=\frac{c_{HCl}\times 过量\ HCl\ 溶液的体积}{溶液的总体积}$$

当加入 20.02mL HCl，HCl 溶液过量了 0.02mL，此溶液中 HCl 的浓度为：

$$[H^+]=\frac{0.1000\times 0.02}{20.00+20.02}mol/L=5.0\times 10^{-5}mol/L$$

$$pH=4.30$$

由滴定计算结果可知，滴定突跃范围的 pH 值为 6.26～4.30，这时应选择酸性范围内变色的指示剂来确定终点。故选用甲基红、溴甲酚绿指示剂最为适宜，也可选用溴酚蓝或甲基橙为指示剂。

采用类似的方法可计算出各点的 pH 值，计算结果列于表 5-12。根据计算结果可绘制滴定曲线，如图 5-27 所示。

表 5-12 0.1000mol/L HCl 溶液滴定 0.1000mol/L $NH_3\cdot H_2O$ 溶液

加入 HCl 溶液		剩余 $NH_3\cdot H_2O$ 溶液的体积 V/mL	过量 HCl 溶液的体积 V/mL	pH 值	
mL	%				
0.00	0	20.00		11.13	
10.00	50.0	10.00		9.30	
18.00	90.00	2.00		8.30	
19.80	99.0	0.20		7.26	
19.98	99.9	0.02		6.26	−0.1%误差
20.00	100.0			5.28	滴定突跃
20.02	100.1		0.02	4.30	+0.1%误差
20.20	101.0		0.20	3.30	
22.00	110.0		2.00	2.32	
30.00	150.0		10.00	1.70	
40.00	200.0		20.00	1.48	

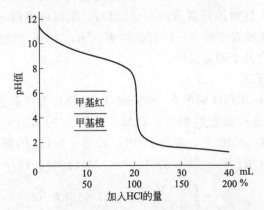

图 5-27 0.1000mol/L HCl 溶液滴定 20.00mL 0.1000mol/L $NH_3\cdot H_2O$ 溶液

对于强酸滴定弱碱，影响滴定突跃大小的因素同样与弱碱的强度、浓度有关。

因此弱碱能直接被准确滴定的判别式为：
$$c_b K_b \geqslant 10^{-8}$$

如果弱碱满足这个要求，才有明显的滴定突跃，才能选择适宜的指示剂。

5.5.4.4 多元酸的滴定

(1) 在多元酸的滴定中，应考虑的几个问题

在多元酸的滴定过程中，情况比较复杂，比如弱酸中的几个 H^+ 能不能被强碱直接准确滴定？第一个 H^+ 被滴定完全时，第二个 H^+ 是不是也有部分被滴定？如果，第二个 H^+ 没有被滴定，怎么来判断化学计量点？怎么选择指示剂？因此，在多元酸的滴定中，一般考虑下面几个问题：

① 多元酸能否分步进行滴定？即分步滴定的条件是什么？滴定能进行到哪一级？

② 滴定至各化学计量点时的 pH 值怎么计算？

③ 怎么选择合适的指示剂？

例如，H_3PO_4 是一种三元酸，在水溶液中有三步离解：

$$H_3PO_4 \rightleftharpoons H^+ + H_2PO_4^- \qquad K_{a_1} = 7.6 \times 10^{-3}$$
$$H_2PO_4^- \rightleftharpoons H^+ + HPO_4^{2-} \qquad K_{a_2} = 6.3 \times 10^{-8}$$
$$HPO_4^{2-} \rightleftharpoons H^+ + PO_4^{3-} \qquad K_{a_3} = 4.4 \times 10^{-13}$$

由离解平衡可知，H_3PO_4 含有三个可离解的 H^+。在滴定过程中这三个 H^+ 是否能被直接滴定？第一个 H^+ 被滴定完全时，第二个 H^+ 是否被滴定？或者说，在用 NaOH 滴定 H_3PO_4 时，是否有三个明显的滴定突跃，即能否准确地分步滴定。这时可采用下式进行判断。

分步滴定的判别式

±0.1%的终点误差	±1%的终点误差
$c_a K_{a_1} \geqslant 10^{-8}$	$c_a K_{a_1} \geqslant 10^{-9}$
$K_{a_1}/K_{a_2} \geqslant 10^5$	$K_{a_1}/K_{a_2} \geqslant 10^4$

当 $c_a K_{a_1} \geqslant 10^{-8}$ 时，这一级离解的 H^+ 可被直接滴定；当 $K_{a_1}/K_{a_2} \geqslant 10^5$ 时，就可进行分步滴定。这时的终点误差≤±0.1%，所以可根据 $c_a K_{a_1} \geqslant 10^{-8}$ 判断多元酸中有几个 H^+ 能被直接滴定，然后根据 $K_{a_1}/K_{a_2} \geqslant 10^5$ 判断这几个 H^+ 是否能分步滴定，来确定有几个滴定突跃。

(2) 多元酸的滴定

以 0.2000mol/L NaOH 滴定 0.2000mol/L H_3PO_4 为例来进行讨论。

① 多元酸分步进行滴定的判别　已知，H_3PO_4 的 $K_{a_1} = 7.6 \times 10^{-3}$，$K_{a_2} = 6.3 \times 10^{-8}$，$K_{a_3} = 4.4 \times 10^{-13}$，滴定 H_3PO_4 的第一个 H^+ 的判别：

$$c_a K_{a_1} = 0.2 \times 7.6 \times 10^{-3} = 7.6 \times 10^{-4} > 10^{-9}$$

$$\frac{K_{a_1}}{K_{a_2}} = \frac{7.6 \times 10^{-3}}{6.3 \times 10^{-8}} = 1.21 \times 10^5 > 10^4$$

所以可滴定 H_3PO_4 的第一个 H^+，即有第一个滴定突跃。

滴定 H_3PO_4 的第二个 H^+ 的判别：

$$c_a K_{a_2} = \frac{0.2}{2} \times 6.3 \times 10^{-8} = 3.2 \times 10^{-9} > 10^{-9}$$

$$\frac{K_{a_2}}{K_{a_3}} = \frac{6.3 \times 10^{-8}}{4.4 \times 10^{-13}} = 1.43 \times 10^{5} > 10^{4}$$

所以可滴定 H_3PO_4 的第二个 H^+，即有第二个滴定突跃。

滴定 H_3PO_4 的第三个 H^+ 的判别：

$$c_a K_{a_3} < 10^{-9}$$

所以 H_3PO_4 的第三个 H^+ 不能被滴定，即看不到第三个滴定突跃。

由计算可知，用 NaOH 滴定 H_3PO_4 可进行分步滴定，可分别滴定两个 H^+，即有两个滴定突跃。滴定曲线如图 5-28 所示。

② 化学计量点时的 pH 值计算及指示剂的选择　第一个化学计量点时，滴定反应为：

$$H_3PO_4 + NaOH \Longrightarrow NaH_2PO_4 + H_2O$$

化学计量点 pH 值的计算式根据反应产物是何种性质的物质来考虑。这时反应的产物为 NaH_2PO_4，它是两性物质，$H_2PO_4^-$ 邻近的两个 K_a 值分别为 K_{a_1} 和 K_{a_2}

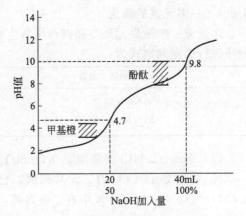

图 5-28　NaOH 溶液滴定 H_3PO_4 溶液的滴定曲线

$$H_3PO_4 \xrightarrow{K_{a_1}} H_2PO_4^- \xrightarrow{K_{a_2}} HPO_4^{2-}$$

按两性物质的 $[H^+]$ 最简式计算 pH 值：

$$[H^+] = \sqrt{K_{a_1} K_{a_2}}$$

所以　　$[H^+] = \sqrt{7.6 \times 10^{-3} \times 6.3 \times 10^{-8}} \text{mol/L} = 2.2 \times 10^{-5} \text{mol/L}$

$$pH = 4.66$$

对于多元酸的滴定，滴定突跃小，计算化学计量点的 pH 值时，常常用最简式近似地计算，以此作为选择指示剂的依据，选择的指示剂的变色范围要尽量靠近化学计量点。所以，第一个化学计量点可选甲基橙或甲基红为指示剂。

第二个化学计量点时，滴定反应为：

$$NaH_2PO_4 + NaOH \Longrightarrow Na_2HPO_4 + H_2O$$

反应的产物为 Na_2HPO_4，它是两性物质，HPO_4^{2-} 邻近的两个 K_a 值分别为 K_{a_2} 和 K_{a_3}

$$H_2PO_4^- \xrightarrow{K_{a_2}} HPO_4^{2-} \xrightarrow{K_{a_3}} PO_4^{3-}$$

按两性物质的 $[H^+]$ 最简式计算 pH 值：

$$[H^+] = \sqrt{K_{a_2} K_{a_3}}$$

所以，　　　$[H^+] = \sqrt{6.3 \times 10^{-8} \times 4.4 \times 10^{-13}} \, \text{mol/L} = 1.7 \times 10^{-10} \, \text{mol/L}$
$$pH = 9.78$$
选择酚酞或百里酚酞为指示剂。

若多元酸，其 $c_a K_a \geq 10^{-9}$，$K_{a_1}/K_{a_2} < 10^4$ 时，此时就看不到两个滴定突跃。

例如，0.1mol/L 的草酸（$H_2C_2O_4 \cdot 2H_2O$）溶液，其 $K_{a_1} = 5.9 \times 10^{-2}$，$K_{a_2} = 6.4 \times 10^{-5}$，则 $c_a K_{a_1} > 10^{-9}$，$c_a K_{a_2} > 10^{-9}$，$K_{a_1}/K_{a_2} = 9.2 \times 10^2 < 10^4$，用 NaOH 溶液滴定只有一个滴定突跃，这时草酸中的两个 H^+ 一并被滴定

$$H_2C_2O_4 + 2NaOH \Longrightarrow Na_2C_2O_4 + 2H_2O$$

5.5.4.5 多元碱的滴定

多元碱一般是多元酸与强碱作用所生成的盐，故也有称为盐类的滴定。多元碱分步进行滴定判别式为：

±0.1%的终点误差	±1%的终点误差
$c_b K_{b_1} \geq 10^{-8}$ $K_{b_1}/K_{b_2} \geq 10^5$	$c_b K_{b_1} \geq 10^{-9}$ $K_{b_1}/K_{b_2} \geq 10^4$

以 0.2mol/L HCl 溶液滴定 0.2mol/L 碳酸钠溶液为例进行讨论。

Na_2CO_3 是 H_2CO_3 的二元共轭碱，已知 H_2CO_3 的 $K_{a_1} = 4.2 \times 10^{-7}$，$K_{a_2} = 5.6 \times 10^{-11}$，$Na_2CO_3$ 在水中有二级离解：

$$CO_3^{2-} + H_2O \Longrightarrow HCO_3^- + OH^-$$

$$K_{b_1} = \frac{K_w}{K_{a_2}} = \frac{10^{-14}}{5.6 \times 10^{-11}} = 1.8 \times 10^{-4}$$

$$HCO_3^- + H_2O \Longrightarrow H_2CO_3 + OH^-$$

$$K_{b_2} = \frac{K_w}{K_{a_1}} = \frac{10^{-14}}{4.2 \times 10^{-7}} = 2.4 \times 10^{-8}$$

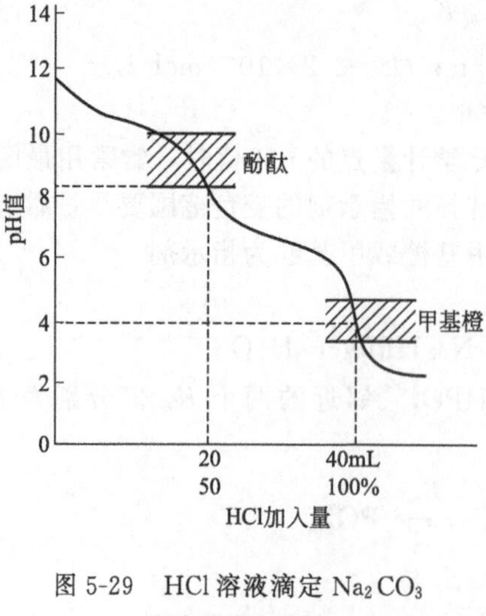

① 多元碱分步进行滴定的判别　由于 $c_b K_{b_1} = 0.2 \times 1.8 \times 10^{-4} \geq 10^{-9}$

$$c_b K_{b_2} = \frac{0.2}{2} \times 2.4 \times 10^{-8} \geq 10^{-9}$$

$$\frac{K_{b_1}}{K_{b_2}} = \frac{1.8 \times 10^{-4}}{2.4 \times 10^{-8}} \approx 10^4$$

因此 Na_2CO_3 可用标准酸直接滴定，并且有两个 pH 值滴定突跃，滴定误差为 ±1%。滴定曲线如图 5-29 所示。

② 化学计量点时的 pH 值计算及指示剂的选择　当用盐酸滴定 Na_2CO_3 时，可分两步进行中和。第一个化学计量点时，反应为

$$Na_2CO_3 + HCl \Longrightarrow NaHCO_3 + NaCl$$

图 5-29　HCl 溶液滴定 Na_2CO_3 溶液的滴定曲线

此时，溶液中 Na_2CO_3 全部转化为 $NaHCO_3$。

HCO_3^- 为两性物质，可按两性物质 pH 值最简式进行计算：

$$[H^+] = \sqrt{K_{a_1} K_{a_2}} = \sqrt{4.2 \times 10^{-7} \times 5.6 \times 10^{-11}} \text{mol/L} = 4.8 \times 10^{-9} \text{mol/L}$$
$$pH = 8.32$$

化学计量点的 pH 值为碱性范围，可选用酚酞为指示剂，终点颜色变化由红色变为无色。由于 K_{b_1}/K_{b_2} 略小于 10^4，在这个化学计量点附近的 pH 值突跃范围较为短小，突跃不是很明显，这时可用 $NaHCO_3$ 溶液做一个参比进行对照，来指示终点。

第二个化学计量点时，反应为：
$$NaHCO_3 + HCl \Longrightarrow H_2CO_3 + NaCl$$

此时，溶液为 CO_2 的饱和溶液，其浓度约为 0.04mol/L。其 pH 值可按弱酸的最简式进行计算：

$$[H^+] = \sqrt{cK_{a_1}} = \sqrt{0.04 \times 4.2 \times 10^{-7}} \text{mol/L} = 1.3 \times 10^{-4} \text{mol/L}$$
$$pH = 3.89$$

化学计量点的 pH 值为酸性范围，可选用甲基橙为指示剂。在这个化学计量点附近的 pH 值突跃范围也较小，终点时甲基橙指示剂的变色也不是很明显，若采用甲酚红和百里酚蓝混合指示剂，终点变化会明显一点。另外，由于滴定过程中剩下的 CO_2 过多，溶液的酸度增大，终点会提前出现。因此，在近终点时应剧烈振摇，或加热煮沸除去，冷却后再继续滴定至终点。

5.5.5 应用实例

酸碱滴定法除了直接滴定法外还有返滴定法、置换法和间接法，这样使得测定样品的范围较宽，它广泛应用于工农业生产、医药、食品检验等方面。酸碱滴定法不仅可以测定酸、碱，也可以测定酸酐、醇、醛和酮等有酸碱反应的物质。

(1) 直接滴定法——双指示剂法测定 NaOH 和 Na_2CO_3 混合碱含量

强酸、强碱以及 $cK_a \geqslant 10^{-8}$ 的弱酸或 $cK_b \geqslant 10^{-8}$ 弱碱均可以用标准碱或标准酸溶液直接进行滴定。

NaOH 俗称烧碱，它易吸收空气中的 CO_2，使部分 NaOH 形成 Na_2CO_3：
$$2NaOH + CO_2 \Longrightarrow Na_2CO_3 + H_2O$$

形成 NaOH 和 Na_2CO_3 混合碱。此外，在化工生产中，如电石法生产乙炔，在乙炔的清除过程中带有大量的 CO_2，需采用液体 NaOH 清除 CO_2，此时也会形成 NaOH 和 Na_2CO_3 混合碱，而形成的 Na_2CO_3 就是一个控制指标。对于 NaOH 和 Na_2CO_3 混合碱的测定常采用双指示剂法。

NaOH 和 Na_2CO_3 均为碱，可用酸进行滴定。测定时先以酚酞为指示剂，用 HCl 标准溶液滴定至酚酞变为无色，表明在第一终点时，溶液中的 NaOH 被全部中和，Na_2CO_3 被中和一半，生成 $NaHCO_3$，其反应为：
$$NaOH + HCl \xrightarrow{\text{酚酞}} NaCl + H_2O$$

$$Na_2CO_3 + HCl \xrightarrow{酚酞} NaHCO_3 + NaCl$$

将滴定时消耗 HCl 标准溶液的体积记为 V_1。

然后加入甲基橙指示剂，继续用 HCl 标准溶液滴定至溶液颜色由黄色变为橙色，表明在第二个终点时，溶液中的 $NaHCO_3$ 被中和，生成 H_2CO_3，其反应为：

$$NaHCO_3 + HCl \xrightarrow{甲基橙} NaCl + CO_2\uparrow + H_2O$$

将滴定时消耗 HCl 标准溶液的体积记为 V_2，$V_2 = V_总 - V_1$。

由于 $NaHCO_3$ 消耗 HCl 标准溶液的体积为 V_2，所以 Na_2CO_3 被中和成 $NaHCO_3$，$NaHCO_3$ 被中和成 H_2CO_3 所消耗的 HCl 标准溶液的体积是相等的，即

$$V_{Na_2CO_3 \to NaHCO_3} = V_{NaHCO_3 \to H_2CO_3} = V_2$$

根据前后两次滴定用去的盐酸标准溶液的体积，即可计算出 NaOH 和 Na_2CO_3 的质量分数。

① 质量分数的计算（试样为固体的情况） 反应式为：

$$Na_2CO_3 + 2HCl == 2NaCl + CO_2 + H_2O$$

Na_2CO_3 的质量分数的计算式为：

$$w_{Na_2CO_3} = \frac{c_{HCl} \times 2 \times V_2 \times M_{\frac{1}{2}Na_2CO_3} \times 10^{-3}}{试样质量} \times 100\%$$

式中，c_{HCl} 的单位为 mol/L；V_2 的单位为 mL；$M_{\frac{1}{2}Na_2CO_3}$ 的单位为 g/mol；试样质量的单位为 g。

NaOH 的质量分数的计算式为：

$$w_{NaOH} = \frac{c_{HCl}(V_1 - V_2)M_{NaOH} \times 10^{-3}}{试样质量} \times 100\%$$

② 体积质量的计算（试样为液体的情况） Na_2CO_3 的体积质量（g/L）的计算式为：

$$\rho_{Na_2CO_3} = \frac{c_{HCl} \times 2 \times V_2 \times M_{\frac{1}{2}Na_2CO_3}}{试样体积}$$

NaOH 的体积质量（g/L）的计算式为：

$$\rho_{NaOH} = \frac{c_{HCl}(V_1 - V_2)M_{NaOH}}{试样体积}$$

式中，$M_{\frac{1}{2}Na_2CO_3} = \frac{106.0}{2}$ g/mol $= 53.00$ g/mol，$M_{NaOH} = 40.00$ g/mol。V_1、V_2 的单位为 mL；试样体积的单位为 mL。

应该指出，使用双指示剂法比较简单，但是由于用盐酸将 Na_2CO_3 滴定至 $NaHCO_3$ 时终点不是很明显，产生的误差达 1% 左右。

(2) 直接滴定法——双指示剂测定 Na_2CO_3 和 $NaHCO_3$ 混合物含量

首先以酚酞为指示剂，用 HCl 标准溶液滴定至酚酞变为无色，表明在第一个终点时，溶液中的 Na_2CO_3 被中和一半，生成 $NaHCO_3$，其反应为：

$$Na_2CO_3 + HCl \xrightarrow{酚酞} NaHCO_3 + NaCl$$

将滴定时消耗 HCl 标准溶液的体积记为 V_1。

然后加入甲基橙指示剂，继续用 HCl 标准溶液滴定至溶液颜色由黄色变为橙色，表明在第二个终点时，溶液中的 $NaHCO_3$ 被中和，生成 H_2CO_3，其反应为：

$$NaHCO_3 + HCl \xrightarrow{甲基橙} NaCl + CO_2\uparrow + H_2O$$

将滴定时消耗 HCl 标准溶液的体积记为 V_2，$V_2 = V_总 - V_1$。

V_2 为 $NaHCO_3$ 消耗 HCl 标准溶液的体积，此时的 $NaHCO_3$ 来自两个部分，一部分是 Na_2CO_3 被中和成的 $NaHCO_3$，另一部分是溶液本身所含的 $NaHCO_3$，这两部分 $NaHCO_3$ 消耗的 HCl 标准溶液的体积为 V_2。故 Na_2CO_3 滴定至 H_2CO_3 时，消耗 HCl 标准溶液的体积为 $2V_1$，而原溶液本身所含的 $NaHCO_3$ 滴定至 H_2CO_3 时，消耗 HCl 的体积为 $V_2 - V_1$。所以，根据前后两次滴定用去的盐酸标准溶液的体积，即可计算出 Na_2CO_3 和 $NaHCO_3$ 的质量分数。

$$w_{Na_2CO_3} = \frac{c_{HCl} \times 2 \times V_1 \times M_{\frac{1}{2}Na_2CO_3} \times 10^{-3}}{试样质量} \times 100\%$$

$$w_{NaHCO_3} = \frac{c_{HCl} \times (V_2 - V_1) \times M_{NaHCO_3} \times 10^{-3}}{试样质量} \times 100\%$$

式中，$M_{\frac{1}{2}Na_2CO_3} = \frac{106.0}{2}$ g/mol $= 53.00$ g/mol，$M_{NaHCO_3} = 84.01$ g/mol。

(3) 间接法——测定 Na_2CO_3 和 $NaHCO_3$ 混合物含量

用双指示剂法测定 Na_2CO_3 和 $NaHCO_3$ 混合物含量时，因酚酞指示剂终点变化是由红色到无色的变化，使终点不明显，如果要求测定结果准确，可采用此方法。该方法不仅可测总碱度，还可测定 $NaHCO_3$ 含量和 Na_2CO_3 含量。

① 总碱度的测定　测定时，取适量试样，以甲基橙为指示剂，用 HCl 标准溶液滴定，其反应式为：

$$Na_2CO_3 + 2HCl \xrightarrow{甲基橙} 2NaCl + CO_2\uparrow + H_2O$$

$$NaHCO_3 + HCl \xrightarrow{甲基橙} NaCl + CO_2\uparrow + H_2O$$

总碱度结果计算（以 Na_2CO_3 计）：

$$w_{Na_2CO_3} = \frac{c_{HCl} V M_{\frac{1}{2}Na_2CO_3} \times 10^{-3}}{试样质量} \times 100\%$$

式中，$M_{\frac{1}{2}Na_2CO_3} = \frac{106.0}{2}$ g/mol $= 53.00$ g/mol。

② $NaHCO_3$、Na_2CO_3 的测定　测定时，取适量试样，加入过量的 NaOH 标准溶液，使 $NaHCO_3$ 转变为 Na_2CO_3，再加入过量的 $BaCl_2$ 溶液，使溶液中的 Na_2CO_3 产生 $BaCO_3$ 沉淀，以酚酞为指示剂，用 HCl 标准溶液滴定剩余量的 NaOH，同时做一空白试验。其反应式为：

$$NaHCO_3 + NaOH == Na_2CO_3 + H_2O$$

$$Na_2CO_3 + BaCl_2 == BaCO_3\downarrow + 2NaCl$$

$$NaOH + HCl = NaCl + H_2O$$

结果计算：

$$w_{NaHCO_3} = \frac{c_{HCl}(V_{空白} - V_{试样})_{HCl} M_{NaHCO_3} \times 10^{-3}}{试样质量} \times 100\%$$

$$w_{Na_2CO_3} = \frac{c_{HCl}[V_{HCl,总碱度} - (V_{空白} - V_{试样})_{HCl}] M_{\frac{1}{2}Na_2CO_3} \times 10^{-3}}{试样质量} \times 100\%$$

式中，$M_{NaHCO_3} = 84.01 \text{g/mol}$，$M_{\frac{1}{2}Na_2CO_3} = \frac{106.0}{2} \text{g/mol} = 53.00 \text{g/mol}$。$V_{空白}$、$V_{试样}$ 的单位为 mL；试样质量的单位为 g。

(4) 间接滴定法——硼酸含量的测定

H_3BO_3 是一很弱的酸（$K_a = 5.9 \times 10^{-10}$），通常不能用 NaOH 标准溶液直接进行滴定。但是加入甘油、甘露醇等多羟基化合物，能与 H_3BO_3 生成配位酸：

$$2 \begin{array}{c} H \\ R-C-OH \\ R-C-OH \\ H \end{array} + H_3BO_3 = H\left[\begin{array}{c} H\ \ \ \ H \\ R-C-O\ \ O-C-R \\ \ \ \ \ \ B \\ R-C-O\ \ O-C-R \\ H\ \ \ \ H \end{array}\right] + 3H_2O$$

这种配位酸的离解常数约为 10^{-6}，比硼酸提高了 10000 倍以上（称为弱酸的强化），故用 NaOH 标准溶液进行滴定，化学计量点时 pH≈9，可以酚酞或百里酚酞作指示剂。其滴定反应为

$$H\left[\begin{array}{c} H\ \ \ \ H \\ R-C-O\ \ O-C-R \\ \ \ \ \ \ B \\ R-C-O\ \ O-C-R \\ H\ \ \ \ H \end{array}\right] + NaOH = Na\left[\begin{array}{c} H\ \ \ \ H \\ R-C-O\ \ O-C-R \\ \ \ \ \ \ B \\ R-C-O\ \ O-C-R \\ H\ \ \ \ H \end{array}\right] + H_2O$$

根据 NaOH 标准溶液的浓度和所消耗的体积，按下式计算硼酸的含量：

$$w_{H_3BO_3} = \frac{c_{NaOH} V_{NaOH} M_{H_3BO_3} \times 10^{-3}}{试样质量} \times 100\%$$

式中，$M_{H_3BO_3} = 61.83 \text{g/mol}$。

一般来说，甘露醇比甘油更为有效，在每 10mL 溶液中加 0.5～0.7g 甘露醇已足够。

测定时，试样溶液首先用酸或碱中和，用对硝基酚（无色）或甲基红（中间色）或甲基黄（黄色）等为指示剂。然后加入甘露醇等多羟基化合物形成配合物，加酚酞或百里酚酞指示剂进行滴定。由于配位酸在温度高时不稳定，应于低温滴定，以获得明显终点。

这种方法可用于测定高硼合金钢中硼，可测定硼砂、玻璃制品、电镀溶液中的含硼或硼酸量的分析测定。

(5) 间接滴定法——盐酸羟胺法（或称肟化法）测定乙醛含量

乙醛既不是酸，也不是碱，因此不能用直接法来进行滴定，但可采用间接法测定乙醛。测定时利用乙醛与盐酸羟胺反应，生成乙醛肟和游离酸：

$$\text{H}_3\text{C}-\underset{\underset{\text{H}}{|}}{\text{C}}=\text{O} + \text{NH}_2\text{OH}\cdot\text{HCl} =\!=\!= \text{H}_3\text{C}-\underset{\underset{\text{H}}{|}}{\text{C}}=\text{N}-\text{OH} + \text{H}_2\text{O} + \text{HCl}$$

生成的游离盐酸用氢氧化铵标准溶液滴定:

$$\text{HCl} + \text{NH}_3\cdot\text{H}_2\text{O} =\!=\!= \text{NH}_4\text{Cl} + \text{H}_2\text{O}$$

由于溶液中存在过量的盐酸羟胺,呈酸性,因此采用以溴酚蓝为指示剂。根据标准氢氧化铵的浓度和所消耗的体积,按下式计算乙醛的含量:

$$w_{\text{乙醛}} = \frac{c_{\text{NH}_3\cdot\text{H}_2\text{O}} V_{\text{NH}_3\cdot\text{H}_2\text{O}} M_{\text{乙醛}} \times 10^{-3}}{\text{试样质量}} \times 100\%$$

式中,$M_{\text{乙醛}} = 44.05\text{g/mol}$。

醛和酮的测定都可用盐酸羟胺法测定:

$$\text{R}-\underset{\underset{\text{H}}{|}}{\text{C}}=\text{O} + \text{NH}_2\text{OH}\cdot\text{HCl} =\!=\!= \text{R}-\underset{\underset{\text{H}}{|}}{\text{C}}=\text{N}-\text{OH} + \text{H}_2\text{O} + \text{HCl}$$

$$\underset{\underset{\text{R}'}{|}}{\overset{\overset{\text{R}}{|}}{\text{C}}}=\text{O} + \text{NH}_2\text{OH}\cdot\text{HCl} =\!=\!= \underset{\underset{\text{R}'}{|}}{\overset{\overset{\text{R}}{|}}{\text{C}}}=\text{N}-\text{OH} + \text{H}_2\text{O} + \text{HCl}$$

生成的游离盐酸可用标准碱进行滴定。

醛和酮测定的另一种方法——亚硫酸钠法:醛与酮与过量的亚硫酸反应生成加成化合物和游离碱:

$$\text{R}-\underset{\underset{\text{H}}{|}}{\text{C}}=\text{O} + \text{Na}_2\text{SO}_3 + \text{H}_2\text{O} =\!=\!= \underset{\underset{\text{H}}{|}}{\overset{\overset{\text{R}}{|}}{\text{C}}}\underset{\text{SO}_3\text{Na}}{\overset{\text{OH}}{<}} + \text{NaOH}$$

$$\underset{\underset{\text{R}'}{|}}{\overset{\overset{\text{R}}{|}}{\text{C}}}=\text{O} + \text{Na}_2\text{SO}_3 + \text{H}_2\text{O} =\!=\!= \underset{\underset{\text{R}'}{|}}{\overset{\overset{\text{R}}{|}}{\text{C}}}\underset{\text{SO}_3\text{Na}}{\overset{\text{OH}}{<}} + \text{NaOH}$$

生成的 NaOH 可用标准酸溶液进行滴定,采用百里酚酞指示终点。

(6) 间接滴定法——硅氟酸钾法测定 SiO_2 含量

矿石、岩石、水泥、玻璃、陶瓷等物质都是硅酸盐,其 SiO_2 含量的测定通常采用重量法,重量法虽然准确度高,但是费时,因此生产控制分析中常用酸碱滴定法测定 SiO_2。

这类硅酸盐试样一般难溶于酸,因此试样需先用 KOH 或 NaOH 熔融,使之转化成可溶性硅酸盐 Na_2SiO_3 或 K_2SiO_3,在强酸性溶液中,有 K^+ 存在下,SiO_3^{2-} 与 HF 作用,生成难溶的氟硅酸钾沉淀:

$$\text{K}_2\text{SiO}_3 + 6\text{HF} =\!=\!= \text{K}_2\text{SiF}_6\downarrow + 3\text{H}_2\text{O}$$

上述反应时加入固体 KCl,可降低 K_2SiF_6 的溶解度。将生成的沉淀过滤,用 KCl-乙醇溶液洗涤沉淀,并用 NaOH 溶液中和未洗净的游离酸,然后加入沸水使之水解:

$$\text{K}_2\text{SiF}_6 + 3\text{H}_2\text{O} =\!=\!= 2\text{KF} + \text{H}_2\text{SiO}_3 + 4\text{HF}$$

水解释放出来的 HF 可用 NaOH 标准溶液滴定:

$$\text{HF} + \text{NaOH} =\!=\!= \text{NaF} + \text{H}_2\text{O}$$

反应生成物为 NaF,是弱酸强碱盐,水解后呈碱性,故可用酚酞为指示剂。

由于 1mol SiO_2 ⇌ 1mol K_2SiO_3 ⇌ 1mol K_2SiF_6 ⇌ 4mol HF ⇌ 4mol NaOH，所以根据 NaOH 标准溶液的浓度和所消耗的体积，按下式计算 SiO_2 的含量：

$$w_{SiO_2} = \frac{\frac{1}{4}c_{NaOH}V_{NaOH}M_{SiO_2} \times 10^{-3}}{试样质量} \times 100\%$$

式中，$M_{SiO_2} = 60.08 \text{g/mol}$。

(7) 铵盐含量的测定

① 蒸馏法　无机铵盐如 $(NH_4)_2SO_4$、NH_4Cl 等是强酸弱碱盐，水解后呈酸性，由于 $K_b = 1.8 \times 10^{-5}$，则

$$K_{a,NH_3} = \frac{K_w}{K_b} = \frac{1.0 \times 10^{-14}}{1.8 \times 10^{-5}} = 5.6 \times 10^{-10}$$

$$cK_a < 10^{-8}$$

故不能用标准碱溶液进行直接准确滴定，但可采用返滴定法进行滴定。测定时在试样中加入过量的碱，并加热蒸馏，逸出 NH_3 与水蒸气冷凝成 $NH_3 \cdot H_2O$：

$$NH_4^+ + OH^- \xrightarrow{\triangle} NH_3 \uparrow + H_2O \xrightarrow{冷凝} NH_3 \cdot H_2O$$

被硼酸或盐酸或硫酸吸收。

a. 间接滴定法——用硼酸溶液吸收　用硼酸（H_3BO_3）作吸收液，然后用 HCl 标准溶液滴定硼酸吸收液，选用甲基红、甲基橙或甲基红-亚甲基蓝混合指示剂：

$$NH_3 \cdot H_2O + H_3BO_3 = (NH_4)H_2BO_3 + H_2O$$

$$HCl + (NH_4)H_2BO_3 = H_3BO_3 + NH_4Cl$$

根据 HCl 的浓度及所消耗的体积，按下式计算氮的含量：

$$w_N = \frac{c_{HCl}V_{HCl}A_N \times 10^{-3}}{试样质量} \times 100\%$$

式中，$A_N = 14.01 \text{g/mol}$。

b. 返滴定法——用标准酸溶液吸收　蒸出来的 $NH_3 \cdot H_2O$ 用过量的 HCl 标准溶液吸收：

$$NH_3 \cdot H_2O + HCl = NH_4Cl + H_2O$$

剩余量的 HCl 标准溶液用 NaOH 标准溶液返滴定：

$$NaOH + HCl = NaCl + H_2O$$

滴定时可采用甲基红或甲基橙为指示剂。

蒸出来的 $NH_3 \cdot H_2O$ 也可用过量的 H_2SO_4 标准溶液吸收：

$$2NH_3 \cdot H_2O + H_2SO_4 = (NH_4)_2SO_4 + 2H_2O$$

剩余量的 H_2SO_4 标准溶液用 NaOH 标准溶液返滴定：

$$2NaOH + H_2SO_4 = Na_2SO_4 + 2H_2O$$

根据 HCl 或 H_2SO_4 的浓度及所消耗的体积，按下式计算氮的含量

$$w_N = \frac{[c_{HCl}V_{HCl} - c_{NaOH}V_{NaOH}]A_N \times 10^{-3}}{试样质量} \times 100\%$$

或
$$w_N = \frac{[c_{1/2H_2SO_4}V_{1/2H_2SO_4} - c_{NaOH}V_{NaOH}]A_N \times 10^{-3}}{试样质量} \times 100\%$$

式中，$A_N = 14.01 \text{g/mol}$。

如果测定有机化合物（如面粉、谷物、肉类中的蛋白质、肥料、生物碱、土壤、饲料和合成药物等）中的氮含量，可采用 Kjeldahl（凯氏）定氮法进行测量。测定时首先用浓 H_2SO_4 将试样进行消解，使有机物分解。有时加入少量 $CuSO_4$ 作催化剂，使有机物迅速分解。此时有机物中的碳和氢被 H_2SO_4 氧化成 CO_2 和 H_2O，氮则转化为 NH_3，在过量 H_2SO_4 的存在下 NH_3 以 NH_4^+ 形式存在于溶液中：

$$C_mH_nN \xrightarrow[CuSO_4]{H_2SO_4, K_2SO_4} CO_2\uparrow + H_2O + NH_4^+$$

然后再加入过量浓 NaOH 加热蒸馏。

上述蒸馏法测定铵盐比较准确，但比较费时。测定铵盐的一种比较简便的方法是甲醛法。

② **置换滴定法——甲醛法** 利用甲醛与铵盐反应，生成质子化的六亚甲基四胺和置换出 3 个 H^+：

$$4NH_4^+ + 6HCHO \Longrightarrow (CH_2)_6N_4H^+ + 3H^+ + 6H_2O$$

生成的酸以酚酞作指示剂，用 NaOH 标准溶液滴定至溶液呈微红色：

$$(CH_2)_6N_4H^+ + 3H^+ + 4OH^- \Longrightarrow (CH_2)_6N_4 + 4H_2O$$

根据 NaOH 的浓度和所消耗的体积，按下式计算氮的含量：

$$w_N = \frac{c_{NaOH}V_{NaOH}A_N \times 10^{-3}}{试样质量} \times 100\%$$

甲醛溶液中常含有微量酸（特别是放置已久的甲醛），必须预先滴定除去。故滴定前先于甲醛溶液中加入 2 滴酚酞指示剂，用 0.1mol/L NaOH 溶液滴定至溶液呈微红色。

5.6 配位滴定法

利用形成配位反应进行滴定的分析方法称为配位滴定法。例如，用硝酸银标准溶液滴定氰化物，其反应为：

$$Ag^+ + 2CN^- \Longrightarrow [Ag(CN)_2]^-$$

在化学计量点时，稍过量的 Ag^+ 与银氰配合物 $[Ag(CN)_2]^-$ 反应形成白色沉淀，从而指示滴定终点。反应式如下：

$$Ag^+ + [Ag(CN)_2]^- \Longrightarrow Ag[Ag(CN)_2]\downarrow$$

上述反应中 CN^- 为配位剂。

并不是所有的配位反应都能用于配位滴定，能应用于配位滴定的配位反应必须具备下列条件。

① 反应必须完全。也就是说，所生成的配合物要有足够的稳定性。配合物稳

定性的大小是决定准确进行配位滴定的重要因素之一。

② 配位反应必须按一定化学反应式定量进行。也就是说，在一定条件下只能形成一种配位数的配合物，这样才能用于定量分析结果的计算。

③ 配位反应速率要快。

④ 要有适当的确定化学计量点的方法。

用于配位滴定法的配位剂有两类，一类是无机配位剂，另一类是有机配位剂。无机配位剂的种类较多，能符合上述条件的并不多，能用于配位滴定的却很少，仅氰化物、硫氰化物等少数几种。其原因是：

① 无机配合物不够稳定；

② 另外各级稳定常数之间的差别较小，不可能进行分步滴定；

③ 在滴定过程中，同时存在各级配合物，难以确定反应物之间的计量关系，即反应不能定量完成。

例如 Zn^{2+} 与 NH_3 配位，分别形成 $Zn(NH_3)^{2+}$、$Zn(NH_3)_2^{2+}$、$Zn(NH_3)_3^{2+}$、$Zn(NH_3)_4^{2+}$ 四种配合离子。其稳定常数分别为：$10^{2.27}$、$10^{2.34}$、$10^{2.40}$、$10^{2.04}$。

而有机配位剂能克服上述无机配合剂的缺点，特别是氨羧配位剂，能够与大多数金属离子形成稳定的、组成一定的配合物。目前使用最广泛的氨羧配位剂是乙二胺四乙酸，简称 EDTA。通常所说的"配位滴定"，主要指以 EDTA 为滴定剂的滴定法。

5.6.1 EDTA 及其特性

(1) EDTA 的性质

EDTA 是乙二胺四乙酸的简称，常用 H_4Y 表示。其结构为：

$$\text{HOOCH}_2\text{C} \diagdown \overset{H}{\underset{+}{N}} - CH_2 - CH_2 - \overset{H}{\underset{+}{N}} \diagup \text{CH}_2\text{COO}^- \\ {}^-\text{OOCH}_2\text{C} \diagup \qquad\qquad\qquad\qquad \diagdown \text{CH}_2\text{COOH}$$

两个羧基上的 H^+ 转移到 N 原子上，形成双偶极离子。

H_4Y 微溶于水（22℃时，每 100mL 水中溶解 0.02g），难溶于酸和一般的有机溶剂，但易溶于氨性溶液或苛性碱溶液中时，生成相应的盐溶液。

由于乙二胺四乙酸在水中的溶解度小，因此常使用它的二钠盐，即乙二胺四乙酸二钠盐，用 $Na_2H_2Y \cdot 2H_2O$ 表示，一般也简称 EDTA，其溶解度较大，22℃时，每 100mL 水中溶解 11.1g，其饱和水溶液的浓度约为 0.3mol/L。

若溶液的酸度很高，EDTA 的两个羧基可再接受 H^+，从而形成 H_6Y^{2+}，这样 EDTA 就相当于六元酸，存在六级离解，有六个离解常数：

$$H_6Y^{2+} \rightleftharpoons H^+ + H_5Y^+ \qquad K_{a_1} = 1.3 \times 10^{-1} = 10^{-0.90}$$
$$H_5Y^+ \rightleftharpoons H^+ + H_4Y \qquad K_{a_2} = 2.5 \times 10^{-2} = 10^{-1.60}$$
$$H_4Y \rightleftharpoons H^+ + H_3Y^- \qquad K_{a_3} = 1.0 \times 10^{-2} = 10^{-2.00}$$
$$H_3Y^- \rightleftharpoons H^+ + H_2Y^{2-} \qquad K_{a_4} = 2.1 \times 10^{-3} = 10^{-2.67}$$
$$H_2Y^{2-} \rightleftharpoons H^+ + HY^{3-} \qquad K_{a_5} = 6.9 \times 10^{-7} = 10^{-6.16}$$
$$HY^{3-} \rightleftharpoons H^+ + Y^{4-} \qquad K_{a_6} = 5.5 \times 10^{-11} = 10^{-11.26}$$

可见，在水溶液中，EDTA 有 H_6Y^{2+}、H_5Y^+、H_4Y、H_3Y^-、H_2Y^{2-}、

HY^{3-} 和 Y^{4-} 七种形式存在。但是，溶液的 pH 值不同时，EDTA 存在的主要形式就不同，EDTA 的主要存在形式见表 5-13。

表 5-13 不同 pH 值时，EDTA 存在的主要形式

pH 值	<1	1~1.6	1.6~2	2~2.7	2.7~6.2	6.2~10.3	>10.3
主要存在形式	H_6Y^{2+}	H_5Y^+	H_4Y	H_3Y^-	H_2Y^{2-}	HY^{3-}	Y^{4-}

在这七种形式中只有 Y^{4-} 能与金属离子配位，如果溶液的 pH 值越高，Y^{4-} 所占的比例就越大。所以 EDTA 在碱性溶液中配位能力较强。

在分析工作中，如果没有 $Na_2H_2Y \cdot 2H_2O$，只有 H_4Y，配制 EDTA 的标准溶液时，可在 H_4Y 的溶液中加入 NaOH，控制 pH 值为 4.4，即可得到与 $Na_2H_2Y \cdot 2H_2O$ 配制的相同溶液。

(2) EDTA 与金属离子配合物的特点

① EDTA 与绝大多数金属离子反应，形成具有五个五元环的稳定配合物。

由于 EDTA 的阴离子 Y^{4-} 的结构具有两个氨基和四个羧基，所以它既可作为四基配位体，也可作为六基配位体。因此，它可以和周期表中除碱金属以外的绝大多数金属离子形成稳定的配合物。它与金属离子配位结构见图 5-30。这种具有环状结构的配合物称为螯合物。根据配位理论，能形成五元环或六元环的螯合物是比较稳定的。

② EDTA 能与大多数金属离子（包括二价、三价和四价金属离子）形成 1:1 的配合物。反应如下：

$$M^{2+} + H_2Y^{2-} \Longrightarrow MY^{2-} + 2H^+$$
$$M^{3+} + H_2Y^{2-} \Longrightarrow MY^- + 2H^+$$
$$M^{4+} + H_2Y^{2-} \Longrightarrow MY + 2H^+$$

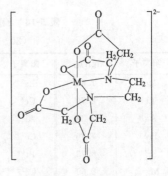

图 5-30 EDTA 与金属离子配位结构

由反应可知，EDTA 配位滴定的反应系数均为 1，这对结果计算非常方便。

少数高价金属离子与 EDTA 配位时，不是形成 1:1 的配合物。例如，Mo^{5+} 与 EDTA 形成 2:1 的配合物 $(MoO_2)_2Y^{2-}$。在酸度较高的溶液中，EDTA 与金属离子还可以形成酸式配合物（如 $CaHY^-$），在中性或碱性溶液中形成碱式配合物 [如 $Al(OH)Y^{2-}$、$Fe(OH)Y^{2-}$]，但这些配合物一般是不稳定的，可以忽略不计。

③ 无色的金属离子与 EDTA 形成的配合物无色，有色的金属离子与 EDTA 形成的配合物颜色加深。例如：

CrY^-	MnY^{2-}	FeY^-	CoY^{2-}	NiY^{2-}	CuY^{2-}
深紫	紫红	黄色	紫红	蓝色	深蓝

5.6.2 EDTA 与金属离子形成配合物的稳定性

5.6.2.1 EDTA 金属离子配合物的稳定常数

在配位反应中，EDTA 与金属离子形成与离解同处于相对的平衡状态，其平衡可以用稳定常数（形成常数）来表示。其配合物的反应如下：

$$M^{n+} + Y^{4-} \rightleftharpoons MY^{n-4}$$

M^{n+} 可以是一价、二价、三价金属离子。为简化起见，略去电荷，写成：

$$M + Y \rightleftharpoons MY$$

根据质量作用定律，其平衡常数为：

$$K_{MY} = \frac{[MY]}{[M][Y]} \tag{5-20}$$

K_{MY} 称为绝对稳定常数，通常称为稳定常数，由于 K_{MY} 很大，常用对数值 $\lg K_{MY}$ 表示。稳定常数值愈大，配合物愈稳定。EDTA 与常见金属离子配合物的稳定常数见表 5-14。

表 5-14 EDTA 与常见金属离子配合物的稳定常数
（20～25℃，溶液的离子强度 $I = 0.1$）

阳离子	$\lg K_{MY}$	阳离子	$\lg K_{MY}$	阳离子	$\lg K_{MY}$	阳离子	$\lg K_{MY}$
Na^+	1.66	La^{2+}	15.50	VO_2^+	18.1	In^{3+}	25.0
Li^+	2.79	Ce^{3+}	15.98	Ni^{2+}	18.60	Fe^{3+}	25.1
Ag^+	7.32	Al^{3+}	16.3	VO^{2+}	18.8	U^{4+}	25.8
Ba^{2+}	7.86	Co^{2+}	16.31	Cu^{2+}	18.80	Bi^{3+}	27.94
Sr^{2+}	8.73	Pt^{3+}	16.4	Ga^{3+}	20.3	MoO_2^+	28
Mg^{2+}	8.69	Cd^{2+}	16.46	Ti^{3+}	21.3	ZrO^{3+}	29.5
Be^{2+}	9.20	Zn^{2+}	16.50	Hg^{2+}	21.8	Co^{3+}	36.0
Ca^{2+}	10.69	TiO^{2+}	17.3	Sn^{2+}	22.1	Tl^{3+}	37.8
Mn^{2+}	13.87	Pb^{2+}	18.04	Th^{4+}	23.2		
Fe^{2+}	14.32	Y^{3+}	18.09	Cr^{3+}	23.4		

5.6.2.2 影响配位平衡的主要因素

EDTA 与被测定金属离子的配位反应称为主反应。在滴定分析中经常因溶液的酸度及其他配位剂或其他金属离子的存在而影响主反应的进行，这种影响因素的反应则称为副反应。

主反应与副反应可表示如下：

$$\begin{array}{c}
M + Y \rightleftharpoons MY \quad \text{主反应} \\
\text{OH} \mid L \quad H^+ \mid N \\
M(OH) \quad ML \quad HY \quad NY \\
\vdots \quad \vdots \quad \vdots \\
M(OH)_n \quad ML_n \quad HY_6 \\
\text{羟基配} \quad \text{辅助配} \quad \text{酸效} \quad \text{干扰离子} \\
\text{位效应} \quad \text{位效应} \quad \text{应} \quad \text{副反应}
\end{array} \quad \text{副反应}$$

式中，L 为辅助配位剂；N 为干扰离子。

若滴定过程中发生了副反应，对主反应是不利的。本节主要介绍两个主要的副反应，即酸度的影响（酸效应）和其他配位剂的影响（配位效应）。

(1) 酸度的影响

① 酸效应　金属离子与 EDTA 配合物（MY）的稳定常数越大，配合物就越稳定。当溶液的酸度增加时，主反应的平衡就会向左移动，配合物发生离解，使得配合物的稳定性减小。可以用下式表示：

$$M + Y \rightleftharpoons MY$$
$$\Updownarrow H^+$$
$$HY$$
$$\vdots$$
$$HY_6$$
酸效应

这种由于 H^+ 的存在，使配位体 Y 参加主反应能力降低的现象称为酸效应。由 H^+ 引起副反应的副反应系数称为酸效应系数，用 $\alpha_{Y(H)}$ 表示。酸效应系数表示在一定的 pH 值条件下，未与 M 配合的 EDTA 的总浓度 $[Y]_总$ 与参加配位反应的 Y^{4-} 的平衡浓度 $[Y]$ 之比，其表达式为：

$$\alpha_{Y(H)} = \frac{[Y]_总}{[Y]} \tag{5-21a}$$

$$[Y]_总 = [H_6Y] + [H_5Y] + [H_4Y] + [H_3Y] + [H_2Y] + [HY] + [Y]$$

$\alpha_{Y(H)}$ 可以根据 EDTA 的各级离解常数和溶液中的 H^+ 浓度计算：

$$\alpha_{Y(H)} = \frac{[Y]_总}{[Y]} = \frac{[H_6Y] + [H_5Y] + [H_4Y] + [H_3Y] + [H_2Y] + [HY] + [Y]}{[Y]}$$
$$= 1 + \frac{[H^+]}{K_{a_6}} + \frac{[H^+]^2}{K_{a_6}K_{a_5}} + \frac{[H^+]^3}{K_{a_6}K_{a_5}K_{a_4}} + \frac{[H^+]^4}{K_{a_6}K_{a_5}K_{a_4}K_{a_3}} +$$
$$\frac{[H^+]^5}{K_{a_6}K_{a_5}K_{a_4}K_{a_3}K_{a_2}} + \frac{[H^+]^6}{K_{a_6}K_{a_5}K_{a_4}K_{a_3}K_{a_2}K_{a_1}} \tag{5-21b}$$

$\alpha_{Y(H)}$ 值愈大，表示参加配位反应的 Y^{4-} 的平衡浓度 $[Y]$ 愈小，也就是说酸度影响较大，即酸效应严重。当 $\alpha_{Y(H)} = 1$ 时，EDTA 全部以 Y^{4-} 存在，即 $[Y]_总 = [Y]$，表明没有酸效应的影响。EDTA 在不同 pH 值时的 $\lg\alpha_{Y(H)}$ 值列于表 5-15。

② 条件稳定常数　已知配合物 MY 的稳定常数为：

$$K_{MY} = \frac{[MY]}{[M][Y]}$$

绝对稳定常数 K_{MY} 没有考虑溶液的浓度、酸度等因素的影响。而在实际分析过程中，酸度的影响较大。考虑溶液酸度的影响，由式(5-21a) 酸效应系数，得

代入稳定常数表达式(5-20)中，得

$$[Y] = \frac{[Y]_总}{\alpha_{Y(H)}}$$

$$K_{MY} = \frac{[MY]}{[M][Y]} = \frac{[MY]\alpha_{Y(H)}}{[M][Y]_总} = K'_{MY}\alpha_{Y(H)}$$

$$K'_{MY} = \frac{K_{MY}}{\alpha_{Y(H)}} \tag{5-22a}$$

取对数，得

$$\lg K'_{MY} = \lg K_{MY} - \lg \alpha_{Y(H)} \tag{5-22b}$$

式中，K'_{MY} 称为条件稳定常数。在不同酸度下，绝对稳定常数 K_{MY} 是不变的，但 $\alpha_{Y(H)}$ 随着酸度的增加而增大，因此 K'_{MY} 随着酸度的增大而减小。

表 5-15 不同 pH 值时 EDTA 的 $\lg\alpha_{Y(H)}$

pH 值	$\lg\alpha_{Y(H)}$	pH 值	$\lg\alpha_{Y(H)}$	pH 值	$\lg\alpha_{Y(H)}$	pH 值	$\lg\alpha_{Y(H)}$
0.0	23.64	1.5	15.55	4.0	8.44	7.7	2.57
0.1	23.06	1.6	15.11	4.2	8.04	8.0	2.27
0.2	22.47	1.8	14.27	4.5	7.44	8.2	2.07
0.3	21.32	1.9	13.88	4.7	7.04	8.5	1.77
0.4	21.32	2.0	13.51	5.0	6.45	8.7	1.57
0.5	20.75	2.1	13.16	5.2	6.07	9.0	1.28
0.6	20.18	2.2	12.82	5.5	5.51	9.2	1.10
0.7	19.62	2.3	12.50	5.7	5.15	9.5	0.83
0.8	19.08	2.4	12.19	6.0	4.65	9.7	0.67
0.9	18.54	2.5	11.00	6.2	4.34	10.0	0.45
1.0	18.01	2.7	11.35	6.5	3.92	10.5	0.20
1.1	17.49	3.0	10.80	6.7	3.67	11.0	0.07
1.2	16.98	3.2	10.14	7.0	3.32	11.5	0.02
1.3	10.49	3.5	9.48	7.2	3.10	12.0	0.01
1.4	16.02	3.7	9.06	7.5	2.78	13.0	0.00

【例 5-25】 计算 MgY 在 pH=10 和 pH=5 时的 K'_{MY}，计算结果说明了什么问题？

解：查表 5-14，得 $\lg K_{MgY} = 8.69$

查表 5-15，得 pH=10 时，$\lg\alpha_{Y(H)} = 0.45$；pH=5 时，$\lg\alpha_{Y(H)} = 6.45$。

则 pH=10 时　　　$\lg K'_{MY} = \lg K_{MgY} - \lg\alpha_{Y(H)} = 8.69 - 0.45 = 8.24$

pH=5 时　　　　$\lg K'_{MgY} = \lg K_{MgY} - \lg\alpha_{Y(H)} = 8.69 - 6.45 = 2.24$

由计算结果可知，K'_{MY} 由于溶液的 pH 值不同，其 $\lg K'_{MY}$ 相差 6 个单位。MgY 在 pH=10 时稳定，而在 pH=5 时不稳定。因此用条件稳定常数 K'_{MY} 可定量地说明配合物在某一 pH 值时的实际稳定程度。也就是说条件稳定常数 K'_{MY} 比用稳定常数 K_{MY} 能更正确地判断金属离子和 EDTA 配位稳定程度。

③ 判断配位滴定完全程度　在配位滴定中要求配位反应能定量地完全进行，

这样才能使测定结果的误差在允许范围内,达到一定的准确度。配位反应能否定量完全,主要看被滴定的配合物的 K'_{MY}。K'_{MY} 越大反应进行得越完全。那么 K'_{MY} 要多大,配位反应才能定量完全进行呢?这与分析测定的金属离子的原始浓度和准确度要求有关。

例如,$c_M=2.0\times10^{-2}$ mol/L,滴定允许误差 $\leqslant 0.1\%$,经推导,判别配位滴定能否滴定完全的依据为:

$$\lg(cK'_{MY}) \geqslant 6$$

若一般金属离子浓度 $c=0.01$ mol/L,则 $\lg K'_{MY} \geqslant 6+2=8$

若金属离子浓度 $c=0.001$ mol/L,则 $\lg K'_{MY} \geqslant 6+3=9$

例如用 EDTA 溶液滴定 0.01 mol/L Mg^{2+},要求 $\lg K'_{MY} \geqslant 8$,如前例计算可知,pH=10 时,$\lg K'_{MY}=8.24 > 8$,说明在此 pH 值时用 EDTA 溶液滴定 Mg^{2+} 是完全的,它符合配位滴定的要求。而在 pH=5 时,$\lg K'_{MY}=2.24 < 8$,说明在 pH=5 不能用 EDTA 溶液滴定 Mg^{2+},因为它不符合滴定条件。

④ 滴定金属离子时所允许的最小 pH 值(最高酸度)和 EDTA 的酸效应曲线

a. 利用公式 $\lg\alpha_{Y(H)} \leqslant \lg K_{MY}-8$ 计算滴定金属离子时所允许的最小 pH 值　由表 5-15 和 $\lg K'_{MY}=\lg K_{MY}-\lg\alpha_{Y(H)}$ 可知,pH 值越大,$\lg\alpha_{Y(H)}$ 值越小,则 $\lg K'_{MY}$ 越大,配合物越稳定,对配位滴定就越有利。但是并不是 pH 值越高越好,因为 pH 值太高,会使金属离子发生水解生成羟基配合物或氢氧化物沉淀,这时就难以用 EDTA 溶液滴定金属离子。为了使金属离子与 EDTA 的反应完全,又要考虑金属离子的水解,根据滴定要求,可通过下式计算出滴定各种金属离子(浓度为 0.01 mol/L)时所允许的最小 pH 值的 $\lg\alpha_{Y(H)}$:

$$\lg\alpha_{Y(H)} \leqslant \lg K_{MY}-8$$

再从 $\lg\alpha_{Y(H)}$ 值表上查出相应的 pH 值,即为滴定这一金属离子的最小 pH 值(最高酸度)。

【例 5-26】　求用 EDTA 标准溶液滴定 0.01 mol/L Mg^{2+} 和 Ca^{2+} 时所允许的最小 pH 值。

解:已知 $c_{Mg^{2+}}=0.01$ mol/L,查表 5-14,得 $\lg K_{MgY}=8.69$,$\lg K_{CaY}=10.69$

则滴定 Mg^{2+} 时,$\lg\alpha_{Y(H)}=\lg K_{MgY}-8=8.69-8=0.69$

查表 5-15,得 pH=9.7

滴定 Ca^{2+} 时,$\lg\alpha_{Y(H)}=\lg K_{CaY}-8=10.69-8=2.69$

查表 5-15,得 pH=7.6

故用 EDTA 滴定 Mg^{2+} 和 Ca^{2+} 时,最小 pH 值分别为 9.7 和 7.6。

b. 利用酸效应曲线估计最小 pH 值　若将 pH 值为纵坐标,金属离子的 $\lg K_{MY}$ 为横坐标,可以绘制出 EDTA 滴定一些金属离子所允许的最小 pH 值,如图 5-31 所示。此曲线称为酸效应曲线,也称林邦曲线。图中金属离子位置所对应的 pH 值就是该金属离子被滴定时所允许的最小 pH 值。

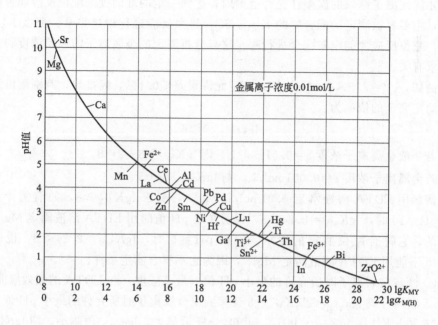

图 5-31　EDTA 的酸效应曲线

图中曲线横坐标也可用 $\lg\alpha_{Y(H)}$ 表示,它与 $\lg K_{MY}$ 之间相差 8 个单位,如横坐标第二行所示。

利用酸效应曲线查找某一金属离子所允许的最低 pH 值,或最高酸度。如果小于该 pH 值,滴定就不能定量进行。应用酸效应曲线查出滴定某种金属离子的最小 pH 值较直观,也很方便。

必须注意,在滴定过程中,由于配位反应时有 H^+ 析出,使溶液的酸度不断增大,即 pH 值降低,所以在滴定时所采用的 pH 值一般比所允许的最小 pH 值要高些。

例如用 EDTA 滴定 Mg^{2+} 时:

$$Mg^{2+} + H_2Y^{2-} \Longrightarrow MgY^{2-} + 2H^+$$

最小 pH=9.7,而实际情况是采用 pH=10。这样可以使滴定的金属离子配位更完全。但也要避免 pH 值过高,否则将使某些金属离子水解,使配位反应不完全。此外,在配位滴定中,大多数情况下还要加入缓冲溶液来维持溶液的 pH 值恒定。

(2) 其他配位剂的影响

当 EDTA 与被测金属离子配位时,溶液中如果有另一种配位剂(如掩蔽剂、缓冲剂)存在,此配位剂(以 L 表示)也能与被测金属离子反应形成配合物,则会影响主反应的进行。这种由于其他配位剂的存在使金属离子与 EDTA 反应能力降低的现象称为配位效应。可用下式表示:

$$M + Y \rightleftharpoons MY$$
$$\Updownarrow L$$
$$ML$$
$$\Updownarrow L$$
$$ML_2$$
$$\vdots$$
$$ML_n$$

例如，用 EDTA 滴定 Zn^{2+} 时，在 pH=10 氨性缓冲溶液中进行，此时 Zn^{2+} 与 Y^{4-} 反应为主反应，NH_3 与 Zn^{2+} 形成的配位反应则称为副反应，它使主反应受影响。

$$Zn^{2+} + Y^{4-} \rightleftharpoons ZnY^{2-}$$
$$\Updownarrow NH_3$$
$$Zn(NH_3)^{2+}$$
$$\Updownarrow NH_3$$
$$Zn(NH_3)_2^{2+}$$
$$\vdots$$

5.6.3 配位滴定指示剂——金属指示剂

在用 EDTA 进行滴定时，化学计量点附近被测金属离子浓度的变化有一突跃。因此可以根据这一突跃采取适当的方法来判断终点的到达。判断终点的方法有多种，如用电化学方法（电位滴定）、光化学方法（光度滴定）等，最常用的方法是利用指示剂的颜色变化。在配位滴定中的指示剂叫金属指示剂。

金属指示剂的特点为：是一类有机配位剂，也是弱酸；与金属离子形成的配合物的颜色与指示剂本身的颜色显著不同；因是弱酸，存在酸式色和碱式色。

(1) 金属指示剂的作用原理

配位滴定法中使用的金属指示剂能与某些金属离子形成有色配合物，其颜色与金属指示剂本身的颜色有明显的不同，以此来确定滴定终点。

滴定前：　　　　M　+　In　$\rightleftharpoons$　MIn
　　　　　　　　　　　指示剂　　金属离子与指示剂的配合物
　　　　　　　　　　　　A 色　　　　　　　B 色

滴入 EDTA 滴定剂时，它逐渐与金属离子配位，当到达化学计量点时，加入的 EDTA 夺取与指示剂配合的金属离子，释放出指示剂，从而引起溶液的颜色发生变化。

终点时：　　　　MIn　+　Y　$\rightleftharpoons$　MY　+　In
　　　　　　　　　B 色　　　　　　　　　　　　A 色

许多金属指示剂不仅具有配位剂的性质，而且本身是多元酸或多元碱，它随溶液的 pH 值变化发生离解，从而显示出不同的颜色。

例如，铬黑 T(简称 EBT) 为三元酸 (H_3In)，第一级的离解极易，第二、三级离解较难，在溶液中存在如下平衡：

$$\text{H}_2\text{In}^- \underset{\text{H}^+}{\overset{\text{OH}^-}{\rightleftharpoons}} \text{HIn}^{2-} \underset{\text{H}^+}{\overset{\text{OH}^-}{\rightleftharpoons}} \text{In}^{3-}$$

$pK_{a_2}=6.3$ 位于第一个平衡上方，$pK_{a_3}=11.6$ 位于第二个平衡上方

红色　　　　　　　蓝色　　　　　　　橙色
pH<6.3　　　　　pH8~11　　　　　pH>11.6

铬黑T与许多金属离子（如 Ca^{2+}、Mg^{2+}、Zn^{2+}、Cd^{2+}）形成红色的配合物。很显然，铬黑T在 pH<6.3 或 pH>11.6 时，游离指示剂本身的颜色与指示剂-金属离子的颜色没有明显的差别，因此只有在 pH=8~11 范围内使用，指示剂才有明显的颜色变化。因此，使用金属指示剂必须选用合适的 pH 值范围。例如在 pH=10 时，用 EDTA 滴定 Mg^+，以铬黑T为指示剂，其变色原理如下：

滴定前：　　　　　$Mg^{2+}+HIn^{2-} \rightleftharpoons MgIn^-+H^+$
　　　　　　　　　　　　　　蓝色　　　　　红色

终点时：　　　　　$MgIn^-+H_2Y^{2-} \rightleftharpoons MgY^{2-}+HIn^{2-}+H^+$
　　　　　　　　　　红色　　　　　　　　　　　　　　蓝色

(2) 金属指示剂应具备的条件

① 在滴定的 pH 值范围内，指示剂与金属离子形成的配合物颜色应与指示剂本身游离的颜色有明显的区别，这样才能使终点颜色有明显的变化，易于判断。

② 指示剂与金属离子配合物稳定性要适当。若指示剂与金属离子的稳定性太小，则会使终点提前出现，颜色变化不敏锐。但指示剂与金属离子的稳定性也不能太高，即 K_{MIn} 太大，这样会使终点拖后，或者滴入 EDTA 后不能夺取 MIn 中的金属离子，释放不出游离金属指示剂，而看不到终点的颜色变化。通常要求：

$$\lg K'_{MY}-\lg K'_{MIn}>2$$

这样在滴定过程中指示剂才能被 EDTA 置换出来，从而显示出终点的颜色变化。

③ 指示剂应有一定的选择性，即指示剂只与一种或少数几种离子发生显色反应。

④ 指示剂与金属离子生成配合物时反应灵敏、迅速，易溶于水。

⑤ 指示剂应有一定的化学稳定性，便于贮藏和使用。

(3) 指示剂的封闭、僵化现象及其消除

① 指示剂的封闭现象及其消除　当金属离子与金属指示剂形成很稳定的有色配合物（MIn）时，并且比金属与 EDTA 形成的配合物（MY）更稳定，即 $K'_{MIn}>K'_{MY}$，则在滴定至化学计量点时，微过量的 EDTA 不能夺取"M-In"中的金属离子，金属指示剂不能游离出来，以致看不到终点的颜色变化，失去了作为指示剂的作用，这种现象称为指示剂的封闭现象。

例如，以铬黑T为指示剂，在 pH=10 时，用 EDTA 滴定溶液中的 Ca^{2+}、Mg^{2+}，如果溶液中有 Fe^{3+}、Al^{3+}、Ni^{2+}、Co^{2+}，就会对铬黑T有封闭作用。对于这种由于干扰离子引起的封闭现象，可加入掩蔽剂消除它们的干扰。这时，可加入少量的三乙醇胺掩蔽 Fe^{3+}、Al^{3+}，加入 KCN 掩蔽 Ni^{2+}、Co^{2+}，以消除干扰离子对指示剂的封闭现象。

如果封闭现象是由被测金属离子引起的，也就是说被测金属离子与金属指示剂形成稳定配合物的反应是不可逆的，也会有指示剂的封闭现象发生。这时则可采用返滴定法加以避免。例如，在测定 Al^{3+} 时，如果使用二甲酚橙作指示剂，Al^{3+} 会对二甲酚橙指示剂有封闭作用，此时，可加入过量的 EDTA，使其与 Al^{3+} 作用，然后用锌离子标准溶液返滴定剩余量的 EDTA，则可消除 Al^{3+} 对二甲酚橙的封闭作用。

② 指示剂的僵化现象及其消除方法　有些指示剂与金属离子形成的配合物在水中的溶解度很小，使终点的颜色变化不明显；还有些指示剂与金属离子形成的配合物的稳定性只稍差于 EDTA 与金属离子形成的配合物，以致 EDTA 与 MIn 之间的反应缓慢而使终点拖长，这种现象称为指示剂的僵化现象。

指示剂的僵化现象可以通过加热或加入有机溶剂予以消除。例如，以 PAN 为指示剂测定 Cu^{2+}、Bi^{3+}、Pb^{2+}、Cd^{2+}、Hg^{2+}、Sn^{2+} 等时，由于 PAN 与这些金属离子形成的配合物溶解度很小，常加入乙醇等有机溶剂，并适当加热，增大配合物的溶解度，使置换出指示剂的反应速率加快，使指示剂变色较明显。

(4) 常用的金属指示剂

① 铬黑 T　化学名称为 1-(1-羟基-2 萘偶氮基)-6-硝基-2-萘酚-4-磺酸钠，简称 EBT，其结构式为

铬黑 T 结合在磺酸根上的 Na^+ 全部电离，以阴离子 H_2In^- 形式存在于溶液中，使用时最适宜的 pH 值为 9~11。在此条件下，以铬黑 T 为指示剂，用 EDTA 可直接滴定 Mg^{2+}、Zn^{2+}、Cd^{2+}、Pb^{2+}、Hg^{2+} 等的含量，终点时变色灵敏。铬黑 T 对 Ca^{2+} 不够灵敏，一般加入 Mg^{2+}-EDTA，可改善滴定终点，因此铬黑 T 常用于测定 Ca^{2+}-Mg^{2+} 总量。

如前所述，溶液中 Fe^{3+}、Al^{3+}、$Ti(Ⅳ)$、Ni^{2+}、Co^{2+}、Cu^{2+} 对指示剂有封闭作用。

铬黑 T 为黑褐色粉末，带有金属光泽，固体稳定，溶于水，但在水溶液中不稳定，在 pH<6.3 时容易聚合，因此常加入三乙醇胺防止聚合。在碱性溶液中铬黑 T 容易被氧化而褪色，因此常加入盐酸羟胺或抗坏血酸避免氧化。为了铬黑 T 的保存和使用方便，常将铬黑 T 与氯化钠固体按 1：100 混合研细保存。

② 钙指示剂　化学名称为 2-羟基-1-(2-羟基-4-磺酸基-1-萘偶氮基)-3-萘甲酸，简称 NN，其结构式为：

钙指示剂为四元酸，在不同的 pH 值时其颜色变化为：

$$H_2In^{2-} \xrightleftharpoons{pK_{a_3}=7.4} HIn^{3-} \xrightleftharpoons{pK_{a_4}=13.5} In^{4-}$$

　　pH<7.4　　　　pH=8～13　　　　pH>13.5
　　酒红色　　　　　蓝色　　　　　　酒红色

钙指示剂与 Ca^{2+} 形成的配合物为红色，因此在 pH=12～13 时，它可用于少量 Mg^{2+} 存在时 Ca^{2+} 的测定，测定时将溶液的 pH 值控制在 12.5 左右，将 Mg^{2+} 生成 $Mg(OH)_2$ 沉淀，再加入钙指示剂，然后用 EDTA 直接滴定，终点时由红色变为蓝色。

溶液中 Fe^{3+}、Al^{3+}、$Ti(Ⅳ)$、Ni^{2+}、Co^{2+}、Cu^{2+} 及 Mn^{2+} 对指示剂有封闭作用。Al^{3+}、$Ti(Ⅳ)$ 和少量 Fe^{3+}，可用三乙醇胺掩蔽；Ni^{2+}、Co^{2+}、Cu^{2+} 可用 KCN 掩蔽。

钙指示剂为紫黑色粉末，在水溶液或乙醇溶液中均不稳定。通常将它与干燥的 NaCl 混合配成 1:100 的固体指示剂。混合后的指示剂也会逐渐被氧化，故最好临用时配制。

③ 二甲酚橙　化学名称为 3,3-双 [N,N'-(二羧甲基)氨甲基] 邻甲酚磺酞，简称 XO，其结构式为

二甲酚橙有 7 级酸式离解，其中 H_7In～H_3In^{4-} 都是黄色，H_2In^{5-}～In^{7-} 都是红色。pH5～6 时，主要以 H_3In^{4-} 形式存在，其离解平衡如下：

$$H_3In^{4-} \xrightleftharpoons{pK_a=6.3} H_2In^{5-} + H^+$$

　　pH<6.3　　　　pH>6.3
　　黄色　　　　　红色

二甲酚橙与金属离子的配合物的颜色都是紫红色，所以二甲酚橙只适宜于 pH<6.3 的酸性溶液中使用。终点时溶液由红紫色变为亮黄色，变色很敏锐。

许多金属离子可用二甲酚橙作指示剂，用 EDTA 直接滴定。如 ZrO^{2+}（pH<1）、Bi^{3+}（pH1～2）、Th^{4+}（pH2.5～3.5）、Pb^{2+}、Zn^{2+}、Cd^{2+}、Hg^{2+} 及稀土元素（pH5～6）等都可用二甲酚橙为指示剂，用 EDTA 直接滴定，终点由红紫色变为亮黄色。

Al^{3+}、Fe^{3+}、Ti^{4+}、Ni^{2+} 和 pH=5～6 时的 Th^{4+} 对二甲酚橙有封闭作用，可加入 NH_4F 来掩蔽 Al^{3+}、Ti^{4+}；加入邻菲啰啉掩蔽 Ni^{2+}；加入抗坏血酸掩蔽 Fe^{3+}，乙酰丙酮掩蔽 Th^{4+}、Al^{3+}，以消除封闭作用。

二甲酚橙通常配成 0.5% 的水溶液，可保存 2～3 周。

④ PAN　化学名称为 1-(2-吡啶偶氮基)-2-萘酚，其结构式为

PAN 在溶液中存在下列平衡

$$H_2In^+ \xrightleftharpoons[]{pK_{a_1}=1.9} HIn \xrightleftharpoons[]{pK_{a_2}=12.2} In^-$$

pH<1.9　　　　pH=1.9~12.2　　　　pH>12.2
黄绿色　　　　　　黄色　　　　　　　　红色

PAN 在 pH=1.9~12.2 范围内呈黄色，可与 Bi^{3+}、Cu^{2+}、Ni^{2+}、Pb^{2+}、Cd^{2+}、Zn^{2+}、Mn^{2+}、Fe^{2+}、Th^{4+} 及稀土等形成红色配合物。这些配合物溶解度很小，易形成胶体溶液或生成沉淀，致使终点变色缓慢。为了加快变色过程，可以加入乙醇或适当加热，使终点明显。

PAN 为橙红色针状结晶，难溶于水，可溶于碱、氨溶液及甲醇、乙醇等溶剂，通常配成 0.1% 乙醇溶液使用。

⑤ 酸性铬蓝 K　化学名称为 1,8-二羟基-2-(2-羟基-5-磺酸基-1-偶氮苯基)-3,6-磺酸萘钠，其结构式为

在 pH=8~13 时呈蓝色，与 Ca^{2+}、Mg^{2+}、Zn^{2+}、Mn^{2+} 等形成红色配合物，它对 Ca^{2+} 的灵敏度比铬黑 T 高。

酸性铬蓝 K 常与萘酚绿 B 混合使用，简称 K-B 指示剂。萘酚绿 B 在滴定过程中没有颜色变化，只是起衬托终点颜色的作用，终点为蓝绿色。

常用的指示剂见表 5-16。

表 5-16　常用的指示剂

指示剂名称	使用的适宜 pH 值范围	颜色变化		直接被滴定的金属离子	指示剂的配制
		MIn	In		
铬黑 T	8~10	红	蓝	pH=10，Mg^{2+}、Zn^{2+}、Cd^{2+}、Pb^{2+}、Mn^{2+}、稀土元素离子、Ca^{2+} 与 Mg^{2+} 合量	称取 0.5g 铬黑 T+75mL 乙醇+25mL 三乙醇胺，混合后于棕色瓶中保存
钙指示剂	12~13	红	蓝	Ca^{2+}	1∶100 NaCl(固体)
酸性铬蓝 K	8~13	红	蓝	pH=10，Mg^{2+}、Zn^{2+}、Mn^{2+}；pH=13，Ca^{2+}	1∶100 NaCl(固体)
二甲酚橙	<6	红	亮黄	pH<1，ZrO^{2+}；pH=1~3.5，Bi^{3+}、Th^{4+}；pH=5~6，Tl^{3+}、Zn^{2+}、Pb^{2+}、Cd^{2+}、Hg^{2+}、稀土元素离子	0.5% 水溶液

续表

指示剂名称	使用的适宜pH值范围	颜色变化 MIn	颜色变化 In	直接被滴定的金属离子	指示剂的配制
PAN	2~12	紫红	蓝	pH2~3,Th^{4+}、Bi^{3+} pH=4~5,Cu^{2+}、Ni^{2+}、Pb^{2+}、 Cd^{2+}、Zn^{2+}、Mn^{2+}、Fe^{3+}	0.1%乙醇溶液
紫脲酸铵	≥12	红	紫	Ca^{2+}	1:100 NaCl（固体）
磺基水杨酸	1.5~2.5	紫红	无色	Fe^{3+}	5%水溶液

5.6.4 提高配位滴定选择性的方法

分析试样中经常是多种离子同时存在，在用配位滴定时，由于 EDTA 配位能力很强，能与许多金属离子形成配合物，因而金属离子间的干扰现象比较严重。如何有效地消除共存离子的干扰，提高配位滴定的选择性，是配位滴定中要解决的一个重要问题。

提高配位滴定选择性的一般途径有：第一，降低干扰离子与 EDTA 配合物的稳定性。第二，降低干扰离子的浓度，实质上都是减小干扰离子与 EDTA 配合物的条件稳定常数。常用的方法有以下几种。

(1) 控制溶液的酸度

控制溶液的酸度，使干扰离子与 EDTA 配合物的条件稳定常数减小至一定程度，就可以消除干扰。

例如，测定铅铋合金中的铋和铅时，以二甲酚橙为指示剂，可在 pH=1.5 时用 EDTA 单独滴定 Bi^{3+}，此时铅离子不会干扰，滴定 Bi^{3+} 后，调节 pH=5.7，可继续滴定 Pb^{2+}。

又如，当 Fe^{3+} 与 Al^{3+} 共存时，以磺基水杨酸为指示剂，可在 pH=2~2.5 时用 EDTA 直接滴定 Fe^{3+}，而 Al^{3+} 不干扰测定，滴定 Fe^{3+} 后，调节 pH=4~5，可继续滴定 Al^{3+}。

这种利用控制酸度来避免干扰的方法是比较简便的。但是，在两种离子之间，它们的 $\lg K_{MY}$ 究竟要相差多少才能分别滴定？现以 Bi^{3+} 和 Pb^{2+} 混合溶液为例说明。根据配位平衡的基本原理和酸效应曲线（见图 5-31），其规律一般如下。

① 控制酸度进行分别滴定的判别式 设有被测离子 M，干扰离子 N，其原始浓度分别是 c_M 和 c_N，要求用 EDTA 滴定时，相对误差在 0.1%~1%，N 离子基本不干扰 M 的测定，经推导，判别配位滴定能否分别滴定完全的依据为：

$$\lg K_{MY} - \lg K_{NY} \geq 5 - (\lg c_M - \lg c_N) \tag{5-23}$$

当 $\lg c_M = \lg c_N$，只要 $\Delta \lg K \geq 5$，就可以选择性地滴定 M，而 N 不干扰。

【例 5-27】 溶液中含有 Bi^{3+} 和 Pb^{2+}，$c_{Bi^{3+}} = c_{Pb^{2+}} = 0.01 mol/L$，问是否可控制单独滴定 Bi^{3+}？

解：查表 5-14，得 $\lg K_{BiY} = 27.94$，$\lg K_{PbY} = 18.04$

$\lg c_{Bi^{3+}} = \lg c_{Pb^{2+}} = 2$,$\Delta \lg K = 27.94 - 18.04 = 9.5 > 5$,故可单独滴定 Bi^{3+}。

② 滴定的最低 pH 值与最高 pH 值范围 由酸效应曲线可知,在 pH≥0.7 可以滴定 Bi^{3+},这是滴定 Bi^{3+} 的最低 pH 值。但在实际工作中,为了防止滴定时析出的 H^+ 的影响,滴定的酸度往往比最低 pH 值高些。pH 值高到某一值,Pb^{2+} 会开始被 EDTA 滴定,为了滴定 Bi^{3+} 而不受 Pb^{2+} 的干扰,就不应高于这个 pH 值,这就是 Pb^{2+} 存在下,滴定 Bi^{3+} 的最高 pH 值。

由式(5-23)可知,两种浓度相等的离子,$\Delta \lg K \geqslant 5$ 就可单独滴定其中 $\lg K_{BiY}$ 值大的离子,现将 $\lg K_{PbY}$ 值加上 5(即 23.04),在酸效应曲线上查得相应的 pH 值为 1.5,在此 pH 值下滴定 Bi^{3+},Pb^{2+} 不干扰。如果在 pH>1.5 时滴定 Bi^{3+},Pb^{2+} 就开始干扰。因此,在 Pb^{2+} 存在下滴定 Bi^{3+},最高 pH=1.5。

由此可见,滴定 Bi^{3+} 的酸度范围是 pH=0.7~1.5。如果 pH<0.7,Bi^{3+} 不能被准确滴定;pH>1.5,Pb^{2+} 就开始干扰。

【例 5-28】 溶液中有 Fe^{3+}、Zn^{2+}、Mg^{2+},浓度均为 0.01mol/L,可否控制酸度连续滴定其含量?

解:查表 5-14,得 $\lg K_{FeY} = 25.1$,$\lg K_{ZnY} = 16.50$,$\lg K_{MgY} = 8.69$

查酸效应曲线得,滴定 Fe^{3+} 的最低 pH=1;由 $\lg K_{ZnY} + 5 = 16.50 + 5 = 21.5$,查酸效应曲线得,在 Zn^{2+} 存在下滴定 Fe^{3+} 的最高 pH=2,故可在 pH1~2 时滴定 Fe^{3+}。

同理滴定 Zn^{2+} 最低 pH=4;由 $\lg K_{MgY} + 5 = 8.69 + 5 = 13.69$,查酸效应曲线得,在 Mg^{2+} 存在下滴定 Zn^{2+} 的最高 pH=5.5,故可在 pH4~5.5 时滴定 Zn^{2+}。

查酸效应曲线得,滴定 Mg^{2+} 的最低 pH=9.7。

由此可见,前述的酸效应曲线有下列应用:

① 查找某一金属离子所允许的最低 pH 值和最高 pH 值;

② 可利用酸效应曲线判别某一 pH 值条件下测定 M 时,哪些离子有干扰,能定量配位或部分配位;

③ 可看出利用控制溶液不同的 pH 值,实现连续滴定或分别滴定几种金属离子。

(2) 利用掩蔽和解蔽

掩蔽通常是指利用掩蔽剂来降低干扰例子的浓度,使之不与 EDTA 配位,即使它们的 EDTA 配合物的条件稳定常数减至很小,从而消除其干扰。

掩蔽的类型归纳如下。

① 配位掩蔽法 这种方法是干扰离子与掩蔽剂形成稳定配合物的方法。这是配位滴定中应用最广泛的一种方法。

例如,Al^{3+} 与 Zn^{2+} 两种离子共存时,在 pH=5~6 的酸性介质中,可用氟化铵掩蔽 Al^{3+} 而选择性地滴定 Zn^{2+}。

② 沉淀掩蔽法 利用沉淀反应,使干扰离子生成难溶的沉淀,以消除干扰的方法,称为沉淀掩蔽法。

例如,在 Ca^{2+}、Mg^{2+} 共存的溶液中,加入氢氧化钠溶液使溶液的 pH>12,

Mg^{2+} 形成 $Mg(OH)_2$ 沉淀，不干扰 Ca^{2+} 的测定。

沉淀法在实际应用上有一定的局限性，例如，某些沉淀反应进行得不完全，掩蔽效率不高，在沉淀的同时伴随着共沉淀现象，影响滴定的准确度；有时由于沉淀对指示剂有吸附作用或沉淀有颜色，都会妨碍终点的观察。

在配位滴定中，采用沉淀掩蔽法的示例见表 5-17。

表 5-17 沉淀掩蔽法应用示例

掩蔽剂	被掩蔽离子	被测定离子	pH 值范围	指示剂
NH_4F	Ca^{2+}、Sr^{2+}、Ba^{2+}、Mg^{2+}、Ti^{4+}、稀土	Zn^{2+}、Cd^{2+}、Mn^{2+}（在还原剂存在下）	10	铬黑 T
NH_4F	Ca^{2+}、Sr^{2+}、Ba^{2+}、Mg^{2+}、Ti^{4+}、稀土	Cu^{2+}、Ni^{2+}、Co^{2+}	10	紫脲酸铵
K_2CrO_4	Ba^{2+}	Sr^{2+}	10	Mg-EDTA 铬黑 T
Na_2S 或铜试剂	微量重金属	Ca^{2+}、Mg^{2+}	10	铬黑 T
H_2SO_4	Pb^{2+}	Bi^{3+}	1	二甲酚橙
$K_4[Fe(CN)_6]$	微量 Zn^{2+}	Pb^{2+}	5～6	二甲酚橙

③ 氧化还原掩蔽法　利用氧化还原反应，改变干扰离子的价态以消除其干扰的方法，称为氧化还原掩蔽法。

例如，在滴定 Bi^{3+} 或 Zr^{4+} 时，Fe^{3+} 有干扰，可加入羟胺或抗坏血酸等还原剂将 Fe^{3+} 还原为 Fe^{2+}，Fe^{2+} 的 $\lg K_{FeY^{2-}} = 14.33$，要在 pH5.1 时才与 EDTA 配位，而滴定 Bi^{3+}、Zr^{4+} 可以分别控制在 0.7 及 0.4，不受 Fe^{2+} 的干扰。

常用的还原剂有抗坏血酸、羟胺、联氨、硫脲、硫代硫酸钠等。有的氧化还原掩蔽剂既具有氧化或还原性，又能与干扰离子生成配合物。例如，$Na_2S_2O_3$ 能将 Cu^{2+} 还原为 Cu^+，且形成 $Cu(S_2O_3)_2^{3-}$ 配位离子。

选择和使用掩蔽剂时应考虑以下几个因素。

a. 掩蔽剂（L）与干扰离子（N）所形成的配合物（NL_n）的稳定性必须大于 EDTA 与干扰离子所形成配合物（NY）的稳定性，即 $K_{NL_n} > K_{NY}$，且掩蔽剂不与被测离子配位。

b. 掩蔽剂与干扰离子所形成的配合物应该是溶于水，无色的或颜色极浅的，以免影响滴定终点的确定。

c. 使用掩蔽剂时要注意掩蔽剂的性质和加入条件。例如 KCN 是剧毒物，只允许在碱性条件下使用，若将它加入酸性溶液中，则会产生 HCN 气体而逸出，对人产生危害。又如三乙醇胺在碱性条件下可以掩蔽 Fe^{3+}，但使用时必须在酸性条件下加入，然后再碱化，否则 Fe^{3+} 会形成氢氧化物沉淀而不易配位掩蔽，因此要注意掩蔽剂使用的 pH 值条件。

d. 掩蔽剂加入后，应不影响溶液的 pH 值，而且在滴定所要求的介质中仍具有很强的掩蔽能力。如用 NH_4F 比 NaF 好，加入溶液后 pH 值变化不大。

e. 掩蔽剂的加入量一般要过量，才能有效地完全掩蔽干扰离子。但要注意，掩蔽剂不能过量太多,否则待测离子也可能部分被掩蔽。

配位滴定中常用的无机掩蔽剂和有机掩蔽剂,一些配位掩蔽剂及其能被掩蔽的离子见表 5-18。

表 5-18 常用的配位掩蔽剂

掩蔽剂	pH 值范围	被掩蔽的金属离子
KCN	>8	Co^{2+}、Ni^{2+}、Cu^{2+}、Zn^{2+}、Cd^{2+}、Hg^{2+}、Ag^+
	强碱性	$Mn(II)$(有过氧化氢存在下)
NH_4F	4~6	Al^{3+}、$Ti(IV)$、$Sn(IV)$、$Zr(IV)$、Nb、W、Be
	10	Al^{3+}、$Ti(IV)$、Mg^{2+}、Ca^{2+}、Sr^{2+}、Ba^{2+} 及稀土元素离子
三乙醇胺	10	Fe^{3+}、Al^{3+}、$Ti(IV)$、$Sn(IV)$
	11~12	Fe^{3+}、Al^{3+} 及少量 Mn^{2+}
邻菲啰啉	3	Co^{2+}、Ni^{2+}、Cu^{2+}、Cd^{2+}、Mn^{2+}
	5~6	Co^{2+}、Ni^{2+}、Cu^{2+}、Zn^{2+}、Cd^{2+}、Mn^{2+}、Hg^{2+}
酒石酸	1.5~2	Sb^{3+}、Sn^{4+}
	5.5	Fe^{3+}、Al^{3+}、Sn^{4+}、Ca^{2+}
	6~7.5	Mg^{2+}、Cu^{2+}、Fe^{3+}、Al^{3+}、Mo^{4+}、Sb^{3+}、$W(IV)$
	10	Al^{3+}、$Sn(IV)$、Fe^{3+}
柠檬酸	5~6	$U(VI)$、$Th(IV)$、$Sn(II)$
	7	$U(VI)$、$Th(IV)$、$Zr(IV)$、$Sb(III)$、$Ti(IV)$、Mo^{4+}、$W(VI)$、Fe^{3+}、Cr^{3+}
	碱性	Al^{3+}
草酸	2	$Sn(IV)$、Cu^{2+} 及稀土元素离子
	5.5	$Zr(IV)$、$Ti(IV)$、Fe^{3+}、Fe^{2+}、Al^{3+}
乙酰丙酮	5~6	Al^{3+}、Fe^{3+}、Be、Pd、$U(VI)$
二巯基丙醇	10	Hg^{2+}、Zn^{2+}、Cd^{2+}、Bi^{3+}、Pb^{2+}、Ag^+、Sn^{4+} 及少量 Fe^{3+}、Co^{2+}、Ni^{2+}、Cu^{2+}
硫脲	5~6	Hg^{2+}、Cu^{2+}
盐酸羟胺	1.5~2.0	将 Cu^{2+} 还原为 Cu^+
	1.5~3.5	将 Fe^{3+} 还原为 Fe^{2+}
抗坏血酸	1~2	将 Fe^{3+} 还原为 Fe^{2+}
	2.5	将 Cu^{2+}、Hg^{2+}、Fe^{3+} 还原为低价离子
	5~6	将 Cu^{2+}、Hg^{2+} 还原为低价离子

④ 解蔽法 有时可先用 EDTA 或掩蔽剂将欲测元素掩蔽,然后加入一种比 EDTA 或掩蔽剂生成更稳定的配合物的物质(解蔽剂),将已被 EDTA 或掩蔽剂配位的金属离子释放出来,这种作用称为解蔽。

a. 解蔽法释放出 EDTA 例如,测定铜合金中铝,在 pH=5.5 条件下,加入过量的一定体积的 EDTA 标准溶液,使 Cu^{2+}、Al^{3+}、Fe^{3+} 等与 EDTA 配位,以二甲酚橙作指示剂,过量的 EDTA 用锌标准溶液滴定后,加入解蔽剂氟化物,F^- 定量地取代出与 Al^{3+} 配位的 EDTA,用锌标准溶液滴定释放出来的 EDTA,然后求铝的含量。其反应式为:

加入过量的 EDTA: $Al^{3+} + H_2Y^{2-} \rlap{=}= AlY^- + 2H^+$

$$Cu^{2+} + H_2Y^{2-} \rlap{=}= CuY^{2-} + 2H^+$$

$$Fe^{3+} + H_2Y^{2-} \rlap{=}= AlY^- + 2H^+$$

加入氟化物：$AlY^- + 6F^- \rightleftharpoons AlF_6^{3-} + Y^{4-}$

滴定释放出来的 EDTA：$Zn^{2+} + Y^{4-} \rightleftharpoons ZnY^{2-}$

b. 解蔽法释放出金属离子　例如，在 $Zn(CN)_4^{2-}$ 配位离子溶液中加入解蔽剂甲醛，与 CN^- 反应生成不参与反应的羟基乙腈，

$$Zn(CN)_4^{2-} + 4HCHO + 4H_2O \rightleftharpoons Zn^{2+} + 4H_2C(OH)CN + 4OH^-$$

从而破坏 $Zn(CN)_4^{2-}$ 配位离子，解蔽出 Zn^{2+}，再用 EDTA 滴定。

(3) 选用其他配位剂

目前除了 EDTA 外，还有其他氨羧配位剂，如 DCTA、EGTA、DTPA、EDTP 和 TTHA 等，它们与金属离子形成配合物的稳定性各有其特点，可以选用不同配位剂进行滴定，以提高滴定的选择性。

① 环己烷二胺四乙酸　简称 $C_y DTA$ 或 DCTA，其结构式为：

$$\begin{array}{c} H_2C-CH-N(CH_2COOH)_2 \\ | \\ H_2C-CH-N(CH_2COOH)_2 \\ H_2 \end{array}$$

它与金属离子形成的配合物，一般比相应的 EDTA 配合物更为稳定，其稳定常数见表 5-19。但是，DCTA 价格较贵，并且与金属离子的配位反应速率比较慢，往往使终点拖长，故一般不常使用。

表 5-19　DCTA 与一些金属离子的 lgK_{MY}

离子	Mg^{2+}	Ca^{2+}	Al^{3+}	Fe^{3+}	Cu^{2+}	Zn^{2+}	Cd^{2+}
EDTA	8.69	10.96	16.3	25.1	18.80	16.50	16.46
DCTA	11.0	13.2	18.3	29.3	22.0	19.3	19.9

② 乙二醇二乙醚二胺四乙酸　简称 EGTA，其结构式为：

$$\begin{array}{c} CH_2-O-CH_2-CH_2-N(CH_2COOH)_2 \\ | \\ CH_2-O-CH_2-CH_2-N(CH_2COOH)_2 \end{array}$$

它与 Mg^{2+}、Ca^{2+}、Sr^{2+}、Ba^{2+} 等金属离子的稳定常数见表 5-20。由表可见，EGTA 对 Mg^{2+} 的配位能力很弱，而与 Ca^{2+}、Sr^{2+}、Ba^{2+} 配位能力较强，因此，在大量 Mg^{2+} 存在下滴定 Ca^{2+}、Sr^{2+}、Ba^{2+} 时，如用 EDTA 作滴定剂，则 Mg^{2+} 干扰严重，可改用 EGTA 作滴定剂，Mg^{2+} 的干扰就很小。

表 5-20　EGTA 与一些金属离子的 lgK_{MY}

离子	Mg^{2+}	Ca^{2+}	Sr^{2+}	Ba^{2+}
EDTA	8.69	10.96	8.63	7.76
EGTA	5.2	11.0	8.5	8.4

③ 乙二胺四丙酸　简称 EDTP，其结构式为：

$$\begin{array}{c} CH_2-N(CH_2CH_2COOH)_2 \\ | \\ CH_2-N(CH_2CH_2COOH)_2 \end{array}$$

与 EDTA 相比，其中四个乙酸基为四个丙酸基取代，金属离子与 EDTP 形成六元环的配合物，稳定性普遍比 EDTA 配合物差，比如，EDTP 与 Zn^{2+}、Cd^{2+}、Mn^{2+}、Mg^{2+} 等的配合物稳定性差，但与 Cu^{2+} 形成的配合物较稳定，其 $\lg K_{Cu\text{-}EDTP}=15.4$，利用这些离子的稳定性差异，可以直接用 EDTP 滴定 Cu^{2+}，而不受 Zn^{2+}、Cd^{2+}、Mn^{2+}、Mg^{2+} 等离子的干扰。

(4) 化学分离法

当利用控制酸度法分别滴定、掩蔽或解蔽法滴定以及选用其他配位剂滴定都无法消除干扰离子时，这时只能进行分离。分离的方法有：沉淀分离法、溶剂萃取分离法、色谱分离法和离子交换分离法等。

例如，测定不锈钢中铝时，试样以王水加热溶解，加入 $HClO_4$ 加热冒烟，加 HCl 驱除铬，用 HAc 和氨水调节 pH=2，加铜试剂（二乙基二硫代氨基甲酸钠）于 pH=3.5 的条件下，沉淀分离铁、镍、钒、锰、铜、钼、铌等元素。

$$铁、镍、钒、锰、铜、钼、铌 + 铜试剂 \longrightarrow 沉淀$$

然后于滤液中加入过量的 EDTA 标准溶液与 Al^{3+} 反应：

$$Al^{3+} + H_2Y^{2-} \Longrightarrow AlY^- + 2H^+$$

余量的 EDTA 用铜标准溶液滴定（不计量）：

$$Cu^{2+} + H_2Y^{2-} \Longrightarrow CuY^{2-} + 2H^+$$

加入 NaF 置换出 AlY^- 中的 Y^{4-}：

$$AlY^- + 6F^- \Longrightarrow AlF_6^{3-} + Y^{4-}$$

以 PAN 为指示剂，再用铜标准溶液滴定置换出来的 EDTA：

$$Cu^{2+} + Y^{4-} \Longrightarrow CuY^{2-}$$

例如，磷矿中，一般含有 Al^{3+}、Fe^{3+}、Ca^{2+}、Mg^{2+}、PO_4^{3-} 和 F^- 等，其中 F^- 的干扰最为严重，它能与 Al^{3+} 生成稳定的配合物 AlF_6^{3-}，在酸度小时，又能与 Ca^{2+} 生成氟化钙（CaF_2）沉淀，因此，在配位滴定中，必须首先加酸，加热冒烟使 F^- 成氢氟酸挥发除去。

例如，铝合金中含有铜、铁、锰、镍、钛、钙、锌、镁等，若要测定其中的镁，则其他元素会干扰测定，因此可采用铜试剂（二乙基二硫代氨基甲酸钠）沉淀分离-EDTA 滴定法测定铝合金中的镁。由于铝是两性物质能溶于氢氧化钠中，而镁则生成氢氧化镁沉淀，因此，在测定时，通常用氢氧化钠溶解试样，使镁与大量铝基体分离。其他合金元素如铜、铁、锰、镍、钙及部分锌等则和镁一起留在沉淀中。在试样的氢氧化钠溶液中加入适量的三乙醇胺和 EDTA 溶液，使铜、铁、锰、镍、钙等元素溶解，而镁则留在沉淀中。分离所得到的镁的沉淀虽然比较纯净，但仍可能吸附少量其他元素。因此在进行滴定前仍需进行一次分离或掩蔽。比如在 pH 6~7 酸度条件下用铜试剂沉淀分离其他共存元素，然后加入三乙醇胺，pH=10 条件下，以铬黑 T 为指示剂，用 EDTA 标准溶液滴定 Mg^{2+}。

5.6.5 应用实例

(1) 水中钙镁离子浓度的测定

Ca^{2+}、Mg^{2+}浓度的总量，是水质的重要指标之一。在工业生产上对水中钙镁离子浓度有一定的要求，特别是高压锅炉对水中钙镁离子浓度极为严格。水中的Ca^{2+}、Mg^{2+}会使锅炉内壁结垢，垢则会造成传热不良，不仅燃料浪费，而且由于受热不均匀，会引起锅炉的爆裂。对于化工设备热交换器，产生垢会影响热交换。因此，一些锅炉用水和工业生产用水都进行软化后，才能使用。

日常生活中，如果饮用水中钙镁离子浓度过高，会引起肠胃不适，也不适宜用于洗涤，因为肥皂中的可溶性脂肪酸能与水中Ca^{2+}、Mg^{2+}等离子反应：

$$2C_{17}H_{35}COONa + Ca(HCO_3)_2 \Longrightarrow (C_{17}H_{35}COO)_2Ca\downarrow + 2NaHCO_3$$
　　　硬脂酸钠　　　　　　　　　　　　　硬脂酸钙

不仅造成大量浪费，而且污染衣物。

水中钙镁离子浓度的测定一般采用EDTA配位滴定法，测定时取适量水样，加入三乙醇胺❶作掩蔽剂，在pH=10的氨-氯化铵缓冲溶液❷条件下，以铬黑T为指示剂❸，用EDTA标准溶液滴定水中的Ca^{2+}、Mg^{2+}的总量❹，终点时溶液颜色由红色变为蓝色❺。

（2）白云石中钙、镁的测定（EDTA直接法测定Ca^{2+}，间接法测定Mg^{2+}）

白云石是一种碳酸盐岩石，主要成分为$CaCO_3$和$MgCO_3$，以及少量Fe^{3+}和Al^{3+}等杂质。

① Ca^{2+}、Mg^{2+}合量的测定　试样中钙、镁的测定通常用酸溶解后，Fe^{3+}、Al^{3+}的干扰用三乙醇胺掩蔽，在pH=10的氨-氯化铵缓冲溶液中，以铬黑T为指示剂，用EDTA直接滴定Ca^{2+}、Mg^{2+}合量，滴定终点的体积记为V_1。

② Ca^{2+}含量的测定　在试液中加入NaOH溶液，使其pH值在12~13之间，使Mg^{2+}沉淀，消除其干扰：

---

❶ 三乙醇胺掩蔽干扰Fe^{3+}和Al^{3+}。

❷ NH_4^+的$pK_a=9.26$，所以，氨-氯化铵缓冲溶液可控制溶液的pH=10。

❸ 水中含有的Ca^{2+}、Mg^{2+}分别与EDTA、铬黑T的配合物的稳定性不同：

$$CaY^{2-} > MgY^{2-} > MgIn^- > CaIn^-$$

滴定前，在水样中加入几滴铬黑T指示剂，Ca^{2+}不与铬黑T作用，Mg^{2+}与铬黑T作用：

$$Mg^{2+} + HIn^{2-} \Longrightarrow MgIn^- + H^+$$
　　　　　蓝色　　　　　红色

❹ 用EDTA标准溶液滴定水中的Ca^{2+}、Mg^{2+}，EDTA首先与Ca^{2+}配位，再与Mg^{2+}配位：

$$Ca^{2+} + H_2Y^{2-} \Longrightarrow CaY^{2-} + 2H^+$$
$$Mg^{2+} + H_2Y^{2-} \Longrightarrow MgY^{2-} + 2H^+$$

❺ 终点时，滴入EDTA，置换出HIn^-：

$$MgIn^- + H_2Y^{2-} \Longrightarrow MgY^{2-} + HIn^{2-} + H^+$$
　　红色　　　　　　　　　　　　　蓝色

根据EDTA标准溶液的浓度c_{EDTA}(mol/L)和消耗的体积V_{EDTA}(mL)，按下式计算水中钙镁离子浓度，单位是mg/L：

$$CaCO_3 浓度 = \frac{c_{EDTA} V_{EDTA} M_{CaCO_3}}{V_{试样}} \times 1000$$

式中，$M_{CaCO_3}=100.09$g/mol；$V_{试样}$单位为mL。

$$Mg^{2+} + 2OH^- =\!\!=\!\!= Mg(OH)_2\downarrow$$

用 EDTA 滴定,以钙指示剂指示终点,滴定体积记为 V_2。

③ 根据 EDTA 的浓度 $c_{EDTA}(mol/L)$ 及所消耗的体积 $V_{EDTA}(mL)$,计算试样中钙、镁含量,按下式计算

$$w_{Ca} = \frac{c_{EDTA}V_2 A_{Ca} \times 10^{-3}}{m_{试样}} \times 100\%$$

$$w_{Mg} = \frac{c_{EDTA}(V_1 - V_2) A_{Mg} \times 10^{-3}}{m_{试样}} \times 100\%$$

式中,w_{Ca}、w_{Mg} 分别为钙、镁的质量分数,%;$A_{Ca} = 40.078 g/mol$;$A_{Mg} = 24.36 g/mol$;$m_{试样}$ 为称取试样的质量,g。

(3) 锡青铜中锌的测定(硫酸铅钡混晶沉淀掩蔽法——EDTA 直接滴定法)

锡青铜试样中含有锌、铅、锡、铁、铝和铜等元素,测定时将试样在盐酸和过氧化氢介质中溶解后,加热除去多余的过氧化氢,加入适量的氯化钡和硫酸钾溶液❶,使生成硫酸铅钡混晶沉淀,加入氟化钾❷掩蔽试样中其他干扰元素如锡(Ⅳ)、铁(Ⅲ)、铝(Ⅲ),加入硫脲❸掩蔽铜(Ⅱ),加入六亚甲基四胺缓冲溶液❹,以二甲酚橙为指示剂,用 EDTA 滴定锌。

根据 EDTA 的浓度 $c_{EDTA}(mol/L)$ 及所消耗的体积 $V_{EDTA}(mL)$,计算试样中的锌含量 $w_{Zn}(\%)$

$$w_{Zn} = \frac{c_{EDTA}V_{EDTA} A_{Zn} \times 10^{-3}}{m_{试样}} \times 100\%$$

式中,$A_{Zn} = 65.39 g/mol$;$m_{试样}$ 为称取试样的质量,g。

(4) 不锈钢中铝的测定——置换法

不锈钢试样中含有铝、铬、铁、镍、钒、锰、铜、钼、铌等元素,测定铝时用王水加热溶解试样,加高氯酸加热冒烟,滴加盐酸驱除铬,用 HAc 和氨水调节 pH=2,加铜试剂❺,过滤,然后于滤液中加入过量的 EDTA 标准溶液❻,加热煮

---

❶ 加入适量的氯化钡和硫酸钾溶液,使生成硫酸钡沉淀,溶液中共存的铅也一起以硫酸铅沉淀形式析出,若钡量超过铅量 10 倍时,铅即全部掺入硫酸钡晶格中,形成硫酸铅钡混晶沉淀:

$$\begin{pmatrix} Ba \genfrac{}{}{0pt}{}{SO_4}{SO_4} Pb \end{pmatrix}$$

这种沉淀在乙酸铵溶液中不溶解,证明它比硫酸铅沉淀稳定得多。利用这一性质,可以掩蔽铅,用 EDTA 滴定锌。

❷ $Sn(IV)$、$Fe(III)$、$Al(III) + KF \longrightarrow SnF_6^{2-}$、$FeF_6^{3-}$、$AlF_6^{3-}$。

❸ 铜(Ⅱ) + 硫脲 ⟶ 铜(Ⅰ) ⟶ Cu^+(硫脲)$_2$

❹ 六亚甲基四胺的 $pK_a = 5.15$,可控制 pH 4~6。

❺ 铜试剂:二乙基二硫代氨基甲酸钠,其作用是与铬、铁、镍、钒、锰、铜、钼、铌等干扰元素形成沉淀,而达到与铝分离的作用。

❻ 滤液中加入过量的 EDTA 标准溶液与 Al^{3+} 反应:

$$Al^{3+} + H_2Y^{2-} =\!\!=\!\!= AlY^- + 2H^+$$

沸❶，滴加氨水至对硝基酚指示剂呈黄色❷，加六亚甲基四胺缓冲溶液❸，加入 PAN 指示剂，加乙醇❹，用铜标准溶液滴定余量的 EDTA❺，加氟化钠并加热煮沸❻，再用铜标准溶液滴定置换出来的 EDTA❼。

根据铜标准溶液的浓度 c_{Cu}（mol/L）及所消耗的体积 V_{Cu}（mL），计算试样中的铝含量 w_{Al}（%）：

$$w_{Al} = \frac{c_{Cu} V_{Cu} A_{Al} \times 10^{-3}}{m_{试样}} \times 100\%$$

式中，A_{Al} = 26.98g/mol；$m_{试样}$ 为称取试样的质量，g。

5.7 氧化还原滴定法

5.7.1 氧化还原滴定法概述

(1) 氧化还原反应

氧化还原滴定法是以氧化还原反应为基础的滴定方法，氧化还原反应是指在反应过程中物质之间有电子得失或电子对发生偏移的反应。例如 $KMnO_4$ 与 Fe^{2+} 的反应式为：

$$MnO_4^- + 5Fe^{2+} + 8H^+ = Mn^{2+} + 5Fe^{3+} + 4H_2O$$

它是由下面两个氧化还原半反应同时进行的结果：

$$MnO_4^- + 8H^+ + 5e^- = Mn^{2+} + 4H_2O \quad (还原反应)$$
$$Fe^{2+} = Fe^{3+} + e^- \quad (氧化反应)$$

在反应中，物质得到电子的过程称为还原；物质失去电子的过程称为氧化。得到电子的物质为氧化剂，本身被还原，在反应中化合价降低；失去电子的物质为还原剂，本身被氧化，在反应中化合价升高。本例中 MnO_4^- 为氧化剂，它得到 5 个电子后，被还原为 Mn^{2+}，在反应中化合价降低 [Mn(Ⅶ)→Mn^{2+}]；Fe^{2+} 为还原剂，它失去 1 个电子后，被氧化为 Fe^{3+}，在反应中化合价升高 (Fe^{2+}→Fe^{3+})。

氧化剂和还原剂的强弱可用标准电极电位 $\varphi^{\ominus}$ 来表示。常见的氧化还原剂的标准电极电位列于表 5-21 中。

---

❶ EDTA 标准溶液与 Al^{3+} 反应较慢，加热可增加其反应速率。
❷ 氨水中和酸度，以硝基酚指示剂指示颜色的变化。
❸ 六亚甲基四胺缓冲溶液可控制 pH5～6。
❹ 乙醇可增大指示剂 PAN 的溶解度，避免指示剂的僵化现象。
❺ 余量的 EDTA 用铜标准溶液滴定（不计量）：$Cu^{2+} + H_2Y^{2-} = CuY^{2-} + 2H^+$。
❻ 加入 NaF 置换出 AlY^- 中的 Y^{4-}：$AlY^- + 6F^- = AlF_6^{3-} + Y^{4-}$。
❼ 以 PAN 为指示剂，再用铜标准溶液滴定置换出来的 EDTA：
$$Cu^{2+} + Y^{4-} = CuY^{2-}$$

表 5-21 常见的氧化还原剂的标准电极电位

半 反 应	$\varphi^{\ominus}/V$
$Li^+ + e^- \rightleftharpoons Li$	-3.045
$K^+ + e^- \rightleftharpoons K$	-2.924
$Ca^{2+} + 2e^- \rightleftharpoons Ca$	-2.76
$Na^+ + e^- \rightleftharpoons Na$	-2.711
$Mg^{2+} + 2e^- \rightleftharpoons Mg$	-2.375
$Al^{3+} + 3e^- \rightleftharpoons Al$	1.66
$SO_4^{2-} + H_2O + 2e^- \rightleftharpoons SO_3^{2-} + 2OH^-$	-0.92
$Zn^{2+} + 2e^- \rightleftharpoons Zn$	-0.763
$AsO_4^{3-} + 2H_2O + 2e^- \rightleftharpoons AsO_2^- + 4OH^-$	-0.71
$S + 2e^- \rightleftharpoons S^{2-}$	-0.508
$Cr^{3+} + e^- \rightleftharpoons Ce^{2+}$	-0.41
$Fe^{2+} + 2e^- \rightleftharpoons Fe$	-0.409
$Cd^{2+} + 2e^- \rightleftharpoons Cd$	-0.403
$Cu_2O + H_2O + 2e^- \rightleftharpoons 2Cu + 2OH^-$	-0.361
$Co^{2+} + 2e^- \rightleftharpoons Co$	-0.28
$Ni^{2+} + 2e^- \rightleftharpoons Ni$	-0.246
$Sn^{2+} + 2e^- \rightleftharpoons Sn$	-0.136
$Pb^{2+} + 2e^- \rightleftharpoons Pb$	-0.126
$CrO_2^- + 4H_2O + 3e^- \rightleftharpoons Cr(OH)_3 + 5OH^-$	-0.12
$Ag_2S + 2H^+ + 2e^- \rightleftharpoons 2Ag + H_2S$	-0.036
$Fe^{3+} + 3e^- \rightleftharpoons Fe$	-0.036
$2H^+ + 2e^- \rightleftharpoons H_2$	-0.000
$TiO^{2+} + 2H^+ + e^- \rightleftharpoons Ti^{3+} + H_2O$	0.10
$S_4O_6^{2-} + 2e^- \rightleftharpoons 2S_2O_3^{2-}$	0.09
$S + 2H^+ + 2e^- \rightleftharpoons H_2S(水溶液)$	0.141
$Sn^{4+} + 2e^- \rightleftharpoons Sn^{2+}$	0.15
$Cu^{2+} + e^- \rightleftharpoons Cu^+$	0.158
$SO_4^{2-} + 4H^+ + 2e^- \rightleftharpoons H_2SO_3 + H_2O$	0.20
$Hg_2Cl_2 + 2e^- \rightleftharpoons 2Hg + 2Cl^-$	0.2682
$Cu^{2+} + 2e^- \rightleftharpoons Cu$	0.340
$VO^{2+} + 2H^+ + e^- \rightleftharpoons V^{3+} + H_2O$	0.36
$Fe(CN)_6^{3-} + e^- \rightleftharpoons Fe(CN)_6^{4-}$	0.36
$Cu^+ + e^- \rightleftharpoons Cu$	0.522
$I_3^- + 2e^- \rightleftharpoons 3I^-$	0.534
$I_2 + 2e^- \rightleftharpoons 2I^-$	0.535
$MnO_4^- + e^- \rightleftharpoons MnO_4^{2-}$	0.564
$H_3AsO_4 + 2H^+ + 2e^- \rightleftharpoons HAsO_2 + 2H_2O$	0.559
$MnO_4^- + 2H_2O + 3e^- \rightleftharpoons MnO_2 + 4OH^-$	0.588
$Fe^{3+} + e^- \rightleftharpoons Fe^{2+}$	0.771
$Hg_2^{2+} + 2e^- \rightleftharpoons 2Hg$	0.796
$Ag^+ + e^- \rightleftharpoons Ag$	0.799
$Hg^{2+} + 2e^- \rightleftharpoons Hg$	0.851
$Cu^{2+} + I^- + e^- \rightleftharpoons CuI(固体)$	0.86
$Br_2 + 2e^- \rightleftharpoons 2Br^-$	1.07
$IO_3^- + 6H^+ + 6e^- \rightleftharpoons I^- + 3H_2O$	1.085
$IO_3^- + 6H^+ + 5e^- \rightleftharpoons 1/2\ I_2 + 3H_2O$	1.195
$MnO_2 + 4H^+ + 2e^- \rightleftharpoons Mn^{2+} + 2H_2O$	1.23
$Cr_2O_7^{2-} + 14H^+ + 6e^- \rightleftharpoons 2Cr^{3+} + 7H_2O$	1.33
$Cl_2 + 2e^- \rightleftharpoons 2Cl^-$	1.358
$BrO_3^- + 6H^+ + 6e^- \rightleftharpoons Br^- + 3H_2O$	1.44
$Ce^{4+} + e^- \rightleftharpoons Ce^{3+}$	1.443
$PbO_2 + 4H^+ + 2e^- \rightleftharpoons Pb^{2+} + 2H_2O$	1.46
$MnO_4^- + 8H^+ + 5e^- \rightleftharpoons Mn^{2+} + 4H_2O$	1.491
$BrO_3^- + 6H^+ + 5e^- \rightleftharpoons 1/2\ Br_2 + 3H_2O$	1.52
$HClO + H^+ + e^- \rightleftharpoons 1/2\ Cl_2 + H_2O$	1.63
$MnO_4^- + 4H^+ + 3e^- \rightleftharpoons MnO_2 + 2H_2O$	1.679
$H_2O_2 + 2H^+ + 2e^- \rightleftharpoons 2H_2O$	1.776
$S_2O_8^{2-} + 2e^- \rightleftharpoons 2SO_4^{2-}$	2.00
$F_2 + 2e^- \rightleftharpoons 2F^-$	2.87

物质的标准电极电位值越大,该物质得到电子的能力就越强,因此是强氧化剂;物质的标准电极电位值越小,该物质失去电子的能力就越强,因此是强还原剂。当一种氧化剂与几种还原剂混合时,最先被氧化的是还原能力最强的还原剂(即标准电极电位最小的还原剂);当一种还原剂与几种氧化剂混合时,最先被还原的是氧化能力最强的氧化剂(即标准电极电位最大的氧化剂)。

(2) 对于氧化还原滴定反应的一般要求

氧化还原反应很多,但能用于氧化还原滴定的反应必须符合下列要求。

① 滴定反应必须有化学计量关系,即反应按一定的反应方程式进行,这是定量分析计算的基础。

例如,用 $K_2Cr_2O_7$ 标准溶液滴定 Fe^{2+},其反应式为:

$$Cr_2O_7^{2-} + 6Fe^{2+} + 14H^+ =\!=\!= 2Cr^{3+} + 6Fe^{3+} + 7H_2O$$

根据 $K_2Cr_2O_7$ 和 Fe^{2+} 两物质的量之比:$\dfrac{n_{Cr_2O_7^{2-}}}{n_{Fe^{2+}}} = \dfrac{1}{6}$,就可以计算出铁含量。

又如,$K_2Cr_2O_7$ 与 $Na_2S_2O_3$ 的反应,从它们的电极电位来看,反应是能够进行完全的,此时 $K_2Cr_2O_7$ 可将 $S_2O_3^{2-}$ 氧化为 SO_4^{2-},但除了这一反应外,还可能有部分被氧化为单质 S:

$$S_2O_3^{2-} \xrightarrow{K_2Cr_2O_7} SO_4^{2-} + S\downarrow$$

而使它们的化学计量关系不能确定,因此,用 $K_2Cr_2O_7$ 标定 $Na_2S_2O_3$ 溶液时,不能应用它们之间的直接反应,而是采用碘量法-置换滴定方式得到 $K_2Cr_2O_7$ 与 $Na_2S_2O_3$ 之间的化学计量关系。滴定时,先加入过量的碘化钾,置换出定量的 I_2,再用 $Na_2S_2O_3$ 标准溶液滴定,其反应式为:

$$Cr_2O_7^{2-} + 6I^- + 14H^+ =\!=\!= 2Cr^{3+} + 3I_2 + H_2O$$
$$I_2 + 2S_2O_3^{2-} =\!=\!= 2I^- + S_4O_6^{2-}$$

$K_2Cr_2O_7$ 和 $Na_2S_2O_3$ 之间的化学计量关系为:1mol $Cr_2O_7^{2-}$ ⊖ 3mol I_2 ⊖ 6mol $S_2O_3^{2-}$,因此,根据 $\dfrac{n_{K_2Cr_2O_7}}{n_{Na_2S_2O_3}} = \dfrac{1}{6}$,可计算 $Na_2S_2O_3$ 标准溶液的浓度。

② 滴定剂与被滴定物的电极电位要有足够的差值,这样反应才能进行完全。

对于氧化还原反应:$\quad n_2 Ox_1 + n_1 Red_2 =\!=\!= n_2 Red_1 + n_1 Ox_2$

如果用 $\varphi_1^{\ominus}$ 表示氧化剂电对的标准电极电位,$\varphi_2^{\ominus}$ 表示还原剂电对的标准电极电位,n_1、n_2 分别为氧化剂、还原剂半反应中的电子转移数,当反应达到平衡时,则氧化还原反应平衡常数 K 与标准电极电位的关系可以写成下面通式:

$$\lg K = \dfrac{(\varphi_1^{\ominus} - \varphi_2^{\ominus}) n_1 n_2}{0.0591} \tag{5-24}$$

因此,根据有关电对的标准电极电位,可计算反应的平衡常数,从而预计氧化还原进行的程度。一般来说,氧化剂与还原剂的标准电极电位差值越大,K 值越大,反应进行得越完全。

③ 能够正确地指示滴定终点。采用指示剂法或其他仪器分析方法。

④ 滴定反应必须能够迅速完成。

氧化还原平衡常数 K 值只是从理论上说明某一氧化还原反应应用于滴定分析的完全程度，但不能预示这一反应能否以较快的速率进行。实际上不同的氧化还原反应，其反应速率有很大的差别，有的反应速率较快，有的较慢。有的反应平衡常数较大，理论上看是可以进行，但反应速率太慢，可以认为该氧化还原反应之间并没有发生反应。例如氯化亚锡水溶液，考虑水溶液中的溶解氧，其半反应为：

$$O_2 + 4H^+ + 4e^- \rightleftharpoons 2H_2O \qquad \varphi^{\ominus}_{O_2/H_2O} = 1.23V$$

Sn^{2+} 的半反应为：

$$Sn^{2+} \rightleftharpoons Sn^{4+} + 2e^- \qquad \varphi^{\ominus}_{Sn^{4+}/Sn^{2+}} = 0.15V$$

从两个电对来看，标准电极电位相差较大，反应进行得应较完全，但氯化亚锡在水溶液却有一定的稳定性，这说明氯化亚锡与水中的溶解氧或空气中的氧之间的氧化还原反应是缓慢的。

因此对应用于滴定分析的氧化还原反应，还有考虑如何加快反应速率的问题，如反应物的浓度、反应稳定和催化剂等影响因素。

例如，碘量法中用 $K_2Cr_2O_7$ 标定 $Na_2S_2O_3$ 溶液时，要加入过量的 KI，置换出 I_2：

$$Cr_2O_7^{2-} + 6I^- + 14H^+ \rightleftharpoons 2Cr^{3+} + 3I_2 + 7H_2O$$

加入的 KI 一般为理论值的 3 倍，其目的之一就是加快反应速率。

又如，用 $Na_2C_2O_4$ 基准物标定 $KMnO_4$ 时的反应如下：

$$2MnO_4^- + 5C_2O_4^{2-} + 16H^+ \rightleftharpoons 2Mn^{2+} + 10CO_2 + 8H_2O$$

滴定时，一般加热 75～85℃ 或加入硫酸锰作催化剂，这两种方式都可加快反应速率。

(3) 氧化还原滴定法的分类

在氧化还原滴定中，根据氧化剂和还原剂标准溶液的不同，常见的有以下几类。

① 高锰酸钾法　利用 $KMnO_4$ 作氧化剂来进行滴定分析的方法。

② 重铬酸钾法　利用 $K_2Cr_2O_7$ 作氧化剂来进行滴定分析的方法。

③ 碘法　直接碘法，利用 I_2 作氧化剂来进行滴定分析的方法；间接碘法，利用 $Na_2S_2O_3$ 作还原剂来进行滴定分析的方法。

④ 溴酸钾法　利用 $KBrO_3$-KBr 作氧化剂和 $Na_2S_2O_3$ 作还原剂来进行滴定分析的方法。

5.7.2　氧化还原滴定指示剂

在氧化还原滴定中，利用某种物质在化学计量点附近时发生颜色的改变来指示滴定终点，这种物质称为氧化还原滴定指示剂。

氧化还原滴定中所用的指示剂有下列三类。

(1) 自身指示剂

在氧化还原滴定中,有些滴定剂本身有颜色,如果滴定反应后的产物无色或颜色很浅。那么滴定时就不必另加指示剂,而是利用滴定剂溶液本身的颜色变化来指示终点。例如,在高锰酸钾法中,就是利用 MnO_4^- 本身紫红色,当用 $KMnO_4$ 标准溶液滴定还原性物质时,MnO_4^- 滴定反应后的产物为 Mn^{2+},而 Mn^{2+} 几乎是无色的,因此滴定到化学计量点时,只要过量的 $KMnO_4$ 的浓度达到 2×10^{-6} mol/L,就能显示其粉红色而指示终点。

(2) 特殊指示剂

特殊指示剂本身不具有氧化还原性,但能与滴定剂或被滴定物质作用产生特殊的颜色,从而指示滴定终点。例如淀粉遇到碘生成蓝色物质,溶液中只要有少量 I_2($2\times10^{-5}\sim5\times10^{-5}$ mol/L),就能与淀粉产生明显的蓝色物质。在直接碘法中,用 I_2 作滴定剂,加入淀粉指示剂,终点由无色变为蓝色;在间接碘法中,因 $Na_2S_2O_3$ 标准溶液滴定反应中析出的 I_2,近终点时加入淀粉指示剂,终点时溶液由蓝色变为无色。

(3) 氧化还原指示剂

① 指示剂的变色原理　氧化还原指示剂本身是氧化剂或还原剂,其氧化态和还原态具有不同的颜色,并在一定的电位时发生颜色的改变。

例如二苯胺磺酸钠为白色片状晶体易溶于水,是常用的氧化还原指示剂之一。在酸性溶液中,其氧化态为紫红色,还原态为无色,反应式如下:

二苯胺磺酸钠(无色) 还原态

还原剂 ∥ 氧化剂

二苯联苯胺磺酸紫(紫红色) 氧化态

若用 In_O 和 In_R 分别表示指示剂的氧化态和还原态,n 表示电子转移数目,并设溶液的 $[H^+]=1$ mol/L,则指示剂的氧化态和还原态的平衡关系式:

$$In_O + ne^- \rightleftharpoons In_R$$

根据能斯特方程,氧化还原指示剂的电极电位与浓度之间的关系为:

$$\varphi_{In} = \varphi_{In}^{\ominus} + \frac{0.059}{n}\lg\frac{[In_O]}{[In_R]} \tag{5-25}$$

式中,$\varphi_{In}^{\ominus}$ 为指示剂的标准电极电位。由上式可知,在滴定过程中,溶液的电位改变 φ_{In} 时,指示剂的氧化态和还原态浓度也将发生变化,即引起 $\frac{[In_O]}{[In_R]}$ 比值的改变,从而引起溶液颜色的变化。为了说明这个问题,下面对式(5-25)进行讨论。

当 $\frac{[In_O]}{[In_R]}=1$ 时,$\varphi_{In}=\varphi_{In}^{\ominus}$(变色点);

当 $\frac{[In_o]}{[In_R]} \geqslant 10$ 时，溶液呈现氧化态颜色，$\varphi_{In} \geqslant \varphi_{In}^{\ominus} + \frac{0.059}{n}\lg 10 = \varphi_{In}^{\ominus} + \frac{0.059}{n}$；

当 $\frac{[In_o]}{[In_R]} \leqslant \frac{1}{10}$ 时，溶液呈现还原态颜色，$\varphi_{In} \leqslant \varphi_{In}^{\ominus} + \frac{0.059}{n}\lg \frac{1}{10} = \varphi_{In}^{\ominus} - \frac{0.059}{n}$。

故指示剂变色的电位（V）范围为：

$$\varphi_{In} = \varphi_{In}^{\ominus} \pm \frac{0.059}{n}$$

在实际工作中，采用条件电极电位，得到指示剂变色的电位为：

$$\varphi_{In} = \varphi_{In}^{\ominus} \pm \frac{0.059}{n}$$

当 $n=1$ 时，指示剂变色范围为（$\varphi_{In}^{\ominus} \pm 0.059$）V；$n=2$ 时，指示剂变色范围为 $\varphi_{In}^{\ominus} \pm 0.030$(V)。由此可见，指示剂的变色范围比较小，故常直接用指示剂的 $\varphi_{In}^{\ominus'}$ 来估量指示剂的电位变色范围。

② 指示剂的选择 每种氧化还原指示剂都有各自的标准电极电位，在选用氧化还原指示剂时，应尽量使指示剂的条件电极电位 $\varphi_{In}^{\ominus'}$ 与化学计量点的电位接近或一致，以减少滴定误差。氧化还原指示剂的标准电位和化学计量点时溶液的电位越接近，滴定误差越小。常用的氧化还原指示剂的条件电极电位列于表 5-22。

表 5-22 常用的氧化还原指示剂的条件电极电位

指示剂	$\varphi_{In}^{\ominus'}$ ([H$^+$]=1mol/L)/V	颜色		指示剂浓度
		氧化态	还原态	
亚甲基蓝	0.53	蓝	无色	0.05%水溶液
二苯胺	0.76	紫	无色	1%浓 H$_2$SO$_4$ 或浓 H$_3$PO$_4$ 溶液
二苯胺磺酸钠	0.84	紫红	无色	0.5%水溶液,必要时过滤
羊毛红	1.00	橙红	黄绿	0.1%水溶液
邻菲啰啉亚铁	1.06	浅蓝	红紫	0.025mol/L 水溶液
邻苯氨基苯甲酸	1.08	紫红	无色	0.2%水溶液,含 0.2g 无水 Na$_2$CO$_3$
硝基邻苯二氮菲亚铁	1.25	浅蓝	紫红	0.025mol/L 水溶液

例如，在酸性条件下，用 Ce^{4+} 滴定 Fe^{2+} 时，化学计量点电位为 1.06V，这时最好选用邻菲啰啉亚铁（$\varphi_{In}^{\ominus'}=1.06V$）或邻苯氨基苯甲酸（$\varphi_{In}^{\ominus'}=1.08V$）为指示剂。如果选用二苯胺磺酸钠（$\varphi_{In}^{\ominus'}=0.84V$）为指示剂，就会产生较大的滴定误差。

5.7.3 常见的几种氧化还原滴定法

5.7.3.1 高锰酸钾法

(1) 概述

高锰酸钾是一强氧化剂，应用十分广泛。在强酸性溶液中，$KMnO_4$ 与还原剂作用时，MnO_4^- 得到 $5e^-$，被还原为 Mn^{2+}：

$$MnO_4^- + 8H^+ + 5e^- \rightleftharpoons Mn^{2+} + 4H_2O \qquad \varphi^{\ominus}=1.49V$$

在弱酸、中性或碱性溶液中，MnO_4^- 得到 $3e^-$，被还原为 MnO_2：

$$MnO_4^- + 2H_2O + 3e^- \rightleftharpoons MnO_2 + 4OH^- \qquad \varphi^{\ominus}=0.59V$$

由此可见，高锰酸钾在酸性溶液中具有更强的氧化能力，因此高锰酸钾的滴定常在强酸性溶液中进行。但是高锰酸钾在碱性溶液中氧化有机物的反应速率比在酸性溶液中更快。

(2) 高锰酸钾法的应用示例

高锰酸钾作滴定剂时，根据被测定物质的性质，可采用不同的滴定方式。

① 直接滴定法　用 $KMnO_4$ 溶液作为滴定剂，还原性物质，如 Fe^{2+}、H_2O_2、NO_2^-、$C_2O_4^{2-}$、$As(Ⅲ)$、$Sb(Ⅲ)$、$W(Ⅵ)$、$U(Ⅳ)$ 等，都可用 $KMnO_4$ 标准溶液直接滴定。

例如，过氧化氢（H_2O_2）含量测定：在稀硫酸溶液中，可用 $KMnO_4$ 标准溶液直接滴定过氧化氢，滴定反应为：

$$5H_2O_2 + 2MnO_4^- + 6H^+ = 2Mn^{2+} + 5O_2\uparrow + 8H_2O$$

滴定开始时，反应速率较慢，随着反应的进行，产生的 Mn^{2+} 可起催化作用，使以后的反应速率加快。值得注意的是，反应速率慢，但不能加热，否则 H_2O_2 会分解，因此，滴定在室温下进行。当滴定至溶液变为粉红色时，并在 30s 内不褪色，即为终点。根据 $KMnO_4$ 标准溶液的浓度和滴定所消耗的体积，以及 H_2O_2 的取样体积 $V_{H_2O_2}$，按下式计算 H_2O_2 的含量（g/L）：

$$H_2O_2\ 含量 = \frac{c_{1/5\ KMnO_4} V_{KMnO_4} M_{1/2\ H_2O_2}}{V_{H_2O_2}}$$

或

$$H_2O_2\ 含量 = \frac{\frac{5}{2} c_{KMnO_4} V_{KMnO_4} M_{H_2O_2}}{V_{H_2O_2}}$$

式中，$M_{1/2\ H_2O_2} = \frac{34.02}{2} \text{g/mol} = 17.01 \text{g/mol}$；$M_{H_2O_2} = 34.02 \text{g/mol}$。

② 返滴定法　有些氧化性物质不能用 $KMnO_4$ 标准溶液直接滴定，这时可用返滴定法进行测定。例如，软锰矿的主要成分是 MnO_2，MnO_2 是一种氧化剂，测定其含量时，常在酸性溶液中使之与过量的还原剂 $Na_2C_2O_4$ 作用：

$$MnO_2 + C_2O_4^{2-} + 4H^+ = Mn^{2+} + 2CO_2\uparrow + 2H_2O$$

反应完全后，剩余量的 $Na_2C_2O_4$ 用 $KMnO_4$ 标准溶液返滴定：

$$2MnO_4^- + 5C_2O_4^{2-} + 16H^+ = 2Mn^{2+} + 10CO_2\uparrow + 8H_2O$$

根据加入 $Na_2C_2O_4$ 的质量 $m_{Na_2C_2O_4}$ 和试样的取样量 $m_{试样}$，以及 $KMnO_4$ 标准溶液的浓度和滴定所消耗的体积，由所用的 $Na_2C_2O_4$ 物质的量与 $KMnO_4$ 物质的量之差，按下式计算 MnO_2 的含量（%）：

$$w_{MnO_2} = \frac{\left(\dfrac{m_{Na_2C_2O_4}}{M_{1/2\ Na_2C_2O_4}} - c_{1/5\ KMnO_4} V_{KMnO_4} \times 10^{-3}\right) M_{1/2\ MnO_2}}{m_{试样}} \times 100\%$$

或

$$w_{MnO_2} = \frac{\left(\dfrac{m_{Na_2C_2O_4}}{M_{Na_2C_2O_4}} - \dfrac{5}{2}c_{KMnO_4}V_{KMnO_4} \times 10^{-3}\right)M_{MnO_2}}{m_{试样}} \times 100\%$$

式中，$M_{1/2\,Na_2C_2O_4} = \dfrac{134.0}{2}$ mol/L $= 67.00$ mol/L；$M_{Na_2C_2O_4} = 134.0$ mol/L；$M_{1/2\,MnO_2} = \dfrac{86.94}{2}$ mol/L $= 43.47$ mol/L；$M_{MnO_2} = 86.954$ mol/L。

③ 间接法　有些非氧化还原性物质，不能用 $KMnO_4$ 溶液直接滴定或进行返滴定，则可采用间接滴定法进行测定。例如，石灰石中钙的测定。石灰石的主要成分是 $CaCO_3$，较好的石灰石含 CaO $45\% \sim 53\%$，此外还含有 SiO_2、Fe_2O_3、Al_2O_3 及 MgO 等杂质。测定钙的方法很多，快速的方法是配位滴定法，较精确的方法是高锰酸钾法。

Ca^{2+} 不具有氧化还原性，可先将试液中的 Ca^{2+} 用 $(NH_4)_2C_2O_4$ 沉淀为 CaC_2O_4：

$$Ca^{2+} + C_2O_4^{2-} \rightleftharpoons CaC_2O_4 \downarrow$$

再将 CaC_2O_4 沉淀洗涤干净后，并溶解于稀硫酸中：

$$CaC_2O_4 + H^+ \rightleftharpoons Ca^{2+} + HC_2O_4^-$$

然后用 $KMnO_4$ 标准溶液滴定溶解产生的 $C_2O_4^{2-}$：

$$2MnO_4^- + 5C_2O_4^{2-} + 16H^+ \rightleftharpoons 2Mn^{2+} + 10CO_2\uparrow + 8H_2O$$

根据试样的取样量 $m_{试样}$，以及 $KMnO_4$ 标准溶液的浓度和滴定所消耗的体积，按下式计算钙的含量（%）：

$$w_{Ca} = \frac{c_{1/5\,KMnO_4}V_{KMnO_4}A_{1/2\,Ca} \times 10^{-3}}{m_{试样}} \times 100\%$$

或

$$w_{Ca} = \frac{\dfrac{5}{2}c_{KMnO_4}V_{KMnO_4}A_{Ca} \times 10^{-3}}{m_{试样}} \times 100\%$$

式中，$A_{1/2\,Ca} = \dfrac{40.08}{2}$ g/mol $= 20.04$ g/mol；$A_{Ca} = 40.08$ g/mol。

5.7.3.2　重铬酸钾法

（1）概述

重铬酸钾是一种常用的氧化剂，在强酸性溶液中，$K_2Cr_2O_7$ 与还原剂作用时，$Cr_2O_7^{2-}$ 得到 6 个电子，被还原为 Cr^{3+}，其半反应式为：

$$Cr_2O_7^{2-} + 14H^+ + 6e^- \rightleftharpoons 2Cr^{3+} + 7H_2O \qquad \varphi^{\ominus}_{Cr_2O_7^{2-}/Cr^{3+}} = 1.33\text{V}$$

与 $KMnO_4$ 法比较，$K_2Cr_2O_7$ 的氧化能力比 $KMnO_4$ 弱。应用的范围不如 $KMnO_4$ 法广泛，但是 $K_2Cr_2O_7$ 法与高锰酸钾法比较具有如下优点。

① $K_2Cr_2O_7$ 易提纯，其基准物在 $140 \sim 150$℃ 干燥后，可以直接配制标准溶液。

② $K_2Cr_2O_7$ 标准溶液非常稳定,若将其保存在密闭的容器中,浓度可长期保持不变。

③ $K_2Cr_2O_7$ 的标准电极电位($\varphi^{\ominus}_{Cr_2O_7^{2-}/Cr^{3+}} = 1.33V$)比氯的($\varphi^{\ominus}_{Cl_2/Cl^-} = 1.36V$)要低,因此 $K_2Cr_2O_7$ 在室温下不与 Cl^- 反应,可在 HCl 介质条件下进行滴定。当 $c_{HCl}>2mol/L$ 或将溶液煮沸时,$K_2Cr_2O_7$ 就能与 Cl^- 作用。

④ $K_2Cr_2O_7$ 作氧化剂时,反应比较简单,它在酸性溶液中与还原剂作用,总是被还原为 Cr^{3+} 状态。

在 $K_2Cr_2O_7$ 法中,由于 $Cr_2O_7^{2-}$ 还原后转化为绿色的 Cr^{3+},并随着滴定不断进行,颜色在不断加深,所以不能根据它自身的颜色变化来确定滴定终点,而是需要采用氧化还原指示剂。

值得指出的是滴定完成后要注意废液的处理,因为 Cr^{3+} 与 $Cr_2O_7^{2-}$ 对环境污染严重,特别是 $Cr_2O_7^{2-}$ 有致癌作用。

重铬酸钾法中常用到的另一种标准溶液是硫酸亚铁铵作滴定剂,例如钢铁中铬的测定、化学耗氧量的测定,就用是硫酸亚铁铵标准溶液滴定溶液中的 $Cr_2O_7^{2-}$。

(2) 重铬酸钾法应用示例

① 亚铁含量测定 测定亚铁含量时,先将试样用 HCl 溶液经加热分解,加 $SnCl_2$ 还原大部分 Fe^{3+}:

$$2Fe^{3+}(大量) + SnCl_4^{2-} + 2Cl^- = 2Fe^{2+} + SnCl_6^{2-}(至浅黄)$$

随后加入硫磷混酸,以钨酸钠(Na_2WO_4)为指示剂,再用还原剂 $TiCl_3$ 还原少量剩余的 Fe^{3+}:

$$Fe^{3+}(剩余) + Ti^{3+} + H_2O = Fe^{2+} + TiO^{2+} + 2H^+$$

Fe^{3+} 定量还原为 Fe^{2+} 后,过量一滴 $TiCl_3$ 立即将指示剂的六价钨(无色)还原为五价钨化合物(钨蓝),之后用少量 $K_2Cr_2O_7$ 将过量的 $TiCl_3$ 氧化,并使钨蓝被氧化而消失。然后以二苯胺磺酸钠为指示剂,用 $K_2Cr_2O_7$ 标准溶液滴定试液中的 Fe^{2+}:

$$6Fe^{2+} + Cr_2O_7^{2-} + 14H^+ = 6Fe^{3+} + 2Cr^{3+} + 7H_2O$$

终点时溶液由绿色变为紫色。

磷酸存在的作用是使滴定产生的 Fe^{3+} 转变为稳定的无色的 $[Fe(HPO_4)_2]^-$。一方面,消除了 Fe^{3+} 黄色的干扰,便于观察终点颜色的变化;另一方面,磷酸与 Fe^{3+} 形成了配合物,降低了 Fe^{3+} 的浓度,因而降低了 Fe^{3+}/Fe^{2+} 电对的电位,这样在到达滴定终点时,不仅能使电位突跃部分增大,而且可以避免二苯胺磺酸钠指示剂被 Fe^{3+} 氧化而过早地改变颜色,消除终点的提前现象。

根据试样的取样量 $m_{试样}$,以及 $K_2Cr_2O_7$ 标准溶液的浓度和滴定所消耗的体积,按下式计算铁的含量(%):

$$w_{Fe} = \frac{c_{1/6\ K_2Cr_2O_7} V_{K_2Cr_2O_7} M_{Fe} \times 10^{-3}}{m_{试样}} \times 100\%$$

或
$$w_{Fe} = \frac{6 \times c_{K_2Cr_2O_7} V_{K_2Cr_2O_7} M_{Fe} \times 10^{-3}}{m_{试样}} \times 100\%$$

式中，$M_{Fe} = 55.85 \text{g/mol}$。

此法可适用于铁矿石中铁含量的测定；炉渣中亚铁含量和铁含量的测定。

② 废水中化学需氧量的测定　化学需氧量（COD）是水体中有机物污染综合指标之一。它是指在一定条件下，水中能被 $K_2Cr_2O_7$ 氧化的有机物质的总量，以 $mg \ O_2/L$ 表示。

水样在硫酸介质中，加入过量的 $K_2Cr_2O_7$ 溶液，以 Ag_2SO_4 为催化剂，加热回流时，$K_2Cr_2O_7$ 将水中有机物等还原性物质（用 C 表示）氧化：

$$2Cr_2O_7^{2-} + 3C + 16H^+ = 4Cr^{3+} + 3CO_2\uparrow + 8H_2O$$
（过量）　（有机物）

反应完全后，以试亚铁灵为指示剂，用硫酸亚铁铵标准溶液返滴定剩余 $K_2Cr_2O_7$：

$$6Fe^{2+} + Cr_2O_7^{2-} + 14H^+ = 6Fe^{3+} + 2Cr^{3+} + 7H_2O$$

滴定过程中溶液的颜色变化由橙黄色→蓝绿色→蓝色，终点时溶液颜色由蓝色变为红褐色。同时取无有机物蒸馏水做空白试验，消耗 $(NH_4)_2Fe(SO_4)_2$ 标准溶液的体积以 V_0 表示。

根据水样的取样体积 $V_{水样}$，以及 $(NH_4)_2Fe(SO_4)_2$ 标准溶液的浓度 c_{Fe} 和滴定所消耗的体积 V_1，按下式计算 COD：

$$COD(mgO_2/L) = \frac{\frac{1}{4}(V_0 - V_1)c_{Fe} M_{O_2}}{V_{水样}} \times 1000$$

式中，$M_{O_2} = 32.00 \text{g/mol}$。

5.7.3.3　碘法

碘法是利用 I_2 的氧化性和 I^- 的还原性来进行的滴定分析方法。其半反应式为：

$$I_2 + 2e^- \rightleftharpoons 2I^- \qquad \varphi^{\ominus}_{I_2/I^-} = 0.535V$$

上述反应是可逆的，由标准电极电位 $\varphi^{\ominus}_{I_2/I^-}$ 可知，I_2 是一种较弱的氧化剂，能与较强的还原剂作用；而 I^- 是一种中等强度的还原剂，能与许多氧化剂作用。因此将碘法分为直接碘法和间接碘法两种滴定方式。

（1）直接碘法

直接碘法是利用了 I_2 的氧化性建立的分析方法。以 I_2 标准溶液滴定还原性物质。电极电位比 $\varphi^{\ominus}_{I_2/I^-}$ 小的还原性物质，如 $Sn(II)$、$Sb(III)$、As_2O_3、S^{2-}、SO_3^{2-} 等，可用 I_2 标准溶液直接滴定，这种方法称为直接碘滴定法或碘滴定法，例如，用 I_2 滴定亚硫酸盐，其滴定反应式为：

$$I_2 + SO_3^{2-} + H_2O = 2I^- + HSO_4^- + H^+$$

直接碘量法采用淀粉指示剂，终点非常明显，溶液由无色→蓝色。

必须注意滴定的酸度条件，由于 I_2 在碱性溶液中会发生歧化反应：

$$3I_2 + 6OH^- \rightleftharpoons IO_3^- + 5I^- + 3H_2O$$

否则会多消耗 I_2，使结果产生较大的误差，所以直接碘法不能在碱性溶液中进行，只能在微酸性或近中性介质中进行。

(2) 间接碘法

① 间接碘法的测定原理　间接碘法是利用了 I^- 的还原性建立的分析方法，它是以硫代硫酸钠为标准溶液滴定经加入 KI 后发生氧化还原反应析出的 I_2。该方法应用范围是非常广泛的。电极电位比 $\varphi^{\ominus}_{I_2/I^-}$ 大的氧化性物质，如 Cu^{2+}、CrO_4^{2-}、$Cr_2O_7^{2-}$、MnO_4^-、IO_3^-、BrO_3^-、AsO_4^{3-}、ClO^-、NO_2^-、H_2O_2 等，能与 KI 反应，定量析出 I_2，析出的 I_2 用 $Na_2S_2O_3$ 标准溶液滴定，可间接求出被测定的氧化性物质的含量。

例如，$K_2Cr_2O_7$ 在酸性溶液中，与过量的 KI 作用：

$$Cr_2O_7^{2-} + 6I^- + 14H^+ \rightleftharpoons 2Cr^{3+} + 3I_2 + 7H_2O$$

析出的 I_2 用 $Na_2S_2O_3$ 标准溶液滴定：

$$I_2 + 2S_2O_3^{2-} \rightleftharpoons 2I^- + S_4O_6^{2-}$$

间接碘法采用淀粉为指示剂，终点溶液颜色由蓝色→蓝色消失。

② 间接碘法的反应条件及误差来源　采用间接碘法必须注意如下条件：

a. 控制溶液的酸度为中性或弱酸性　$Na_2S_2O_3$ 与 I_2 的反应，必须在中性或弱酸性溶液中进行。如果在强酸性溶液中，$Na_2S_2O_3$ 会分解：

$$S_2O_3^{2-} + 2H^+ \rightleftharpoons SO_2 + S\downarrow + H_2O$$

而且，I^- 在酸性溶液中容易被空气中的氧氧化：

$$4I^- + 4H^+ + O_2 \rightleftharpoons 2I_2 + 2H_2O$$

光线照射也能促使 I^- 的氧化。

在强碱性溶液中，$Na_2S_2O_3$ 与 I_2 发生副反应：

$$S_2O_3^{2-} + 4I_2 + 10OH^- \rightleftharpoons 2SO_4^{2-} + 8I^- + 5H_2O$$

此外，在强碱性溶液中，I_2 也会发生歧化反应：

$$3I_2 + 6OH^- \rightleftharpoons IO_3^- + 5I^- + 3H_2O$$

b. 防止 I_2 挥发的方法　碘量法的误差主要来自两个方面，一是 I_2 的挥发；另一是 I^- 在酸性溶液中被空气氧化。为了防止和避免上述两个方面的影响，采取下列措施，可得到较准确的分析结果。

防止 I_2 的挥发方法：加入过量的 KI（一般比理论值大 2~3 倍）。KI 过量可促使反应进行完全；同时使 I_2 与 I^- 作用形成 I_3^-，增加 I_2 溶解度，从而降低 I_2 挥发性；滴定最好在室温（<25℃）下进行；滴定时使用碘量瓶，不要用力振摇。

c. 防止 I^- 被氧化方法　溶液的酸度不能过高，否则会增大空气中的 O_2 氧化 I^- 速率；析出 I_2 的反应过程一般为 5~10min，立即用 $Na_2S_2O_3$ 标准溶液滴定；滴定时速率适当加快，不要用力振摇，以减少 I^- 与空气的接触；应避免阳光照射。

d. 淀粉指示剂应在接近终点时加入　用 $Na_2S_2O_3$ 标准溶液滴定 I_2 时，如果淀粉指示剂加入的过早，则大量的 I_2 被淀粉胶粒包住，这一部分 I_2 很难与 $Na_2S_2O_3$ 反应，使得滴定时蓝色褪去很慢，妨碍终点的观察，从而产生较大的滴定误差。

(3) 碘法应用示例

① 直接碘量法测定醋酸乙烯精馏中乙醛的含量　测定时，取适宜的试液，加入蒸馏水，加甲基红指示剂，用 $NH_3 \cdot H_2O$ 中和至金黄色，再加过量的 $NaHSO_3$ 与乙醛反应：

$$CH_3CHO + NaHSO_3 \rightleftharpoons CH_3-\underset{\underset{OH}{|}}{\overset{\overset{SO_3Na}{|}}{C}}H$$

α-羟基磺酸钠

剩余量的 $NaHSO_3$，用 $0.1mol/L\ I_2$ 标准溶液滴定至终点：

$$NaHSO_3 + I_2 + H_2O = NaHSO_4 + 2HI$$

以淀粉为指示剂，终点时溶液呈现蓝色，消耗的体积计为 V_1，同时做空白试验，消耗的体积计为 V_0，另根据所测得的试液相对密度 d，按下式计算乙醛的含量：

$$w_{乙醛} = \frac{c_{I_2}(V_0-V_1)\frac{M_{乙醛}}{2} \times 10^{-3}}{V_{试液}d} \times 100\%$$

式中，$M_{乙醛} = 44.05 g/mol$。

② 间接碘量法测定铜盐中铜含量　试样溶解后，Cu^{2+} 与过量的 KI 作用，析出定量的 I_2：

$$2Cu^{2+} + 4I^- = 2CuI\downarrow + I_2$$

然后用 $Na_2S_2O_3$ 标准溶液滴定析出的 I_2：

$$I_2 + 2S_2O_3^{2-} = 2I^- + S_4O_6^{2-}$$

以淀粉为指示剂，滴定到蓝色刚好消失即为终点。

由于 CuI 沉淀表面吸附少量的 I_2，使结果偏低，而且终点也不易观察。因此在大部分 I_2 被 $Na_2S_2O_3$ 滴定之后，即近终点时，加入 KSCN，然后要剧烈振摇，利于 CuI 沉淀转化为溶解度更小的 CuSCN 沉淀：

$$CuI + SCN^- = CuSCN\downarrow + I^-$$

这样，Cu^+ 沉淀得更完全，使吸附在 CuI 表面的 I_2 释放出来，使测定得到准确的结果。但是 KSCN 不宜过早加入，否则有少量 I_2 被 KSN 还原：

$$I_2 + 2SCN^- = (SCN)_2 + 2I^-$$

Cu^{2+} 与 I^- 的反应必须在弱酸性溶液（pH＝3.2～4.0）中进行。因为在强酸性溶液中，I^- 易被空气氧化，产生过多的 I_2；在碱性溶液中，Cu^{2+} 将会发生水解，I_2 也会分解。所以常利用 HAc-NaAc 等缓冲溶液来控制酸度。

试样中若有 Fe^{3+} 存在，会发生反应：$2Fe^{3+} + 2I^- = 2Fe^{2+} + I_2$，干扰测定。若加入 NH_4HF_2，使 Fe^{3+} 形成 FeF_6^{3-} 配位离子，降低了 Fe^{3+} 的浓度，就不会与 I^- 起作用。所以，测定时加入 NH_4HF_2 既可消除 Fe^{3+} 的干扰，又可以起缓冲溶液的作用。

测定中加入 KI 的作用有三个方面：起还原剂作用（$Cu^{2+}+e^- \longrightarrow Cu^+$）；起沉淀剂作用（$Cu^{2+}+I^- \longrightarrow CuI_2 \downarrow$）；起配位剂作用（$I_2+I^- \longrightarrow I_3^-$）。

根据称取试样的质量 $m_{试样}$，以及 $Na_2S_2O_3$ 标准溶液的浓度和消耗 $Na_2S_2O_3$ 溶液的体积 V，按下式计算铜的含量（%）：

$$w_{Cu}=\frac{(cV)_{Na_2S_2O_3}A_{Cu}\times 10^{-3}}{m_{试样}}\times 100\%$$

式中，$A_{Cu}=63.55 \text{g/mol}$。

③ 间接碘法测定漂白粉中有效氯含量 漂白粉的有效成分是 $Ca(ClO)_2$，它与盐酸反应释放出氯，氯具有氧化、漂白和杀菌作用，故称有效氯。测定时，将漂白粉悬浊液在酸性条件下与过量的 KI 作用，析出与有效氯相当的 I_2：

$$ClO^- + 2H^+ + Cl^- == Cl_2 + H_2O$$
$$Cl_2 + 2I^- == I_2 + 2Cl^-$$

然后以淀粉为指示剂，用 $Na_2S_2O_3$ 标准溶液滴定析出的 I_2：

$$I_2 + 2S_2O_3^{2-} == 2I^- + S_4O_6^{2-}$$

根据称取试样的质量 $m_{试样}$，以及 $Na_2S_2O_3$ 标准溶液的浓度和消耗 $Na_2S_2O_3$ 溶液的体积 V，按下式计算有效氯的含量：

$$w_{Cl}=\frac{(cV)_{Na_2S_2O_3}M_{1/2\,Cl_2}\times 10^{-3}}{m_{试样}}\times 100\%$$

式中，$M_{1/2\,Cl_2}=35.45 \text{g/mol}$。

5.7.3.4 溴酸钾法

(1) 概述

溴酸钾法是以 $KBrO_3$ 为氧化剂的滴定分析方法。在酸性溶液中，$KBrO_3$ 是较强的氧化剂，与还原性物质作用时，BrO_3^- 得到 6 个电子被还原为 Br^-，其半反应式为：

$$BrO_3^- + 6H^+ + 6e^- == Br^- + 3H_2O \qquad \varphi_{BrO_3^-}^{\ominus}=1.44\text{V}$$

但 $KBrO_3$ 本身和还原剂的反应进行得很慢，在实际分析中，常在 $KBrO_3$ 标准溶液中加入过量的 KBr 或在滴定之前加入 KBr，当溶液酸化时，BrO_3^- 与 Br^- 反应析出游离 Br_2：

$$BrO_3^- + 5Br^- + 6H^+ == 3Br_2 + 3H_2O$$

游离 Br_2 氧化能力较强，能氧化还原性物质，Br_2/Br^- 电对的氧化还原半反应式为：

$$Br_2 + 2e^- \rightleftharpoons 2Br^- \qquad \varphi_{Br_2/Br^-}^{\ominus}=1.08\text{ V}$$

溴酸钾法有直接法和间接法。直接法可测定 Sb^{3+}、$As(Ⅲ)$、$Sn(Ⅱ)$、$Tl(Ⅰ)$ 及联氨（$NH_2\text{-}NH_2$）等。

溴酸钾法常与碘法配合使用，间接用于测定一些有机物，如苯酚、甲酚、间苯二酚、苯胺及 8-羟基喹啉等。测定时，将过量的 $KBrO_3$ 标准溶液与待测物质反应后,余量的 $KBrO_3$ 在酸性条件下与 KI 反应,析出定量的游离 I_2,再用 $Na_2S_2O_3$ 标准溶液滴定。根据各反应之间的定量关系,间接求出待测物质的含量。

(2) 溴酸钾法应用实例

① 溴酸钾直接法测定锑　在酸性溶液中,以甲基橙作指示剂,用 $KBrO_3$ 标准溶液直接滴定 Sb^{3+},其化学反应式为:

$$3Sb^{3+} + BrO_3^- + 6H^+ \rightleftharpoons Br^- + 3Sb^{5+} + 3H_2O$$

终点时,过量一滴 $KBrO_3$ 溶液,生成游离的 Br_2 将甲基橙指示剂氧化,使之褪色,从而指示终点的到达。溴酸钾标准溶液也可用于直接滴定 AsO_3^{3-}、Tl^+、Sn^{2+}、联氨(NH_2-NH_2)等。

② 间接溴酸钾法测定苯酚含量　于苯酚试液中加入 $KBrO_3$-KBr 标准溶液,然后酸化,产生 Br_2:

$$BrO_3^- + 5Br^- + 6H^+ \rightleftharpoons 3Br_2 + 3H_2O$$

析出的游离 Br_2 与苯酚反应:

$$C_6H_5OH + 3Br_2 \rightleftharpoons C_6H_2Br_3OH \downarrow + 3H^+ + 3Br^-$$

（过量）

加入过量的 KI 与余量的 Br_2 反应:

$$Br_2 + 2I^- \rightleftharpoons 2Br^- + I_2$$

（剩余）（过量）

以淀粉为指示剂,用 $Na_2S_2O_3$ 标准溶液滴定析出的游离 I_2,消耗的体积为 V。其滴定反应为:

$$I_2 + 2S_2O_3^{2-} \rightleftharpoons 2I^- + S_4O_6^{2-}$$

同时做一空白试验,消耗 $Na_2S_2O_3$ 标准溶液的体积为 V_0。

反应中,苯酚的基本单元根据下列关系确定:

1mol C_6H_5OH ⇔ 3mol Br_2 ⇔ 3mol I_2 ⇔ 6mol $Na_2S_2O_3$ ⇔ 6e$^-$

根据取样量 $m_{试样}$ 及 $Na_2S_2O_3$ 标准溶液的浓度和消耗的体积,按下式计算苯酚的含量(%):

$$w_{苯酚} = \frac{(V_0-V)c_{Na_2S_2O_3} M_{1/6\ C_6H_5OH} \times 10^{-3}}{m_{试样}} \times 100\%$$

或

$$w_{苯酚} = \frac{1}{6} \times \frac{(V_0-V)c_{Na_2S_2O_3} M_{C_6H_5OH} \times 10^{-3}}{m_{试样}} \times 100\%$$

式中,$M_{C_6H_5OH} = 94.11 g/mol$,$M_{1/6\ C_6H_5OH} = \frac{94.11}{6} g/mol = 15.68 g/mol$。

5.8 沉淀滴定法

5.8.1 沉淀滴定法概述

沉淀滴定法是以沉淀反应为基础的滴定方法。能适于沉淀滴定的沉淀反应必须满足下列条件：

① 沉淀反应速率要快，生成的沉淀物溶解度要小。
② 沉淀反应要按一定的化学反应式定量进行，即反应要有计量关系。
③ 要有合适的指示剂指示滴定终点。
④ 沉淀的共沉淀现象不影响滴定结果。

虽然形成沉淀的反应很多，但是由于上述条件的限制，能用于沉淀滴定的沉淀反应并不多。目前应用较广泛的是利用生成难溶银盐的反应来进行滴定。例如，用 $AgNO_3$ 溶液滴定 Cl^- 的反应为：

$$Ag^+ + Cl^- = AgCl \downarrow$$

又如，用 NH_4SCN 溶液滴定 Ag^+ 的反应为：

$$Ag^+ + SCN^- = AgSCN \downarrow$$

这种利用生成难溶银盐反应进行测定的方法称为银量法。用银量法可对 Cl^-、Br^-、I^-、Ag^+、SCN^-、CN^- 等进行测定。

根据测定时的溶液介质条件以及使用的指示剂不同，将银量法分为莫尔法、佛尔哈德法和法扬司法。

5.8.2 银量法确定滴定终点的方法

5.8.2.1 莫尔法——以铬酸钾为指示剂

莫尔法是在中性或弱碱性介质条件下，用 $AgNO_3$ 标准溶液对 Cl^-、Br^- 进行沉淀的滴定方法，滴定以铬酸钾（K_2CrO_4）为指示剂，故也有称为铬酸钾指示剂法。

(1) 测定原理

现以 $AgNO_3$ 溶液滴定 Cl^- 为例，说明其测定原理。

莫尔法测定 Cl^- 的依据是分步沉淀原理（溶解度小的先沉淀，溶解度大的后沉淀）。由于 $AgCl$ 的溶解度比 Ag_2CrO_4 的溶解度小。因此，在中性或弱碱性介质条件中，用 $AgNO_3$ 进行滴定含有 Cl^-（待测物）和 CrO_4^{2-}（指示剂）的溶液时，首先析出 $AgCl$ 沉淀，其反应式为：

$$Ag^+ + Cl^- = AgCl \downarrow （白色） \quad K_{sp,AgCl} = 1.8 \times 10^{-10}$$

当 Cl^- 滴定完毕后，即化学计量点时，微过量的 Cl^- 与 CrO_4^{2-} 反应生成砖红色的 Ag_2CrO_4 沉淀，指示滴定终点。其反应式为：

$$2Ag^+ + CrO_4^{2-} = Ag_2CrO_4 \downarrow （砖红色） \quad K_{sp,Ag_2CrO_4} = 2.0 \times 10^{-12}$$

(2) 测定介质条件

① 滴定的 pH=6.5～10.5　莫尔法的滴定应在中性或弱碱性介质中进行。若溶液为酸性，则 Ag_2CrO_4 沉淀会溶解，滴定看不到终点：

$$Ag_2CrO_4 + H^+ \Longrightarrow 2Ag^+ + HCrO_4^-$$

若溶液碱性很强，则会析出 Ag_2O 沉淀：

$$2Ag^+ + 2OH^- \Longrightarrow Ag_2O\downarrow + H_2O$$

若溶液中存在铵盐，滴定时应控制 pH=6.5～7.2，否则会发生 AgCl 沉淀溶解反应而影响测定结果的准确度：

$$AgCl + 2NH_3 \Longrightarrow Ag(NH_3)_2^+ + Cl^-$$

在分析测定时，如果试样溶液酸性太强，可用 $NaHCO_3$、$Na_2B_4O_7 \cdot 10H_2O$、$CaCO_3$ 或 MgO 中和；如果溶液碱性太强，可用稀 HNO_3 中和。

② 指示剂的浓度为 0.003～0.005mol/L　分析测定中，若 K_2CrO_4 指示剂的浓度过高或者过低，就会使 Ag_2CrO_4 沉淀偏早或偏后析出，这样终点就会出现提前或推后。

滴定过程中 K_2CrO_4 指示剂适宜的浓度计算如下。

在化学计量点时，Ag^+ 与 Cl^- 反应生成 AgCl 饱和溶液，此时，

$$[Ag^+]=[Cl^-]$$

根据溶度积原理，化学计量点时：

$$[Ag^+]=[Cl^-]=\sqrt{K_{sp,AgCl}}=\sqrt{1.8\times10^{-10}}\,mol/L=1.34\times10^{-5}\,mol/L$$

在到达化学计量点时，Ag_2CrO_4 应开始形成沉淀，根据溶度积原理有：

$$[Ag^+]^2[CrO_4^{2-}]=K_{sp,Ag_2CrO_4}$$

此时所需的 CrO_4^{2-} 的浓度是：

$$[CrO_4^{2-}]=\frac{K_{sp,Ag_2CrO_4}}{[Ag^+]^2}=\frac{2.0\times10^{-12}}{1.34\times10^{-5}}=1.1\times10^{-2}$$

由于 K_2CrO_4 溶液本身显黄色，当浓度太高时会影响终点的观察，故实际用量较理论值略低，为 0.003～0.005mol/L，即终点时每 100mL 溶液中含 5% K_2CrO_4 溶液 1～2mL。

(3) 测定注意事项

① 滴定时必须充分振摇　由于反应生成的 AgCl 沉淀易吸附 Cl^-，使得 $AgNO_3$ 滴定体积减少，终点提前出现，测定结果偏低。为此滴定时必须充分振摇，使吸附在 AgCl 沉淀表面上的 Cl^- 释放出来，以获得准确的测定结果。

② 莫尔法适用范围　莫尔法主要用于 Cl^-、Br^- 的测定，不适于 I^-、SCN^- 的测定。因为 AgI、AgSCN 沉淀会强烈地吸附 I^-、SCN^-，就是充分振摇也不会将其释放出来，会使终点提前，影响测定的准确度。此法也不适于以 NaCl 溶液滴定 Ag^+，因为 Ag_2CrO_4 转化为 AgCl 的速率较慢，常使终点延迟。

③ 干扰　莫尔法由于滴定在中性或弱碱性介质中进行，要注意下列干扰情况：PO_4^{3-}、AsO_4^{3-}、SO_3^{2-}、S^{2-}、CrO_4^{2-}、CO_3^{2-}、$C_2O_4^{2-}$ 能与 Ag^+ 生成沉淀；

Ba^{2+}、Pb^{2+} 能与 CrO_4^{2-} 生成沉淀；Fe^{3+}、Al^{3+}、Bi^{3+}、Sn^{4+} 能发生水解。

溶液中有色离子 Cu^{2+}、Ni^{2+}、Co^{2+} 大量存在时会影响终点的观察。

5.8.2.2 佛尔哈德法——以铁铵矾为指示剂

佛尔哈德法是在 HNO_3 介质条件下，以铁铵矾 $[NH_4Fe(SO_4)_2 \cdot H_2O]$ 为指示剂，用硫氰酸铵（NH_4SCN）标准溶液作为滴定剂的银量法。此法有直接滴定法和返滴定法两种滴定方式。

(1) 直接滴定法——测定 Ag^+

① 测定原理　在含有 Ag^+ 的 HNO_3 溶液中，以铁铵矾为指示剂，用 NH_4SCN 标准溶液滴定。滴定过程中，溶液首先析出 AgSCN 沉淀，其反应式为：

$$Ag^+ + SCN^- \Longrightarrow AgSCN \downarrow （白色） \qquad K_{sp}=1.0 \times 10^{-12}$$

在化学计量点后，稍过量的 SCN^- 与铁铵矾中的 Fe^{3+} 生成红色配位离子，从而指示终点，其反应式为：

$$Fe^{3+} + SCN^- \Longrightarrow FeSCN^{2+} （红色） \qquad K_1=138$$

② 注意事项

a. 由于 AgSCN 沉淀有吸附 Ag^+ 的作用，使反应未到化学计量点，便产生红色的 $FeSCN^{2+}$，出现终点提前现象。因此用 NH_4SCN 溶液直接滴定 Ag^+ 时要充分振摇，使吸附的 Ag^+ 释放出来，以避免由于吸附引起的误差。

b. 在 50mL 0.2~0.5mol/L 的 HNO_3 溶液中，如果加入 1~2mL 饱和铁铵矾溶液（浓度约为 40%），只需滴入半滴（0.02mL）0.1mol/L NH_4SCN，就会呈现出清晰的红色。

c. 本法应在酸性条件下进行，这时 Fe^{3+} 主要以 $Fe(H_2O)_6^{3+}$ 形式存在，颜色较浅。应当注意的是，本法不能在碱性或中性溶液中测定，因为在此条件下，Fe^{3+} 会水解，形成颜色较深的棕色水合氢氧化铁：$Fe(H_2O)_6OH^{2+}$ 或 $Fe_2(H_2O)_4(OH)_2^{4+}$，影响终点的观察。

(2) 返滴定法——测定卤素离子

① 测定原理　现以测定 Cl^- 含量为例，说明其测定原理。

测定时，先于试液中加入已知过量的 $AgNO_3$ 标准溶液，使之生成难溶银盐（AgCl）沉淀，其反应式为：

$$Ag^+ + Cl^- \Longrightarrow AgCl \downarrow$$
（过量）

以铁铵矾为指示剂，用 NH_4SCN 标准溶液滴定剩余量的 Ag^+，其反应式为：

$$Ag^+ + SCN^- \Longrightarrow AgSCN \downarrow$$
（剩余量）

终点时，生成红色的 $FeSCN^{2+}$ 配位离子，而指示终点，其反应式为：

$$Fe^{3+} + SCN^- \Longrightarrow FeSCN^{2+}$$

② 注意事项

a. 用返滴定法测定 Cl^- 时，要注意防止 AgCl 沉淀转化为 AgSCN。其现象是到达终点时溶液显红色，用力振摇后，红色消失，再滴入 NH_4SCN 标准溶液，红色又出现。其原因是 AgCl 的溶解度比 AgSCN 的溶解度大，当溶液中的 AgCl 与 SCN^- 接触时，就可能生成溶解度更小的 AgSCN。沉淀转化的原因可用下列反应式表示：

$$AgCl \rightleftharpoons Cl^- + Ag^+$$

$$FeSCN^{2+} \rightleftharpoons Fe^{3+} + SCN^-$$
（红色）

$$AgSCN \downarrow （白色）$$

沉淀转化的结果导致多消耗 NH_4SCN 标准溶液，使测定值偏低（因为是返滴定法）。

为了避免 AgCl 沉淀转化，减少误差，常采取下列措施之一：在用 NH_4SCN 标准溶液进行滴定之前，加入 1~2mL 有机溶剂（硝基苯或 1,2-二氯乙烷），使 AgCl 沉淀进入有机溶剂层，避免 AgCl 与 SCN^- 接触；将生成的 AgCl 沉淀过滤除去，滤液中剩余量的 Ag^+ 用 NH_4SCN 标准溶液滴定。

若对准确度要求不高的测定，可不采用上述两个措施，但在滴定近终点时要注意摇动不要太剧烈，以免 AgCl 沉淀转化为 AgSCN。

b. 此法对 Br^-、I^- 的测定无沉淀转化现象，是因为 AgBr 和 AgI 的溶解度均比 AgSCN 的溶解度要小。但在测定 I^- 时，应先加入 $AgNO_3$，再加指示剂，避免 I^- 对 Fe^{3+}（指示剂）的还原作用。

c. 指示剂中的 Fe^{3+}，在中性或碱性溶液中，形成深色的 $[Fe(H_2O)_6OH]^{2+}$ 或 $[Fe_2(H_2O)_4(OH)_2]^{4+}$，甚至产生氢氧化铁沉淀，因此该法测定在酸度为 0.3mol/L 硝酸介质中进行。

佛尔哈德法的最大优点是在硝酸介质中进行滴定，可避免许多离子的干扰。

5.8.2.3 法扬司法——吸附指示剂

法扬司法利用指示剂被沉淀吸附前后颜色的不同来确定终点的方法，故也称为吸附指示剂法。

(1) 吸附指示剂的作用原理

吸附指示剂是一类有机物质，在水溶液中被沉淀表面吸附后，其结构发生改变，因而引起颜色变化。

现以测定 Cl^- 含量为例，说明指示剂变色原理。

用 $AgNO_3$ 溶液滴定 Cl^- 时，可用荧光黄作指示剂。荧光黄是有机弱酸，以 HFI 表示，在水溶液中存在下列平衡关系：

$$HFI \rightleftharpoons H^+ + FI^-$$
（黄绿色）

在中性溶液中荧光黄以阴离子 FI^- 存在，显黄绿色。

在化学计量点之前，用 $AgNO_3$ 滴定 Cl^- 时，其反应式为：

$$Ag^+ + Cl^- =\!\!=\!\!= AgCl\downarrow$$
（白色）

此时，溶液中还有未反应的 Cl^-，这时生成的 AgCl 沉淀会吸附 Cl^-，形成 $(AgCl)Cl^-$，而带负电荷：

$$AgCl + Cl^- =\!\!=\!\!= (AgCl)Cl^-$$

这时，荧光黄是以游离的阴离子 FI^- 存在，使溶液呈黄绿色。

化学计量点之后，溶液中存在稍过量的 Ag^+，此时 AgCl 沉淀就会吸附 Ag^+ 形成 $(AgCl)Ag^+$，而带正电荷：

$$AgCl + Ag^+ =\!\!=\!\!= (AgCl)Ag^+$$

$(AgCl)Ag^+$ 能吸附荧光黄阴离子 FI^-，使溶液由黄绿色变为粉红色而指示终点的到达，其反应式为：

$$(AgCl)Ag^+ + FI^- =\!\!=\!\!= (AgCl)Ag^+ \cdot FI^-$$
（黄绿色） （淡红色）

(2) 注意事项

① 由于指示剂颜色的变化发生在沉淀表面，为了增强卤化银的吸附能力，可加入胶体保护剂（如糊精、淀粉），使溶液呈具有较大表面积的胶体状态，防止 AgCl 沉淀凝聚，终点变色更为明显。

② 吸附指示剂一般为有机弱酸，为使指示剂在滴定溶液中以阴离子形式存在和避免 AgCl 形成 AgOH 或 Ag_2O，必须控制溶液的酸度。常用的吸附指示剂及其使用的酸度条件列于表 5-23。

表 5-23 常用的吸附指示剂及其使用的酸度条件

指示剂	配制方法	被测离子	颜色变化	酸度条件
荧光黄	0.2%乙醇溶液或 0.2%钠盐水溶液	Cl^-、Br^-、I^-、SCN^-	黄绿→粉红	pH 7~10
二氯荧光黄	0.2%的70%乙醇溶液	Cl^-、Br^-、I^-	黄绿→红	pH 4~10
曙红	0.2%的70%乙醇溶液或 0.5%钠盐水溶液	Br^-、I^-、SCN^-	黄红→深红	pH 2~10
溴酚蓝	0.1%水溶液	Cl^-、I^-	黄绿→蓝	酸性溶液
罗丹明 6G	0.1%水溶液	Ag^+	橙红→红紫	0.3mol/L HNO_3 溶液
二苯胺	1%的浓 H_2SO_4 溶液	Cl^-、Br^-、I^-、SCN^-	紫→绿	0.20~0.25mol/L H_2SO_4 溶液

③ 由于吸附反应是可逆的，故在滴定过程中应充分振摇，加快吸附达到平衡的速率。

④ 滴定过程中应避免阳光直射，防止卤化银沉淀分解成灰黑色金属银，影响终点观察。

5.8.3 应用实例

(1) 水中 Cl^- 的测定（莫尔法）

准确吸取适量水样（体积为 $V_{水样}$）于锥形瓶中，加入 K_2CrO_4 溶液（5%）1mL，用 0.1mol/L $AgNO_3$ 标准溶液滴定至溶液刚好呈现出砖红色，即为终点，记录滴定时消耗 $AgNO_3$ 标准溶液的体积（V）。另取与水样同体积的蒸馏水，用同样的方法作一空白试验，记录滴定时消耗 $AgNO_3$ 标准溶液的体积（V_0）。

计算：

$$氯化物(Cl^-) = \frac{(V-V_0)c_{AgNO_3} \times 35.45 \times 1000}{V_{水样}} \quad (单位:mg/L)$$

式中，35.45 为氯离子的摩尔质量（Cl^-），g/mol。

(2) 银合金中银的测定（佛尔哈德法）

首先将银合金试样溶于硝酸中，其反应式为：

$$2Ag + 2NO_3^- + 6H^+ = 2Ag^+ + NO_2\uparrow + NO\uparrow + 3H_2O$$

为避免溶液中 HNO_2 与 SCN^- 作用生成红色化合物，而影响终点的观察：

$$HNO_2 + H^+ + SCN^- = NOSCN(红色) + H_2O$$

因此溶解后，应加热煮沸除去氮的低价氧化物，防止上述反应进行。

然后，加入饱和 $NH_4Fe(SO_4)_2$ 指示剂 1mL，用 NH_4SCN 溶液滴定至溶液呈现淡红色即为终点。为了使滴定到化学计量点时出现红色的 $FeSCN^{2+}$，必须控制 Fe^{3+} 浓度。实验证明，维持 Fe^{3+} 为 0.015mol/L，可以得到满意的结果。

根据 NH_4SCN 的浓度和消耗的体积，以及称取试样的质量 $m_{试样}$，按下式计算 Ag 的质量分数（%）：

$$w_{Ag} = \frac{c_{NH_4SCN} V_{AgNO_3} M_{Ag} \times 10^{-3}}{m_{试样}} \times 100\%$$

式中，$M_{Ag}=107.87$g/mol；V_{AgNO_3} 的单位为 mL；c_{NH_4SCN} 的单位为 mol/L；$m_{试样}$ 的单位为 g。

5.9 重量分析法及基本操作

5.9.1 重量分析基本原理

重量分析法：称取一定质量的样品，将其中被测组分与其他组分分离后，转化为一定的称量形式，然后用称量的方法计算该组分的含量。

(1) 重量分析法的分类

根据分离方法的不同，可将重量分析法分为如下四种。

① 沉淀重量法　沉淀重量法是重量分析法的主要方法。这种方法是利用沉淀剂将被分析组分转化为一种难溶化合物而沉淀下来，将沉淀过滤、洗涤、烘干或灼烧成一定化学组成的化合物，最后称量沉淀的质量。根据沉淀的质量计算出被分析组分的含量。例如试液中 SO_4^{2-} 含量的测定流程如下：

$$\text{试液中 } SO_4^{2-} \xrightarrow[BaCl_2]{\text{加入过量}} BaSO_4 \downarrow \xrightarrow{\text{过滤、洗涤、干燥}} \text{称量 } BaSO_4 \text{ 的质量} \longrightarrow \text{计算 } SO_4^{2-} \text{ 的含量}$$

② 气化重量法（挥发法） 气化重量法是利用被分析组分的挥发性，将样品加热或用其他方法使被分析组分转化为挥发性物质逸出，经过称量，根据试样质量在加热前后的减少来计算试样中该组分的含量。例如样品的水分测定；水中总残渣灼烧减量的测定。或者采用适当的吸收剂将反应逸出的挥发性物质完全吸收，根据吸收剂增加的质量，计算被测组分的含量。例如，测定钢铁试样中碳含量时，试样在高温炉中加热并通氧燃烧，使碳氧化成二氧化碳，以碱石棉吸收二氧化碳，称量碱石棉吸收瓶的增重，计算钢铁试样中的碳含量。

③ 电解重量法　电解法是利用电解的原理，使被测的金属离子转化为金属或其他形式的物质沉积在电极表面，根据电极增加的质量，计算被测组分的含量。例如，测定铜合金中铅，试样经硝酸溶解处理后，以网状铂电极（已称重）为阳极进行电解，溶液中的 Pb^{2+} 以 PbO_2 形式在阳极上沉淀，其电极反应为：

$$Pb^{2+} - 2e^- + 2H_2O \Longrightarrow PbO_2 \downarrow + 4H^+$$

电解终了，将网状电极洗涤、烘干、称重，根据电极增加的质量，可计算铜合金中铅的含量。

④ 萃取重量法　萃取法是利用有机溶剂将被分析组分从样品溶液中萃取出来，然后将有机溶剂蒸发除去，最后称量残留的萃取物质量，计算被分析组分的含量。例如，测定工业废水中石油类物质含量，将废水样用硫酸酸化后，用石油醚萃取废水中油类，然后蒸除石油醚，最后称取油的质量，计算工业废水中的含油量。

(2) 重量分析法的特点

重量分析法是直接用分析天平称量试样和沉淀而得到的分析结果，不需标准试样或基准物质进行比较，是一种直接的和最基本的经典方法，适用于常量分析，方法准确，相对误差为 0.1%～0.2%。但是，重量法操作比较繁复，分析时间长，不适宜生产控制分析及微量组分的测定。

(3) 重量分析的计算

① 重量分析的一般流程　重量分析的操作包括样品的溶解、沉淀的进行、沉淀的过滤与洗涤、沉淀的干燥或灼烧、称量等步骤，一般流程如下：

$$\text{试样} \xrightarrow{\text{溶解}} \text{试液} \xrightarrow[\text{沉淀剂}]{\text{加入过量}} \text{沉淀形式} \xrightarrow{\text{过滤、洗涤、干燥}} \text{称量形式} \xrightarrow{\text{恒重后}} \text{计算被测组分含量}$$

要注意沉淀形式与称量形式的区别。沉淀形式——加入沉淀剂后，得到的难溶物质形式；称量形式——沉淀经干燥或灼烧后，将得到的化合物进行称量的形式。沉淀形式与称量形式有可能为不同的化合物，也有可能为同一化合物。例如：

被测组分形式	沉淀形式	称量形式
SO_4^{2-} →	$BaSO_4$ →	$BaSO_4$

$$Si \longrightarrow SiO_2 \cdot nH_2O \longrightarrow SiO_2$$
$$Mg^{2+} \longrightarrow MgNH_4PO_4 \cdot 6H_2O \longrightarrow Mg_2P_2O_7$$

② 重量分析对称量形式的要求　称量形式必须与化学式完全符合，这是计算分析结果的定量基础；称量形式必须稳定，不易吸收空气中的水分、CO_2 和 O_2 等，在干燥或灼烧时不易分解；称量形式的摩尔质量要大，这样由少量的被测组分可得到较大量的称量物质，以减少称量误差，提高分析灵敏度。

③ 换算因子　在重量分析中是利用称量的方法进行计算得到被测组分的含量，通常按下式计算被测组分的含量：

$$w = \frac{被测组分质量}{试样质量} \times 100\% \quad (5-26a)$$

如果称量形式与被组分的形式相同，则分析结果的计算比较简单。计算按式(5-26a)计算。但是，在很多情况下，称量形式与被测组分的形式不相同，计算被测组分含量时较复杂，需要进行换算。如试样中 SO_4^{2-} 的含量测定，称量形式为 $BaSO_4$，这时就需由称量形式的质量计算出被测组分的质量，其通式为：

$$被测组分的质量 = 称量形式的质量 \times 换算因子$$

因此

$$w = \frac{称量形式的质量 \times 换算因子}{试样质量} \times 100\% \quad (5-26b)$$

其换算因子计算思路为：

因为：
$$\frac{被测组分的质量}{称量形式的质量} = \frac{被测物质的摩尔质量}{称量形式的摩尔质量}$$

则　　被测组分的质量 = 称量形式的质量 $\times \dfrac{被测组分的摩尔质量}{称量形式的摩尔质量}$

由此可见换算因子是由被测组分的摩尔质量与称量形式的摩尔质量之比。

例如，将 Mg^{2+} 沉淀为 $MgNH_4PO_4$，再灼烧成 $Mg_2P_2O_7$（称量形式），若求 Mg^{2+} 含量，其换算因子

$$换算因子 = \frac{2M_{Mg}}{M_{Mg_2P_2O_7}}$$

由于 1mol $Mg_2P_2O_7$ 相当于 2mol Mg，所以，分子项要乘以 2。

若求 MgO 含量，其

$$换算因子 = \frac{2M_{MgO}}{M_{MgNH_4PO_4}}$$

同理 1mol $MgNH_4PO_4$ 相当于 2mol MgO，所以，分子项要乘以 2。

④ 结果计算

【例 5-29】　测定某试样中硅含量，称取 0.2056g 试样，经过一系列处理后，将沉淀灼烧成 SiO_2 形式进行称量，测得质量为 0.1246g，求试样中硅含量，分别以 SiO_2 和 Si 表示。已知 $A_{Si} = 28.09g/mol$，$M_{SiO_2} = 60.08g/mol$。

解：(1) 被测组分为 SiO_2，称量形式是 SiO_2，故按式(5-26a) 计算，得

$$w_{SiO_2}=\frac{0.1246}{0.2056}\times100\%=60.60\%$$

(2) 被测组分为 Si，称量形式是 SiO_2，故按式(5-26b) 计算，得

$$w_{SiO_2}=\frac{0.1246\frac{A_{Si}}{M_{SiO_2}}}{0.2056}\times100\%=\frac{0.1246\times\frac{28.09}{60.08}}{0.2056}\times100\%=28.33\%$$

【例 5-30】 称取某铁矿试样 0.2543g，经处理后，沉淀形式为 $Fe(OH)_3$，称量形式为 Fe_2O_3，称得质量为 0.2378g，求试样中铁含量，分别以 Fe、Fe_2O_3 和 Fe_3O_4 表示。已知 $A_{Fe}=55.85$ g/mol，$M_{Fe_2O_3}=159.69$ g/mol，$M_{Fe_3O_4}=231.54$ g/mol。

解：根据式(5-26b)，得

$$w_{Fe}=\frac{\text{称量形式的质量}\times\frac{2A_{Fe}}{M_{Fe_2O_3}}}{\text{试样质量}}\times100\%=\frac{0.2378\times\frac{2\times55.85}{159.69}}{0.2543}\times100\%=65.42\%$$

$$w_{Fe_2O_3}=\frac{\text{称量形式的质量}\times\frac{M_{Fe_2O_3}}{M_{Fe_2O_3}}}{\text{试样质量}}\times100\%=\frac{0.2378\times1}{0.2543}\times100\%=93.51\%$$

$$w_{Fe_3O_4}=\frac{\text{称量形式的质量}\times\frac{2\times M_{Fe_3O_4}}{3\times M_{Fe_2O_3}}}{\text{试样质量}}\times100\%=\frac{0.2378\times\frac{2\times231.54}{3\times159.69}}{0.2543}\times100\%=90.39\%$$

5.9.2 重量分析操作

5.9.2.1 试样的溶解

试样称出后，根据试样的性质，采用不同的分解方法将试样制备成溶液。常用的分解方法有溶解法和熔融法两种。溶解法是将试样溶解于水、酸、碱或其他溶剂中；熔融法是将试样与固体熔剂混合置于坩埚中，在高温下加热熔融，使欲测组分转变为可溶于水或酸的化合物。试样的分解方法参见 5.3.4 节。在制备成溶液的过程中，要求不能引入干扰测定的组分，同时也应避免组分损失。样品的溶解操作如下：

① 准备好干净的烧杯，配好合适玻璃棒（其长度应高出烧杯 5～7cm）和表面皿（直径略大于烧杯口直径），三者配套使用。

② 称取试样于烧杯后，用表面皿盖好烧杯。

③ 根据试样性质，用水、酸或其他溶剂溶解。

溶样时，将表面皿取下，用玻璃棒下端紧靠杯壁，沿玻璃棒加入溶剂。边加边搅拌，直到样品完全溶解为止，然后盖上表面皿。

溶样时，若有气体产生（如碳酸钠加盐酸），应先加少量水润湿样品，使其成糊状物，盖上表面皿，由烧杯嘴与表面皿的狭缝间滴加溶剂，并不断轻晃

容器，待试样完全溶解后，用洗瓶吹洗表面皿，流下的水应沿杯壁流入烧杯，并吹洗杯壁。

有些样品需加热溶解，可在电炉上加热。加热时，应盖上表面皿，并只能用小火使溶液微热或微沸，防止暴沸。

如果试样溶解后需加热蒸发时，可在板上放上玻璃三脚架或在杯沿上挂三个玻璃钩，再盖上表面皿，加热蒸发。

5.9.2.2 沉淀

(1) 重量分析对沉淀形式要求

① 沉淀应完全，要求沉淀的溶解度必须很小。通常要求沉淀的溶解损失不超过称量误差（即 0.0002g），以保证沉淀完全。

② 沉淀应纯净，尽量避免其他杂质沾污。

③ 沉淀应易于过滤、洗涤。因此在对被测组分进行沉淀时，希望得到粗大的晶形沉淀。

④ 沉淀应易于转化为称量形式。

(2) 影响沉淀溶解度的因素

根据对沉淀形式的要求之一：沉淀应完全，要求沉淀的溶解度必须很小。因此在重量分析中要保证沉淀完全，其沉淀溶解损失不超过 0.0002g。因此必须了解一些影响沉淀溶解度的因素，以利于控制沉淀反应的条件。现对影响沉淀溶解度的因素分别讨论如下。

① 同离子效应　在沉淀反应中，当沉淀反应达到平衡以后，加入过量的沉淀剂，这时增大了与沉淀组成相同的离子浓度，使沉淀的溶解度降低的现象称为同离子效应。

例如测定 SO_4^{2-} 含量时，加入过量的 $BaCl_2$ 沉淀剂，使反应得到的 $BaSO_4$ 沉淀的溶解度降低，沉淀完全。

必须注意，沉淀剂并不是加得越多，沉淀的溶解度就小。相反沉淀剂加得太多，可能会发生盐效应、配位效应，反而使沉淀的溶解度增大。因此，加入沉淀剂过量的程度应根据沉淀剂的性质来决定。不易挥发的沉淀剂一般应过量 20%～30%；易挥发的沉淀剂可过量 50%～100%。

② 盐效应　在难溶电解质的饱和溶液中，加入其他强电解质，使难溶电解质的溶解度比同温度时在纯水中的溶解度增大的现象称为盐效应。

例如 $BaSO_4$ 饱和溶液在强电解质 KNO_3 存在时，其溶解度比在纯水中大。

当沉淀的溶解度很小时，盐效应的影响不大，可以不予考虑。当沉淀的溶解度不是很小时，离子强度很高时，这时要注意盐效应的影响。

③ 酸效应　溶液的酸度对沉淀溶解度的影响称为酸效应。当沉淀是强酸盐时，如 $BaSO_4$、$AgCl$ 等，溶液的酸度对溶解度的影响不大。当沉淀是弱酸盐时，如 CaC_2O_4、$Ca_3(PO_4)_2$、ZnS 等，溶液的酸度对溶解度的影响就很显著。

例如，CaC_2O_4 在酸性溶液中的离解平衡式如下：

$$CaC_2O_4 \rightleftharpoons Ca^{2+} + C_2O_4^{2-}$$
$$-H^+ \updownarrow +H^+$$
$$HC_2O_4^- \underset{-H^+}{\overset{+H^+}{\rightleftharpoons}} H_2C_2O_4$$

当溶液酸度增大时，CaC_2O_4 沉淀向生成 $HC_2O_4^-$ 和 $H_2C_2O_4$ 方向移动，使得溶液中的 $C_2O_4^{2-}$ 的浓度降低，从而使 CaC_2O_4 沉淀溶解。因此，对于弱酸盐沉淀，一般在较低的酸度下进行沉淀，以降低酸度对沉淀溶解度的影响。

④ 配位效应　当溶液中存在配位剂时，并能与沉淀的离子形成配合物，这时沉淀的溶解度增大，甚至不产生沉淀，这种现象称为配位效应。

例如用 Cl^- 沉淀 Ag^+ 时，得到 $AgCl$ 沉淀。若加入氨水，则 NH_3 能与 Ag^+ 配位，形成 $Ag(NH_3)_2^+$ 配位离子：

$$AgCl \rightleftharpoons Ag^+ + Cl^-$$
$$\updownarrow +2NH_3$$
$$Ag(NH_3)_2^+$$

这时 $AgCl$ 的溶解度就远远大于在纯水中的溶解度。

(3) 影响沉淀纯度的因素

根据对沉淀形式的要求之二：沉淀应纯净，尽量避免其他杂质沾污。因为在重量分析中，是否获得纯净的沉淀，它直接影响分析结果的准确性。当沉淀从溶液中析出时，或多或少会带入一些杂质，使沉淀沾污。影响沉淀纯度的因素有共沉淀和后沉淀两种情况。因此，必须找出减少杂质混入的方法，获得符合重量分析要求的沉淀。

① 共沉淀现象　在沉淀生成过程中，溶液中某些可溶性杂质会同时被沉淀带下而混杂于沉淀中，这种现象称为共沉淀现象。例如，用 $BaCl_2$ 沉淀 SO_4^{2-} 时，若溶液中含有 Fe^{3+}，则由于共沉淀原因，得到的 $BaSO_4$ 沉淀中常夹杂有 $Fe_2(SO_4)_3$。当沉淀灼烧后，得到不是纯白色的 $BaSO_4$，而是显棕黄色。共沉淀现象是重量分析中最重要的误差来源之一，产生共沉淀的原因可能是表面吸附、混晶、吸留与包藏等原因引起的。

产生表面吸附现象与下列因素有关：沉淀的总表面积越大，吸附杂质的量就越多；溶液中杂质离子的浓度越高，吸附杂质的量就越多；溶液中杂质离子的价态越高，杂质就越容易被吸附；由于吸附作用是放热过程，溶液温度升高，有利于减少杂质的吸附。

产生混晶现象与溶液中杂质离子电荷、半径、晶体结构有关：当溶液中杂质离子与沉淀的构晶离子的电荷相同，半径相近，晶体结构相似时，杂质将与沉淀生成混晶，而沾污沉淀。例如 Pb^{2+} 与 Ba^{2+} 的电荷相同，离子半径相近，$PbSO_4$ 与 $BaSO_4$ 晶体结构相同，Pb^{2+} 就可能混入 $BaSO_4$ 晶格中，与 $BaSO_4$ 形成混晶而共沉淀。

吸留是指被吸附的杂质机械地嵌入沉淀中。包藏是指母液机械地包藏在沉淀中。这种现象的发生与沉淀剂的浓度和沉淀操作过程有关。沉淀剂的浓度比较大，沉淀剂加入太快，沉淀迅速长大，沉淀表面吸附的杂质来不及离开便被随后生成的沉淀所覆盖，使杂质或母液被吸留或包藏在沉淀内部。这种吸留或包藏产生的共沉淀无法用洗涤的方法将杂质除去，应尽量避免这种现象发生。

② 后沉淀现象　在沉淀析出之后，当沉淀与母液一起放置时，溶液中某些杂质离子慢慢沉积到原沉淀上，这种现象称为后沉淀现象。放置的时间越长，杂质析出的量越多。

③ 获得纯净沉淀的措施

a. 采用适当的分析程序和沉淀方法　在分析试液中，如果被分析组分含量较低，而杂质含量较高时，为了防止被分析组分离子因共沉淀产生损失，则应将含量低的被分析组分先沉淀下来。

b. 降低易被吸附的杂质离子的浓度　对于易被吸附的杂质离子，应先分离除去或者加掩蔽剂进行掩蔽。例如，将 SO_4^{2-} 沉淀为 $BaSO_4$ 时，溶液中若有较多的 Fe^{3+}，要避免共沉淀产生，就必须加入还原剂将 Fe^{3+} 还原为 Fe^{2+}，或者加入 EDTA 将 Fe^{3+} 配位掩蔽。

c. 选择合适的沉淀剂　根据对沉淀形式及称量形式的要求，考虑沉淀剂的选择性，选择具有较好选择性的沉淀剂。例如，许多有机沉淀剂的选择性较好，而且组成固定，易于分离和洗涤，可减少共沉淀现象，又简化了操作，加快了分析测定速率，同时称量形式的摩尔质量较大，可减少称量误差。因此在沉淀重量法中，有机沉淀剂的应用广泛。

d. 选择适当的沉淀条件　沉淀吸附作用与沉淀的类型及沉淀条件有关，因此，要获得纯净的沉淀，应针对不同的沉淀类型，选择适当的沉淀条件。

e. 选择适当的洗涤剂洗涤沉淀　洗涤时要尽量减少沉淀的溶解损失和避免形成胶体，因此要注意根据沉淀的类型选择合适的洗涤液。选择洗涤液的原则如下：

对于溶解度大的晶形沉淀，可用冷的稀的沉淀剂进行洗涤。由于同离子效应，可减少沉淀的溶解损失；晶形沉淀的溶解度随温度升高而增大，故不能用热的沉淀剂进行洗涤。必须注意，沉淀剂应在干燥或灼烧时易挥发或易分解而除去，例如用 $(NH_4)_2C_2O_4$ 稀溶液洗涤 CaC_2O_4 沉淀，$(NH_4)_2C_2O_4$ 在干燥时会分解为 NH_3 和 CO_2 而被除去。如果沉淀剂为不挥发的物质，就不能作洗涤液，此时可改用其他合适的溶液洗涤沉淀。

对于溶解度小的非晶形沉淀，可用热的稀的电解质溶液作洗涤液，以防止胶体的形成。例如，$Al(OH)_3$ 沉淀可用 NH_4NO_3 稀溶液洗涤。用热的洗涤液洗涤沉淀，即可加快过滤速率，又能防止胶体的形成，但是溶解度随温度升高而增大的沉淀就不能用热的洗涤液洗涤。

对于溶解度很小而又不容易形成胶体的沉淀，可用纯水洗涤沉淀。

f. 再沉淀　再沉淀是指将沉淀过滤、洗涤后，重新溶解，再进行一次沉淀。

通过这种操作步骤，再沉淀时溶液中杂质浓度大为减少，可降低共沉淀现象。

(4) 沉淀的类型及沉淀条件

在重量分析中，为了得到准确的结果，应根据沉淀的种类选择沉淀条件进行沉淀。沉淀条件一般包括沉淀时溶液的温度、沉淀剂加入速率、沉淀剂浓度、试剂加入次序以及沉淀的时间等。

沉淀可分为晶形沉淀和非晶形沉淀。如 $BaSO_4$、CaC_2O_4、$MgNH_4PO_4$ 等通常是晶形沉淀，而 $Al(OH)_3$、$Fe(OH)_3$ 等是非晶形沉淀。沉淀的类型不同，其性质也有许多不同，为了获得符合重量分析要求的沉淀，对不同类型的沉淀，应采用不同的沉淀方法，即不同的沉淀条件。

① 晶形沉淀的沉淀条件及操作 为了获得颗粒较大的晶形沉淀，便于过滤和洗涤，减少杂质共沉淀现象。所以，晶形沉淀操作方法概括为五个字：稀、热、慢、搅、陈，将其沉淀条件归纳为 4 点。

a. 沉淀过程应在适当稀的溶液中进行，以降低相对过饱和度，这时，晶核生成不会太多。但是溶液也不能太稀，否则沉淀的溶解损失会增加。

b. 沉淀作用应在热溶液中进行，其一是使沉淀的溶解度略有增加，溶液的相对过饱和度降低，有利于得到颗粒较大的晶形沉淀；其二是在热溶液中可减少杂质的吸附作用，获得纯度较高的沉淀。

c. 沉淀作用应在不断搅拌下，慢慢加入沉淀剂，避免局部相对过饱和度太大的现象发生。这样晶核生成不会太多，以便生成颗粒较大的晶体。

d. 陈化。陈化是指沉淀完全后，让沉淀与母液一起放置一段时间。其作用之一是使小颗粒的晶体溶解，大颗粒的晶体长大，便于沉淀过滤和洗涤；作用之二是在陈化过程中，沉淀会释放出部分包藏在晶体中的杂质，可减少杂质的吸附，提高沉淀的纯度。

晶形沉淀的具体操作：将烧杯中的稀溶液和沉淀剂分别加热至近沸，然后一手拿滴管滴加沉淀剂❶，一手持玻璃棒进行搅拌❷。沉淀后应检查沉淀是否完全❸，若沉淀已完全，则盖上表面皿放置一段时间或在水浴上加热一段时间，使沉淀陈化后，再进行过滤。

② 非晶形沉淀（又称无定形沉淀）的沉淀条件和操作 非晶形沉淀的颗粒小，比表面大，易吸附杂质，含水量多，沉淀疏松，体积庞大，过滤、洗涤不方便，为此，沉淀时应设法使沉淀凝聚结构紧密，防止胶溶作用，其操作条件归纳为 5 点。

a. 沉淀作用应在比较浓的溶液中进行，加入沉淀剂的速率可较快，这样生成

---

❶ 加沉淀剂时要做到毫无溅失，故滴加沉淀剂时尽量使滴管口接近液面。

❷ 搅拌时不要碰击烧杯，以免滑损烧杯。

❸ 检查沉淀是否完全的方法是：待沉淀下沉后，在上层澄清液中，沿杯壁加 1 滴沉淀剂，观察滴落处是否出现浑浊，无浑浊出现表明沉淀已完全，如出现浑浊，需再补加沉淀剂，直至再次检查时上层清液中不再出现浑浊为止。

的沉淀含水较少，易于过滤和洗涤。

b. 沉淀作用应在热的溶液中进行，其作用之一是使生成的沉淀较紧密，便于过滤和洗涤；二是可防止胶体溶液的形成，减少吸附现象，以获得纯净的沉淀。

c. 沉淀过程中加入适当的电解质，以防止胶体的形成，但是必须注意，加入的电解质不得妨碍下一步的分析过程。

d. 沉淀完全后，不必放置陈化，应趁热过滤。因为沉淀一经放置，将失去水分而聚集得十分紧密，不易洗涤除去吸附在沉淀表面的杂质。

e. 沉淀完全后，加入大量的热水稀释，并充分搅拌，使吸附在沉淀表面的杂质转入溶液中，降低杂质浓度和被吸附在沉淀表面上的杂质，以提高沉淀的纯度。

非晶形沉淀的具体操作：将烧杯中试样溶液和浓的沉淀剂溶液分别加热，在搅拌下尽快加入沉淀剂，必要时加入适当可挥发的电解质，沉淀完全后，立即加入大量热水，同时充分搅拌。经检查确定沉淀完全后，立即趁热过滤，不必放置陈化。

③ 沉淀操作注意事项

a. 无论是进行晶形沉淀操作，还是进行非晶形沉淀操作，都必须注意严格按实验方法规定的操作条件进行。

b. 测定前后所用的烧杯、表面皿、搅拌棒三者配套使用。

c. 玻璃棒与烧杯一一对应，不能将玻璃棒取出烧杯或互相对调以及共用一支玻璃棒。

沉淀所需试剂溶液，其浓度准确至1%就足够了。固体试剂只需用台秤称取，溶液用量筒量取。

5.9.2.3 沉淀的过滤与洗涤

沉淀完毕后，过滤沉淀以使沉淀与母液分离，然后进行洗涤，以除去吸附在沉淀表面上不挥发的杂质和包藏在沉淀中的母液，以获得纯度高的沉淀。

实验室一般采用滤纸或微孔玻璃坩埚过滤。对于需要灼烧的沉淀或胶状沉淀常用滤纸过滤；对于过滤后只要烘干即可称量的沉淀则采用微孔玻璃坩埚过滤。现分别介绍如下。

(1) 用滤纸过滤及沉淀洗涤

① 滤纸的选择　滤纸类型的选择：重量分析中常用定量滤纸（或称无灰滤纸）进行过滤，这种滤纸是用盐酸和氢氟酸处理过的，灼烧后灰分的质量约为0.00007g，已在一般分析天平的灵敏度以下，可忽略不计。根据滤纸的致密程度（孔径大小），将这类滤纸分为三类：第一类是最疏松的快速滤纸，其质松孔大，适用于过滤非晶形沉淀；第二类滤纸是较致密的中速滤纸，中等孔度，适用于过滤大颗粒的晶形沉淀；第三类滤纸是最致密的慢速滤纸，适用于过滤细颗粒的晶形沉淀。在工作中应根据沉淀的性质选择合适的滤纸，以免过滤速率太慢或者使沉淀透过滤纸，造成沉淀的损失。国产定量滤纸的型号与性质及应用见表 5-24。

表 5-24 国产定量滤纸的型号与性质

分类与标志	型号	灰分/(mg/张)	孔径/μm	过滤物晶形	适应过滤的沉淀	相对应的砂芯玻璃坩埚
快速 白色或黑色纸带	201	<0.10	80~120	胶状沉淀物	$Fe(OH)_3$ $Al(OH)_3$ H_2SiO_3	G_1、G_2 可抽滤稀胶体
中速 蓝色纸带	202	<0.10	30~50	一般晶形沉淀	SiO_2 $MgNH_4PO_4$ $ZnCO_3$	G_3 可抽滤粗晶形沉淀
慢速 红色或橙色纸带	203	<0.10	1~3	较细晶形沉淀	$BaSO_4$ $PbSO_4$ CaC_2O_4	G_4、G_5 可抽滤细晶形沉淀

滤纸大小的选择：根据沉淀量多少选择，一般沉淀的体积不能超过滤纸容量的 1/3，最多不超过 1/2，滤纸按直径大小（cm）分为：7、9、11、15 等，通常晶形沉淀一般采用直径为 7cm 或 9cm 的滤纸过滤；非晶形沉淀一般采用直径 11cm 滤纸过滤。

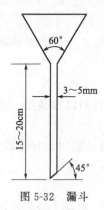

图 5-32 漏斗

② 漏斗的选择　用于重量分析的漏斗应选用长颈漏斗，漏斗锥角应为 60°，颈长为 15~20cm，颈孔直径要小一些，常为 3~5mm，以便在颈内容易保留水柱，出口磨成 45°，如图 5-32 所示。

选择漏斗时的大小应与选用的滤纸大小相适应。折叠后滤纸的上缘低于漏斗上沿 0.5~1cm，绝对不能超过漏斗边缘。

③ 滤纸的折叠　一般采用四折法折叠滤纸。将滤纸准确地对叠起来，然后过圆心再对折一次，将折好的滤纸张开成圆锥体（半边为一层，另一半边为三层），如图 5-33 所示。现将滤纸放入干净并烘干的漏斗中，观察折好的滤纸是否能与漏斗内壁紧密贴合，如果漏斗的锥体不为 60°，则滤纸与漏斗壁难以密合，其结果是漏斗颈中不能保留水柱而影响过滤速率，应重复折叠滤纸，改变滤纸折叠的角度，直至与漏斗密合为止。此时应注意折叠时不要把滤纸顶角的折缝压扁，以免削弱滤纸尖端强度而引起滤纸破损。取出圆锥形滤纸，并把三层滤纸一边的外二层撕下一角，如图 5-34 所示。这样可使漏斗与滤纸之间贴紧而无气泡。撕下的滤纸角保存在干净表面皿上，以备在转移沉淀时擦拭烧杯壁上附着的沉淀。将折叠好的滤纸重新放入漏斗，三层滤纸的一边应放在漏斗出口短的一边。用手指按紧三层的一边，用洗瓶水润湿滤纸，再用手指将滤纸上部分 1/3 处轻轻压紧在漏斗壁上，使两者之间没有空隙，应注意三层和一层处与漏斗密

图 5-33 滤纸的折叠

图 5-34 将滤纸撕下一角

合，滤纸的下部与漏斗内壁形成空隙。将水充满滤纸锥体至接近滤纸边缘（不要超过，以免滤纸浮起），利用水下流的作用以排除空气，此时滤纸与漏斗间和漏斗颈应全部水充满，形成不间断的水柱，这样由于水柱重力产生的静力差，可以大大加速过滤操作。当漏斗水全部流完后，颈部内水柱应仍能保留且无气泡，若漏斗颈部未形成水柱或滤纸与漏斗间有气泡存在，不能形成完整水柱，将使过滤速率减慢，这时可用手指堵住漏斗颈末端，稍掀起滤纸三层的一边，往空隙里加水，直至漏斗颈与锥体大部分被水充满，然后小心地把滤纸贴紧漏斗内壁，再松开手指，此时水柱应该形成，漏斗与滤纸间的气泡也可逐去。

将准备好的漏斗放在漏斗架上，漏斗下面放一干净烧杯，使漏斗颈出口处细长的一方紧贴烧杯内壁，漏斗位置的高低应以不接触滤液为度，烧杯用表面皿盖好。

④ 过滤和初步洗涤　过滤一般分三个阶段，第一个阶段用"倾注法"，将尽可能多的清液过滤掉，并将烧杯中沉淀进行初步洗涤；第二阶段是把沉淀转移到漏斗上；第三阶段是清洗烧杯和洗涤滤纸上的沉淀。

第一阶段——倾注法：所谓"倾注法"是先把沉淀上层的清液小心倾入滤纸上，并尽可能地让沉淀留在烧杯内，以便快速过滤沉淀及便于沉淀的洗涤。为此，静置时最好将盛沉淀的烧杯用木块将一边垫起使其倾斜，如图 5-35(a) 所示。过滤时，右手拿盛有待测滤液的烧杯，举到靠近漏斗右上方，左手将玻璃棒轻轻地从烧杯中取出，并垂直竖立漏斗上❶，玻璃棒下端对着三层滤纸一边❷，让烧杯嘴与玻璃棒紧靠，如图 5-35(b) 所示。慢慢倾斜烧杯，让清液沿玻璃棒流入漏斗中❸。当

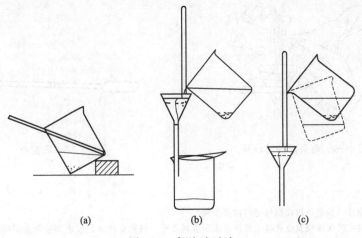

图 5-35　倾注法过滤

---

❶ 避免液滴损失。
❷ 玻璃棒的下端既要非常靠近，又不能碰到滤纸。
❸ 这种操作可避免滤液溅失。注意，每次倾入滤液量不能太满，一般不能超过滤纸的 2/3 或距离滤纸上缘 5mm 处，以免部分沉淀因毛细管作用越过滤纸上缘而损失掉。

暂停倾注时,应将烧杯嘴沿玻璃棒向上慢慢提起几厘米,如图 5-35(c) 所示,逐渐使烧杯直立❶,等玻璃棒和烧杯由相互垂直变为几乎平行时,将玻璃棒放入烧杯中❷。如此重复操作,直至上层清液倾完为止。当烧杯里留下的液体较少而不便倾出时,可将玻璃棒稍向左倾斜,使烧杯倾斜角度更大些,沉淀上少量的液体就容易流出。仔细观察滤液是否透明,如不透明,则应重新过滤。

在上层清液倾注完以后,应对沉淀进行初步洗涤,洗涤时,沿烧杯内壁四周注入少量洗涤液(洗涤液的体积应依据沉淀量、沉淀的性质等而定),将杯壁四周上的沉淀洗下来,用原玻璃棒充分搅拌沉淀,待沉淀沉降后,再用倾注法倾出清液,如此重复洗涤沉淀 4~6 次❸❹。

第二阶段——沉淀的转移:沉淀进行初步洗涤后,可将沉淀定量转移到漏斗上。

操作时,往烧杯中加适量的洗涤液❺,充分搅拌均匀。将沉淀和洗涤液一起沿玻璃棒注入漏斗滤纸上,如此重复操作 2~3 次,即可将大部分沉淀转移到滤纸上。为了使剩余的少量沉淀全部转移到漏斗滤纸上,可采用下法操作:左手拿着烧杯并把玻璃棒横放在烧杯嘴上,使玻璃棒伸出烧杯嘴约 2~3cm。用左手食指把玻璃棒压住,然后在漏斗上方倾斜烧杯,使玻璃棒下端指向滤纸三层一边,右手握住洗瓶吹洗整个烧杯,使洗涤液和沉淀沿玻璃棒流入漏斗中,如图 5-36 所示❻。用保存的小块滤纸❼擦拭玻璃棒,再放入烧杯中,用玻璃棒压住滤纸进行擦拭。擦拭后的滤纸用玻璃棒拨入漏斗中,用洗涤液再冲洗烧杯,将残存的沉淀全部转入漏斗中。有时也可用沉淀帚❽,如图 5-37 所示,擦洗烧杯上的沉淀,然后洗净沉淀帚。最后,

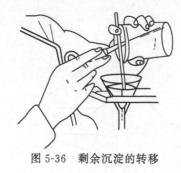

图 5-36 剩余沉淀的转移

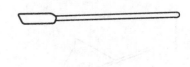

图 5-37 沉淀帚

---

❶ 这种操作才能避免留在烧杯嘴的液滴损失。

❷ 这样避免留在棒端及烧杯嘴上的液体流到烧杯外壁。特别要注意是玻璃棒放回原烧杯时,勿将清液搅混,也不要将玻璃棒放在烧杯嘴处,以免烧杯嘴处的少量沉淀沾在玻璃棒上。

❸ 前次洗涤液应尽量滤完后才可往烧杯中加下一次的洗涤液,这样效果较好。

❹ 随时检查滤液是否透明不含沉淀颗粒,否则应重新过滤,或重作实验。

❺ 加入量应比滤纸锥体所容纳的体积稍少一些。

❻ 注意:勿使液面接近滤纸上缘,以免沉淀微粒借毛细管作用越过滤纸上缘而损失。

❼ 折叠时撕下的小角滤纸。

❽ 沉淀帚一般可自制,剪一段乳胶管,一段套在玻璃棒上,另一端用橡胶胶水粘合,用夹子夹扁晾干即成。

应在亮处检查玻璃棒或沉淀帚上是否还有沉淀微粒或未擦净的表面，必要时重复处理。

第三阶段——清洗烧杯及洗涤滤纸上的沉淀：清洗烧杯的操作在沉淀的转移过程中已叙述。本小节主要叙述滤纸上沉淀的洗涤方法。

在滤纸上的洗涤：沉淀全部转移到滤纸上，应立即开始洗涤，绝不允许让沉淀放置长久而不洗，否则沉淀物会开裂或结成块，要洗去其中可溶性盐类则很困难。洗涤时要用洗瓶的洗涤液水流从滤纸三层部分的上缘开始作螺旋形移动，如图 5-38 所示，将沉淀洗到滤纸锥体底部。洗涤次数一般分析方法中都有规定，例如洗涤 8~10 次。

图 5-38 滤纸上沉淀的洗涤

沉淀在滤纸上洗涤的注意事项如下。

① 首先要强调一点，过滤和洗涤一定要连续进行操作，因此事先要计划好时间，不能间断，特别是过滤胶状沉淀。

② 在沉淀的过滤和洗涤操作中，采用倾注法，这样既可减少分析时间，又可提高洗涤效率。

③ 洗涤沉淀时，采用少量多次的洗涤方法，这样既不会产生沉淀的溶解损失，又可将沉淀洗净，从而提高了洗涤效果。

④ 不可将洗涤液直接冲到滤纸中央，以免沉淀外溅，也不要用强液流突然冲洗沉淀，以免溅失沉淀或穿破滤纸。

⑤ 操作中应先使洗瓶的出水管充满液体后，再拿到漏斗上方冲洗。

⑥ 每次洗涤时应等洗涤液流尽后再进行第二次洗涤，以提高洗涤效率。

⑦ 洗涤沉淀 8~10 次后，应检查最后一次洗出液中沉淀是否洗涤完全。例如，沉淀母液中含 Cl^-，规定洗至流出液无 Cl^- 为止，操作时，用一支干净小试管承接 1mL 滤液，酸化后，加几滴 $AgNO_3$ 溶液，若无 AgCl 白色浑浊出现，表示沉淀洗涤干净，否则重新洗涤 2~3 次。显然，滤液要用于另一组分的分析，不应过早地检验洗出液，以免带来损失。

(2) 用微孔玻璃漏斗或坩埚过滤

① 微孔玻璃漏斗或坩埚 凡是沉淀烘干后即可称量或热稳定性差的沉淀，应采用微孔玻璃漏斗或坩埚过滤。如 AgCl 不能与滤纸一起灼烧，因其易被还原。如丁二肟镍沉淀，只需烘干即可称重，但也不能用滤纸过滤，因为滤纸烘干后，质量变化很多。

微孔玻璃漏斗或坩埚如图 5-39 所示。其过滤板是用玻璃粉末在高温下熔结而成，所以又常称为玻璃砂芯漏斗（或坩埚）。按照过滤板微孔的孔径，由大到小分为六级（G_1~G_6），用于过滤不同的沉淀物。1 号的

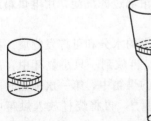

(a) 微孔玻璃漏斗　　(b) 微孔玻璃坩埚

图 5-39 微孔玻璃漏斗和坩埚

孔径最大，6号孔径最小，其规格和用途列于表5-25。

表5-25 玻璃坩埚的规格及用途

滤板编号	滤板平均孔径/μm	一般用途	滤板编号	滤板平均孔径/μm	一般用途
1	80～120	过滤粗颗粒沉淀	4	5～15	过滤细颗粒沉淀
2	40～80	过滤较粗颗粒沉淀	5	2～5	过滤极细颗粒沉淀
3	15～40	过滤一般晶形沉淀	6	<2	滤除细菌

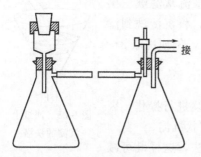

图5-40 抽滤装置

定量分析中一般采用G_4、G_5号（相当于慢速滤纸）过滤细晶形沉淀；用G_3号（相当于中速滤纸）过滤非晶形和粗晶形沉淀。G_5、G_6号常用于过滤微生物，所以这种滤器又称为细菌漏斗。

② 微孔玻璃漏斗或坩埚的准备　使用微孔玻璃滤器过滤前，先用稀盐酸或稀硝酸洗去可溶性物质，然后再用自来水、蒸馏水洗净。洗涤时通常采用抽滤法。如图5-40所示，在抽滤瓶口配一专用橡皮垫（市场上有这种橡皮垫出售），垫上有一圆孔。将坩埚安放在抽滤瓶的橡皮垫圈中，抽滤瓶的支管用橡皮管与泵（真空泵或水泵）相连接，先将稀盐酸倒入微孔玻璃漏斗中，然后开泵抽滤。当结束抽滤时，应先把另一抽滤瓶上活塞打开（接通大气）再关闭泵，以免倒吸。

将洗净后的玻璃漏斗或坩埚置于烘箱中与在加热沉淀同样温度下烘干至恒重后，放在干燥器中备用。沉淀过滤时，所用装置和上述洗涤时装置相同，在开泵抽滤下，用倾注法过滤，转移沉淀和洗涤沉淀的方法与用滤纸过滤相同，不同之处在于抽滤下进行过滤。

注意：玻璃滤器耐酸不耐碱，强碱溶液能损坏玻璃微孔。因此，不可用强碱处理滤器，也不适于过滤强碱溶液。

5.9.2.4 沉淀的干燥、灼烧及称量

(1) 沉淀的干燥

① 沉淀干燥的目的　是为了除去沉淀中残留的水分和易挥发性物质，并使沉淀形式转化为固定的称量形式。干燥常用玻璃漏斗或坩埚过滤沉淀，用电烘箱或红外线加热器将沉淀烘干至恒重。

用微孔玻璃滤器过滤的沉淀，只需烘干除去沉淀中的水分和可挥发物质。操作时，将微孔玻璃滤器❶中沉淀洗净，且尽量抽干水分，再放到一只小烧杯中，用表面皿盖好，以挡住灰尘，把烧杯放进调节到合适温度的烘箱中，第一次加热时间为1～1.5h。取出的烧杯稍冷后，放入干燥器冷却后称量❷，再将烧杯放入烘箱中加

---

❶ 沉淀干燥时所用的玻璃漏斗或坩埚应预先烘干至恒重。
❷ 空玻璃滤器和有沉淀的玻璃滤器放入干燥器冷却时间、操作方式以及称量时间尽量一致。

热、冷却、称重，重复操作，直至连续两次称量质量之差不超过 0.2mg（恒重）为止。

② 干燥器的使用　干燥器是一种有磨口盖子的厚质玻璃器皿，首先将干燥器内外擦干净，烘干多孔瓷板后，将干燥剂（如变色硅胶、无水氯化钙等）借助纸筒放入干燥器底部❶，如图 5-41 所示，搁好带孔瓷板，再在干燥器磨口上涂有一层薄凡士林❷，盖好干燥器盖。

开启干燥器时，左手抱住干燥器下部，右手按在盖子的圆顶，向左前方推开器盖，如图 5-42 所示，盖子取下后应仍拿在右手或放在桌子上安全地方（注意磨口向上，圆顶朝下。加盖时，也应拿住盖子圆顶，推着盖好）。

热坩埚放入干燥器中，将使空气受热膨胀，会把盖子顶起来，为了防止盖子被打翻，应用手按住盖子。冷却后，压力降低，以致不易将干燥器打开。为此，放入热坩埚后，将盖子稍微打开 2～3 次，或将盖留一缝隙，稍等几分钟再盖严，便于以后开启。搬动干燥器时，应该用两手拇指同时按住盖，防止滑落打破。如图 5-43 所示。

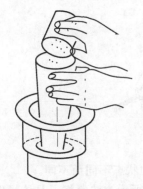  

图 5-41　装入干燥剂的方法　　图 5-42　开启干燥器的操作　　图 5-43　搬动干燥器的操作

(2) 沉淀的灼烧

① 沉淀灼烧的目的　是除去沉淀中残留的水分和易挥发性物质，有时还可使沉淀形式在较高温度下分解为组成固定的称量形式。灼烧前用滤纸包好沉淀放入坩埚中，然后进行灼烧。灼烧一般经过下列几个步骤：

$$\text{加热干燥} \rightarrow \text{炭化} \rightarrow \text{灰化} \rightarrow \text{灼烧至恒重}$$

灼烧的温度一般在 800℃ 以上，灼烧常用瓷坩埚盛放沉淀，灼烧的所有步骤都在瓷坩埚中进行。若沉淀过程中需用氢氟酸处理沉淀，则应使用铂坩埚。

② 沉淀的灼烧　用滤纸过滤沉淀，通常在坩埚中烘炭化、灰化及灼烧后，进行称量，各步骤操作如下。

---

❶ 所装的干燥剂不可太多，并要保持其内壁和瓷垫清洁，以免将放入其中的物件弄脏。
❷ 为了防止潮气渗入干燥器中，使干燥器磨口与盖子密合。

a. 坩埚的准备　洗净的沉淀需要经过烘干和灼烧才能除去水分和挥发性物质，以达到一定的组成。沉淀的烘干和灼烧一般是在坩埚（瓷坩埚或铂坩埚）中进行，因此预先要准备好坩埚。

采用瓷坩埚灼烧时，使用前将坩埚用稀盐酸等浸泡，再用水洗净、晾干或烘干，在坩埚盖上和坩埚上做好同样标号❶，将空坩埚和盖（不要盖严）置于高温炉中❷，在灼烧沉淀所需的温度下❸灼烧0.5h（新坩埚需灼烧1h）。用坩埚钳取出坩埚稍冷后❹，转入干燥器中，并移至天平室，冷却至室温❺，称量，然后进行第二次灼烧，约15~20min，稍冷后，再转入干燥器中冷却至室温，称重。如此反复操作，直至连续的两次称重之差不超过0.2mg，即可认为坩埚（包括坩埚盖）已达到恒重。

坩埚的灼烧也可在煤气灯上进行，将已洗净、烘干的坩埚置于泥三角上（见图5-44），用煤气灯的氧化焰部分逐渐升温灼烧，灼烧时，坩埚和盖不能盖严，需留一条小缝，并使坩埚钳不时转动坩埚，使之均匀受热，灼烧时间与操作与在高温炉灼烧操作相同，直至恒重。

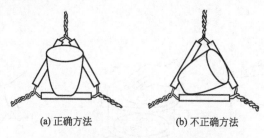

图5-44　瓷坩埚在泥三角上的放置法

b. 沉淀的包裹　沉淀的包裹常依晶形和非晶形沉淀的状态不同而不同。

对于晶形沉淀，由于一般体积较小，可按图5-45(a)所示方法叠好，具体操作如下：

首先用清洁而顶端圆滑的玻璃棒将滤纸三层部分挑起，再用洗净的手将带沉淀滤纸取出。将滤纸打开成半圆形，自右端1/3半径处向左折起，再自上而下折1/3半径处向下折起，然后自右向左卷成小卷，将滤纸包卷层数较多的一面朝上，放入已恒重的坩埚内。

---

❶ 用蓝墨水加硫酸铁（或硼砂加氯化钴溶液）写在坩埚盖和坩埚上。

❷ 由于温度骤变常使坩埚破裂，最好将坩埚放入冷的炉膛中逐渐升温，或将坩埚放在已经升较高温度的炉膛口预热一下，再放进炉膛中。

❸ 灼烧空坩埚的温度必须与以后灼烧沉淀的温度一致。

❹ 从高温炉中取出坩埚时，用预热的坩埚钳把坩埚夹出，置于耐火板上稍冷至红热褪去，然后用坩埚钳把它移入干燥器中。太热的坩埚不能立即放进干燥器中，否则与凉的瓷板接触时会破裂。坩埚钳用毕，应将钳尖向上平放在台上。

❺ 冷却时间一般需30~50min。同一实验中坩埚的冷却时间应相同，无论是空坩埚还是有沉淀的坩埚，包括在耐火板上、干燥器中的冷却时间都应相同。

也可按图 5-45(b) 所示的方法包好沉淀后,将三层滤纸的一方朝上,放入已恒重的坩埚中。

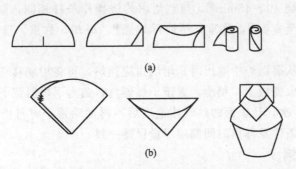

图 5-45　晶形沉淀包裹

对于非晶形沉淀,由于一般体积较大,则在漏斗上包好,即顶端圆滑玻璃棒将滤纸滤边挑起,向中间折叠,把圆锥体敞口封上,使沉淀全部被盖住,然后取出,倒转过来,尖头朝上,放入已恒重的坩埚中,如图 5-46 所示。

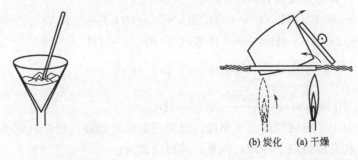

图 5-46　非晶形沉淀包裹　　　　　图 5-47　干燥和炭化

c. 沉淀的干燥　把包裹好的沉淀放入已恒重的坩埚中,沉淀朝下,滤纸层较多的一边向上,以便炭化和灰化。所谓炭化是将烘干后的滤纸烤成炭黑状,灰化是将呈炭黑状的滤纸灼烧成灰。

沉淀的干燥与滤纸的炭化一般在煤气灯或电炉上进行,具体操作:将坩埚斜放在泥三角上,然后再把坩埚盖半掩地倚于坩埚口❶,如图 5-47 所示。先调节煤气灯火焰,用小火❷均匀地烘烤坩埚,使滤纸和沉淀慢慢干燥。为了加速干燥过程,可将煤气灯火焰放在坩埚盖中心之下,加热后热空气便反射到坩埚内部,而水蒸气从上面逸出。如图 5-47(a) 所示。待滤纸和沉淀干燥后❸,将煤气灯移至坩埚底部,

---

❶ 这样便于利用反射焰将滤纸炭化。
❷ 应注意温度不能过高,否则水分蒸发太快,可能将沉淀溅出带来损失。也可能坩埚会与水滴接触而炸裂。
❸ 所有水分已驱尽,且坩埚盖下部没有水滴。

稍微增大火焰，使滤纸炭化❶直至灰化，如图 5-47（b）所示。

d. 沉淀的灼烧　滤纸灰化后，将坩埚移入高温炉中，盖上坩埚盖，稍留缝隙，在指定温度下灼烧 40~45min❷，与空坩埚灼烧操作条件相同，取出，稍冷❸后置于干燥器内冷却至室温❹，称重，然后再灼烧❺、冷却、称重，重复同样操作直至恒重为止。

注意事项：从高温炉中取出时，坩埚钳应预热，再将坩埚移至炉口，待红热稍退后取出置于耐火瓷板上，稍冷，置于干燥器内，盖上干燥器盖子时，用手按住盖子，稍打开 1~2 次，让里面的热气体逸出后不再冲动盖子时再松手。每次灼烧温度、冷却时间和条件及称重时间都应尽量保持一致。

5.9.3　应用实例

(1) 钢铁中硅含量的测定

硅在钢铁中存在的主要形态为 Fe_2Si、$FeSi$ 或更复杂的化合物 $FeMnSi$，另外与少部分生成硅酸盐状态的夹杂物。测定时，将各种形态化合物用酸分解形成硅酸，加入高氯酸后，加热至高氯酸冒烟，使硅酸脱水，过滤，洗涤并灼烧沉淀、冷却、称重。其主要反应为：

$$FeSi + 10HNO_3 == H_4SiO_4 + Fe(NO_3)_3 + 3H_2O + 7NO_2\uparrow$$

$$FeSi + 2HCl + 4H_2O == H_4SiO_4 + FeCl_2 + 3H_2\uparrow$$

$$H_4SiO_4 \xrightarrow[HClO_4]{\triangle} H_2SiO_3\downarrow + H_2O$$

$$H_2SiO_3 \xrightarrow{1000\sim 1050℃} SiO_2 + H_2O$$

测定中为了得到纯的二氧化硅，沉淀用氢氟酸处理，使二氧化硅变成氟化硅驱去，然后在高温灼烧、冷却、称重，其反应式为：

$$SiO_2 + H_2SO_4 + 4HF == SiF_4\uparrow + 3H_2O + SO_3\uparrow$$

根据氢氟酸处理沉淀前后的质量，便可计算硅含量，其计算公式为：

$$w_{Si} = \frac{m_1 - m_2}{m} \times 0.4675 \times 100\%$$

式中，m_1 为氢氟酸处理前铂坩埚与不纯二氧化硅的质量，g；m_2 为氢氟酸处理后铂坩埚与残渣的质量，g；m 为称取试样的质量，g；0.4675 为换算因

---

❶ 应注意：不可过快地升高温度，否则坩埚中空气不足，会使滤纸变成整块的炭，此大块炭被沉淀包住，需较长时间才能使其灰化；炭化过程中，绝对不能让滤纸起火，否则沉淀微粒扬出，逸出的气体也不能燃烧，否则，会引起沉淀随热气飞散损失，万一滤纸起火，应立即用坩埚盖盖上，让其火焰自行熄灭，切勿用嘴吹灭，待熄灭后，将坩埚盖移至原来位置，继续加热至全部炭化直至灰化；滤纸变黑和再无气体逸出，表示已完全炭化。

❷ 若用煤气灯灼烧，则将坩埚直立在泥三角上，用氧化焰部分灼烧。

❸ 先在耐火板上稍冷。

❹ 一般约 30min。

❺ 第二次，第三次灼烧时间约为 20min。

子 $\left(\dfrac{M_{Si}}{M_{SiO_2}} = \dfrac{28.09}{60.08} = 0.4675\right)$。

(2) 钢铁中镍含量的测定

丁二酮肟是二元酸（以 H_2D 表示），其分子式为 $C_4H_8O_2N_2$，摩尔质量为 116.2g/mol，在水中的离解平衡为：

$$H_2D \xrightleftharpoons[+H^+]{-H^+} HD^- \xrightarrow[+H^+]{-H^+} D^{2-}$$

在氨性溶液中，Ni^{2+} 与丁二酮肟生成红色沉淀，其沉淀反应为：

$$Ni^{2+} + \begin{array}{c} H_3C-C=NOH \\ H_3C-C=NOH \end{array} + 2NH_3 \cdot H_2O \rightleftharpoons$$

$$\begin{array}{c} O \cdots H-O \\ H_3C-C=N \diagdown \diagup N=C-CH_3 \\ \quad\quad\quad Ni \\ H_3C-C=N \diagup \diagdown N=C-CH_3 \\ O-H \cdots O \end{array} + 2NH_4^+ + 2H_2O$$

沉淀组成恒定，经过过滤、洗涤、在120℃下干燥至恒重，即可称量得到丁二酮肟镍沉淀的质量，据此可计算镍的含量。

第6章 定量分析中的误差和数据处理

在定量分析中，通常要求分析结果要具有一定的准确度。因为不准确的分析结果，将会导致产品的报废，资源的浪费，甚至造成在科学上作出错误的结论。但是，定量分析也和其他测量方法一样，从开始到报出结果，都要经过若干个步骤，而每一个步骤都不可避免地受到各种因素的影响。因此，所得结果不可能绝对准确，总会伴有一定的误差。因为在实际工作中受仪器、感觉器官等的限制，即使技术很熟练的老师傅，用最可靠的分析方法，使用最精密的仪器也不可能得到绝对准确的结果。而同一个人对同一个样品进行多次分析，结果也不尽相同。这就表明，在分析过程中误差是客观存在的，准确是相对的。在一定的条件下测定的结果只能趋近于真实值，而不能达到真实值。

因此，做定量分析就必须对所得的数据进行归纳、取舍和计算等一系列处理。根据不同工作对准确度的要求，对分析结果的可靠性和精密度作出合理的判断和正确的评价（表述）。只有这样，才能得出最后能反映问题实质的结果。为此，应当了解分析过程中产生误差的原因、误差产生的规律和有关误差的知识。并通过对误差的分析来帮助我们寻找最合适的分析方法，选用最合适的仪器，寻求最有利的测试条件等。所以，只要了解和掌握了产生误差的原因和规律，就完全可以采取相应的措施，把误差减少到最低限度，为提高实验的质量提供一个可靠的保证。因此，在这一章里，将简单地介绍这方面的知识。

6.1 误差的来源

误差根据其产生的原因不同，可以分为系统误差和随机误差两大类。

6.1.1 系统误差

系统误差是指在一定的条件下由某个（或某些）固定的因素，按照一定的规律起作用而形成的误差。

由此可见，这类误差具有单向性。即误差的大小、正负都有一定的规律，在同一条件下重复测定时，会重复出现。所以，它对分析结果的影响也是比较固定的。它能使结果系统地偏高或偏低。如果能找出原因，并设法加以测定，这类误差是可以消除的。所以也称可测误差。

产生系统误差的原因，主要有如下几个方面。

（1）方法误差

这种误差是由于采用的方法本身不够完善造成的。例如：在重量分析中由于沉淀的溶解、共沉淀的产生，沉淀灼烧时分解或挥发等；在容量分析中，反应进行得不完全，干扰物质的干扰，滴定终点与化学计量点不符合以及副反应的发生等；在仪器分析中，定量方法选择不当，使用了不准确的校正因子或校正曲线，背景或空白校正不当等；它们都会系统地影响着测定结果的偏高或偏低。

(2) 仪器和试剂误差

仪器误差主要来源于仪器本身不够准确。仪器经长期使用磨损，精度下降或未调到最佳状态，器皿未经校正等。例如：使用的移液管、滴定管、容量瓶等量器和测量仪表的刻度不够准确，仪器衰减（增益）、量具与量具、砝码与砝码之间有差异，如一个200mg的砝码与两个100mg的砝码不等值，天平不等臂、砝码未经校准等。

而试剂误差主要来源于试剂本身不纯。试剂或蒸馏水中含有被测组分或干扰物质，或使用了含量不准确的标准样品，或基准物质不纯（吸水）等，都将使分析结果系统地偏高或偏低。

(3) 操作误差

操作误差是指分析人员掌握操作规程与正确的实验条件有差别而引起的误差。如分析人员的个人习惯或偏向，对读数常常偏高或偏低，对终点颜色变化的判别不一致，有时偏深，有时偏浅，或对颜色变化的感觉不够敏锐等。

除此之外，外界的温度、压力、湿度等的变化也都会影响到分析的结果。例如：称样时（或重量分析中沉淀灼烧后）易吸水，则称量误差不仅随着（沉淀）质量的增加而增加，而且还随着称量时间、空气的温度和湿度的变化而变化。

但是，在一般情况下，同一操作者如果使用的仪器和方法不变，系统误差对分析结果的影响是恒定的、不变的。当然有时（即试样不均匀时）系统误差也可能随试样质量的增加或随被测组分含量的增加而增加，甚至随外界条件的变化而变化。不过它（系统误差）的相对值和基本特性是不变的。也就是说，系统误差只会引起分析结果系统地偏高或偏低，具有单向性。如称取一吸湿试样，通常引起负的系统误差。

由于系统误差是以固定的形式重复出现的。所以用增加平行测定的次数，或采用数理统计的方法，并不能消除这类误差。但可以采取适当的措施（后面会讲），使其降低到最小限量。

6.1.2 随机误差

随机误差是由一些难以控制的偶然因素造成的。所以，也叫偶然误差。

既然随机误差是一些偶然因素造成的。因此，这类误差没有一定的规律性，是偶然的，有时甚至是无法控制的。例如：分析工作者缺乏经验，一时疏忽或视力疲倦致使操作不正确，读数不准确，或者外界温度、湿度和压力等的变化引起测量数据波动、或仪器失灵而没有察觉到以及某些难以估计的原因等造成的随机误差，使几次重复分析的结果不一致。

这类误差的特点是：可变的，其数值有时大，有时小；方向也不一定，时正时负；产生的原因也不像系统误差那样可以预测，因而无法控制。所以，随机误差也叫未定误差或非确定误差。

正如前面所说，随机误差在定量分析操作中，是难以避免的，也难以找到确定的原因。例如：一个很有经验的人，进行认真的操作，在同一条件下，对同一试样进行多次的分析得到的结果仍然不能达到完全一致，而是有高有低。这样，从表面上看，似乎没有什么规律性，难以找出原因。但偶然中也包含着必然，经过人们大量的实践发现，如果这样的重复测量的次数很多时，慢慢就会发现随机误差的分布也有其一定的规律可循。图 6-1 所示为测定结果的分布图。

从测定结果的分布图可以看出：

① 正负误差出现的概率相等。即绝对值相近而符号相反的误差出现的次数相同。

② 小误差出现的次数多，大误差出现的次数少，个别特大的误差出现的机会则更少。

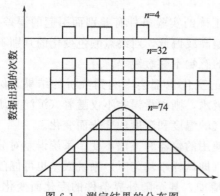
图 6-1　测定结果的分布图

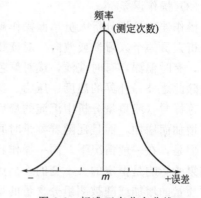
图 6-2　标准正态分布曲线

如果将这些规律性的数据加以归纳、整理，以测定次数（频率）为纵坐标，误差为横坐标，用作图的形式来表示（也即将很多次的测定值的顶点连起来），就可得到如图 6-2 所示的曲线。这种曲线完全符合一般的统计学规律，所以称为误差正态分布曲线，也叫高斯（Gauss）分布曲线。

这曲线清楚地反映出上述随机误差的规律性。

上述随机误差的分布规律，提供了解决这类问题的理论依据。以第一个规律为例，就可以用算术平均值来表示测定结果，以抵消误差。所以，若能尽量做到仔细操作和多次测定，采用算术平均值的办法，大部分随机误差的因素是可以消除的。

除上述两类误差外，还有一种叫过失误差，严格地说，也不能算是误差。因为这种误差是由于操作者在工作中的过失所造成的差错，往往都是在工作中粗心大意或不按操作规程办事等原因造成的。例如，加错试剂，操作的仪器不干净，溶液溅出，引入异物，读错刻度，看错砝码，记录和计算错误等，都会使分析结果有较大的"误差"。这种误差在工作上应该属于责任事故，是不允许存在的。对于那些存在较大误差的数据，在进行数据处理时，应分析原因，如确是属于过失引起的，必须将其弃去，不能将它和其他结果加在一起计算平均值。若误差不是由于过失引起的，则不能随便舍弃。

对于过失误差，只要在工作中加强责任感，对工作认真细致，过失是完全可以避免的。

6.2 误差的表示方法和计算

误差的表示方法，因误差的性质及要求不同，表示的方法也有些差别。因此使用时应根据不同的情况，具体应用。

6.2.1 误差与准确度

分析结果表明的正确与否，由所得结果与真实值接近的程度而定，分析结果与真实值之间的差别越小，则分析结果的准确度越高。

可见，准确度的高低是用误差来衡量的。换句话说，误差是用来衡量测定结果的准确度的。而所谓准确度是指测定值与真实值相接近的程度。

当然，准确度是与系统误差相对应的。所以，误差可以用绝对误差和相对误差表示。

(1) 绝对误差

绝对误差是指测定值（x）与真实值（μ）之间的差值（E），即：

$$绝对误差(E) = 测定值(x) - 真实值(\mu) \tag{6-1}$$

可见，人们日常所说的误差，大多都是指绝对误差。

例如：用分析天平称量某物的质量为 1.6380g，而该物体的真正质量则为 1.6381g，测量结果与真实值的误差为：

$$1.6380g - 1.6381g = -0.0001g$$

误差越小，表示测定结果与真实值越接近，准确度越高。反之，误差越大，准确度越低。当测量结果大于真实值时，误差值为正值，表示测量结果偏高；反之，误差值为负值时，表示结果偏低。

又如另一物体，其真实质量是 0.1638g，而称量的结果为 0.1637g，则其测量的绝对误差为：

$$0.1637g - 0.1638g = -0.0001g$$

两例子的物体质量相差 10 倍，但测定的绝对误差都是 $-0.0001g$，误差在测定结果中所占的比例未能反映出来。

可见，用这种方法表示误差，只能表现出绝对值的大小，不能反映出误差在测定结果（所称质量）中所占的比例。在这种情况下，通常又可用相对误差来表示误差。

(2) 相对误差

相对误差指绝对误差在真实值中所占的百分率。它等于绝对误差与测定对象的

真实值之比乘以100%,其数学表达式为:

$$相对误差(RE) = \frac{E}{\mu} \times 100\% = \frac{x-\mu}{\mu} \times 100\% \qquad (6-2)$$

相对误差能反映误差在真实结果中所占的比例。这对于比较各种情况下测定结果的准确度更为方便,比用绝对误差更能说明问题。

如上例中的称量,当用绝对误差表示时,两者完全相同,但两物体的质量却相差十倍,而误差在称量结果中所占的比例未能反映出来。如用相对误差表示,情况就不一样了。如:

称量 1.6381g 时的相对误差为: $RE = \frac{-0.0001}{1.6381} \times 100\% = -0.006\%$

称量 0.16381g 时的相对误差为: $RE = \frac{-0.0001}{0.1638} \times 100\% = -0.06\%$

从以上计算结果可看出,在测量过程中称量的绝对误差虽然相同,但由于被称量的物体的质量不同,其相对误差是不一样的,称量的质量越小,相对误差越大;称量的质量越大,相对误差就越小。可见,相对误差反映出了误差在测量结果中所占的百分比,因此更具有实际意义。

6.2.2 偏差与精密度

在实际工作中,所谓真实值往往是不知道的。对于分析的试样,通常都进行多次的重复测定,求出其算术平均值,以此作为最后的分析结果(真实值)。所以,在这种情况下,分析结果的可靠性常用精密度表示。

所谓精密度是指在相同的条件下,重复测定值之间相互接近的程度,故也叫重现性。如果几次重复测定的结果比较接近,说明分析的精密度高(重现性好)。精密度的大小,是用偏差来表示的。偏差越小,精密度越高。偏差和误差一样,也有绝对偏差和相对偏差之分。

(1) 偏差

偏差是指测定值(x)与算术平均值($\bar{x}$)之间的差值(d),即:

$$偏差(d) = 测定值 - 算术平均值 = x - \bar{x} \qquad (6-3)$$

而相应的相对偏差是指绝对偏差在平均值中所占的百分率。即:

$$相对偏差 = \frac{偏差}{算术平均值} \times 100\% = \frac{x - \bar{x}}{\bar{x}} \times 100\% \qquad (6-4)$$

为了更好地说明分析结果的精密度,最好以个别测定值的平均偏差表示。

(2) 平均偏差

平均偏差就是指各测定值的绝对偏差的绝对值与测定次数之比。即:

$$\bar{d} = \frac{|d_1| + |d_2| + |d_3| + \cdots + |d_n|}{n} = \frac{\sum_{i=1}^{n}|x_i - \bar{x}|}{n} = \frac{1}{n}\sum_{i=1}^{n}|d_i| \qquad (6-5)$$

式中,d_1、d_2、d_3、$\cdots$、d_n 为 1、2、3、$\cdots$、n 次测定结果的绝对偏差(因各

次测定的绝对偏差有正有负,若不取绝对值,其和就必然为 0,这就不能表示数据的分散情况,所以取绝对值);n 为测定次数。

由于绝对偏差 d 取绝对值,因此,平均偏差没有正、负之分。

同样,平均偏差也有其相应的相对平均偏差。即:

$$相对平均偏差 = \frac{\bar{d}}{\bar{x}} \times 100\% = \frac{\sum|x_n - \bar{x}|}{n\bar{x}} \times 100\% \tag{6-6}$$

相对平均偏差也没有正、负之分。

精密度除用平均偏差(相对平均偏差)表示外,还常用标准偏差来表示。

(3) 标准偏差

当用数理统计的方法处理数据时,常用标准偏差来衡量精密度。标准偏差又称为均方根偏差。当测量的次数不多时(即 $n < 20$ 时),测量的标准偏差 S 为:

$$S = \sqrt{\frac{d_1^2 + d_2^2 + d_3^2 + \cdots + d_n^2}{n-1}} = \sqrt{\frac{\sum_{i=1}^{n} d_i^2}{n-1}} = \sqrt{\frac{\sum_{i=1}^{n}(x_i - \bar{x})^2}{n-1}} \tag{6-7}$$

与标准偏差相对应的相对标准偏差(又称变异系数或变动系数),用 CV 表示,它表示标准偏差与测定平均值的相对大小,常用百分数表示:

$$CV = \frac{S}{\bar{x}} \times 100\% \tag{6-8}$$

在实际应用中,用标准偏差表示精密度比用偏差要好。因为计算标准偏差时,将各次测量的偏差平方起来,避免了偏差相加时正负抵消。同时,偏差平方之后,较大的偏差更能显著地反映出来。这样便能更好地说明数据的分散程度。例如:有两组数据,各次测量的偏差分别是:

① +0.3,−0.2,−0.4,+0.2,+0.1,+0.4,0.0,−0.3,+0.2,−0.3
② 0.0,+0.1,−0.7,+0.2,−0.1,−0.2,+0.5,−0.2,+0.3,+0.1

第一组数据平均偏差为:0.24

第二组数据平均偏差为:0.24

两组数据的平均偏差相同。

但从数据中明显地看出第二组数据比较分散,其中有两个较大的偏差(−0.7 和 +0.5)。所以用平均偏差反映不出这两组数据的好坏来。如果用标准偏差来表示,情况就很清楚了。它们的标准偏差分别为:

$$S_1 = \sqrt{\frac{0.3^2 + 0.2^2 + 0.4^2 + \cdots + 0.3^2}{10-1}} = 0.28$$

$$S_2 = \sqrt{\frac{0.0^2 + 0.1^2 + 0.7^2 + \cdots + 0.1^2}{10-1}} = 0.33$$

可见,$S_2 > S_1$,表示第二组数据的分散程度较大,精密度较差。换句话说,就是第一组的数据较好。

通过这个简单的例子，更进一步说明了标准偏差用单次测量值对平均值的偏差先平方起来再求和的计算方法，比平均偏差能更灵敏地反映出较大的偏差的存在，在统计学上更有实际意义。因此，分析化验工作中应用得最多。

当 $n>20$ 时，多用总体标准偏差 σ 表示，即：

$$\sigma = \sqrt{\frac{\sum_{i=1}^{n}(x_i - \mu)}{n}} \tag{6-9}$$

式中，μ 为总体平均值，即：当 $n\to\infty$ 时，$\bar{x}=\mu$。

所谓总体平均值就是通过无限多次的测量后的平均值。

这个总体标准偏差 σ 与标准偏差 S 的区别在于：前者（σ）是对无限多次测量而言，表示的是测量值对总体平均值 μ 的偏离情况；后者（S）则是对有限次的测量而言，表示的是测量值对平均值 $\overline{X}$ 的偏离情况。

当在有限次的测量中，测量值总是围绕着平均值 $\bar{x}$ 集中的，$\bar{x}$ 只是总体平均值 μ 的最佳估算值。只有当 $n\to\infty$ 时，$\bar{x}\to\mu$。所以，用 $\bar{x}$ 代替 μ 时，$\sum(x_i-\bar{x})^2$ 总小于 $\sum(x_i-\mu)^2$ 而引起误差，故用 $n-1$ 代替 n 进行校正。当 $n\to\infty$ 时，$\bar{x}\to\mu$，n 与 $n-1$ 的差别就可以忽略。

以上所述的是常用的几种误差的表示方法，在分析工作中都可能用得着。过去用得较多的是相对平均偏差。现在若要对某一种分析方法所能达到的精密度进行考察，或判断一组数据的好坏以及对许多分析数据进行处理时，最好用标准偏差及其他有关的数理统计理论和方法，更能表明结果的精密度。因此，现在报告分析结果时，多用平均值来表示集中趋势（衡量准确度），用标准偏差 S 来表示数据的分散性（衡量精密度）。

应该指出的是：误差和偏差是具有不同含义的，误差表示测定结果与真实值之差；偏差则表示测定结果与平均值之差。前者以真实值为标准，后者以平均值为标准。但严格地说，任何物质的"真实值"都是无法准确知道的，一般后知道的"真实值"，其实是采用多种方法进行多次重复测定所得到的相对正确的平均值。用这一平均值代替真实值计算误差。所以，得到的结果仍然是偏差。因此，在实际工作中，有时也不那么严格地去区分误差和偏差。

6.2.3 准确度和精密度的关系

准确度和精密度是用来衡量分析结果可靠性的两个重要指标。从它们的定义上看，准确度主要是由系统误差和随机（偶然）误差决定的；而精密度则仅取决于随机（偶然）误差。所以它们之间既相互独立，又互有联系。

一般地说，实验结果的精密度越好（即偏差越小），实验结果相互接近的机会就越多。但精密的测量不一定是准确的测量，也就是说，精密度好并不一定是准确度高。因为精密度好，只表明在测量中随机误差小，而系统误差仍然可能存在。因此，严格精细的操作和多次重复测量，只能避免和消除随机（偶然）误差，使精密度提高。但系统误差并不能由此而消除。反之，准确的测量必定是精密的测量。因为，精密度好，是保证获得良好准确度的先决条件。若测量的精密度不好，就不可能获得良好的准确度。但有时（特别是测量次数不多时），也可能会出现精密度不好，而准确度高的假象。对于这种情况，只是偶然的巧合。因为精密度差，测量结果不可靠，就失去了衡量准确的前提。如果不存在系统误差，精密度和准确度是一致的。一个理想的分析结果，既要求精密度好，又要求准确度高。因此，在测定时，随机误差和系统误差都应同时尽量避免和减少，才能获得既精密又准确的分析结果。

下面举两个例子，来分析一下准确度和精密度的关系：

例如甲、乙、丙、丁四人去打靶，各发五枪后，结果如图 6-3 所示。

从图中可以看出：甲和丙的着弹点都较密集，着弹点间也很接近，说明精密度好。但从准确度看，甲的平均着弹点离靶心比丙的要近些。

从这个结果看来，丙的精密度（重现性）虽好，操作还是很细致的，但准确度差，说明存在系统误差，若设法校正后，他的成绩会更好；而甲的着弹点之间很接近，说明精密度好，着弹点离靶心近，所以准确度也高。

而乙和丁的着弹点都较发散，精密度和准确度都不好，说明既有系统误差，操作也不细致。

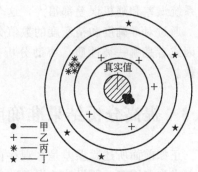

图 6-3 准确度和精密度的关系

又例如，分析某批样品的杂质含量，已知其真实值为 8.00%，现用四种方法各测定 6 次，（共 24 次）分析测定加以验证，四种方法各次测定的数据见表 6-1。

表 6-1 四种方法各次测定的数据

项目	1	2	3	4	5	6	平均值	准确度（误差）	精密度（平均偏差）
方法一	7.78	7.88	7.94	8.06	8.17	8.26	8.02	+0.02	0.15
方法二	7.94	7.96	7.98	8.00	8.02	8.04	7.99	−0.01	0.03
方法三	8.06	8.08	8.10	8.12	8.14	8.16	8.11	+0.11	0.03
方法四	7.94	8.06	8.16	8.27	8.37	8.42	8.20	+0.20	0.15

从方法一所得结果看：如单从实验的准确度（+0.02）看很高，应该说方法是很好的。但其精密度为 0.15（即 15‰），准确度虽好，但精密度却很差。这说明操作者的测定操作不够精细，结果好纯属偶然。究其原因，可能是天平砝码的偶然缺陷，称量或分析操作不够细心、样品溅失等原因，造成了随机误差。所以说，这次测定不属成功，应该重做加以补救。因为，测定次数少了，将引起很大的误差。

从方法二所得结果看：其准确度（−0.01）和精密度（0.03）都很高，说明平均值（7.99）与真实值（8.00）很接近，操作很精细，准确度也很高，因此，这个方法所做的实验和操作都很好，应该说这个测定是很成功的。

从方法三所得结果看：每一次测定值都比真实值（8.00）高，准确度为 +0.11，而精密度为 0.03，可以看出各次所得数值之间依次比较接近，说明误差是由系统误差引起的。因为精确度很好，说明实验操作还是比较精细的，如果采取加做空白对照实验减去系统误差，这个方法所得的数据还是很不错的。

从方法四所得结果看：准确度（+0.20）和精密度（0.15）的数值都太大，说明系统误差和随机误差都很大，这个测定最不理想，毫无疑问应该重做。

通过对准确度和精密度的数值分析，大致可以看出或判断出误差是属于哪一类原因或者是哪一类性质。协助分析查找工作中的错误所在，以利于采取措施进行补救。

6.3 提高分析结果准确度的方法

正如前面所述，误差是客观存在，准确是相对的，要获得准确的分析结果，需要考虑许多因素，要设法使误差减少到最低限度。所以，实验前就要仔细地研究分析目的和要求（这里目的和要求是指样品的来源、性质、分析的是主要成分还是杂质，以及要求的准确度如何等）。然后，再根据这些具体的情况，合理地选择分析方法、仪器和测定条件等。因为在不同条件下，分析结果的准确度有不同的要求，甚至可以相差很大。例如，炼钢厂的炉前分析，它以速度为主，准确度要求不高；而对于像原子量或其他常数的测定，则以准确度为主，所以准确度要求高些。因此，要根据具体情况，去选择分析结果能达到一定准确度要求的方法和用具。但是，也不要盲目地去追求提高准确度，一般只要能达到要求就可以了。因为提高一点点准确度，往往要花费巨大的劳动和代价。如果准确度要求不很高，而偏偏又要竭力去追求，则会白白地消耗精力和浪费时间。如果需要很高的准确度，而测量时又未达到，则分析结果就毫无价值。

当然，误差的存在，不是说任何人做的分析结果和实验数据都是不可信的，而是力求减少那些完全可以克服的误差，以达到最接近的近似值。这里只是简要地介绍如何在分析过程中减少误差，提高准确度的方法。

6.3.1 选择合适的分析方法

各种分析方法的准确度和灵敏度是各不相同的。例如，重量分析和滴定分析，其灵敏度虽然不高，但对于高含量组分的测定，能获得比较准确的结果，相对误差一般为千分之几。而它们对于低含量组分的测定，由于其灵敏度较低，难以准确测定，甚至不能测定。仪器分析，尽管其测定的相对误差较大（一般为 2% 左右），但由于其灵敏度较高，能适应低含量组分的测定；而对于高含量组分的测定，则准确度较差。例如，用 $K_2Cr_2O_7$ 滴定法测定含量为 40.20% 的铁。若方法的相对误差为 0.2%，则 Fe 的含量为 40.20% ± 0.08%（即含量范围在 40.12% ～

40.28%），而对于同一样品，改用光度比色法测定，若方法的相对误差为 2%，这样，测定 Fe 的含量为 40.20%±0.8%（即含量范围在 39.40%～41.00%）。很显然，误差比上法大得多。但对于低含量组分的测定，可获得较满意的结果。例如，用光度比色法测定矿石中含量为 5.0×10^{-2}% 的铜，若方法的相对误差为 2%，则测得结果的绝对误差为 $0.02\times5.0\times10^{-2}$%＝0.001%，可见，分析结果还是相当准确的（见表 6-2）。

表 6-2 两种分析方法的比较

方 法	含 量/%	方法误差/%	测得 Fe 的含量/%	误 差
$K_2Cr_2O_7$（化）	40.20	0.2	40.20±0.08 (40.12～40.28)	小
光度分析法（仪）	40.20	2	40.20±0.8 (39.40～41.00)	大
	0.050	2	0.050±0.001 (0.049～0.051)	小

如果改用电重量法测定，这样低的组分含量，若称取 1g 电解得到的铜为试样，即使 100% 地回收，也仅得到 0.0005g（万分之五克），这样小的质量，在一般的分析天平上是很难称量准确的。因此，要求准确的分析结果，首先就要选择好合适的分析方法。分析方法确定后，第二步，就要设法减少分析（测量）过程中的误差。

6.3.2 减少测量误差

为了保证分析结果的准确度，必须尽量减少测量误差。例如，在重量分析中，除了化学处理外，主要的测量就是称量了。这时，就要设法减少称量误差。一般分析天平的称量误差是 ±0.0002g，为了使测量的相对误差在 0.1% 以下，试样的称量就不能太少。至少应称取的质量可通过如下计算得知：

因为

$$相对误差 = \frac{绝对误差}{试样质量(g)} \times 100\%$$

则

$$试样质量(g) = \frac{绝对误差}{相对误差} \times 100\% = \frac{0.0002}{0.1\%} = \frac{0.0002}{0.001} = 0.2$$

可见，试样的质量必须在 0.2g 以上，才能达到使测量的相对误差小于 0.1%。当然，最后得到的沉淀质量也应在 0.2g 以上。因为，只有这样才能保证前后称量的总的相对误差在 0.2% 以下。

在滴定分析中，滴定管的读数误差常有 ±0.01mL 的误差。在一次滴定中至少要读两次数据，这样可能造成的误差就有 ±0.02mL。为了使测量的相对误差小于 0.1%，滴定时所消耗的滴定剂（标准溶液），必须在 20mL 以上。其根据如下：

$$滴定消耗的体积(mL) = \frac{绝对误差}{相对误差} = \frac{0.02}{0.001} = 20mL$$

所以，容量分析滴定剂消耗的体积，一般都以 20～30mL 为宜。当然，除了体积以外，还需考虑滴定剂的浓度。也就是说，要保证消耗的体积在 20～30mL，标准溶液的浓度要适当。

总之，要根据具体要求而采取适当的措施，以控制各测量步骤中的误差，使之适应准确度的要求。例如，对于微量组分的测定，一般允许的相对误差较大。因此，可用光度分析来进行；对于各测量步骤中的准确度，就不像重量分析和滴定分析那样要求得那么高，而只要求与该方法的准确度相适应就够了。比如上法的测 Fe，方法的相对误差为 2%，称取试样 0.5g，则试样的称量误差不大于 $0.5 \times 2\% = \pm 0.01$g，（即 0.49~0.51g）就行了，如果这样还强调试样称准至 0.0001g，那就表明对误差的概念还没有真正掌握。

6.3.3 增加平行测定，减少随机误差

前面已经讨论过，在消除系统误差的前提下，平行测定的次数越多，平均值就越接近于真实值。因此，在分析化验中，一般都采用增加测定次数的办法来减少随机误差。这就是化验室里对同一个样品同时取几份（一般是 3~6 份）作平行测定的原因。至于更多地增加平行测定的份（次）数，将耗时太多，因而受到一定的限制，且也得不偿失。

以上几种方法，大多从消除随机误差的角度出发所采取的措施。而系统误差靠重复测定是不能发现和减少的，必须用特殊的方法来检验和消除。

6.3.4 消除测量过程中的系统误差

消除测量过程中的系统误差往往是一件非常重要而又比较难以处理的问题。在实际工作中，有时会遇到这样的情况，几个平行测定的结果非常好，似乎分析工作没有什么问题了。但是这只能说明随机误差少，操作者的操作是比较细心的。若采用其他较为可靠的方法一检查，就会发现有严重的系统误差，甚至因此而造成错误的结论。所以，在分析工作中，必须重视系统误差的消除。

以上的讨论已经提到，造成系统误差的原因是多方面的。因此，要根据具体情况，采用不同的方法来检查和清除。这里介绍几种常用的方法。

6.3.4.1 对照试验

对照试验是检查系统误差最常用和行之有效的方法。对照试验根据不同的情况，又可分为下列几种。

(1) 用标样对照

选用组成、含量与试样相近的标样和样品一起，在相同的条件下进行对照分析，根据标样的分析结果，即可判断试样分析结果有无系统误差。必要时，可对未知样进行校正。

校正公式是：
$$x_{未} = \frac{\mu}{\overline{x}_{标}} \times \overline{x}_{未} \tag{6-10}$$

式中，$x_{未}$ 为未知样品的含量；μ 为真实值（标样的已知含量）；$\overline{x}_{标}$ 为标样测得的平均值（校正系数）；$\overline{x}_{未}$ 为未知样测定的平均值。

测定值经校正后，即能消除测量过程中的系统误差。

(2) 用标准方法对照

用国家（GB）或者部颁（HB、QB）标准方法，或公认的经典的分析方法与

所选用的分析方法分析同一个试样。所得结果如符合公差要求,说明所用方法可靠,否则存在系统误差。

(3) 用加标回收法对照

加标回收法也叫标准加入法。在当要进行对照试验而试样组成又不清楚时,可用此法。即取两份相同的试样,向其中一份试样中加入已知量的被测组分,然后,在相同的条件下进行对照试验,看加入的被测组分能否定量回收,以此来判断是否存在系统误差。

(4) 用内外检法对照

为了检验分析人员之间是否存在系统误差或者其他问题,可用此法。

① 内检法 是在本室(单位)内,将试样重复地安排在不同的分析人员之间互相进行对照试验。

② 外检法 是将部分相同的试样,送交其他外单位同行进行对照分析。

6.3.4.2 做空白试验

做空白试验主要是用来消除由于试剂、蒸馏水及使用的器皿和环境等引入的杂质所造成的系统误差。

所谓空白试验,就是在不加试样的情况下,按照试样分析完全相同的操作手续和条件进行分析试验。所得的结果称为空白值。然后,从试样分析的结果中扣除此空白值,就可消除由于试剂、蒸馏水不纯及使用的器皿和环境不洁等引入的杂质所造成的系统误差。

但是,如果空白值过大,扣除此空白值会造成更大的误差,这时就必须采取提纯试剂或蒸馏水,或改用适当的器皿等措施来降低空白值。

6.3.4.3 校正仪器

校正仪器,可以消除由于仪器不准所引起的系统误差。如砝码、移液管、容量瓶、滴定管等的校正,以及各种量具之间(如移液管与容量瓶之间)的相对校正等。

总之,为了提高分析结果的准确度,需要设法消除系统误差和随机误差。如系统误差未消除,即使分析结果有很高的精密度,也不能说分析结果准确。只有在消除系统误差之后,精密度高才能确保分析结果的准确度和可靠性。

6.4 误差的传递

分析结果通常是经过一系列测量和若干步骤计算之后获得的。其中每一步骤的测量误差都会反映到分析结果中,影响分析结果的准确度。上一节主要是从实验的角度出发,叙述误差对实验结果的影响及其减少的措施。同样,误差在进行实验数据处理时,也会发生误差的传递,影响实验结果的准确度。但不同的运算,其传递规律有所不同。

6.4.1 误差在加减法中的传递

若分析结果 R 是由 A、B、C 三个测量值加减所得的结果。

即：
$$R = A + B - C$$

如测量 A、B、C 时其相应的绝对误差为 ΔA、ΔB、ΔC，设 R 的绝对误差为 ΔR，则：

$$R + \Delta R = (A + \Delta A) + (B + \Delta B) - (C + \Delta C)$$

将 $R = A + B - C$ 代入上式：

$$A + B - C + \Delta R = A + B - C + \Delta A + \Delta B - \Delta C$$

则
$$\Delta R = \Delta A + \Delta B - \Delta C$$

考虑到最不利的情况下，所有的误差相加和，这时误差最大，即：

$$\Delta R_{最大} = \Delta A + \Delta B + \Delta C$$

可见，分析结果可能产生的最大的绝对误差是各测量步骤的绝对误差之和。

【例 6-1】 测量值 10.54、10.26 和 8.35 的绝对误差分别为 +0.04、+0.02 和 +0.03；试计算 10.54+10.26-8.35 结果的误差，并将其表示在结果之中。

解：
$$R = 10.54 + 10.26 - 8.35 = 12.45$$
$$\Delta R = 0.04 + 0.02 - 0.03 = 0.03$$

则
$$R + \Delta R = 12.45 \pm 0.03$$

6.4.2 误差在乘除法中的传递

若分析结果 R 是由 A、B、C 三个测量值相乘除所得的结果。

即：
$$R = \frac{AB}{C}$$

此时有两种情况，即用相对误差表示和用相对标准偏差表示。

6.4.2.1 用相对误差表示

如测量 A、B、C 时其相应的绝对误差为 ΔA、ΔB、ΔC，引起结果 R 的绝对误差为 ΔR，则：

$$R + \Delta R = \frac{(A + \Delta A)(B + \Delta B)}{C + \Delta C} = \frac{AB + B\Delta A + A\Delta B + \Delta A \Delta B}{C + \Delta C}$$

ΔA 和 ΔB 已经很小，而 $\Delta A \Delta B$ 则更小，可忽略，则有：

$$R + \Delta R = \frac{AB + B\Delta A + A\Delta B}{C + \Delta C}$$

则
$$R = \frac{AB}{C}$$

$$\Delta R = \frac{AB + B\Delta A + A\Delta B}{C + \Delta C} - R = \frac{AB + B\Delta A + A\Delta B}{C + \Delta C} - \frac{AB}{C}$$

将上式通分得：

$$\Delta R = \frac{ABC + B\Delta AC + A\Delta BC - AB(C + \Delta C)}{(C + \Delta C)C} = \frac{BC\Delta A + AC\Delta B - AB\Delta C}{(C + \Delta C)C}$$

因为用相对误差表示，这时可将等式两边同乘以 R 或 $\frac{AB}{C}$，得：

$$\frac{\Delta R}{R}=\frac{BC\Delta A+AC\Delta B-AB\Delta C}{(C+\Delta C)C}\times\frac{C}{AB}=\frac{BC\Delta A+AC\Delta B-AB\Delta C}{(C+\Delta C)AB}$$

因为 $\Delta C \ll C$，则 $C+\Delta C \approx C$，代入后得：

$$\frac{\Delta R}{R}=\frac{BC\Delta A+AC\Delta B-AB\Delta C}{ABC}=\frac{BC\Delta A}{ABC}+\frac{AC\Delta B}{ABC}-\frac{AB\Delta C}{ABC}$$

$$\frac{\Delta R}{R}=\frac{\Delta A}{A}+\frac{\Delta B}{B}-\frac{\Delta C}{C}$$

考虑到最不利的情况，所有误差相加和，这时的误差最大。即：

$$\left(\frac{\Delta R}{R}\right)_{最大}=\frac{\Delta A}{A}+\frac{\Delta B}{B}+\frac{\Delta C}{C}$$

可见，分析结果可能产生的最大的相对误差，等于各测量值的相对误差之和。

【例 6-2】 测量值 10.12、5.06 和 2.50 的绝对误差分别为 +0.02、+0.02 和 +0.01；试计算结果的最大误差，并将其表示在结果之中。

解：
$$R=\frac{10.12\times 5.06}{2.50}=20.5$$

$$\frac{\Delta R}{R}=\frac{0.02}{10.12}+\frac{0.02}{5.06}+\frac{0.01}{2.50}=0.002+0.004+0.004=0.01$$

$$\Delta R=0.01R=0.01\times 20.5=0.2$$

则
$$R+\Delta R=20.5\pm 0.2$$

6.4.2.2 用相对标准偏差表示

如果 $R=\frac{AB}{C}$，设测量值 A、B、C 的标准偏差分别为 S_A、S_B、S_C，结果 R 的标准偏差为 S_R。

同上理（推导同上）得：在乘除法运算中，计算结果的相对标准偏差的平方，等于各测量值相对标准偏差的平方的总和。即：

$$\left(\frac{S_R}{R}\right)^2_{最大}=\left(\frac{S_A}{A}\right)^2+\left(\frac{S_B}{B}\right)^2+\left(\frac{S_C}{C}\right)^2$$

【例 6-3】 测量值 10.54、18.26 和 8.35 的标准偏差分别为 +0.04、+0.02 和 +0.03；试计算所得结果的相对标准偏差。

解：
$$R=\frac{10.54\times 18.26}{8.35}=23.0$$

$$\left(\frac{S_R}{R}\right)^2_{最大}=\left(\frac{0.04}{10.54}\right)^2+\left(\frac{0.02}{18.26}\right)^2+\left(\frac{0.03}{8.35}\right)^2=0.000029=2.9\times 10^{-5}$$

相对标准偏差：$\frac{S_R}{R}=\sqrt{2.9\times 10^{-5}}=\pm 0.0054=\pm 5.4\times 10^{-3}$

标准偏差：$S_R=\pm 5.4\times 10^{-3}R=\pm 5.4\times 10^{-3}\times 23.0=\pm 0.12$

应当指出，以上讨论的是分析结果可能产生的最大误差。即考虑到最不利的情况下，各步骤带来的误差互相累加在一起的情况。但在实际工作中，个别测量误差对分析结果的影响，可能是相反的，因而彼此部分抵消。这种情况，在定量分析中经常遇到。例如重量分析的结果 r 是由沉淀质量 x 和试样质量 y 的比例 $\left(\dfrac{x}{y}\right)$ 来确定的。如果天平不等臂，或者砝码有损伤，则两者产生的称量误差是同一方向的（即都是正的或者都是负的），而分析结果的相对误差等于两次称量相对误差之差。即

$$\frac{\Delta r}{r}=\frac{-\Delta x}{x}-\frac{-\Delta y}{y} \quad \text{或} \quad \frac{\Delta r}{r}=\frac{\Delta x}{x}-\frac{-\Delta y}{y}$$

显而易见，两次称量误差彼此互相部分抵消，使分析结果总的误差反而变小。在滴定分析，比色分析和其他一些分析方法中，也常常有误差互相抵消的情况。

6.5 分析结果的数据处理

6.5.1 可疑观测值

可疑观测值简称可疑值。所谓可疑值就是指在平行测定时，数据中出现的显著差异，有特大或特小的可疑值。由于其具有一定的分散性和与众不同，所以也叫离群值。

在定量分析中，人们经常对同一个样品，做重复多次的平行测定，但在测定中有时会出现个别的可疑值。例如在滴定分析中得到 22.32mL、20.25mL、20.26mL 和 20.27mL 四个数据，很显然第一个数据是值得怀疑的，自然会怀疑是在测量中出了什么差错造成的。对于这样的数据也很自然地会想到是否可以将其弃去，否则就会影响到结果，尤其是在测量数据不多时影响更大。但是，舍弃测量值要有根据，绝不能先下结论，后取舍数据，对测量数据采取"合我者取之，不合我者弃之"的唯心主义态度是不科学的，也是不严肃的。

那么，在什么情况下才能将可疑值舍去呢？在一般情况下，可作如下处理。

（1）回顾

首先，对整个分析过程进行回顾，想想测量时是否有错，如操作错误、加错试剂或引入杂质等过失情况，如属于这类问题引起的可疑值，可以立即弃去。

（2）复查数据

看测量时，砝码或滴定管等读数是否读错或记错；第一次滴定是否因缺乏观察指示剂变色的经验而引起的错误等。如果找到了原因，就有了舍去可疑值的理由。

但是，有时找不出引起过失的确切原因，就不应该随意弃去或保留可疑值。这时，就需要根据随机误差的分布规律，用统计检验的方法来确定可疑值是否来源于同一总体，以决定取舍。如果测量的次数足够多，能对总体标准偏差有正确的估计，问题容易解决。因为测量值多，一个可疑值对于平均值的影响是很小的。但对于测量次数少，如 10 次以内的测量，就比较困难了，这时就不容易把总体标准偏差估计准确，而可疑值对平均值的影响很大。所以，只好借助于数理统计的原则来处理。

6.5.2 可疑数据的取舍

在可疑值取舍的问题上,曾有人提出过许多标准。但对于在测量次数较少时出现的可疑值的取舍问题上,总是不能令人满意。不论哪种方法都必须首先解决这样一个问题,那就是可疑值与其他测量值之差,必须是多大,才应取舍。如果把这个差值规定得太小,正确的测量值被舍弃的可能性又太大了,这在统计学上叫做发生了"第一类误差"。如果把这个差值规定得太大,则错误的测量值被保留的可能性又太大了,这就叫做发生了"第二类误差"。所以,在提出的标准中,有的容易发生第一类误差,有的容易发生第二类误差,总不那么理想。

目前,在舍去少次测量中出现的离群值(可疑值)的方法中,从统计学的观点看,比较严格,使用方便的是"Q 值检验法",其次是"4 乘平均偏差法"也叫"$4\bar{d}$ 法"。下面分别介绍这两种方法。

6.5.2.1 Q 值检验法

Q 值检验法检验时,先要求出可疑值与其最邻近的一个数值之差,然后将它与极差相比(所谓极差就是测量值中的最大值与最小值之差,也叫全距),就得到 $Q_{计算}$ 值。其具体处理方法如下。

① 算出可疑值与紧邻的测量值之差,即:$x_{可} - x_{紧邻}$。

② 算出测量值中的极差,即:$x_{最大} - x_{最小}$。

③ 用极差去除以可疑值与紧邻的测量值之差,得到舍弃商,即:

$$Q_{计} = \frac{|x_{可} - x_{紧邻}|}{x_{最大} - x_{最小}} \tag{6-11}$$

④ 查 Q 值表,若计算所得的 $Q_{计}$ 比表中查到的相应测量次数的 $Q_{表}$ 值大,则可疑值可弃去,反之,则保留。即:

$$Q_{计} \geq Q_{表},弃去;Q_{计} \leq Q_{表},保留$$

附: Q 值表(置信水平为 90% 及 95%)

测量次数 n	3	4	5	6	7	8	9	10
$Q_{0.90}$ 值	0.94	0.76	0.64	0.56	0.51	0.47	0.44	0.41
$Q_{0.95}$ 值	1.53	1.05	0.86	0.76	0.69	0.64	0.60	0.58

【例 6-4】 分析某样品 6 次,所得结果分别为 18.34、18.33、18.30、18.25、18.27 及 18.55。试用 Q 值检验法检测其置信水平为 90% 和 95% 时,18.55 这个数据是否应舍去?

解:

$$Q_{计} = \frac{|x_{可} - x_{紧邻}|}{x_{最大} - x_{最小}} = \frac{|18.55 - 18.34|}{18.55 - 18.25} = \frac{0.21}{0.30} = 0.7$$

查表 $n=6$ 时,$Q_{表,0.90} = 0.56$

$Q_{计} = 0.7 > Q_{表,0.90} = 0.56$,则该数据应舍去不用。

若将置信水平改为 95%,则

当 $n=6$ 时，$Q_{表, 0.95}=0.76$

$Q_{计}=0.7 < Q_{表, 0.95}=0.76$，这时该数据就不可舍去。

注意：当遇到 $Q_{计}$ 与 $Q_{表}$ 之值很接近，甚至相等时，按规定应弃去该可疑值，但这样做比较勉强，如果可能的话，最好补做一、二次再作处理，或者用中位数代替平均值。

所谓中位数就是按数据大小顺序排列，当 n 为单数时，居中者即是；若 n 为偶数时，则取正中两数的平均值为中位数（用得少）。

【例 6-5】 标定某标准溶液 4 次，得到 0.1014、0.1012、0.1019 及 0.1016 四个测定值，试用 Q 值检验法检测其置信水平为 90% 时，0.1019 这个数据是否应舍去？

解： $Q_{计}=\dfrac{|x_{可}-x_{紧邻}|}{x_{最大}-x_{最小}}=\dfrac{|0.1019-0.1016|}{0.1019-0.1012}=\dfrac{0.0003}{0.0007}=0.043$

当 $n=4$ 时，$Q_{表, 0.90}=0.76$

$Q_{计}=0.43 < Q_{表, 0.90}=0.76$，则 0.1019 这个数据就不能舍去，应予保留。

6.5.2.2　4 乘平均偏差法（$4\bar{d}$ 法、四倍法）

其处理方法如下。

① 求出除可疑值外，其余数值的平均值 $\bar{X}$ 及平均偏差

$$\bar{d}=\dfrac{|d_1|+|d_2|+|d_3|+\cdots+|d_n|}{n}$$

② 求出 $x_{可}$ 与 $\bar{x}$ 之差。

③ 将平均偏差 $\bar{d}$ 乘以 4，所得的积，再与差值比较，若差值 $\geq 4\bar{d}$，则可疑值应弃去。反之，则保留。即：

当 $x_{可}-\bar{x} \geq 4\bar{d}$ 或 $\dfrac{x_{可}-\bar{x}}{\bar{d}} \geq 4$ 时，$x_{可}$ 应弃去，反之则保留。

【例 6-6】 例 6-4 中的 6 个数据，18.34、18.33、18.30、18.25、18.27 及 18.55。

解：平均值：$\bar{x}=\dfrac{18.34+18.33+18.30+18.25+18.27}{5}=\dfrac{91.49}{5}=18.298 \approx 18.30$

偏差分别为：0.04，0.03，0，-0.05，-0.03

平均偏差：$\bar{d}=\dfrac{|0.04+0.03+0+0.05+0.03|}{5}=\dfrac{0.15}{5}=0.03$

$x_{可}-\bar{x}=18.55-18.30=0.25 \geq 4\bar{d}=4\times 0.03=0.12$

或 $\dfrac{x_{可}-\bar{x}}{\bar{d}}=\dfrac{18.55-18.30}{0.03}=\dfrac{0.25}{0.03}=8.3 \geq 4$

所以该数据可弃去，这与 Q 值检验法是一致的。

【例 6-7】 例 6-5 中的 4 个数据 0.1014、0.1012、0.1019 及 0.1016。其

$$\bar{x}=\dfrac{0.1014+0.1012+0.1016}{3}=\dfrac{0.3042}{3}=0.1014$$

解：偏差分别为：0，-0.0002，+0.0002

平均偏差：$\bar{d}=\dfrac{|0+0.0002+0.0002|}{3}=\dfrac{0.0004}{3}=0.00013$

$x_{可}-\bar{x}=0.1019-0.1014=0.0005 \leqslant 4\bar{d}=4\times 0.00013=0.00052$

$$\dfrac{x_{可}-\bar{x}}{\bar{d}}=\dfrac{0.1019-0.1014}{0.00013}=\dfrac{0.0005}{0.00013}=3.8\leqslant 4$$

所以该数据应以保留，这与 Q 值检验法也是一致的。

以上介绍的两种方法，都是从误差出现的概率考虑的，不同之处在于 $4\bar{d}$ 法将可疑值排除在外，很可能会将有效的数据也舍掉。因此，一般认为 Q 值检验法简单、可靠、易行。

至于其他方法，有条件的话可找有关的参考书看看，比较一下，看哪种方法简单、可靠及易行。

6.5.3 平均值的置信区间

在日常工作中，对一项测定工作完成后，总是把测定数据的平均值作为检测的结果来报告。但是仅仅报告一个平均值还是不够的。因为算出了平均偏差或标准偏差等，只不过解决了个别测定值与平均值之间的偏差。虽说平均值是可以信赖的，可平均值也是测量值，不免还会存在误差。所以，还必须考虑平均值与真实值之间的误差。这就需要用平均值的精密度来衡量。所以，介绍一下。

6.5.3.1 平均值的精密度

正如前面所说，真实值通常是未知的。但可以利用随机误差的概率，求出真实值所在的狭小范围。因为一系列测定中，每次（多次平行测定的）平均值 $\bar{x}_1$，$\bar{x}_2$，$\bar{x}_3$，…，$\bar{x}_n$ 的波动情况，同样也遵循正态分布。因此，平均值也应该用平均值的精密度来表示其分散的程度。很显然，平均值的精密度应当比单次测定的精密度会更好。在一般情况下，平均值的精密度常用平均值的标准偏差（$S_{\bar{x}}$）或平均值的偏差（$d_{\bar{x}}$）来衡量。

经统计学的有关原理证明：

平均值的标准偏差，在数值上等于分别测定的标准偏差（S）除以所做次数（n）的平方根。即：

$$S_{\bar{x}}=\dfrac{S}{\sqrt{n}}$$

与其相应的总体平均值的标准偏差为：$\sigma_{\bar{x}}=\dfrac{\sigma}{\sqrt{n}}$

而平均值的偏差，在数值上等于分别测定的平均偏差除以所做次数（n）的平方根。即：

$$d_{\bar{x}}=\dfrac{\bar{d}}{\sqrt{n}}$$

由此可见，平均值的标准偏差与测定次数的平方根成正反比。也就是说，增加测定次数，可以提高测量的精密度（即可使偏差减少）。但增加测定次数的代价不一定

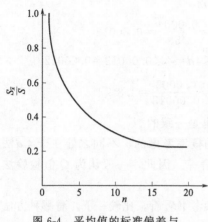

图 6-4 平均值的标准偏差与测定次数的关系

能从减少误差的工作中得到补偿。怎么说呢？如果将上式整理一下，再以 $\frac{S_{\bar{x}}}{S}$ 对 n 作图，就可清楚地看到这一点。见图 6-4。

开始时，$S_{\bar{x}}$ 或 $d_{\bar{x}}$ 随测定次数 n 增大，减少较快，到了 $n=5\sim 6$ 时变化就不大了，当 $n>20$ 时，变化就很少了。因此，在实际工作中测定次数无需过多，可以根据具体要求，确定测量次数。若要求不高，一般只要 3～5 次即可。对于要求较高的，可以测定 6～7 次，最多也只要测定 10～12 次就足够了。有了平均值的标准偏差或平均值的偏差以后，那么，平均值就落在 $\bar{x}+S_{\bar{x}}$ 和 $\bar{x}-S_{\bar{x}}$ 或 $\bar{x}+d_{\bar{x}}$ 和 $\bar{x}-d_{\bar{x}}$ 之间了。也就是说测量结果就可用 $\bar{x}\pm S_{\bar{x}}$ 或 $\bar{x}\pm d_{\bar{x}}$ 来表示了。

【例 6-8】 测定某矿石中 Fe_2O_3 的含量，对同一试样进行了六次测定，所得数据如下：

Fe_2O_3	$|x-\bar{x}|$	$(|x-\bar{x}|)^2$
79.58	0.08	0.0064
79.45	0.05	0.0025
79.47	0.03	0.0009
79.50	0	0
79.62	0.12	0.0144
79.38	0.12	0.0144

解：$\bar{x}=79.50$ $\sum|x-\bar{x}|=0.04$ $\sum(|x-\bar{x}|)^2=0.0386$

$$S=\sqrt{\frac{(x-\bar{x})^2}{n-1}}=\sqrt{\frac{0.0386}{6-1}}\approx 0.09 \qquad S_{\bar{x}}=\frac{S}{\sqrt{n}}=\frac{0.09}{\sqrt{6}}\approx 0.04$$

$$\bar{d}=\frac{\sum|d_i|}{n}=\frac{0.40}{6}\approx 0.07 \qquad d_{\bar{x}}=\frac{\bar{d}}{\sqrt{n}}=\frac{0.07}{\sqrt{6}}\approx 0.03$$

如果系统误差已被消除，则矿石中 Fe_2O_3 的含量为：

当用平均值的标准偏差表示时，其真实值可能落在：79.50%±0.04%，79.46%～79.54%之间；

当用平均值的偏差表示时，其真实值可能落在：79.50%±0.03%，79.47%～79.53%之间。

很明显，这样的表示方法，在数学上的严格性较高，可靠性也较平均偏差要大些。但可靠到什么程度，则无法确定。所以只能说"可能落在××范围之内"。因此，就需要解决置信度的问题。

6.5.3.2 平均值的置信区间

如前所述，只有在系统误差已经被消除的情况下，当 $n \to \infty$ 时，$\bar{x} \to \mu$（总体平均值，也可看作是真实值），才能准确无误地找到总体平均值（μ），显然这是办不到的。由于少数测量得到的平均值 $\bar{x}$ 总带有一定的不正确性。因此，只能在一定置信度上，根据 $\bar{x}$ 对 μ（或真实值）可能存在的区间作出估计。那么，这个在一定置信度下，以平均值为中心，包括真实值在内的区间就称为置信区间，也称可靠性区间。

认识可靠性区间以后，现在要解决的是：我们的测定结果的可靠性究竟有多大的问题。

若当含量的总体平均值为 μ（可用 $\bar{x}$ 代替 μ），其标准偏差为 $\sigma_{\bar{x}}$ 时，从随机误差的 Gauss 分布曲线可以看出，当曲线与 x 轴所围成的面积为 100% 时，则 $\bar{x} \pm \sigma$ 区间内的面积为 68.3%，也即是真实值落在 $\bar{x} \pm \sigma$ 区间内的概率为 68.3%。同样落在 $\bar{x} \pm 2\sigma$ 区间内的面积为 95.5%，在 $\bar{x} \pm 3\sigma$ 区间内的面积为 99.7%（见图 6-5）。也就是说，在 1000 次测量中，将有 997 次的结果会落在 $\bar{x} \pm 3\sigma$ 区间之内，只有 3 次的结果在此区间以外。故出现超出以外的结果的可能性很少（只有 0.3%），对于这样的结果，可以作为错误结果弃去。

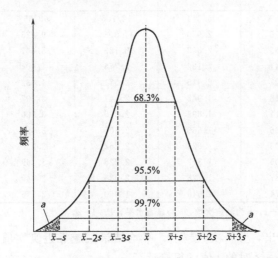

图 6-5 用标准偏差表示的 Gauss 分布曲线

图中的 68.3%、95.5%、99.7% 等叫可靠性指标，或叫置信度、置信水平等，用 P 表示；而 1σ、2σ、3σ 中的 1、2、3 叫校正系数，用 t 表示（即所谓的 t 分布值或 t 值）；$\bar{x} \pm \sigma$、$\bar{x} \pm 2\sigma$ 等叫可靠性区间，或置信区间。而在此区间以外的概率称为显著水平，用 α 表示（图中阴影的总面积为 α）。所以，置信度与显著水平的关系为：$P = 1 - \alpha$。

可见，在相同条件下对同一样品作无限多次平行测定时，其总体平均值，可用平均值 $\bar{x}$ 来估计其真实值的可靠性区间。即：

$$\mu = \bar{x} \pm t\sigma_{\bar{x}} = \bar{x} \pm t\frac{\sigma}{\sqrt{n}} \text{(对无限多次测量 } \mu \text{ 而言)}$$

但在实际工作中，平行测定的次数一般都在 20 次以下，即 $n<20$，故平均值的可靠性区间可改写为：

$$\mu = \bar{x} \pm tS_{\bar{x}} = \bar{x} \pm t\frac{S}{\sqrt{n}}$$

在日常生活中，人们对事物的判断力，若有 90% 或 95% 的把握，就认为这个判断是基本正确的了。因此，在分析化验中一般都将置信度定为 90% 或 95%。这样一来，上式的意义在于：通过 n 次测定以后，有 90% 或 95% 的把握，认为真实值含量 μ 在 $\bar{x} \pm t\frac{S}{\sqrt{n}}$ 范围之内。

不同的概率与测定次数所对应的 t 值，已由数学家们计算出来了，常用的部分见表 6-3。

表 6-3 常用 t、α、f 值表

t \ α \ f	$\alpha=0.5$ (P=50%)	$\alpha=0.1$ (P=90%)	$\alpha=0.05$ (P=95%)	$\alpha=0.01$ (P=99%)	$\alpha=0.005$ (P=99.5%)
1	1.000	6.314	12.706	63.657	127.320
2	0.816	2.920	4.303	9.925	14.089
3	0.765	2.353	3.182	5.841	7.453
4	0.741	2.132	2.776	4.604	5.598
5	0.727	2.015	2.571	4.032	4.773
6	0.718	1.943	2.447	3.707	4.317
7	0.711	1.895	2.365	3.500	4.029
8	0.706	1.860	2.306	3.355	3.832
9	0.703	1.833	2.262	3.250	3.690
10	0.700	1.812	2.228	3.169	3.581
20	0.687	1.725	2.086	2.845	3.153
∞	0.674	1.645	1.960	2.576	2.807

注：f 为自由度 $=n-1$，n 为测定次数，α 为显著水平，$P=1-\alpha$。

从上表可以看出，分析次数越多，平均结果就越靠近真实值。当 n 在 20 以上时，其 t 值就与 $n \to \infty$ 时的 t 值已很接近了。

例如上例中 Fe_2O_3 含量：$\bar{x}=79.50$，$S_{\bar{x}}=0.04$，$n=6$，再加上一个置信度就更加完美了。即：$\mu = \bar{x} \pm tS_{\bar{x}} = 79.50 \pm 0.04t$

当 $P=90\%$ 时，$f=n-1=6-1=5$，$t=2.02$，可靠性区间 $=79.50\pm0.08$，即在 79.42~79.58 之间；

当 $P=95\%$ 时，$f=n-1=6-1=5$，$t=2.57$，可靠性区间 $=79.50\pm0.10$，即在 79.40~79.60 之间；

当 $P=99\%$ 时，$f=n-1=6-1=5$，$t=4.03$，可靠性区间 $=79.50\pm0.16$，即在 79.34~79.66 之间。

可见，置信度越高，可靠性区间越大，这是不难理解的。区间的大小，反映了估计的精度，而置信度的高低说明估计的把握程度。当然，100%的置信度，说明区间无限大，肯定会包括 μ 值（真实值），但这样的区间是毫无意义的。所以，应当根据实际工作的需要，定出所需的置信度。

6.5.4 最小二乘法的线性回归

前面介绍的数据处理方法，多是从实验数据本身和实验结果的准确度方面考虑的，但有时为了满足科研和生产工作的需要，必须找出研究对象与有关物化参数（如浓度等）之间的关系，使它们能更好地为科研和生产服务。

例如在分光光度分析中，根据朗伯-比耳定律：$A=abc$ 得知，吸光度 A 与有色物质的浓度 c 之间存在着一定的关系。

同样，在色谱分析中峰面积 A（或峰高 H）与组分浓度 c 之间也存在着一定的关系等。根据经验，可以认为吸光度 y 与未知浓度 x 之间存在着这样的关系（由专业形式转变为数学形式）

$$y = bx + a \tag{6-12}$$

有了这样一个关系模型，如果能确定其中 a 和 b 两个参数，就可以得出吸光度 y 和浓度 x 间的经验公式。用这个公式，就能由未知物质的吸光度 y 求得相应的浓度 x，反之亦然。用这个方法，还可用于存在这种关系的其他分析方法求解类似的问题。

但是，在实际工作中，由于随机误差的存在，得出的经验公式，其变量之间虽然有着密切关系，但又不是像数学上的函数关系，因变量 y 随变量 x 不是严格地按照确定的规律变化，由 x_i 值就可精确地得到一个 y_i 值，而通常都表现为相关关系。

所谓相关关系，就是指当自变量 x 变化时，因变量 y 也大体上按照某种规律变化，允许有例外，不能由 x_i 值精确地求出 y_i 值的关系。

相关关系是一种统计关系，因此，用曲线表示测试结果时，实验点围绕按相关关系画出的曲线常有一定程度的离散。

如用标准物做工作曲线时，就经常遇到这类问题。因此，尽量减少测量误差，求解出尽可能准确的结果，是我们最关心的问题。本节将要介绍最小二乘法的线性回归，是解决这类问题的最有效的方法之一。

最小二乘法的线性回归法是一种运算简单、意义明确的数据处理方法之一。因此，在科学实验中得到了极其广泛的应用。

6.5.4.1 最小二乘法的统计学原理

这里，以分光光度法为例，介绍最简单的、也是使用得最多的一元线性回归。一元线性回归是研究随机变量 y 和普通变量 x 的关系。从分析测试的观点来看，所考察的两个变量，其中之一是能够精确测量的或者其测量误差同另一个变量相比可以忽略不计的普通变量（如浓度 x），另一个变量是包含有测量误差的随机变量（如吸光度 y，且其误差被放大了，则 $y=bx+a$）。它的测定值是随统计涨落的。

例如用分光光度法建立标准曲线时，组分浓度 x 是可以精确控制的，所以是普通变量，而吸光度 y 的测定值是随统计涨落的，故 y 是随机变量。因而变量 y 与 x 之间存在着如式(6-12)的关系。因此，在实际工作中，也就是做标准工作曲线时，常常控制相近的条件，测定浓度为 $x_i (i=1,2,3,\cdots,n)$ 的一系列标准溶液的吸光度 y_i。然后将其代入式(6-12)，构成方程：

$$y_1 = bx_1 + a, \quad y_2 = bx_2 + a, \quad y_3 = bx_3 + a, \cdots, y_n = bx_n + a$$

（通式为 $y_i = bx_i + a \quad i=1,2,3,\cdots,n$）

希望通过 n 个实验点 (x_i, y_i) 来确定式中的两个未知参数 a 和 b。

在设计实验时，为了减少误差，一般都进行多点测量，使方程的个数大于待求参数的个数，例如确定式(6-12)中的 a 和 b，常常需要数据点的个数 $n > 2$，这样构成的方程组叫矛盾方程组。对于这个矛盾方程组的求解，就不像正规方程那样求解了。而需要用到（最小二乘法）统计的方法进行处理，将矛盾方程组转换成未知数个数和方程个数相等的正规方程，再求解，得出 a 和 b。

将求得的 a 和 b 回代到式(6-12)中，就成了所求的回归方程了。

即：
$$Y_i = bX_i + a \quad i=1,2,3,\cdots,n$$

用这个方程即可求得与 X_i 相应的计算函数值 Y_i。再用 (x_i, y_i) 就可得到一条直线。但在实验时人们往往不是去查这条直线，而是通过回归方程来求得未知物的浓度，即 $x_{未} = \dfrac{y_{未} - a}{b}$。这就是我们最关心的问题。

但由于实验误差的存在，实测值 Y_i 与该计算值 Y 之间常常存在差异。即 Y 与 X_i 的函数关系常常以相关关系表现出来。因此，相应于 x_1, x_2, $\cdots$, x_n 的实验测定值 y_1, y_2, $\cdots$, y_n，与按回归方程计算的值 Y_1, Y_2, $\cdots$, Y_n 并不相等。实验点 (x_1, y_1), (x_2, y_2), $\cdots$, (x_n, y_n) 并不落在按式(6-12)确定的回归直线上。在任一实验点 (x_i, y_i) 偏离回归直线的距离称为（偏）离差，用 Q 表示。其偏离回归直线的程度可用 $Q = (y_i - Y_i)^2 = [y_i - (bx_i + a)]^2$ 来表征。而 n 个实验点与回归直线的密合程度，可用通式：

$$Q = \sum_{i=1}^{n}(y_i - Y_i)^2 = \sum_{i=1}^{n}[y_i - (bx_i + a)]^2 \tag{6-13}$$

来定量描述。Q 是随不同的直线变化的，即随不同的 a 和 b 变化的。如果要使所确立的方程和回归直线最能反映实验点的分布情况，也即是要使 n 个实验点与回归直线的密合程度最好。就必须使各实验点与直线的偏差平方和为最小，即使式(6-13)的和 Q 为最小。

式(6-13)中，Q（偏差）是截距（a）和（b）的函数，在数学上，只要对 Q 求极小值，就可以得出参数（a）和（b）应取的数值。这就是著名的最小二乘法原理。而根据这种原则进行的数据处理，就称为最小二乘线性回归，或最小二乘拟合。

6.5.4.2 一元线性方程的回归

对式(6-12) 的一元线性方程，根据最小二乘法原理，通过选择合适的 a、b 值，使 Q 达到最小。从数学上看，要使 Q 的数值达到最小，可将式(6-13) 分别对 a、b 求偏微商，并使为 0，即：

$$Q = \sum_{i=1}^{n}[y_i - (a+bx_i)]^2 \tag{6-14}$$

$$\begin{cases} \dfrac{\partial Q}{\partial a} = -2\sum_{i=1}^{n}(y_i - a - bx_i)^2 = 0 \\ \dfrac{\partial Q}{\partial b} = -2\sum_{i=1}^{n}(y_i - a - bx_i)^2 = 0 \end{cases}$$

将上式化简整理得：

$$\begin{cases} na + b\sum_{i=1}^{n}x_i = \sum_{i=1}^{n}y_i & (6\text{-}15) \\ a\sum_{i=1}^{n}x_i + b\sum_{i=1}^{n}x_i^2 = \sum_{i=1}^{n}x_i y_i & (6\text{-}16) \end{cases}$$

式中，n 是数据点的个数。就是含有两个未知数和两个方程式的正规方程组。解这个方程组得：

$$b = \frac{\sum_{i=1}^{n}(x_i - \bar{x})(y_i - \bar{y})}{\sum_{i=1}^{n}(x_i - \bar{x})^2} = \frac{\sum_{i=1}^{n}x_i y_i - n\bar{x}\bar{y}}{\sum_{i=1}^{n}x^2 - n\bar{x}^2} = \frac{n\sum_{i=1}^{n}x_i y_i - \sum_{i=1}^{n}x_i \sum_{i=1}^{n}y_i}{n\sum_{i=1}^{n}x_i^2 - \sum_{i=1}^{n}x_i \sum_{i=1}^{n}x_i}$$

$$\tag{6-17}$$

$$a = \bar{y} - b\bar{x} = \frac{\sum_{i=1}^{n}x^2 \sum_{i=1}^{n}y_i - \sum_{i=1}^{n}x_i y_i \sum_{i=1}^{n}x_i}{n\sum_{i=1}^{n}x_i^2 - \sum_{i=1}^{n}x_i \sum_{i=1}^{n}x_i} \tag{6-18}$$

式中，$\bar{x} = \dfrac{1}{n}\sum_{i=1}^{n}x_i$，$\bar{y} = \dfrac{1}{n}\sum_{i=1}^{n}y_i$。

算出式中各值后，代入式(6-17)、式(6-18)，即可求得 a、b 值，将其代回式(6-13)，即可确定反映实验点真实分布状况的一元线性回归方程和回归直线。b 称为回归系数。

确定了回归方程以后，因变量 y 与自变量 x 之间是否存在着相关关系，在求解一元线性方程的过程中并没回答这个问题。即使是对平面图上的任何一群杂乱无章的实验点，也可用最小二乘法求得"回归方程"，配成一条直线。然而，这样求得的回归方程和配成的直线，显然是毫无意义的。

那么，所求得的回归方程和配成的直线是否有实际意义。也就是说，这些数据点本身是否有线性关系,这主要靠所掌握的专业知识来判断。在数学上可用相关系数法来检验实验点的线性系数。所谓相关系数,就是用来衡量 y 与 x 间相关程度的一个系数。其数学表达式为:

$$r = \frac{\sum_{i=1}^{n}(x_i-\bar{x})(y_i-\bar{y})}{\sqrt{\sum_{i=1}^{n}(x_i-\bar{x})^2 \sum_{i=1}^{n}(y_i-\bar{y})^2}} = \frac{\sum_{i=1}^{n} x_i y_i - n\bar{x}\bar{y}}{\sqrt{\sum_{i=1}^{n}(x_i-\bar{x})^2 \sum_{i=1}^{n}(y_i-\bar{y})^2}} \quad (6\text{-}19)$$

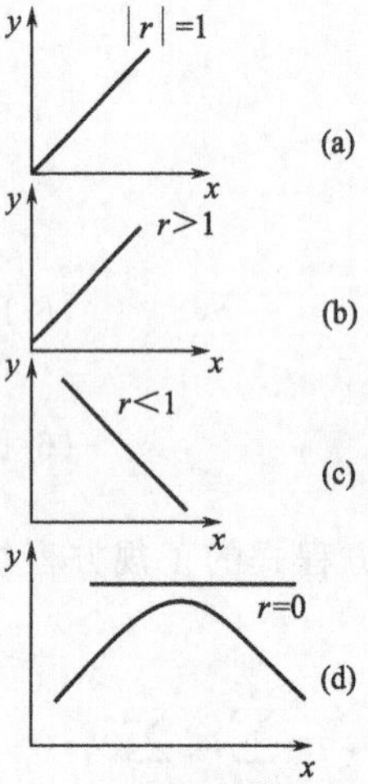

当实验点确实存在线性关系且又无实验误差时,这些实验点都将被拟合在此直线上。那么,$|r|=1$,直线形状如图 6-6(a) 所示。

但实际测量时,误差是肯定存在的,因此,实验点并不完全都在拟合的直线上,而是靠近在此直线周围。这时,若 $r>1$ 时,则称 x 与 y 为正相关,当 x 增大时,y 呈现增大趋势,如图 6-6(b) 所示。

若 $r<1$ 时,则称 x 与 y 为负相关,当 x 增大时,y 呈现减小趋势,如图 6-6(c) 所示。

当 x 与 y 间毫无线性关系时,则 $r=0$,其图形如图 6-6(d) 所示。

必须指出的是,根据实验数据回归所得的方程及配成的直线,原则上,只能在原实验方法和原实验数据内使用。

图 6-6 线性相关方程图形与 r 的关系

在实际问题中,$|r|$ 究竟接近于 1 到何种程度,才能认为 x 与 y 是相关的呢?一般来说,r 值出现的概率遵循统计分布规律,根据对 r 出现概率的研究,数学家已经编造出了相关系数的临界值,见表 6-4。

表 6-4 相关系数临界值

$f=n-2$	显著水平		$f=n-2$	显著水平	
	$\alpha=0.05$ ($P=95\%$)	$\alpha=0.01$ ($P=99\%$)		$\alpha=0.05$ ($P=95\%$)	$\alpha=0.01$ ($P=99\%$)
1	0.997	1.00	11	0.553	0.684
2	0.950	0.990	12	0.502	0.661
3	0.878	0.959	13	0.514	0.641
4	0.811	0.917	14	0.497	0.623
5	0.754	0.874	15	0.482	0.606
6	0.707	0.843	16	0.468	0.590
7	0.606	0.708	17	0.456	0.575
8	0.623	0.765	18	0.444	0.561
9	0.602	0.735	19	0.433	0.549
10	0.576	0.708	20	0.423	0.537

注:n 为测定次数;f 为自由度;α 为显著水平;$P=1-\alpha$。

具体应用时，当由计算所得的 $r_{计}$ 值大于相关系数临界值表中给定显著性水平 α 和相应自由度 $f=n-2$ 下的临界值 $r_{\alpha,f}$（即 $r_{计} > r_{\alpha,f}$），则表示在给定显著性水平 α 和自由度 f 下 x 与 y 之间是显著相关的，两者之间存在线性关系。也就是说，用最小二乘法求得的一元线性回归方程和配成的直线是有意义的。反之，若 $r_{计} < r_{\alpha,f}$ 的值，则表示 x 与 y 之间是线性显著不相关的，即两者之间不存在线性关系。也就是说，用最小二乘法求得的回归方程和配成的直线是没有意义的。

即：$r_{计} > r_{\alpha,f}$，表示线性相关，直线有意义，反之，$r_{计} < r_{\alpha,f}$，表示线性不相关，直线无意义。

【例 6-9】 用分光光度法分析测定微量 Si 时，得到如下一组数据：

标准系列中 Si 含量： 2   4   6   8   10   12
测得的吸光度 A：0.097 0.200 0.304 0.408 0.510 0.613

试用上述数据确定吸光度 A 与浓度 c 的关系式。

解：设其关系式为 $A = bc + a$ 有关数据处理如下：$n=6$，$\overline{A}=0.355$，$\overline{c}=7$

$c_i - \overline{c}$	$(c_i - \overline{c})^2$	$A_i - \overline{A}$	$(A_i - \overline{A})^2$	$(c_i - \overline{c})(A_i - \overline{A})$
-5	25	-0.258	0.067	1.290
-3	9	-0.155	0.024	0.465
-1	1	-0.051	0.003	0.051
1	1	0.053	0.003	0.053
3	9	0.155	0.024	0.465
5	25	0.258	0.067	1.290
Σ 0	70	0.002	0.188	3.614

由式(6-17)及式(6-18)得：

$$b = \frac{\sum_{i=1}^{n}(c_i - \overline{c})(A_i - \overline{A})}{\sum_{i=1}^{n}(c_i - \overline{c})^2} = \frac{3.614}{70} = 0.052$$

$$a = \overline{A} - b\overline{c} = 0.355 - 0.052 \times 7 = -0.009$$

则关系式为：$\qquad A = 0.052c - 0.009$

其相关系数为：$r = \dfrac{\sum_{i=1}^{n}(c_i - \overline{c})(A_i - \overline{A})}{\sqrt{\sum_{i=1}^{n}(c_i - \overline{c})^2 \sum_{i=1}^{n}(A_i - \overline{A})^2}} = \dfrac{3.614}{\sqrt{70 \times 0.188}}$

$$= \frac{3.614}{3.628} = 0.996$$

根据回归方程有：$c = \dfrac{A + 0.009}{0.052}$

若某一样品测得其吸光度 $A=0.316$，则

$$c=\frac{A+0.009}{0.052}=\frac{0.316+0.009}{0.052}=\frac{0.325}{0.052}=6.25\mu g/mL$$

也就是说，未知样品的含量为 $6.25\mu g/mL$。

检验：查表得 $f=n-2=6-2=4$，$\alpha=0.05$（$P=95\%$）时，$r_{0.95,4}=0.811$，则 $r_{计}=0.996>r_{0.95,4}=0.811$，线性相关。

6.5.4.3 一元非线性回归（也叫曲线化直）

如果函数 y 与变量 x 间的关系能用

$$y_i = a + \sum_{i=1}^{n} bx_i (n=1,2,3,\cdots,n) \tag{6-20}$$

来表达，则这种函数关系称为线性关系。特别当 $n=1$ 时，式(6-20)就成了式(6-12)，这就是常见的一元线性方程了。

然而，在分析测试中，也常遇到两个变量不成线性关系的情况。例如，在发射光谱分析中，谱线黑度与组分含量之间的关系，就不是线性关系，而是一个对数关系；在放射性测量中，放射性强度与衰变时间的关系；在动力学研究中，反应速率与反应活化能之间的关系；在光谱学研究中，谱线强度与激发电势的关系等都不是线性关系，而是指数关系，处理起来非常复杂，有时甚至会搞错。如果通过变量转换，使这些非线性关系变为线性关系，则可使数据处理与回归分析变得简便得多。那么，这种将非线性关系，经变量代换后转变为线性的做法称为一元非线性回归，或叫曲线化直。

下面举几个实例，说明其具体做法。

（1）对半数关系

其关系式为：$y=a+b\lg x$ 其曲线形式如图 6-7(a)、(b) 所示。

若令 $x=\lg x$，则上式就变成了 $y=a+bx$ 与式(6-12)形式相同的线性方程了。

例如：发射光谱中的定量关系：$\frac{\Delta S}{\gamma}=\lg a+b\lg c$。

若令 $y=\frac{\Delta S}{\gamma}$，$x=\lg a$，$a=\lg c$，则上式就变为了 $y=a+bx$。

（2）指数关系

其关系为：$y=ae^{bx}$，其曲线形式如图 6-7(c)、(d) 所示。

若令 $y=\ln y$，$\ln a = A$

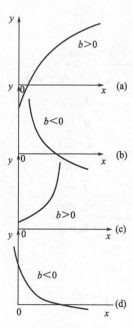

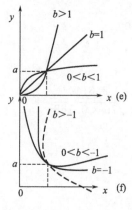

图 6-7 一元非线性回归方程

关系式取自然对数得 $\ln y = \ln a + bx\ln e$（因 $\ln e = 1$），则有 $y = A + bx$ 就成直线了。

例如：反应速率常数 k 与热力学温度之间的关系是：$k = Ae^{-\frac{Q}{RT}}$

取对数（换底）：$\lg k = \lg A - \dfrac{Q}{2.303RT} = \lg A - \dfrac{Q}{4.575} \times \dfrac{1}{T}$

若令 $y = \lg k$，$a = \lg A$，$x = \dfrac{1}{T}$，$b = \dfrac{Q}{4.575}$

则上式就变成了 $y = A + bx$ 直线方程了。

(3) 幂函数关系

其关系为：$y = ax^b$，其曲线形式如图 6-7(e)（$b > 0$ 时）、(f)（$b < 0$ 时）所示。
原式取对数有：$\lg y = \lg a + b\lg x$

若令 $Y = \lg y$，$A = \lg a$，$X = \lg x$，则上式就变成了 $Y = A + bX$ 直线方程了。

例如：用色谱分析一组等量的同系物时，组分经在柱上分离后流出，得到的色谱图如图 6-8 所示。试找出其峰高与保留时间的关系。

解：从色谱图上看，峰高与峰的流出顺序有关，时间越长峰越矮，若沿峰顶作一连线，则可得到一条类似于幂函数的曲线。假设 $h_i = at_R^b$ 来描述 h 与 t_R 的关系。但此式是幂函数，为曲线形方程。若用它来表示它们的关系，不够直观，也很难说明问题。若对经验公式取对数，即有：

$$\lg h_i = \lg a + b\lg t_R$$

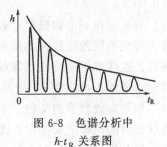

图 6-8　色谱分析中 h-t_R 关系图

若令 $Y = \lg h_i$，$A = \lg a$，$x = \lg t_R$

则上式就变成了 $Y = A + bx$ 直线方程了，这样直观了，处理起来也就方便多了。

类似这样的问题还有很多，在应用中，可根据具体情况作具体分析，对所得数据作出恰当的处理。

6.6　有效数字及其使用规则

6.6.1　有效数字的定义

所谓有效数字，就是指测量时实际能测量到的数字。所以，在有效数字中，除了最后一位数不甚准确外，其余的各数都是准确的。它们不仅表示了数值的大小，同时还能反映出测量的准确度。

例如，滴定管的读数，甲读得 25.14mL，乙读得 25.13mL，丙读得 25.12mL，丁读得 25.14mL。在这些数据中，前三位是准确的，而最后一位数因为没有刻度，是估算出来的，故有所差别（即不甚准确），因此称为可疑数字或叫不定值。但它不是臆造的，所以记录时应该保留它。而这四位数都是有效数字。在科学实验中，对于一个物理量的测量，其准确度是有一定限度的。因此，要取得好的测量结果，不仅要准确地测量，而且还要正确地记录和计算，不能夸大或缩小其准确度。

例如数值 25，若其末位都有 ±1 的绝对误差，则其绝对误差就是 ±1，相对误差 $\pm\frac{1}{25}\times 100\%=\pm 4\%$。

例如数值 25.0，则其绝对误差就是 ±0.1，相对误差 $\pm\frac{0.1}{25.0}\times 100\%=\pm 0.4\%$。

例如数值 25.00，则其绝对误差就是 ±0.01，相对误差 $\pm\frac{0.01}{25.00}\times 100\%=\pm 0.04\%$。

可见，在一个数据中，若其末位都有 ±1 个单位的误差，记录时把测量的有效数字写成不同的位数，其相对误差是不同的。写错了不是夸大就是缩小了测量的准确性。这样就不能反映出客观事实，是不科学的。因为对于一个测量值，其末位数通常都理解为可能有 ±1 个单位的误差。

但是有效数字的位数，不是凭空写的，应该根据所使用的测量工具、分析方法和仪器等的准确度来决定。使数值中最后一位数字是可疑的（不定的）。例如：

用分析天平称样时，0.5g 应写成 0.5000g，若最后一位数是可疑的，其相对误差 $=\frac{\pm 0.0002}{0.5000}\times 100\%=\pm 0.04\%$，如若写成 0.5g，若其末位都有 ±1 的绝对误差，其相对误差 $=\frac{\pm 0.2}{0.5}\times 100\%=\pm 40\%$，同样，把要量取 25mL 的液体体积写成 25mL，表示可用量筒量取，而从滴定管或移液管中放出的体积，应写成 25.00mL。所以，书写时要倍加注意。特别是最后一位是"0"时，常被忽略。例如滴定管（移液管）的读数为 25.00mL，常被写成 25mL；试样质量为 20.1850g，常被写成 20.185g 等。

6.6.2 有效数字的表示方法

有效数字的表示，应该根据实际情况来表述，既不要夸大，也不要缩小其准确度。如：

	数 值	有效数字的位数	相应的测量工具
质量	0.25g	二位	可用台秤称取
质量	0.6050g	四位	可用分析天平称取
液体体积	25.03mL	四位	用滴定管或大的吸量管量取
液体体积	25mL	二位	可用量筒量取
离解常数	1.8×10^{-5}(0.000018)	二位	

络合常数	3.80×10^{-10}	三位
pH 值	4.63，11.02	二位
数值	3600，100	有效数字的位数不确定

从以上数据可以看出，"0"在其中所起的作用是不同的，它可以是有效数字，也可以不是有效数字，而起定位作用。因为这些"0"，只与所用的单位有关，而与测量的精度无关。例如，试样质量 0.6050g，小数点前的"0"表示其小于 1g，不是有效数字，而小数点后的"0"，则是有效数字，所以这个数为四位有效数字。如当其单位用"mg"表示时，则为 605.0mg，有效数字仍为四位，而"6"前面的"0"则不见了。所以，它只与所用的单位有关，而与测量的精度无关。但当需要在末尾加"0"作定位时，如上述的试样质量用 μg 表示时，写成指数形式，即 $6.050\times10^5 (=605.0\times1000)$ μg，否则有效数字的位数就会含混不清了。若写成 605000μg，就容易误解为六位有效数字。再说一般的分析天平达不到此精度。至于有些很大或很小的数值，用"0"表示也不太方便时，可用"10 的乘方"，即以指数形式来表示。但习惯上在数点前保留一位整数。例如：1.2×10^{-5} 而不写成 0.12×10^{-4}。另外，有些数字如 3600、100 这样的数，其有效数字的位数则不好确定，它可能是 2 位、3 位甚至是 4 位有效数字。对于这样的情况，应根据实际有效数字写成 3.6×10^3、3.60×10^3 或 3.600×10^3。当有效位数确定后，书写时一般只保留（最后）一位可疑数字，其他多余的位数，按四舍五入的原则处理。如 1.645，若保留两位有效数字为 1.6，而不能写成 1.65→1.7。（过去有些书用四舍六入五留双的办法处理。其做法是：≥6 则进，如 2.638 保留三位有效数字→2.64。）

当尾数=5 时，若进位后得偶数则进，若进位后得单数则舍。如 2.625 保留三位有效数字→2.62。

≤4 则舍，如 2.604 保留三位有效数字→2.60。

总之，不管用哪种方法取舍数字或表示测量结果，所记录的数字都要与所用的测量工具的准确度相适应。

另外，在分析化学的计算中，也常常会遇到倍数或分数的关系。如计算物质 $K_2Cr_2O_7$ 的当量时有 $\dfrac{K_2Cr_2O_7}{6}=\dfrac{294.18}{6}$ 及质量分析中换算因数的计算，如由 Fe_2O_3 换算成 Fe 时 $\dfrac{2Fe}{Fe_2O_3}$ 等，分母中的"6"或者分子中的"2"并不意味着它们只有一位有效数字，它们是自然数，为非测量所得，可看作有无限多位有效数字。

此外，在分析化学计算中，还常常会遇到像 pH 值、pK、lgk 等对数值。如 pH=11.02，其有效数字的位数，取决于小数点后的位数。因为其整数部分只是表明该数的方次，如 pH=11.02，是 $[H^+]=9.6\times10^{-12}$ mol/L（它是这样来的：pH=$-\lg[H^+]$=9.6×10^{-12}=12$-\lg9.6$=12$-$0.98=11.02）。所以其有效数字只有两位。

6.6.3 计算规则

用测量值计算分析结果，应遵守有效数字运算规则。因为这些规则是根据数值误差的传递规律制定的。因此，在进行数据处理时，必须遵守这些规则。否则，所得结果就不能真实地反映实际情况。

6.6.3.1 加减法

在进行加减法运算时，由于存在各数值绝对误差的传递，所得结果的有效数字（保留的位数），应与参加运算的各数中小数点后的位数最少者为准。即以绝对误差最大者为准。所以，运算时应先将各数按规则修约后，再进行运算。

例如：$0.121 + 25.64 + 1.05782 = ?$

原数	绝对误差	修约后
0.0121	±0.0001	0.01
25.64	±0.01	25.64
+1.05782	+±0.00001	+1.06
26.70992	±0.01	26.71

可见，在上面三个数据中，要数 25.64 的误差最大，（即小数点后的位数最少），有±0.01 的绝对误差，也就是它确定了总和的不正确性为±0.01，其他误差小的数在此不起作用。所以，最后的计算结果保留的有效数字的位数，应以此数相同，即保留有效数字的位数到小数点后第二位。故左边的写法是不正确的。因为在它的和中，已包含了三个可疑数字（1、4 和 2）。

6.6.3.2 乘除法

在乘除法运算时，同样也存在着各数值相对误差的传递问题。因此，所得的结果，其有效数字应与参加运算的各数中（有效数字）位数最少者相同，即以相对误差最大的那个数为准。

又如：$\dfrac{0.0325 \times 5.103 \times 60.06}{209.8}$，其计算结果为 0.047478，有效数字该取几位？

先看式中各数的相对误差，即：

原数	相对误差
0.0325	$\dfrac{\pm 0.0001}{0.0325} \times 100\% = \pm 0.3\%$
5.103	±0.02％
60.06	±0.02％
209.8	±0.05％
0.047478	±0.002％
0.0475	±0.2％
0.047	±2％

可见，乘除法的计算结果，有效数字位数的取舍原则与加减法不同。加减法的有效数字的位数取决于绝对误差最大的那个数（即小数点后位数最少者）；而在乘

除法中,有效数字的位数则取决于相对误差最大的(即有效数字最少者的)那个数。

另外,在用有效数字进行运算时,除了以上规则外,还有如下几点应该注意。
① 当数值的首位≥8时,可多取一位有效数字。

如8.64、9.33、10.01、12.10四个数据,如末位数都有±1个单位的误差,则其相对误差分别为:0.1%、0.1%、0.1%、0.1%,相对误差都一样。但前两个数据的有效数字为三位,而后两个数据则为四位,而相对误差却是一样的,故可多取一位有效数字。

又如:28.40mL 0.0977mol/L 的 HCl 溶液中含 HCl 的含量为:
$$\frac{28.40\times 0.0977 \times 36.46}{1000}g = 0.1012g$$

式中,有效数字位数最少者为0.0977(三位有效数字),如果结果也取三位有效数字得0.101g。分析运算中各数的准确度,其中最差的是0.0977,它的相对误差为±0.1%,而结果0.101的相对误差为±1%,显然这个结果没有反映出测定的准确度。而0.0977虽是三位有效数字,但其相对误差却与四位有效数字的1.000的相对误差相近,故可看作四位有效数字,计算结果也应取四位有效数字,即0.1012。这样它的相对误差为±0.1%,与测定的准确程度是相符合的。所以,当数值的首位≥8时,可多取一位有效数字。

② 非测量所得的自然数,其有效数字的位数可看作无限多。
③ 如运算需几步进行时,对中间结果的有效位数,可暂时多保留一位,因为有时会连续发生"四舍五入"的情况,而影响最后的结果。但是,最终的计算结果应保持应有的位数。

但应当指出的是:近年来电子计算器愈来愈普及,在计算过程中要随时整理有效数字的方法并不方便。此时计算结果的有效位数,应根据以上法则和实际情况确定。

④ 当使用对数运算时,保留对数的尾数应与原来的有效位数相同。因为对数的首数(指标),只表示该数的大小,而不表示有效数字。
⑤ 有关化学平衡的计算,一般保留两位或三位有效数字。

在表示误差时,一般取一位有效数字已经足够,最多也就取到二位。

总之,在实际工作中,特别是在分析化验工作中,应该按照上述有效数字的有关规定进行。原始记录要根据所用的工具、方法和仪器的准确度真实地记录,正确地计算,只有这样得出来的结果,才能真实地反映问题的实质。

第7章 常用物理常数的测定

任何纯物质都有一定的表征其特点的物理性质,这些性质在一定的条件下通常都具有固定的数值,所以俗称物理常数。物理常数常用的有熔点、沸点、密度、折射率、比旋光度和相对分子质量等。它们分别以具体的数值表达化合物的性质。换句话说,物质的物理常数是与该物质的性质和结构相关的。因此,通过物理常数的测定,可以帮助我们分析、了解化合物的纯度、性质与分子结构之间的关系。这在物质的鉴别,尤其是在对有机化合物的鉴定中,有着十分重要的作用。

7.1 熔点的测定

熔点是固态物质在大气压下,固态与液态处于平衡状态时的温度。每一个结晶性的有机化合物都具有一定的熔点。在一定压力下,纯物质的固液态之间的变化是非常敏感的,熔程(即自初熔至全熔的温度范围)一般不超过1℃,不纯的物质(即使是极少量的杂质),其熔点都会下降,且熔程较宽。因此,通过测定化合物的熔点,结合其熔程的宽窄,可以定性地推测化合物的纯度。

熔点测定要求样品要受热均匀,便于控制和观察温度,所以一般都在熔点浴中进行。实验室常用的熔点浴有提勒管式和双浴式熔点浴,见图7-1(a)及(b)。

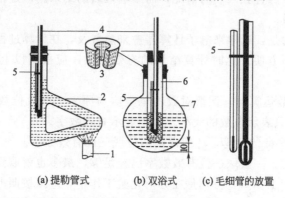

(a)提勒管式　　(b)双浴式　　(c)毛细管的放置

图7-1　熔点测定装置

1—热源；2—提勒管；3—开口橡皮塞；4—温度计；5—毛细管；6—试管；7—短颈圆底烧瓶

(1) 提勒(Thiele)管熔点浴

提勒管又称b形管,如图7-1(a)所示。管口装有开口橡皮塞,带有样品的温度计[见图7-1(c)]插入其中,刻度面应向开口橡皮塞的开口处,其水银球位于b形管上、下叉管口之间,b形管中装入加热液体(浴液),高度至上叉管口即可。然后在图示部位处加热,受热的浴液作沿管上升运动,从而促使整个b形管内的浴液呈对流循环，使得温度较为均匀。

(2) 双浴式熔点浴

如图 7-1(b) 所示。将试管经开口橡皮塞插入 250mL 短颈圆底烧瓶内，直至离瓶底 10mm 处，试管口也配一个开口橡皮塞，插入带有样品的温度计，使其水银球离试管底部 5mm。烧瓶内装入约占烧瓶体积 2/3 的加热浴液，试管内也放入一些加热浴液，使温度计插入后，其液面高度与烧瓶内液面相同。

熔点测定所使用的加热浴液，应根据被测样品熔点温度的不同来选择。常用的加热浴液见表 7-1。

表 7-1 几种常用的浴液

浴 液	最高使用温度/℃	浴 液	最高使用温度/℃
浓硫酸	250	聚有机硅油	350
磷酸	300	7 份浓硫酸＋3 份硫酸钾	320
甘油	250	6 份浓硫酸＋4 份硫酸钾	365
固体石蜡	280	熔融氯化锌	600

7.1.1 毛细管熔点测定法

熔点测定最常用的方法是毛细管熔点测定法。其具体操作步骤如下。

① 取一干净、管壁厚薄均匀、内径为 1～1.2mm，长 50～70mm 的毛细管，将一端熔封好备用。

② 取少量干燥、磨细的样品粉末堆放于洁净的表面皿上，将毛细管开口的一端插入样品粉末中，然后把毛细管封口的一端朝下，垂直放入直立的内径约为 0.8cm、长 40～50cm 清洁的玻璃管中，让其自由落下，当毛细管底端碰到桌面时，即产生上下弹跳，将样品粉末振落至毛细管底部。如此反复添装数次，直至毛细管中装入高约 2～3mm 的紧密结实的试样即可。样品量切不可装得过多，否则会造成熔点范围增大或结果偏高。

③ 按事先选定的浴液装置的尺寸，将已校正好的温度计固定在开口橡皮塞上，将装好试样的熔点毛细管，借少许浴液黏附在温度计下端，必要时可用小橡皮圈将熔点毛细管套在温度计上（小橡皮圈应置于浴液液面的上方），使装有样品的部分置于水银球侧面中部［见图 7-1(c)］。再小心地安放到选定的浴液装置中测定。

④ 开始加热时，可将升温速度控制在 5～6℃/min。当浴液温度上升到与被测样品的熔点相差 10～15℃时，调节热源，使温度只上升 1℃/min 左右。要注意观察，样品在接近熔点前，会开始收缩，继而熔化。

⑤ 记录样品开始收缩并有液态出现（局部熔化）时和固体全部熔化时的温度，即为该化合物的熔点（或叫熔点范围）。

一般来说，熔点测定至少要有两次重复的数据，且每次测定都必须使用新的熔点毛细管另装样品，不得重复使用。若测定的是未知物的熔点，应先对样品进行一次粗测，了解大致的范围后，再另取新的熔点毛细管装样作正式测定。

7.1.2 显微熔点测定法

测定熔点除使用上述方法外,在实际工作中,已愈来愈多地使用到了显微熔点测定仪(见图7-2)。该仪器主要由加热系统、温度计和显微镜等组成。该仪器以其结构简单,易于操作,能借助于显微镜的放大倍数来直接观察结晶在熔化前和熔化时的细微变化,测定所需的样品量少等特点受到人们的喜爱。

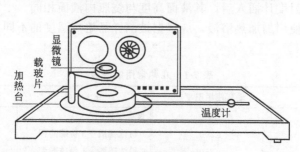

图 7-2 显微熔点测定仪

显微熔点测定的具体操作步骤如下。

① 把少量样品放在两片洁净的载玻片之间,将其压成粉末,放入加热台中压紧,调整好载玻片的位置,使目镜能看清楚若干形状较好的分散的晶体及少量的聚结的晶体。

② 调节加热旋钮,使其逐渐加热,当温度上升到被测样品的熔点前10~15℃时,换开微调旋钮,减缓升温速度,使只上升1℃/min左右,并注意观察。

③ 记录当各分散晶体的边缘熔成球形时温度计的读数。并在此基础上,略为升温时,晶体消失,略为降温时,部分晶体生成。此温度间隔即为化合物的熔点。

为确保所测熔点的准确性,必须使用事先校正过的温度计,或者在熔点测定完毕后,将温度计的读数与校正过的温度计进行对照校正。

7.1.3 温度计的校正

作为物理常数用的温度数据,必须来自准确的温度计。然而,实验室测温用的温度计,往往由于其制造得不够精细,或者使用的方式、方法等原因,总会引起一些误差。因此,在测定物理常数时,所使用的温度计都必须是经过校正的。

校正温度计的方法较多,但作为熔点测定,最常用的是以纯化合物为基准的校正曲线法。该法是在完全相同的条件下,分别测定多种已知纯化合物的熔点和未知物的熔点,然后用所得数据绘制成工作曲线,从中确定未知物的熔点。该法所得数据最为可靠,因为测定的条件是完全相同的,系统误差已经全部抵消,所以也不必再作其他校正了。其具体做法如下。

① 准备一组已知熔点的纯化合物,分别测定它们的熔点。然后,以实际测得的值为纵坐标,再以这些纯化合物的熔点为横坐标,绘制出工作曲线(见图7-3)。

② 在测定样品的熔点时,从纵坐标上找到测得的值,通过此点作平行于横坐标的直线,使之与工作曲线相交,再过此交点作平行于纵坐标的直线与横坐标相交的点的数值,即为该化合物的熔点温度。

第 7 章　常用物理常数的测定

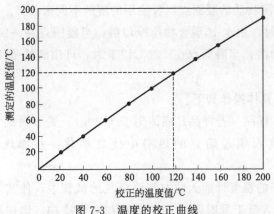

图 7-3　温度的校正曲线

用这种方法测定的熔点，使用熔点浴的装置、浴液、温度计、加热速度、温度计浸入浴液的深度以及毛细管的规格等，都必须完全相同。而且每过一段时间（三五个月）应该重新校正绘制工作曲线。常用的基准化合物见表 7-2。

表 7-2　测定熔点常用的基准化合物

化合物	熔点/℃	化合物	熔点/℃	化合物	熔点/℃
水-冰①	0	二苯乙二酮	95～96	靛红	200
α-萘胺	50	乙酰苯胺	114.3	3,5-二硝基苯甲酸	205
二苯胺	53	苯甲酸	122.4	蒽	216.2～216.4
对二氯苯	53	尿素	135	咖啡因	236
苯甲酸苄酯	71	二苯基羟基乙酸	151	对硝基苯甲酸	241.0
萘	80.55	水杨酸	159	酚酞	262～263
香草醛	81	对苯二酚	173～174	蒽醌	285
间二硝基苯	90.02	马尿酸	187	N,N'-二乙酰联苯胺	317

① 零点温度的测定，最好把温度计浸入用蒸馏水制备的冰与蒸馏水的混合物中（要能看清零点刻度），搅拌混合物直到温度稳定（约 3min）后读数。

此外，用已校正过的温度计为对照标准，可以方便地对任何一支温度计进行校正。

7.2　凝固点的测定

液体在一大气压下，由液态转变为固态达到平衡时的温度称为凝固点，也叫结晶点。纯净的化合物，其凝固点是个常数。如果化合物含有杂质，其凝固点就会降低。因此，根据凝固点的测定数据，可以推断化合物的纯度。

凝固点的测定装置如图 7-4 所示。它由一支带有套管的大试管、温度计和烧杯（冷却浴）组成。

凝固点的测定，一般都在冷却浴中进行。所用的

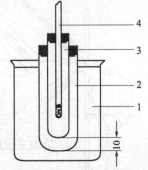

图 7-4　凝固点测定装置
1—冷凝浴；2—套管；3—试管；
4—温度计

冷却浴，可根据被测物质的凝固点以及使用的溶剂不同来选择。在一般情况下，当凝固点在0℃以上时，用水-冰混合物作冷却浴；当凝固点在－20～0℃时，可用食盐-冰混合物作冷却浴；当凝固点在－20℃以下时，可用酒精-固体CO_2（干冰）混合物作冷却浴。

测定凝固点的具体操作如下。

① 量取15mL样品（若样品是固体则15～20g），置于大试管中（装有固体样品的试管，应先放入超过熔点的热浴中使之熔化，并加热至高于其凝固点约10℃）。

② 把配好塞子的温度计插入装有待测样品的试管中，使其不接触管底和管壁四周。并将试管放入低于凝固点5～7℃的冷却浴中冷却。当样品冷却至低于凝固点3～5℃时，迅速将试管移入事先浸泡在同温冷却浴中的套管内，用温度计搅动样品。

③ 仔细观察，样品在凝固时温度会上升一定的数值，并在短时间内（1min以上）保持不变，则该温度即为样品化合物的凝固点。

7.3 沸点的测定

沸点和熔点一样，是纯净有机化合物的一个特征常数。在通常情况下，纯净液态有机化合物在一定压力下，都具有特定的沸点。即纯物质在沸腾开始至终了时的温度差（沸程）不应超过0.5℃。液体的沸程宽，说明其含有杂质。所以，测定沸点也常常作为鉴定有机化合物及其纯度的方法。

在有机物的分析中，测定沸点的方法有常量法和微量法两种。

7.3.1 常量法测定沸点

常量法又叫蒸馏法，其装置如图7-5所示。由一个25mL的带有支管的蒸馏瓶、烧杯、试管、铁环、铁架、石棉网等组成。

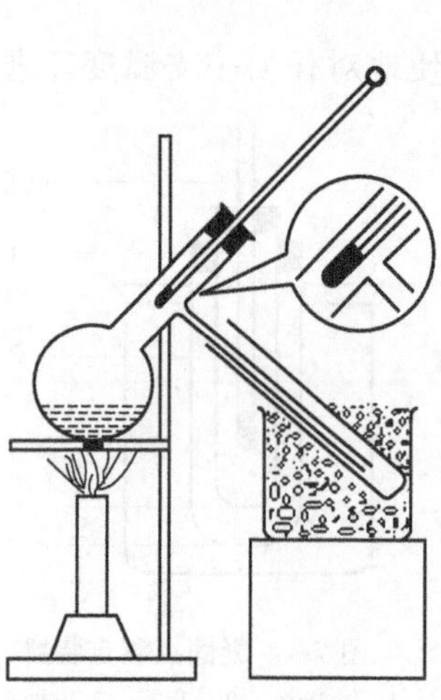

具体操作如下。

① 按图7-5要求安装好装置。在蒸馏瓶中放入几粒沸石，蒸馏瓶的支管伸入试管内，试管外用碎冰冷却，以收集蒸馏液。

② 用玻璃漏斗小心地往蒸馏瓶中加入10mL左右试样溶液，注意勿使液体从支管流出。插上装有温度计的塞子，使温度计的水银球上端恰好与出口支管平衡。

③ 用小火通过石棉网，缓缓加热蒸馏瓶，先蒸出2～3mL后，移开试管，换上另一支干净的试管，

图7-5 测定沸点装置

继续蒸馏。

此时记录下温度计的读数,待收集到 5~6mL 蒸馏液后,停止蒸馏。再记录下温度计的读数。两次读数之差不应大于 3℃。若超过 5℃ 以上,表示样品不纯。

该法在处理不纯的液体时,沸程较长,难以确定液体的沸点。应先将液体提纯后再测定沸点。

7.3.2 微量法测定沸点

微量法测定沸点与毛细管法测定熔点相似,也可以用沸点管按图 7-1 所示的装置和浴液中进行。

沸点管由一支直径 1.0~1.2mm、长 80~100mm、一端封闭的毛细管和一支直径 4~5mm、长 90~100mm,一端封闭的玻璃管(或是类似的小试管)组成。

其具体做法如下。

① 取 0.3~0.5mL 样品溶液于沸点管(或小试管)中,将毛细管封闭端朝上倒插入沸点管里。

② 按测定熔点的方法,把沸点管固定在温度计上,使毛细管口与温度计水银球的中部在同一高度上[见图 7-1(c)]。并小心地安放到选定的浴液装置中测定。

③ 开始缓缓加热,当加热至有气泡从毛细管口连续成串逸出时,移开热源。此后,气泡逸出速度逐渐减缓。注意当气泡停止逸出,液体即将进入毛细管时的瞬间,温度计所示的读数即为样品的沸点。

沸点的测定,除了温度计需校正外,受压力影响也较大,所以应对大气压引起的误差进行校正。校正可用如下经验公式进行:

$$T = t + \Delta t \tag{7-1}$$

式中,T 为校正的沸点,℃;t 为实测时温度计的读数,℃;Δt 为温度校正值,℃。

对于缔合性液体(如羧酸、醇类等):

$$\Delta t = 7.52 \times 10^{-7} \times (1.01 \times 10^5 - P)(273 + t)$$

对于非缔合性液体(如烃、醚、酯类等):

$$\Delta t = 9.02 \times 10^{-7} \times (1.01 \times 10^5 - P)(273 + t)$$

式中,P 为实测时的大气压力,Pa。

此外,沸点的校正也常采用标准样品法。即标准样品与待测样品溶液在相同的条件下同时测定沸点。测得的标准样品的沸点($t_{标测}$)与该样品在标准压力下的沸点($t_{标}$)之差,就是待测样品的校正值。即:

$$\Delta t = t_{标测} - t_{标} \tag{7-2}$$

测定沸点常用的基准化合物见表 7-3。

表 7-3 测定沸点常用的基准化合物

化合物	沸点/℃	化合物	沸点/℃	化合物	沸点/℃
溴乙烷	38.40	甲苯	110.62	硝基苯	210.85
丙酮	56.11	氯苯	131.84	水杨酸甲酯	222.95
三氯甲烷	61.27	溴苯	156.15	对硝基甲苯	233.34
四氯化碳	76.75	环己醇	161.10	二苯甲烷	264.40
苯	80.10	苯胺	184.40	α-溴萘	281.20
水	100.00	苯甲酸甲酯	199.50	二苯甲酮	306.10

7.4 密度的测定

对于固体和液体，密度是指在规定温度下某物质的质量和其体积的比值，即单位体积的某物质的质量，以 ρ 表示，单位为 kg/m^3（或 g/mL）。但测定密度要求较高，较麻烦，也不容易测准，因此通常用相对密度表示。固体和液体的相对密度是指一定体积的物质在 t_1 温度下的质量与等体积参数物质在 t_2 温度下的质量比，以 d 表示，它没有量纲。比重是一定体积的物质在 t(℃) 的质量与等体积水在 4℃ 质量之比，以 d_4^t 表示，比重这个名称已不再使用。密度测定的常用方法有密度计法、韦氏天平法和密度瓶法三种。

7.4.1 密度计法

该法测定密度简便、快速，但准确度不很高，只适用于要求不高的液体的密度测量。

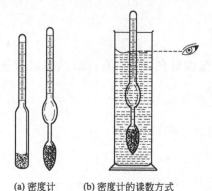

(a) 密度计   (b) 密度计的读数方式

图 7-6 密度计及其读数方法

该法主要采用密度计来测量。密度计过去又叫比重计，是成套使用的，每一支只能测定一定范围的密度。故有轻表和重表之分，分别用于测量相对密度小于 1 或大于 1 的液体。密度计根据使用范围不同，其大小和形状也有所差别，见图 7-6(a) 所示。测定时应根据被测溶液的密度，选用不同量程的密度计。

测定密度时，小心地将被测溶液倒入一个清洁、干燥的大量筒中。然后将密度计轻轻地插入被测溶液中，使其不接触筒底和筒壁四周。待密度计停止摆动后，读取被测溶液弯月面上缘的读数，读数时眼睛视线应与液面在同一水平位置上，如图 7-6(b) 所示。

另外，在测定密度时，还应同时测量温度。这样就可知道在该温度下，该液体的相对密度（d_4^t）了。有了这些数据后，就可以用下式将它换算成 20℃ 时该液体

的相对密度 d_4^{20} 了:

$$d_4^{20}=d_4^t+r(t-20) \tag{7-3}$$

式中，t 为测定密度时的温度，℃；r 为密度的温度校正系数，见表 7-4。

表 7-4 油品密度的平均温度校正系数

密 度	1℃的温度校正系数 r	密 度	1℃的温度校正系数 r	密 度	1℃的温度校正系数 r
0.6900～0.6999	0.000910	0.8000～0.8099	0.000765	0.9100～0.9199	0.000620
0.7000～0.7099	0.000897	0.8100～0.8199	0.000752	0.9200～0.9299	0.000607
0.7100～0.7199	0.000884	0.8200～0.8299	0.000738	0.9300～0.9399	0.000594
0.7200～0.7299	0.000870	0.8300～0.8399	0.000725	0.9400～0.9499	0.000581
0.7300～0.7399	0.000857	0.8400～0.8499	0.000712	0.9500～0.9599	0.000567
0.7400～0.7499	0.000844	0.8500～0.8599	0.000699	0.9600～0.9699	0.000554
0.7500～0.7599	0.000831	0.8600～0.8699	0.000686	0.9700～0.9799	0.000541
0.7600～0.7699	0.000818	0.8700～0.8799	0.000673	0.9800～0.9899	0.000528
0.7700～0.7799	0.000805	0.8800～0.8899	0.000660	0.9900～0.1000	0.000515
0.7800～0.7899	0.000792	0.8900～0.8999	0.000647		
0.7900～0.7999	0.000778	0.9000～0.9099	0.000633		

7.4.2 韦氏天平法

韦氏天平法测定密度的依据是阿基米德原理。即当物体全部浸入液体中时所减轻的质量，等于该物体所排开液体的质量。根据这一原理，当天平特配的具有标准体积和质量的测锤浸没在液体之中时，由于获得了相应的浮力，而使横梁失去原有的平衡，然后在横梁的 V 形槽里放置各种质量的砝码，使横梁恢复平衡，就能迅速准确地测得该液体的密度。

韦氏天平的结构如图 7-7 所示。天平横梁 1 由支柱 3 支撑在刀座 2 上，横梁的两臂并不等长且形状也不相同。长臂上刻有分度，末端有悬挂测锤 8 的挂钩 7；短臂带有平衡调节器 6 和重心调节器 11，末端有指针，当两臂平衡时，

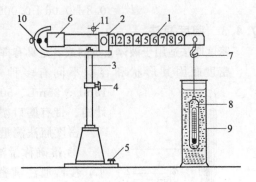

图 7-7 韦氏天平
1—天平横梁；2—玛瑙刀座；3—支柱；4—调节螺栓；
5—水平调节器；6—平衡调节器；7—挂钩；
8—测锤；9—量筒；10—固定指针；
11—重心调节器

该指针与托架上的固定指针 10 成一水平线（即对正）。放松调节螺栓 4，可调整支柱 3 的高度，5 是水平调节器，9 是玻璃量筒。

每台韦氏天平都配有本台仪器自己专用的四个砝码。最大的砝码的质量等于测锤在 20℃ 的水中所排开水的质量。其他砝码依次是最大砝码的质量的 1/10、1/100、1/1000。它们在横梁的不同位置上的读数见表 7-5。

表 7-5 砝码在横梁的不同位置上的读数

放的位置	1号砝码	2号砝码	3号砝码	4号砝码
放在第十位(即小钩子上)	1	0.1	0.01	0.001
放在横梁第九位的V形槽	0.9	0.09	0.009	0.0009
放在横梁第八位的V形槽	0.8	0.08	0.008	0.0008
放在横梁第七位的V形槽	0.7	0.07	0.007	0.0007

注：以此类推。

韦氏天平测定密度时的操作步骤如下。

① 使用前，要检查天平各零部件安装是否正确，调整好平衡后，方可使用。

② 在玻璃量筒 9 中注入一定体积的 20℃±0.1℃ 的蒸馏水，轻轻地将测锤放入其中，并悬挂在挂钩 7 上。测锤四周不得有气泡，也不能与量筒底壁接触，且金属丝应浸入水中 15mm。由于水的浮力作用，天平横梁失去平衡，这时应在横梁的V形槽或小挂钩上加减各种砝码，使之恢复平衡，即测得 20℃ 水的密度。此时的读数应在 1.0000±0.0004 范围内，否则天平应检修。

③ 将上一步骤校验用过的水倒干，依次用乙醇、乙醚洗涤玻璃筒和测锤，干燥后，注入与水同温同体积的待测样品溶液。用校验时相同的步骤和方法，测出待测样品的密度。记录好平衡时各砝码所悬挂的位置。

例如：平衡时，一号砝码悬挂在 8 分度槽上，二号砝码悬挂在 6 分度槽上，三、四号砝码同挂在 5 分度槽上。则该样品在 20℃ 时的密度为：

$$d_{20}^{20}=0.8+0.06+0.005+0.0005=0.8655$$

7.4.3 密度瓶法

密度瓶法适用于液体量少的或者是具有挥发性的油品和有机溶剂等密度的测量。

密度瓶因其形状和容积不同有多种规格的。其中常用的有 5mL、10mL、15mL、25mL、50mL。比较标准的是一种配有特制温度计的、带有磨口帽的小支管的密度瓶，如图 7-8 所示。

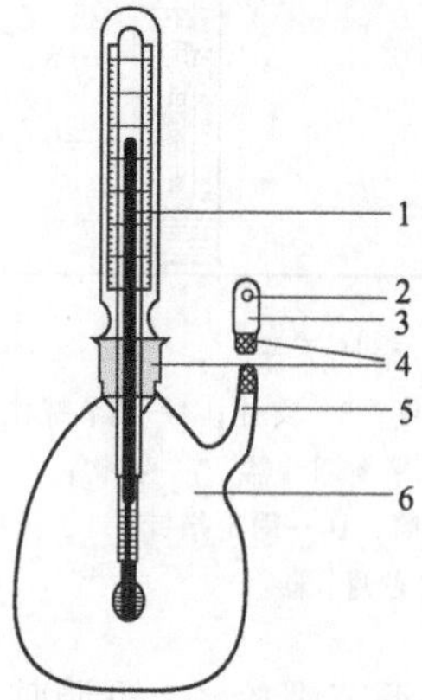

密度瓶法测量密度的具体操作步骤如下。

① 准确称量清洁、干燥的密度瓶的质量 m_1 的蒸馏水，慢慢地注满密度瓶，装上温度计（注意瓶内应无气泡），浸于 20℃±1℃ 的恒温水浴中。

② 当密度瓶内的温度计达 20℃ 并保持 20～30min 不变时，取出密度瓶，并用滤纸擦去溢出支管外的水，立即盖上小帽子，擦干密度瓶外的水，迅速称出其质量 m_2。

③ 将密度瓶内的水全部倒出，先用酒精，再用乙醚洗涤密度瓶数次，干燥后，用样品代替上述蒸馏水，按步骤②所述相同的操作，称出液体样品和密度瓶的质量 m_3。

此时，液体样品的密度可按下式计算：

图 7-8 精密密度瓶
1—温度计；2—侧孔；3—支管磨口帽；4—磨口；5—支管；6—密度瓶

$$d_4^{20} = \frac{液体样品的质量}{同体积蒸馏水的质量} \times 0.99823 = \frac{m_3 - m_1}{m_2 - m_1} \times 0.99823 \qquad (7\text{-}4)$$

式中，m_1 为密度瓶的质量，g；m_2 为密度瓶及蒸馏水的质量，g；m_3 为密度瓶及液体样品的质量，g；0.99823 为 20℃时水的密度。

此外，若使用（不带温度计和支管的）普通密度瓶测量密度时，只需在水浴中另加温度计即可，其他操作与上述相同。

7.5 折射率的测定

折射率是有机化合物最重要的常数之一。它在物质的鉴定和生产质量控制中有着重要的作用。尤其是在物质的纯度检验方面比测定物质的熔、沸点的方法更为可靠。

物质的折射率不但与它的结构和光线的波长有关，而且也受温度、压力等的影响。通常情况下，液体温度增高 1℃，折射率就会下降 4×10^{-4}。所以折射率常需注明所用的光线和温度。折射率常用 n_D^t 来表示。这里 D 表示的是以钠光为光源；t 是测定时的温度。在某一温度下测定的折射率，可以换算成另一个温度下的折射率。一般采用 4×10^{-4} 为温度变化常数。

测定折射率最常用的仪器是阿贝（Abbe）折光仪。其结构见图 7-9 所示。阿贝折光仪是根据著名的折射定律原理制成的，其工作原理，可参阅有关书籍。

使用这种仪器测量折射率，手续简便、快捷，可在数分钟内完成测定，且只需 1～2 滴样品溶液即可，测量精度可达 ±0.0001。但测定时必须使用超级恒温水浴，以确保温度变化幅度不超过 ±0.1℃。为便于比较，最好在 20℃时进行测定。

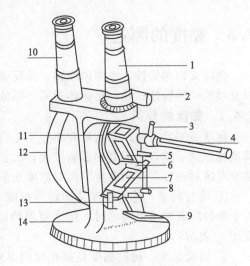

图 7-9　阿贝折光仪的构造
1—测量目镜；2—消色补偿器；3—循环温水接头；
4—温度计；5—测量棱镜；6—铰链；7—辅助棱镜；
8—加样槽；9—反光镜；10—读数目镜；11—转轴；
12—刻度盘罩；13—棱镜锁扣扳手；14—底座

折射率的测定步骤如下。

① 将阿贝折光仪放置在光线充足的地方，连接好超级恒温水浴，并调节至所需温度（常用 20℃±0.1℃），恒温 30min 以上待用。

② 拧开阿贝折光仪的棱镜锁扣扳手 13，拉开测量棱镜 5 和辅助棱镜 7，用蘸有乙醇或丙酮等易挥发的有机溶剂的擦镜纸轻轻地擦洗两棱镜。然后放倒镜筒，将附件盒中的标准玻璃片，用 α-溴萘黏附在测量棱镜 5 上，用手指轻轻压紧标准玻璃

片的四角，使棱镜与标准玻璃片之间铺有一层 α-溴萘。转动反光镜 9，使光线射在标准玻璃片的光面上，调节棱镜转动手轮（在刻度盘罩边上），使目镜 1 的视野能看到明暗分界线或彩色光带，转动消色补偿器 2，使色彩消除，再转动棱镜转动手轮至明暗分界线恰好移到十字交叉线的交点上。此时可从读数目镜 10 里读出刻度盘中的数据（如刻度盘中的视野不够亮，可调整刻度盘罩边上的小反光镜，使之明亮、清晰）。若读数标尺和标准玻璃片的折射率（1.4628）相同，说明仪器正常，可以使用。

以上校验，也可用纯水（二次蒸馏水）进行。方法是将棱镜洗擦干净后，拉开测量棱镜 5 和辅助棱镜 7，将 20℃的纯水直接滴加（1~2 滴）在辅助棱镜 7 上，快速开合棱镜一两次后关扣好棱镜（纯水也可从棱镜边上的加样槽 8 中注入）。然后按上法读出水在 20℃时的折射率（1.3330）。否则，仪器需检修。

③ 样品溶液测定的操作与纯水校验完全相同，只是样品溶液加入后，等待 1~2min 以使棱镜和样品溶液能保持在 20℃后再测量。重复观察、记录读数（至小数点后四位）3 次，读数间的误差不大于 0.0003，最后取其平均值作为该样品溶液的折射率。

7.6 黏度的测定

黏度又称黏滞性，也叫内摩擦，是反映流体（包括液体和气体）内部阻碍其相对流动的一种特性；是一层流体对另一层流体做相对运动的阻力。

7.6.1 黏度的分类

黏度是测定石油产品质量和高分子化合物平均分子量的重要指标之一。它也和其他物理量一样，受温度的影响较大，因此在表示黏度时，一般都带有温度参数。黏度有绝对黏度、运动黏度、相对黏度和条件黏度之分。

① 绝对黏度　绝对黏度又称动力黏度。是指当单位面积的流层以单位速度相对于单位距离的流层流动时，所需克服的阻力。单位是 Pa·s，在 t℃时，绝对黏度用 η_t 表示。

② 运动黏度　运动黏度是指在相同温度下，流体的绝对黏度与其在同一温度下的密度的比值。其单位是 m^2/s，在 t℃时，运动黏度用 ν_t 表示。

③ 相对黏度　相对黏度又称比黏度，通常简称黏度。是指 t℃时一种液体的绝对黏度与同温度下水（或者其他另一种合适的液体）的绝对黏度的比值，相对黏度常用 μ 表示。

④ 条件黏度　条件黏度是指在指定温度下，指定的黏度计中，一定量的液体流出的时间，单位是 s。或者将此时间与指定温度下同体积水流出的时间之比。

7.6.2 黏度计

黏度的测定常用毛细管黏度计法测量，常用的毛细管黏度计有平氏黏度计、伏氏黏度计、奥氏黏度计和乌氏黏度计等，如图 7-10 所示。

平氏黏度计 [见图 7-10(a)] 一套共有 11 支。每支都有三个膨大的球部，但毛

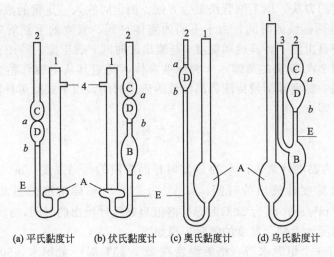

(a) 平氏黏度计　(b) 伏氏黏度计　(c) 奥氏黏度计　(d) 乌氏黏度计

图 7-10　毛细管黏度计

1—粗管；2—主管；3—出气管；4—支管；A—储液球；B,C—缓冲球；D—测定球；
E—毛细管；a、b、c—刻度线

细管的内径各不相同，有 0.4、0.6、0.8、1.0、1.2、1.5、2.0、2.5、3.0、3.5、4.0(mm) 的。

伏氏黏度计［见图 7-10(b)］一套共有 9 支。每支都有四个膨大的球部，也有 0.8、1.0、1.2、1.5、2.0、2.5、3.0、3.5、4.0(mm) 不同内径的毛细管可供选用。

上述这两种黏度计，使用方便，也比较准确。适用于测定石油产品和流动性较强的液体的相对黏度或运动黏度。

奥氏黏度计［见图 7-10(c)］其毛细管内径一般在 0.5～0.6mm 之间，只有 2 个膨大的球部。乌氏黏度计［见图 7-10(d)］，其毛细管内径有 0.3～0.4mm、0.4～0.5mm 和 0.5～0.6mm 等几种规格可选。且有四个膨大的球部和一个出气支管。

这两种黏度计，除毛细管内径都比较小，适用于测定流动性较差的液体的黏度外，还有其各自的特点。尤其是乌氏黏度计，由于其设计多了一根出气管 3，使得其可以做稀释测定。因为在测量时，先把管 3 封闭而将液体吸入到管 2 的 a 刻度以上，然后再放开管 3，使毛细管下端的缓冲球 B 充满空气。此时管 2 内的液体沿缓冲球 B 的内壁自由流下，在毛细管内液体形成一个气承悬液柱。当溶液稀释时，虽然储液球 A 内的液面升高了，但不影响到管 2 内液柱的静压力，所以可以做稀释测定。而奥氏黏度计没有这一设计，当其内的液体自 a 刻度以上自由流下时，促使液体流动的力是液柱的静压力。而在奥氏黏度计中此力受储液球 A 中液面高低影响，因此每次测定时液体的体积必须相同。在测量不同浓度的溶液的黏度时，必须每测一次换一次溶液，很不方便。因此乌氏黏度计特别适合于测定高分子化合物的分子量。

测定黏度的方法，以毛细管法最为方便。测定时注入一定量的液体，记录液体流过测定球 D 两标线的时间。由于不同的液体自同一直立的毛细管中，以完全湿润管壁的状态自由流下，其运动黏度 ν 与流出的时间 t 成正比。若用已知运动黏度的液体（常用 20℃ 新蒸的蒸馏水）为标准液体，测定其从毛细管黏度计中流出的时间，再用同一黏度计测量待测样品溶液的流出时间，用下式就可计算出样品溶液的运动黏度。即：

$$\nu_{20}^i = kt_{20}^i = \frac{\nu_{20}^s}{t_{20}^s} t_{20}^i \tag{7-5}$$

式中，k 为黏度计常数；ν_{20}^i 为 20℃ 时样品溶液的运动黏度，m^2/s；t_{20}^i 为 20℃ 时样品溶液自黏度计流出的时间，s；ν_{20}^s 为 20℃ 时标样溶液的运动黏度（$\nu_{20}^{水}$ = $1.0067 \times 10^{-4} m^2/s$）；$t_{20}^s$ 为 20℃ 时标样溶液自黏度计流出的时间，s。

以乌氏黏度计为例，黏度的测定步骤如下：

① 准备好一个恒温水浴（浴液温度在 20～25℃ 时一般用水，50～100℃ 用甘油），并将温度调节到 20℃±0.1℃；一个洁净、干燥、内径合适的乌氏黏度计（欲使试液流出的时间为 180～300s），并在管 2 和管 3 中各套一小段乳胶管。

② 标样溶液流出时间的测定：将干洁的乌氏黏度计浸入恒温内，务必使其垂直，刻度 a 应在水面以下，用移液管从管 1 中加入 10mL 标准液（可用水或其他溶剂）。恒温 10min 后，用夹子夹紧管 3 的乳胶管，用洗耳球（或大注射器）从管 2 的乳胶管中抽气，使液面经毛细管上升到缓冲球 C 的一半时，捏紧管 2 的乳胶管，松开管 3 的夹子，让空气进入缓冲球 B，松开管 2 的乳胶管，让缓冲球 C 内的液面逐渐下降。用秒表测量液面通过 a、b 两刻度线时所需的时间。重复测量几次，使各次测定的差距不超过 0.2s，取其平均值得标样溶液流出时间。倒出测试的标液，洗净黏度计，用热风吹干备用。

③ 样品溶液流出时间的测定：用一定浓度的试液代替上述标液，用上法测定样品溶液流过毛细管的时间，即可用上式计算出试样的黏度。

若要测定不同浓度样品的黏度，可采用稀释（或加入浓的）试液来实现。方法是用移液管从粗管 1 中加入溶剂（最好直接加到 A 球里）将溶液稀释，并夹紧管 3 从管 2 中抽气，使液面上升到 C 球后，再将溶液压下，如此反复几次使溶液均匀。再用上法测量溶液流过毛细管的时间。如此类推。每稀释一次，测量一次时间，即可求出不同浓度溶液的黏度。

7.7 比旋光度的测定

在有机化合物的分子中，具有一个以上的不对称碳原子时，通常都具有旋光性。当平面偏振光通过这些具有旋光性质的溶液时，就会产生旋光现象。使偏振光的振动平面向左（−）或向右（+）旋转，其旋转的角度称为旋光度。而这旋光度就是这类化合物的特征之一，因此在一定的条件下，测定由旋光性物质引起的偏振光振动平面旋转的角度，就可以比较物质的旋光性，从而推测它们的纯度和溶液的浓度等。

然而，物质的旋光度不仅取决于旋光性物质的分子结构特征，还与旋光性物质溶液的浓度、液层厚度、温度及光源的种类等有关。因此，通常把在一定温度和波长下的偏振光通过 10cm 长，含 1g/mL 旋光性物质的溶液时的旋光度称为比旋光度，或称旋光率、旋光系数等。

即：

$$[\alpha]_D^t = \frac{\alpha}{cl} \tag{7-6}$$

式中，$[\alpha]_D^t$ 为 t℃时样品溶液在黄色钠光波长下的比旋光度，$cm^3/(dm \cdot g)$；α 为 20℃时旋光仪上测得的旋光度，(°)；c 为样品溶液的浓度，g/mL；l 为旋光管长度或液层厚度，dm。

此外规定，当旋光方向为顺时针时，称为右旋，用 r 或 + 表示，当旋光方向为逆时针时，称为左旋，用 l 或 − 表示。

旋光性物质的旋光特性，通常用旋光仪（见图 7-11）来测定。其具体测定步骤如下。

① 称取一定量的被测样品（称准至 0.0002g），用适当的溶剂（常用水）溶解后，定容恒温待用。

② 将溶解样品的溶剂恒温，待光源稳定后，将该溶剂注入旋光管（充满，不能有气泡）。放入旋光仪的长槽内盖好，调节目镜 5，使三分视场明亮清晰，转动测量手轮 6 至三分视场左中右三部分明暗程度相同时，记录下刻度盘 4 上的读数。若仪器正常，此读数应为零。

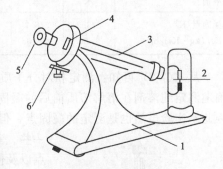

图 7-11 旋光仪
1—座架；2—光源；3—旋光管；4—读数盘；5—目镜；6—测量手轮

③ 倒出旋光管内的纯溶剂，用被测样品冲洗旋光管两次，再将样品溶液注入旋光管，放入长槽内盖好，按上法测量。当转动手轮 6 至三分视场明暗度均匀一致后，记录读数（读至 0.01°，并注意左右旋的方向）。转动测量手轮 6，使三分视场明暗界面重新出现后，再调节测量手轮 6 至明暗度均匀一致后，记录读数。如此反复测量记录 3~5 次，取其平均值计算出样品的比旋光度。

7.8　相对分子质量的测定

物质的分子质量是构成一分子该物质的所有原子质量的总和。然而要准确测定分子的绝对质量是很困难的，所以一般只测定其相对分子质量。即以某一物质为基准，求出其他各种物质对它的相对比值。

测定物质的相对分子质量的方法，大多数都是利用溶液性质与溶质摩尔浓度及其分子质量之间的关系建立起来的。如沸点升高法、沸点降低法、凝固点降低法、蒸气压渗透法等。这些方法所用的设备简单,操作容易,所以至今仍是实验室测定相对分子质量的常用方法。

本节将以凝固点降低法为例,介绍相对分子质量的测定方法。该法是基于溶液蒸气压降低的特性进行的,即当纯溶剂溶有不挥发性溶质后,溶液的蒸气压下降而导致其凝固点降低。其降低的数值 ΔT 与溶液中溶质的质量摩尔浓度成正比,而与溶质的种类无关。即:

$$M = K_f \frac{1000 m_1}{(T_0 - T) m_2} \tag{7-7}$$

式中,M 为溶质的相对分子质量;T_0 为纯溶剂的凝固点,K;T 为溶液的凝固点,K;m_1 为溶质的质量,g;m_2 为溶剂的质量,g;K_f 为凝固点下降常数,其值仅与溶剂有关,常用溶剂的 K_f 值如表 7-6 所示。

表 7-6 几种常用溶剂的 K_f 值

溶剂	水	苯	乙酸	硝基苯	酚	环己烷	环己醇
凝固点/K	273.2	278.7	289.8	278.9	313.3	279.8	298.4
K_f/(kg·K/mol)	1.86	5.10	3.90	6.90	7.80	20.5	37.7

从式(7-7)可知:测定相对分子质量的关键是获取准确的 ΔT,也就是说,准确地测定纯溶剂在溶解溶质前后的凝固点,是准确测定物质相对分子质量的关键。因此本实验虽然也是测定的凝固点,但使用的装置(见图 7-12)却比图 7-4 要精细一些。测定所用的冷却浴,可根据被测物质的凝固点以及使用的溶剂不同来选择。在一般情况下,当用水作溶剂时,用食盐-冰混合物作冷却浴;当用苯、硝基苯、环己烷或醋酸作溶剂时,用水-冰混合物作冷却浴;当用环己醇作溶剂时,可直接用冷水作冷却浴。

其具体测定步骤如下。

① 将所用装置洗净、烘干。选择合适的冷却浴装入冷却浴缸 1 中,使温度保持在比溶剂的凝固点低 2~3℃。调节贝克曼温度计 5,使溶剂的凝固点为最高示值。将装置按图 7-12 安装好备用。

② 准确称取 10mL 纯溶剂于冷冻管 3,并将调节好了的贝克曼温度计 5 插入其中,使温度计下端的水银球全浸泡到溶剂里,但不能与管底及四周接触。然后将冷却浴缸盖稍移向一边,让空气浴套 2 仍浸泡在冷却浴里,再把冷冻管 3 直接插入冷却浴缸里冷却。

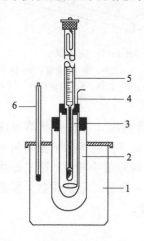

图 7-12 凝固点测定装置(2)
1—冷却浴缸;2—空气浴套;
3—冷冻管;4—搅拌棒;
5—贝克曼温度计;
6—温度计

③ 在冷却浴温度比溶剂凝固点低 2~3℃ 的环境下直接冷却冷冻管 3 时,要将冷冻管 3 内的搅拌棒 4 有规则地上下抽提搅拌,待管内开始析出结晶时,立即将冷

冻管 3 从冷却浴缸 1 中取出，迅速将其擦干，放入空气浴套 2 中，再把缸盖扶正，缓慢搅拌溶剂让其继续冷却。注意观察贝克曼温度计 5 的汞柱，读取稳定时的温度，作为溶剂的"近似凝固点"。

④ 把冷冻管 3 从空气浴套 2 中取出，用手握住温热，使晶体完全熔化。

⑤ 将解冻后的冷冻管再次插入冷却浴中，不停地缓慢搅拌，当温度降低到离"近似凝固点"还差 0.5℃时，迅速取出冷冻管，用布擦干后插入空气浴套 2 中冷却。此时不再搅拌，让其产生过冷现象。待溶剂过冷到比"近似凝固点"低 0.3℃时，再快速地搅拌溶剂，此后可观察到溶剂的温度突然升高。这是管内已有晶体析出，释放出凝固热之故。此时应放慢搅拌速度，并注意观察温度的变化，记录下温度的最高值。如此重复测定数次，直到三个连续读数间的最大误差不超过 0.006℃。取它们的平均值为溶剂凝固点 T_0 的值。取出冷冻管，让溶剂保留在其中，以供下一步骤使用。

⑥ 准确称取 0.07~0.100g 样品，小心地放入上述盛有溶剂的冷冻管 3 中，搅拌溶解后，按上述步骤②~⑤测定溶液的"近似凝固点"和准确的凝固点，后者取其平均值为溶液的凝固点 T 的值。

有了溶剂的凝固点 T_0 和溶液的凝固点 T，就可按式(7-7) 计算出物质的相对分子质量了。

第8章 化验室安全

在分析化验室中，经常使用有毒化学试剂或腐蚀性强的或易燃、易爆的试剂，也大量使用易损的玻璃仪器和某些精密分析仪器以及电热电器设备、煤气、酒精灯、贮气钢瓶等。可见分析化验室存在各种不安全因素，如烧伤、烫伤、割伤、中毒、失火、爆炸以及"三废"对环境的污染。如果不按照规定使用，不遵守操作规程，就可能造成人员伤亡事故，同时影响实验室的正常工作秩序。因此对于每一个化验室工作人员，都要有一定的实验室安全知识，避免事故发生，万一事故发生也可采取措施减少损失。

8.1 安全防护知识

8.1.1 分析化验人员安全守则

① 实验室人员必须严格遵守化验室各种操作规程和有关的安全技术规程，了解所用仪器设备的性能及操作中可能发生的事故原因，掌握预防和处理事故的方法。

② 做好个人防护工作。进入实验室工作时必须穿工作服，不能光着脚和穿拖鞋进入实验室，加工试样时女同志还应戴工作帽，离开实验室即应脱下。工作服应经常保持整洁。禁止穿工作服进入食堂或其他公共场所。在进行任何有可能碰伤、刺激或烧伤眼睛的工作时必须戴防护眼镜。经常接触浓酸、浓碱的工作人员还应戴胶皮手套及工作帽，试样加工操作时不得戴手套。

③ 实验室禁止吸烟、进食、喝茶饮水等，不准用实验器皿作茶具或餐具，不能在实验室的冰箱内存放食物，并不得用嘴尝味道的方法来鉴别未知物，工作完毕后离开实验室应用肥皂洗手。

④ 实验室严禁喧哗打闹、保持实验秩序井然，与化验无关的人员不应在实验室久留，也不允许分析化验人员干与工作无关的事。

⑤ 实验室每瓶试剂必须贴上明显的与内容相符的标签，标明试剂名称及浓度。

⑥ 每日工作完毕后，离开实验室时应检查门、窗、水、电、煤气是否关好，各种压缩气管道是否安全。

⑦ 实验室停止供煤气、供电及供水时应立即将气源、电源及水源开关全部关闭，以防恢复供气、供电及供水时由于开关未关而发生事故。

⑧ 实验室的室温，除特殊设备有特殊要求外，一般应保持在13～35℃，室温过低或过高应采用调温措施，否则对安全不利（如易冻裂、易燃、易爆炸试剂的保存），对仪器的准确度、化学反应的速率、有机溶剂的挥发及萃取等均有直接影响。

⑨ 实验室的各种精密贵重仪器、机床、设备（包括铂坩埚），应有专人负责保管，并制定单独安全操作规程，未经保管人同意，或未掌握安全操作规程前不得随意动用。

⑩ 开启易挥发试剂的试剂瓶时，如乙醚、丙酮、浓盐酸、浓氨水等试剂瓶，不可将瓶口对着自己或他人，以防气液冲出引起事故。尤其在夏季或室温较高的情况下，应先经流水冷却后盖上湿布再打开。

⑪ 从电炉或电热板上取下正在加热至近沸的水或溶液时，应先用烧杯夹将其轻轻摇动后才能取下，防止暴沸，飞溅伤人。

⑫ 从高温炉取出高温物体（如坩埚或瓷舟）时，应将高温物体放在石棉板或瓷盘中，附近不得有易燃物。需称重的坩埚在石棉板上稍冷后方可移至干燥器中冷却。

⑬ 带有放射性的样品，其放射强度超过规定时，严禁在一般化学实验中操作。使用放射性物质的工作人员须经过特殊训练，按防护规定配置防护设备。

8.1.2 易割伤、化学烧伤、有毒、易燃、易爆物品的安全操作规程

① 切割玻璃管、玻璃棒及给橡皮塞打孔，往玻璃管上套橡皮管或将玻璃管插进橡皮塞孔内时，必须选择正确合适的匹配直径，将玻璃管两端面烧圆滑，用水或甘油湿润管壁或橡皮塞内孔，并用毛巾裹住手操作，以防玻璃管破碎时割伤手。把玻璃管插入橡皮塞内时，手必须握住塞子的侧面，不能把它撑在手掌上操作。

② 从橡皮塞上拆玻璃管或折断玻璃管时必须用毛巾裹住手，并着力于靠近橡皮塞或需折断处。

③ 装配或拆卸玻璃仪器装置时，要小心进行，防备玻璃仪器破碎而割伤手。

④ 使用腐蚀性刺激性药品时，如强酸、强碱、浓氨水、浓过氧化氢、氢氟酸、氯化氧磷、冰醋酸、溴水等，尽可能戴上橡胶手套和防护镜。

⑤ 搬运大瓶酸、碱或腐蚀性液体时应特别小心，注意容器有无裂纹，外包装是否牢固。搬运时必须一手托住瓶底，一手拿住瓶颈，搬运时最好用手推车。从大容器中分装时应用虹吸管移取，不要将10kg以上的玻璃容器用手来倾倒。

⑥ 稀释浓硫酸时，必须在耐热容器中进行，并在不断搅拌下将浓硫酸慢慢加入到冷水中，绝对不能将水倒入浓硫酸中，否则将引起爆炸与烧伤事故。凡是稀释时能放出大量热的酸、碱，稀释时都应按此规程操作。

⑦ 氢氟酸烧伤较其他烧伤更危险，如不及时处理，将使骨骼组织坏死。使用氢氟酸时需特别小心，最好戴橡胶手套，操作后必须立即洗手，以防造成意外伤害。

⑧ 能产生有毒的气体、烟雾或粉尘的操作，必须在良好的通风橱内进行。

⑨ 剧毒物品（如氰化物、砷化物、铍化物等）应有专人统一保管，发放时按最低量发给并登记。

⑩ 汞属于积累性毒物，使用时避免溅洒。使用汞的实验室应有通风设备，并保持室内空气流通，其排风口应设在房间的下部，不能设在房间上部，避免因汞蒸

气较重，而沉积于房间的下部。汞应贮存于厚壁带塞的瓷瓶或玻璃瓶中，每瓶不宜装得太多，以免过重使瓶破碎。汞的操作最好在瓷盘中进行，以便收集偶尔撒出的少量汞。不慎撒出的汞必须及时收集清除，以免长期在室内蒸发引起中毒。收集汞的瓶内应经常用水覆盖，防止汞蒸气挥发。

⑪ 实验室内禁止存放大量易燃药品（包括废液），如汽油、乙醇、甲醇、乙醚、苯类、丙酮及其他易燃有机溶剂等。少量易燃药品应放在远离热源的地方，如下水槽下，最好存放冰箱内，但必须用密闭容器存入冰箱，以防止挥发后与空气形成爆炸性气体混合物。使用易燃药品时附近不得有明火、电炉及电源开关，更不能用明火或电炉直接加热。

⑫ 乙醚在化学分析实验中常用作萃取剂，试样加工中用作油溶剂，因其沸点低（34.6℃），极易挥发，闪点低（-45℃），极易着火，空气中含2%～40%（体积分数）的乙醚，遇火即可爆炸，故使用时要特别小心，要按照操作规程进行。

⑬ 当蒸馏易燃物时，一次量不得超过500mL，冷凝器中必须先通入冷却水，蒸馏低沸点易燃物质时不得用电炉直接加热，应用水浴或砂浴间接加热，同时蒸馏瓶中加入少许玻璃球以防过沸，并随时注意蒸馏是否正常，人离开时要拆去热源。

⑭ 操作中玻璃仪器有爆炸或溅失热的或腐蚀性液体的可能性时要使用防护挡板（透明塑料板、厚玻璃或金属等不易破碎的材料制成），戴防护眼镜。第一次试验时要用最小量试剂进行，并小心观察反应过程是否安全。

⑮ 热的浓高氯酸是强氧化剂，与有机物或还原剂接触时会产生剧烈爆炸，使用时必须注意下面几点。

a. 浓高氯酸（70%～72%）应存放在远离有机物及还原性物质（如乙醇、甘油、次磷酸盐等）的地方，以防高氯酸与有机物或还原性物质有接触的可能，使用高氯酸的操作不能戴橡胶手套。

b. 高氯酸烟与木材长期接触易引起木材着火或爆炸，因而对经常冒高氯酸烟的木质通风橱应定期用水冲洗（一季度不少于一次）。在使用高氯酸的通风橱中不得同时蒸发有机溶剂或灼烧有机物。

c. 破坏试液中滤纸或有机试剂时，必须先加足够量的浓硝酸加热，使绝大部分滤纸及有机试剂破坏，稍冷后再加入浓硝酸和高氯酸冒烟破坏残余的碳化物，过早加入高氯酸或硝酸量不够，在冒高氯酸烟时即有发生剧烈爆炸的危险。

d. 热的高氯酸与某些粉状金属作用时，因产生氢可能引起剧烈爆炸，因而溶样时应先用其他酸溶解或加入其他酸，低温加热直到试样全部溶解，防止高氯酸单独与金属粉末作用。

⑯ 实验室内不得存放大量碳化钙，因碳化钙遇水即生成乙炔，与空气混合后即有爆炸危险 [爆炸极限2.50%～80.0%（体积分数）]。

⑰ 原子吸收光度法用乙炔气钢瓶要放在通风良好、温度不超过35℃的地方，为了防止气体回火，管路上应装上阻止回火器（阀）。在开启乙炔气瓶前，要先供给燃烧器足够的空气，再供乙炔气。关气时，要先关乙炔气，后关空气。当乙炔气

瓶内压力降至 0.3MPa(3kgf/cm^2) 时，必须停止使用，另换一瓶。如发现乙炔气瓶开始有发热情况，表明乙炔已经自发分解，应立即关闭气门，并用水冷却，最好将气瓶移至户外安全的地方。乙炔导气管不得用纯铜管连接，因乙炔与纯铜作用可产生易爆炸的乙炔铜化合物。

⑱ 氢气为易燃气体，因密度小，易从微孔中泄漏出来，且扩散速度很快，易和其他气体混合，因此要检查氢气导管是否漏气，特别是连接处，一定要用肥皂水检查。氢气与空气混合后极易爆炸［爆炸极限 4.0%～74.2%（体积分数）］。

⑲ 氧气是强烈的助燃气体，纯氧在高温下尤其活泼，当温度不变而压力增加时，氧气可和油类物质发生剧烈的化学反应而引起发热自燃，产生爆炸。因此，氧气瓶一定要严防与油脂接触。减压器及阀门绝对禁止使用油脂润滑，开启气瓶的扳手不得沾有油脂。氧气气瓶的压力会随温度升高而增加，因此禁止气瓶在强烈阳光下暴晒，以免瓶内压力过高而发生爆炸。

⑳ 氧化亚氮（N_2O，亦称笑气）有毒，具有兴奋麻醉的作用，使用时要特别注意通风，燃烧时严禁从原子吸收分光光度计喷雾室的排水阀吸入空气，否则会引起爆炸。

㉑ 在原子吸收仪上点燃、熄灭火焰时，要严格遵守使用规则，要注意调节空气、乙炔和一氧化二氮之间的流量、次序，若操作不当，容易引起爆炸。

㉒ 使用煤气灯时，先关闭空气，边通煤气边点火。点火后再调节空气气量。关闭时应先关闭空气，再关煤气。无人在室内，禁止使用煤气灯。

㉓ 检查煤气管是否漏气应用肥皂水，切不可用火试验。室内有煤气味时应及时打开门窗，在排尽煤气前不得点火或接通电源，以防煤气着火或爆炸。

㉔ 使用酒精灯时酒精切勿装满，应不超过其容量的 2/3。灯内酒精不足 1/4 容量时，应先灭火，并且等冷却后添加酒精，周围绝对不可有明火。如不慎酒精洒在灯的外部，一定要擦拭干净后才能点火。酒精灯点火时绝不允许用一个灯去点另一个灯。灭火时，酒精灯一定要用灯帽盖灭，不可用嘴吹灭，以防引起灯内酒精燃起。

8.1.3 气瓶安全使用规程

各种装有压缩气体的钢瓶在存放、贮运、安装及使用时应注意以下各点。

① 气瓶必须存放于通风、阴凉、干燥、隔绝明火、远离热源、防爆、防晒的房间内。要有专人管理。要有醒目的标志。严禁乙炔气瓶、氢气瓶、氧气瓶和氯气瓶贮放在一起。

② 搬运气瓶时应先装上安全帽，以防不慎摔断嘴发生爆炸事故。钢瓶身上必须具有两个橡胶防振圈，不可使气瓶受到振动和撞击，以防爆炸。

③ 气瓶的减压器要专用，安装时螺扣要上紧，至少应旋进 7 圈螺纹，确保不得漏气。开启高压气瓶压力表的阀门时，操作者应站在气瓶口的侧面，动作要缓慢，气流不可太快，以减少气流摩擦，防止仪器被冲坏，避免产生静电而引起起火爆炸。

④ 气瓶竖立放置时必须固定拴牢,防止倾倒。

⑤ 气瓶不得与电线接触或放在靠近加热器、明火或暖气附近,也不得放在直射阳光的地方,以防气体受热膨胀引起爆炸。

⑥ 乙炔等可燃气瓶不得放置在橡胶等绝缘体上,以利静电释放。

⑦ 氢气瓶等可燃气瓶与明火的距离应不小于10m。

⑧ 氧气瓶及其专用工具严禁与油类物质接触,操作人员也不得穿戴沾有各种油脂或油污的工作服或工作手套等。

⑨ 各种钢瓶内气体不得全部用尽,使用到最后的剩余压力不得少于0.5 kgf/cm^2,乙炔瓶的剩余压力随室温不同而定,见表8-1。各种高压气瓶的颜色和标志见表8-2。

表8-1 乙炔瓶剩余压力随温度不同的要求

温度/℃	<-5	-5~+5	+5~+15	+15~+25	+25~+35
乙炔最小剩余压力/MPa	0.05	0.10	0.15	0.20	0.30

表8-2 高压气瓶的颜色和标志

气瓶名称	外表面涂料颜色	字样	字样颜色	横条颜色
氧气瓶	天蓝	氧	黑	—
氢气瓶	深绿	氢	红	红
氮气瓶	黑	氮	黄	棕
氯气瓶	草绿(保护色)	氯	白	白
氩气瓶	灰	氩	绿	—
氦气瓶	棕	氦	白	—
氖气瓶	褐红	氖	白	—
压缩空气瓶	黑	压缩空气	白	—
乙炔气瓶	白	乙炔	红	—
氧化亚氮气瓶	灰	氧化亚氮	黑	—
硫化氢气瓶	白	硫化氢	红	红
二氧化硫气瓶	黑	二氧化硫	白	黄
二氧化碳气瓶	黑	二氧化碳	黄	—
光气瓶	草绿(保护色)	光气	红	红
氨气瓶	黄	氨	黑	—
乙烯气瓶	紫	乙烯	红	—
丁烯气瓶	红	丁烯	黄	黑
环丙烷气瓶	橙黄	环丙烷	黑	—
氟氯烷气瓶	铝白	氟氯烷	黑	—
石油气体瓶	灰	石油气体	红	—
其他可燃性气瓶	红	(气体名称)	白	—
其他非可燃性气瓶	黑	(气体名称)	黄	—

8.1.4 用电安全规程

① 操作电器时,手必须干燥,避免因手潮湿时电阻显著变小,引起触电。严禁使用湿布擦拭正在通电的设备、电门、插座、电线等。

② 实验室内不得有裸露的电线,对于裸露部分都应配备绝缘装置,电开关应有绝缘闸。电线接头必须用绝缘胶布包住。

③ 刀闸开关应完全合上或断开，以防接触不好打出火花引起易燃物的爆炸。拔下插头时要用手捏住插头再拔，不得只拉电线。

④ 各种电器设备及电线应始终保持干燥，不得浸湿，以防短路引起火灾或烧坏电器设备。

⑤ 已损坏的接头或绝缘不好的电线应及时更换，更不得直接用手去摸绝缘不好的通电电器。

⑥ 保险丝熔断时应检查原因，不得任意增加或加粗保险丝。更不可用铝、铜等金属丝代替保险丝，以免烧坏仪器或发生火灾。

⑦ 不能用试电笔去试高压电源。

⑧ 修理或安装电器设备时，必须先断开电源。

⑨ 用高压电流工作时必须穿上电工用胶鞋，戴上橡皮手套，站在绝缘的地板上，要使用带绝缘手柄的工具。具有高压的仪器设备，其外壳应接有单独埋设的地线，其电阻应不大于 4Ω。

⑩ 同时使用多台较大功率的电器时，如马弗炉、烘箱、电炉、电热板，要注意线路与电闸能承受的功率，最好是将较大功率的电热设备分流安装在不同电路上，并且每台电器设备有各自的熔断器。

8.2 实验室意外事故的处理

8.2.1 化学灼伤时的处理

化学灼伤时，应立即清除皮肤上的化学药品，用大量水冲洗，再以适合于消除这类有害化学药品的特殊溶剂、溶液或药剂仔细洗涤处理伤处。现将一般化学灼伤的处理方法简述如下。

① 碱类　氢氧化钾、氢氧化钠、氨、氧化钙、碳酸钠、碳酸钾的灼伤，应立即用大量水洗涤，然后用乙醇溶液（2%）冲洗或撒敷硼酸粉。或用2%硼酸水溶液洗。其中对氧化钙的灼伤，可用植物油涂敷伤处。

② 酸类　硫酸、盐酸、硝酸、磷酸、乙酸、草酸、苦味酸等的灼伤，应用大量水冲洗，然后用碳酸氢钠的饱和溶液冲洗。

③ 铬酸　先用大量水冲洗，然后用硫化铵溶液漂洗。

④ 氢氟酸　先用大量冷水冲洗较长时间，直至伤口表面发红，然后用5%碳酸氢钠溶液洗，再以甘油与氧化镁（2∶1）悬浮液涂抹，用消毒纱布包扎。或用0.1%氯化苄烷铵水或冰乙醇溶液浸泡。

⑤ 碱金属氰化物、氢氰酸　先用大量水冲洗后，用高锰酸钾溶液洗，再用硫化铵溶液漂洗。

⑥ 溴　用1体积氨（25%）+1体积松节油+10体积乙醇（95%）的混合液处理。

⑦ 氯化锌、硝酸　先用大量水冲洗，然后用4体积乙醇（70%）与1体积氯化铁（1mol/L）的混合液洗。

⑧ 黄磷　立即用1%硫酸铜溶液洗净残余的磷，再用0.01%高锰酸钾溶液湿敷，外涂保护剂，用绷带包扎。

⑨ 硝酸银　先用水冲洗，再用5%碳酸钠溶液冲洗。

⑩ 苯酚　先用大量水冲洗，然后用（4+1）乙醇（70%）+氯化铁（1mol/L）混合溶液洗。

8.2.2　其他方面事故处理

(1) 眼睛的灼伤处理

眼睛受到灼伤时，应分秒必争地进行急救，实践证明眼睛被溶于水的化学药品灼伤时，最好的办法是立即用洗眼器的水流洗涤或用大量水冲洗，但要注意水压不要太大，以免眼球受伤，也不要揉搓眼睛，在大量的细水流洗涤眼睛后，如果是碱烧伤时，用20%硼酸溶液淋洗；而在酸灼伤时，则用3%碳酸氢钠溶液淋洗。

当眼睛进入碎玻璃或其他固体异物时应闭上眼睛不要转动，立即上医院就医，更不要用手揉眼，以免引起更严重的擦伤。

(2) 中毒急救

对中毒者的急救，主要在于把患者送往医院之前，立即将患者从中毒区移出，并设法排除其体内毒物，如服用催吐剂、洗胃、洗肠或迅速用"解毒剂"以消除消化器官内毒物的毒害。同时应注意患者的心、血管系统和呼吸系统的情况，如果呼吸失调或停顿，立即施行人工呼吸。患者被送往医院后应立即告诉医生患者可能的中毒物，以便及时治疗。

(3) 触电处理

受到电流伤害时，要立即用不导电的物体把触电者从电线上移开，同时采用措施切断电流。把触电者转移到有新鲜空气的地方进行人工呼吸并迅速送往医院。

8.3　分析化验室有毒废物或废液处理

① 一切不溶固体或浓酸、浓碱废液　严禁倒入水池中，以防堵塞和腐蚀水管。对于浓酸废液先用陶瓷或塑料桶收集，然后用过量的碳酸钠或氢氧化钙的水溶液中和，或用废碱中和，然后用大量水冲稀排放。对于浓碱废水用酸中和，然后用大量水冲稀排放。

② 氰化物废液　氰化物与酸会产生极毒的氰化氢气体，瞬时可使人死亡，若含氰化物的废液倒入废酸缸中是极其危险的。故处理氰化物废液时，应先加入氢氧化钠使其pH值为10以上，再加入过量的3%高锰酸钾溶液，使CN^-被氧化分解。若CN^-含量过高时，可加入过量的次氯酸钙和氢氧化钠溶液进行破坏。另外一种处理氰化物废液的方法是：将含氰化物的废液倒入含有30%的$FeSO_4$溶液中，再加入10% Na_2CO_3溶液混合，使其变为无毒的亚铁氰化物再弃之。

③ 含汞、砷、锑、铋等离子的废液　加酸控制废液的$[H^+]$为0.3mol/L，再加硫化钠，使这些离子以硫化物形式沉淀，以废渣的形式处理。

注意：含砷盐的溶液要防止与活泼金属或初生态氢接触，以免产生砷化氢气体引起中毒。

④ 溅出汞滴的处理方法

a. 使用汞时不慎溅在地上或缝隙中，必须及时用装有橡皮球的吸液管或收集汞的专用移液管收集。

b. 用移液管不能收集的细小汞珠，用覆有汞齐的铜片或马口铁片收集，使汞珠附着在薄片上再移入器皿中。

c. 用以上方法仍不能收集的汞可以用20%的氯化铁水溶液仔细泼洒到可能有汞的地方，让其自行干燥，干燥后再用水冲洗，使汞珠表面覆以坚固的氧化汞薄膜后清除，或将硫黄粉末撒在不易收拾干净汞滴的缝隙上，让其覆盖一段时间（此时生成硫化汞），再设法扫净。

⑤ 过氧化钠的废料不得用纸或类似可燃物包裹后丢入废料箱中，而应用水冲洗排入下水道，以免自燃引起火灾。

⑥ 含六价铬的废液应先将铬还原成三价后再稀释排放。

⑦ 大量的有机溶剂废液不得放入下水道，应尽可能回收或集中处理。

⑧ 乙醚废液长期与空气接触逐渐被氧化而生成过氧化物，在用蒸馏法回收乙醚时将乙醚蒸馏至原体积的1/10即有爆炸危险。为此，应采取以下预防措施：

a. 在贮存乙醚废液时加入适量阻化剂（如活性炭或活性氧化剂），防止过氧化物的生成。

b. 乙醚废液中过氧化物的检验方法：取1mL乙醚废液于试管中，加1mL 2%碘化钾溶液和1~2滴稀盐酸，振荡，若醚层出现黄色或褐色（碘溶于乙醚中）或加入10~15滴0.5%淀粉溶液有蓝色出现，表明乙醚中有过氧化物存在。

c. 乙醚废液中过氧化物的除去方法：取100mL乙醚废液于分液漏斗中，加3mL 20%硫酸亚铁铵溶液、1mL硫酸（1+1）、15mL水摇动数分钟，分层后弃去水相，同法再洗1~2次，直至用碘化钾检验，加入淀粉液后不显蓝色为止，最后用水洗两次，每次20mL，再加无水氯化钙干燥放置过夜，过滤后进行蒸馏。

8.4 火灾处理

8.4.1 火灾的种类

根据着火物质及其燃烧特性，火灾可划分为以下5类。

① A类火灾　指含碳固体可燃物，如木材、棉、毛、麻、纸张等燃烧的火灾。

② B类火灾　指甲、乙、丙类液体，如汽油、煤油、柴油、甲醇、乙醚、丙酮等燃烧的火灾。

③ C类火灾　指可燃气体，如煤气、天然气、甲烷、丙烷、乙炔、氢气等燃烧的火灾。

④ D类火灾　指可燃金属，如钾、钠、镁、钛、锆、锂、铝镁合金等燃烧的

火灾。

⑤ E 类火灾　指带电物体引起的火灾，如变配电站、发电房等。

8.4.2　灭火

实验室失火时一定要保持冷静沉着，不要惊慌，应根据着火原因与火势大小及时采取下列措施进行处理。

① 立即关掉电源、气源及通风机。

② 将室内易燃、易爆物（如压缩气体瓶）小心搬离火源，注意切不可碰撞，以免引起更大火灾。

③ 若火势较小用湿布或石棉布覆盖火源灭火；若火势较猛，应根据情况，迅速选用适当灭火器将刚起的火扑灭。注意不要用水来扑灭不溶于水的油类、其他有机溶剂及可燃性金属等可燃物。

④ 打火警电话，讲清失火地单位名称、失火情况及本单位电话号码。得知消防车出动后要派专人在附近交叉路口等候。

⑤ 若衣服着火时，应立即用湿布或石棉布灭火；如果燃烧面积较大，立即就地打滚熄灭火焰，切勿慌张跑动，否则加强气流流向燃烧的衣服，使火焰更大。

⑥ 电器设备、电线着火时立即关闭总电闸，切断电源，再用干式二氧化碳灭火器扑灭。

8.4.3　灭火设备

实验室应装备必要的灭火设备，可按实验室特点及火灾种类参照表 8-3 选设备。

表 8-3　灭火设备的选择

灭火器类型	特性要求	使用对象
消火栓	为了保证管道内水压，不得与生产用水共同一条管线。消火栓位置一般设在走廊和楼梯口	适用于扑灭一般木材及各种纤维着火，以及扑灭可溶或半溶于水的可燃液体着火
砂土	隔绝空气而灭火，应保持干燥	用于扑灭不能用水灭火的着火物，例如有机物、可燃性金属（如钾、钠、钙、镁）
石棉毯或薄毯	隔绝空气而灭火	用于扑灭人身上的着火
二氧化碳泡沫灭火器	主要成分为硫酸铝、碳酸氢钠、皂粉等，经与酸作用生成二氧化碳的泡沫盖于燃烧物上隔绝空气而灭火	适用于油类着火及高级仪器仪表的着火
干式二氧化碳灭火器	用二氧化碳压缩干粉（碳酸氢钠及适量滑润剂防潮剂）喷于燃烧物上而灭火	适用于扑救油类、可燃气体、易燃液体、电器设备及精密仪器等着火
ABC 灭火器①	主要成分为磷酸二氢铵，适用范围广，故又称通用干粉	不仅可用于扑救易燃液体、可燃气体、电气设备着火，也能扑救木材、纸张、橡胶、棉麻、纤维等可燃固体物质火灾，但不得扑救金属材料火灾

① ABC 灭火器指能扑救 A、B、C 这三类火灾。

附 录

附录1 中华人民共和国法定计量单位

我国的法定计量单位（以下简称法定单位）包括：
(1) 国际单位制的基本单位（见附表1-1）；
(2) 国际单位制的辅助单位（见附表1-2）；
(3) 国际单位制中具有专门名称的导出单位（见附表1-3）；
(4) 国家选定的非国际单位制单位（见附表1-4）；
(5) 由以上单位构成的组合形式的单位；
(6) 由词头和以上单位所构成的十进倍数和分数单位（见附表1-5）法定单位的定义、使用方法等，由国家计量局另行规定。

附表1-1 国际单位制的基本单位

量的名称	单位名称	单位符号	量的名称	单位名称	单位符号
长度	米	m	热力学温度	开(尔文)	K
质量	千克(公斤)	kg	物质的量	摩(尔)	mol
时间	秒	s	发光强度	坎(德拉)	cd
电流	安(培)	A			

附表1-2 国际单位制的辅助单位

量的名称	单位名称	单位符号
平面角	弧度	rad
立体角	球面度	sr

附表1-3 国际单位制中具有专门名称的导出单位

量的名称	单位名称	单位符号	其他表示示例
频率	赫(兹)	Hz	s^{-1}
力；重力	牛(顿)	N	$kg \cdot m/s^2$
压力，压强；应力	帕(斯卡)	Pa	N/m^2
能量；功；热	焦(耳)	J	$N \cdot m$
功率；辐射通量	瓦(特)	W	J/s
电荷量	库(仑)	C	$A \cdot s$
电位；电压；电动势	伏(特)	V	V/A
电容	法(拉)	F	C/V
电阻	欧(姆)	Ω	V/A
电导	西(门子)	S	A/V
磁通量	韦(伯)	Wb	$V \cdot s$
磁通量密度，磁感应强度	特(斯拉)	T	Wb/m^2
电感	亨(利)	H	Wb/A

续表

量的名称	单位名称	单位符号	其他表示示例
摄氏温度	摄氏度	℃	
光通量	流(明)	lm	cd·sr
光照度	勒(克斯)	lx	lm/m²
放射性活度	贝可(勒尔)	Bq	s^{-1}
吸收剂量	戈(瑞)	Gy	J/kg
剂量当量	希(沃特)	Sv	J/kg

附表 1-4　国家选定的非国际单位制单位

量的名称	单位名称	单位符号	换算关系和说明
时间	分	min	1min=60s
	(小)时	h	1h=60min=3600s
	天,(日)	d	1d=24h=86400s
平面角	(角)秒	(″)	1″=(π/648000)rad (π 为圆周率)
	(角)分	(′)	1′=60″=(π/10800)rad
	度	(°)	1°=60′=(π/180)rad
旋转速度	转/分	r/min	1r/min=(1/60)s^{-1}
长度	海里	n mile	1n mile=18512m(只用于航程)
速度	节	kn	1kn=1n mile/h =(1852/3600)m/s(只用于航行)
质量	吨	t	1t=10^3kg
	原子质量单位	u	1u≈1.6605655×10^{-27}kg
体积	升	L(l)	1L=1dm^3=$10^{-3}m^3$
能	电子伏	eV	1eV≈1.6021892×10^{-19}J
级差	分贝	dB	
线密度	特(克斯)	tex	1tex=1g/km

注：1. 周、月、年(年的符号为 a),为一般常用时间单位。
2. 角度单位度分秒的符号不处于数字后时,用括号。
3. 升的符号中,小写字母 l 为备用符号。
4. r 为"转"的符号。
5. 人民生活和贸易中,质量习惯称为重量。
6. 公里为千米的俗称,符号为 km。
7. 10^4 称为万,10^8 称为亿,10^{12} 称为万亿,这类数词的使用不受词头名称的影响,但不应与词头混淆。

附表 1-5　用于构成十进倍数和分数单位的词头

所表示的因数	词头名称	词头符号	所表示的因数	词头名称	词头符号
10^{18}	艾(可萨)	E	10^{-1}	分	d
10^{15}	拍(它)	P	10^{-2}	厘	c
10^{12}	太(拉)	T	10^{-3}	毫	m
10^9	吉(咖)	G	10^{-6}	微	μ
10^6	兆	M	10^{-9}	纳(诺)	n
10^3	千	k	10^{-12}	皮(可)	p
10^2	百	h	10^{-15}	飞(母托)	f
10^1	十	da	10^{-18}	阿(托)	a

附录2　化验分析中的法定计量单位

量的名称	量的符号	法定单位及符号 单位名称	法定单位及符号 单位符号
长度	L	米	m
		厘米	cm
		毫米	mm
		纳米	nm
面积	$A(S)$	平方米	m^2
		平方厘米	cm^2
		平方毫米	mm^2
体积、容积	V	立方米	m^3
		立方分米、升	dm^3、L
		立方厘米、毫升	cm^3、mL
		立方毫米、微升	mm^3、μL
时间	t	秒	s
		分	min
		（小）时	h
		天（日）	d
质量	m	千克	kg
		克	g
		毫克	mg
		微克	μg
		纳克	ng
		原子质量单位	u
元素的相对原子质量	A_r	量纲为1（以前称为原子量）	
物质的相对分子质量	M_r	量纲为1（以前称为分子量）	
物质的量	n	摩（尔）	mol
		毫摩	mmol
		微摩	μmol
摩尔质量	M	千克每摩（尔）	kg/mol
		克每摩	g/mol
摩尔体积	V_m	立方米每摩（尔）	m^3/mol
		升每摩	L/mol
密度	ρ	千克每立方米	kg/m^3
		克每立方厘米	g/cm^3
		（克每毫升）	(g/mL)
相对密度	d	量纲为1	
物质B的质量分数	w_B	量纲为1	
物质B的浓度	c_B	摩每立方米	mol/m^3
		摩每升	mol/L
物质B的质量摩尔浓度	b_B, m_B	摩每千克	mol/kg
压力、压强	p	帕（斯卡）	Pa
		千帕	kPa
功	W	焦（耳）	J
能	E		
热	Q	电子伏	eV
热力学温度	T	开（尔文）	K
摄氏温度	t	摄氏度	℃

附录3 常用酸、碱试剂的一般性质

名称 化学式 相对分子量	沸点/℃	浓度 %(g/100g 溶液)	浓度 c /(mol/L)	密度 /(g/mL)	一般性质
盐酸 HCl 36.463	110	36~38	约12	1.18~1.19	无色液体,发烟。与水互溶。强酸,常用的溶剂。大多数金属氯化物溶于水。Cl^- 具有弱还原性及一定的配位能力
硝酸 HNO_3 63.016	122	约68	约15	1.39~1.40	无色液体,与水互溶。受热、光照时易分解,放出 NO_2,变成橘红色。强酸,具有氧化性,溶解能力强,速度快。所有硝酸盐都易溶于水
硫酸 H_2SO_4 98.08	338	95~98	约18	1.83~1.84	无色透明油状液体,与水互溶,并放出大量的热,故只能将酸慢慢地加入水中,否则会因暴沸溅出伤人。强酸。浓酸具有强氧化性,强脱水能力,能使有机物脱水炭化。除碱土金属及铅的硫酸盐难溶于水外,其他硫酸盐一般都溶于水
磷酸 H_3PO_4 98.00	213	约85	约15	1.69	无色浆状液体。极易溶于水中。强酸,低温时腐蚀性弱,200~300℃时腐蚀性很强。强配位剂,很多难溶矿物均可被其分解。高温时脱水形成焦磷酸和聚磷酸
高氯酸 $HClO_4$ 100.47	203	70~72	12	1.68	无色液体,易溶于水,水溶液很稳定。强酸。热浓时是强的氧化剂和脱水剂。除钾、铷、铯外,一般金属的高氯酸盐都易溶于水。与有机物作用易爆炸
氢氟酸 HF 20.01	120 (30.35%时)	40	22.5	1.13	无色液体,易溶于水。弱酸,能腐蚀玻璃、陶瓷。触及皮肤时能造成严重灼伤,并引起溃烂。对3价、4价金属离子有很强的配位能力。与其他酸(如 H_2SO_4、HNO_3、$HClO_4$)混合时,可分解硅酸盐,必须用铂或塑料器皿在通风橱中进行
乙酸 CH_3COOH (HAc) 60.054		99 (冰醋酸) 36.2	17.4 (冰醋酸) 6.2	1.05	无色液体,有强烈的刺激性酸味。与水互溶,是常用的弱酸。当浓度达99%时(密度为1.050g/mL),凝固点为14.8℃,称为冰醋酸,对皮肤有腐蚀作用
氨水 $NH_3 \cdot H_2O$ 35.084		25~28 (NH_3)	约15	0.90~0.91	无色液体,有刺激臭味。易挥发,加热至沸时,NH_3 可全部逸出。空气中 NH_3 达到0.5%时,可使人中毒。室温较高时欲打开瓶盖,需用湿毛巾盖着,以免喷出伤人。常用弱碱
氢氧化钠 NaOH 40.01		商品溶液 50.5	19.3	1.53	白色固体,呈粒、块、棒状。易溶于水,并放出大量热。强碱,有强腐蚀性,对玻璃也有一定的腐蚀性,故宜贮存于带胶塞的瓶中。易溶于甲醇、乙醇中
氢氧化钾 KOH 56.104		商品溶液 52.05	14.2	1.535	

注:摘自夏玉宇主编的《化验员手册》第2版。

附录4 常用盐类和其他试剂的一般性质

名称 化学式 相对分子量	溶解度[①] 水(20℃)	水(100℃)	有机溶剂(18~25℃)	一般性质
硝酸银 $AgNO_3$ 169.87	222.5	770	甲醇 3.6 乙醇 2.1 吡啶 3.6	无色晶体,易溶于水,水溶液呈中性。见光、受热易分解,析出黑色 Ag。应贮于棕色瓶中
三氧化二砷 As_2O_3 197.84	1.8	8.2	氯仿 乙醇	白色固体,剧毒!又名砷华、砒霜、白砒。能溶于 NaOH 溶液中形成亚砷酸钠。常用作基准物质,可作为测定锰的标准溶液
氯化钡 $BaCl_2 \cdot 2H_2O$ 244.27	42.5	68.3	甘油 9.8	无色晶体,有毒!重量法测定 SO_4^{2-} 的沉淀剂
溴 Br_2 159.81	3.13 (30℃)			暗红色液体,强刺激性,能使皮肤发炎。难溶于水,常用水封存。能溶于盐酸及有机溶剂。易挥发,沸点为58℃。必须戴手套在通风橱中进行操作
无水氯化钙 $CaCl_2$ 110.99	74.5	158	乙醇 25.8 甲醇 29.2 异戊醇 7.0	白色固体,有强烈的吸水性。常用作干燥剂,吸水后生成 $CaCl_2 \cdot 2H_2O$,可加热再生使用
硫酸铜 $CuSO_4 \cdot 5H_2O$ 249.68	32.1	120	甲醇	蓝色晶体,又名蓝矾、胆矾。加热至100℃开始脱水,250℃失去全部结晶水。无水硫酸铜呈白色,有强烈的吸水性,可作干燥剂
硫酸亚铁 $FeSO_4 \cdot 7H_2O$ 278.01	48.1	80 (80℃)		青绿色晶体,又称绿矾。还原剂,易被空气氧化变成硫酸铁,应密闭保存
硫酸铁 $Fe_2(SO_4)_3$ 399.87	282.8 (0℃)	水解		无色或亮黄色晶体,易潮解。高于600℃时分解。溶于冷水,配制溶液时应先在水中加入适量 H_2SO_4,以防 Fe^{3+} 水解
过氧化氢 H_2O_2 34.01	∞		乙醇 乙醚	无色液体,又名双氧水。通常含量为30%,加热分解为 H_2O 和初生态氧[O],有很强的氧化性,常作为氧化剂。但在酸性条件下,遇到更强的氧化剂,它又呈还原性。应避免与皮肤接触,远离易燃品,于暗处、冷处保存
酒石酸 $H_2C_4H_4O_6$ 150.09	139	343	乙醇 25.6	无色晶体,是 Al^{3+}、Fe^{3+}、Sn^{4+}、W^{6+} 等高价金属离子的掩蔽剂
草酸 $H_2C_2O_4 \cdot 2H_2O$ 126.06	14	168	乙醇 33.6 乙醚 1.37	无色晶体,空气中易风化失去结晶水。100℃完全脱水。是二元酸,既可作为酸,又可作还原剂,用来配制标准溶液

续表

名称 化学式 相对分子量	溶解度[①] 水 (20℃)	水 (100℃)	有机溶剂 (18~25℃)	一 般 性 质
柠檬酸 $H_3C_6H_5O_7 \cdot H_2O$ 201.14	145		乙醇 126.8 乙醚 2.47	无色晶体,易风化失去结晶水。是 Al^{3+}、Fe^{3+}、Sn^{4+}、Mo^{6+} 等金属离子的掩蔽剂
汞 Hg 200.59	不溶			亮白微呈灰色液态金属,又称水银。熔点 −39℃,沸点 357℃。蒸气有毒!密度大 (13.55g/mL),室温时化学性质稳定。不溶于 H_2O、稀 H_2SO_4。与 HNO_3、浓热 H_2SO_4、王水反应。应水封保存
氯化汞 $HgCl_2$ 271.50	6.6	58.3	乙醇 74.1 丙酮 141 吡啶 25.2	又名升汞,剧毒!测定铁时用来氧化过量的氯化亚锡
碘 I_2 253.81	0.028	0.45	乙醇 26 二硫化碳 16 氯仿 2.7	紫黑色片状晶体,难溶于水,但可溶于 KI 溶液。易升华,形成紫色蒸气。应密闭、暗处保存。是弱氧化剂
氰化钾 KCN 65.12	71.6 (25℃)	81 (50℃)	甲醇 4.91 乙醇 0.88 甘油 32	白色晶体,剧毒!易吸收空气中的 H_2O 和 CO_2,同时放出剧毒的 HCN 气体!一般在碱性条件下使用,能与 Ag^+、Zn^{2+}、Fe^{3+}、Mn^{2+}、Hg^{2+}、Co^{2+}、Cd^{2+} 等形成无色配合物。如用酸分析其配合物,必须在通风橱中进行
溴酸钾 $KBrO_3$ 167.00	6.9	50		无色晶体,370℃分解。氧化剂,常作为滴定分析的基准物质
氯化钾 KCl 74.55	34.4	56	甲醇 0.54 甘油 6.7	无色晶体,能溶于甘油、醇,不溶于醚和酮
铬酸钾 K_2CrO_4 194.19	63	79		黄色晶体,常作为沉淀剂,鉴定 Pb^{2+}、Ba^{2+} 等
重铬酸钾 $K_2Cr_2O_7$ 294.18	12.5	100		橘红色晶体,常用氧化剂,易精制得纯品,作滴定分析中的基准物质
氟化钾 KF 58.10	94.9	150 (90℃)	丙酮 2.2	无色晶体或白色粉末,易潮解,水溶液呈碱性。常作为掩蔽剂。遇酸放出 HF,有毒!
亚铁氰化钾 $K_4Fe(CN)_6$ 422.39	32.1	76.8	丙酮	黄色晶体,又称黄血盐。与 Fe^{3+} 形成蓝色沉淀,是鉴定 Fe^{3+} 的专属试剂
铁氰化钾 $K_3Fe(CN)_6$ 329.25	42	91.6	丙酮	暗红色晶体,又名赤血盐,加热时分解。遇酸放出 HCN,有毒!水溶液呈黄色,是鉴定 Fe^{2+} 的专属试剂

续表

名称 化学式 相对分子量	溶解度[①] 水 (20℃)	水 (100℃)	有机溶剂 (18~25℃)	一般性质
磷酸二氢钾 KH_2PO_4 139.09	22.6	83.5 (90℃)		无色晶体,易潮解。水溶液的 pH = 4.4~4.7,常用来配制缓冲溶液
碘化钾 KI 166.00	144.5	206.7	甲醇 15.1 乙醇 1.88 甘油 50.6 丙酮 2.35	无色晶体,溶于水时吸热。还原剂,能与许多氧化性物质作用析出定量的碘,是碘量法的基本试剂。与空气作用易变为黄色(被氧化为 I_2)而使计量不准
碘酸钾 KIO_3 214.00	8.1	32.3		无色晶体,易吸湿。氧化剂,可作基准物质
高锰酸钾 $KMnO_4$ 158.03	6.4	25 (65℃)	溶于甲醇、丙酮 与乙醇反应	暗紫色晶体,在酸性、碱性介质中均显强氧化性,是化验中常用的氧化剂。水溶液遇光能缓慢分解,固体在大于200℃时也分解,故应贮于棕色瓶中
硫氰酸钾 $KSCN$ 97.18	217	674	丙酮 20.8 吡啶 6.15	无色晶体,易潮解。是鉴定 Fe^{3+} 的专属试剂,亦可用来作 Fe^{3+} 的比色测定
盐酸羟胺 $NH_2OH \cdot HCl$ 69.49	94.4		甲醇 乙醇	无色透明晶体,强还原剂。又称氯化羟胺
氯化铵 NH_4Cl 53.49	37.2	78.6	甲醇 3.3 乙醇 0.6	无色晶体,水溶液显酸性,是配制氨缓冲溶液的主要试剂。337.8℃时分解放出 HCl 和 NH_3
氟化铵 NH_4F 37.04	32.6	118 (80℃)	乙醇	无色固体,易潮解。性质、作用同 KF
硫酸亚铁铵 $(NH_4)_2Fe(SO_4)_2 \cdot 6H_2O$ 392.12	36.4	71.8 (70℃)		淡绿色晶体,易风化失水。又称莫尔盐。不稳定,易被空气氧化,溶液更易被氧化。为防止 Fe^{2+} 水解,常配成酸性溶液。常作为还原剂
硫酸铁铵 $(NH_4)Fe(SO_4)_2 \cdot 24H_2O$ 482.17	124 (25℃)	400		亮紫色透明晶体,又称铁铵矾。易风化失水,230℃时失尽水。测定卤化物的指示剂
钼酸铵 $(NH_4)_2MoO_4$ 196.01				微绿或微黄色晶体,化学式有时写成 $(NH_4)_6Mo_7O_{24} \cdot 4H_2O$,加热时分解。为测定 P、As 的主要试剂
硝酸铵 NH_4NO_3 80.04	187	1010	甲醇 17.1 乙醇 3.8	白色结晶,溶于水时剧烈吸热,等量 H_2O 与 NH_4NO_3 混合时可使温度降低 15~20℃。210℃时分解。迅速加热或与有机物混合加热时会引起爆炸

续表

名称 化学式 相对分子量	溶解度[①]			一般性质
	水 (20℃)	水 (100℃)	有机溶剂 (18~25℃)	
过硫酸铵 $(NH_4)_2S_2O_8$ 228.19	74.8 (15.5℃)			无色晶体,120℃分解。常作为氧化剂,有催化剂共存时可将 Mn^{2+}、Cr^{3+} 等氧化成高价。水溶液易分解,加热时分解更快。一般是现用现配
硫氰酸铵 NH_4SCN 76.12	170	431 (70℃)	甲醇 59 乙醇 23.5	无色晶体,易潮解,170℃时分解。与 Fe^{3+} 形成血红色物质(量少时显橙色)。有毒!
钠 Na 22.99	剧烈 反应		与乙醇反应 溶于液态氨	银白色软、轻金属,相对密度为0.968。与水、乙醇反应。在煤油中保存。暴露在空气中则自燃,遇水则剧烈燃烧、爆炸。常作为有机溶剂的脱水剂
四硼酸钠 $Na_2B_4O_7·10H_2O$ 381.37	4.74	73.9	乙醇	无色晶体,又名硼砂。60℃时失去5个结晶水
乙酸钠 CH_3COONa (NaAc) 82.03	46.5	170	乙醇	无色晶体,水溶液呈碱性,常用来配制缓冲溶液
碳酸钠 Na_2CO_3 105.99	21.8	44.7	甘油 98	白色粉末,又名苏打、纯碱。水溶液呈碱性。与 K_2CO_3 按1:1混合,可降低熔点,常作为处理样品时的助溶剂。也常用作酸碱滴定中的基准物质
草酸钠 $Na_2C_2O_4$ 134.0	3.7	6.33		白色固体,稳定,易得纯品。还原剂,常作为基准物质
氯化钠 NaCl 58.44	35.9	39.1	甲醇 1.31 乙醇 0.065 甘油 8.2	无色晶体,稳定,常作为基准物质
过氧化钠 Na_2O_2 77.98	反应	反应	与乙醇反应	白色晶体,工业纯为淡黄色。460℃分解。与水反应生成 H_2O_2 与 NaOH,是强氧化剂。易吸潮,应密闭保存
亚硫酸钠 Na_2SO_3 126.04	26.1	26.6		无色晶体,遇热复分解。还原剂,在干燥空气中较稳定。水溶液呈碱性,易被空气氧化失去还原性
硫代硫酸钠 $Na_2S_2O_3·5H_2O$ 248.17	110	384		无色结晶,又称海波、大苏打。常温下较稳定,干燥空气中易风化,潮湿空气中易潮解。还原剂,能与 I_2 定量反应,是碘量法中的基本试剂
氯化亚锡 $SnCl_2·2H_2O$ 225.65	321.1 (15℃)	∞	乙醇、乙醚、丙酮	白色晶体,强还原剂。溶于水时水解生成 $Sn(OH)_2$,故常配成 HCl 溶液。为防止溶液被氧化,常加几粒金属锡粒

① 溶解度是指所标明温度下,100g 溶剂(水、无水有机溶剂)中能溶解的试剂的质量(g)。
注:摘自夏玉宇主编的《化验员手册》第2版。

附录5 常见化学物质的毒性和易燃性

化学物质	急性毒性 （大鼠 LD_{50}）	闪点 /℃	爆炸极限 /%	MAK /(mg/m³)	TLV /(mg/m³)
一氧化碳	狗 40(LD_{100}, p.i.)		12.5~74	55	55
乙腈	200~453.2(or)	6	4~6	70	70
乙炔	947(LD_{100}, p.i.)		3~82		1000×10^{-6}
乙醛	1930(口服)LD_{50} 36	−38	4~57	100	180
乙醇	13660(or)	12	3.3~19	1000	1900
乙醚	300(p.i)	−45	1.85~48	500	400
乙二胺	1160(p.i.)	43		30	25
乙二醇	7300(p.i)	111			260
正丁醇	4360(or)	29	1.4~11	200	300
仲丁醇	6480(or)	24	1.7~9.8		450
叔丁醇	3500(or)	10	2.4~8		300
二氯甲烷	1600(or)			1750	1740
二氯乙烷	680(or)	13	6.2~15.9	400	200
二甲苯（各异构体）	2000~4300(or)	29(间)	1.0~7.0	870	435
二硫化碳	300(or)	−30	1~14	30	60
二氧化硫				13	13
二氧化硒				0.1	0.2
二甘醇	16980(or)	124			
二甲基甲酰胺	3700(or)	58	2.2~15.2	60	30
2,4-二硝基苯酚	30(or)			1	
二氧六环	6000(or) 20(p.i.)	12	2~22.2	200	360
三氧化二砷	138(or)			0.5	0.5
三氯化磷				3	5×10^{-7}
三氟化硼					1
三乙胺	460(or)	<−7	1.2~8.0		100
丙酮	9750(or) 300(p.i)	−18	3~13	2400	2400
丙烯腈	90(or)	0	3~17	45	45
丙烯醛	46(or)	−26	3~31	0.5	0.25
正丙醇	1870(or)	25	2.1~13.5	200	500
异丙醇	5840(or) 40(p.i.)	12	2.3~12.7	800	
甲苯	1000(or)	4.4	1.4~6.7	750	375
甲酚（各异构体）	邻 1350(or)	94	1.06~1.40	22	22
	对 1800(or)	94	1.06~1.40	22	22
	间 2020(or)		1.06~1.40	22	22
甲醛	800(or) 1(p.i.)	12	7~73	5	3
甲醇	12880(or) 200(p.i. LD_{100})	69	3~36.5	50	9
甲酸			18~57	9	9

注：1. 本表摘自 An identification system for occupationally hazirdous materials. 17, 1974。

2. or 代表经口；p.i. 代表为每次吸入（数字代表 mg/L 空气），无特别注明者所用实验动物皆为大鼠。

3. MAK 为德国采用的车间空气中化学物质的最高容许浓度。

4. TLV 为美国采用的容许浓度，指在一个工作日（7h 或 8h）与一个工作周（40h）的时间——加权平均值。采样测得的浓度允许一定的超限量。本表中 TLV 为 1973 年美国采用的车间空气中化学物质的阈限值。

附录6 相互接触能发生爆炸的物质

物质分类与名称		危险对象	条件	现象	备注
氧	氧气	丙酮 苯基二氯胺 黏性油、松节油 乙醚 氢、甲烷、乙炔、硫粉	空气中 空气中30℃ 空气中30℃ 空气中 点火摩擦	爆炸	生成不安定的过氧化物
	液态氧	活性炭 木炭粉 乙醚	常温	爆炸	
液态空气	液态空气	氢、甲烷、乙炔、硫、磷、活性炭 金属粉、松节油、有机物质 二硫化碳、乙醇、乙醚 石油、润滑油 萘、樟脑	接触	着火 爆炸	冲击、摩擦、流动、急剧气化时特别敏感
无机过氧化物	过氧化氢	联氨、甘油、乙醇、金属粉 有机酸、酮类、醛类 谷物粉尘、棉、羊毛、油、树脂、海绵	常温接触 冲击、加热 常温接触	爆炸 爆炸 燃烧	生成过氧化物
	过氧化钠 过氧化钾	水 铝粉 醋酐 氢氧化钠、氢氧化钾	常温 微量水分 接触 振动	着火 自燃	有机物存在下 有机物存在下
	过氧化钡 过氧化钙 过氧化镁 过氧化锶	有机物、金属粉、还原剂（胺类、苯胺类、乙醇、有机酸、油脂、磷、木炭、锑等）	摩擦或少量水分	着火	
	过氧化汞 过氧化铅 过氧化银	硫、干燥的硫化氢 硫或升华硫 草酸、酒石酸、柠檬酸	接触 摩擦 摩擦	着火	
有机过氧化物	过氧化苯甲酰 氧化甲乙酮 环氧乙烷 无水醋酸过氧化物	环烷酸钴 有机物（油、树脂） 稀土金属 铁锈 金属粉	常温接触或撞击	爆炸	
氯酸盐	氯酸盐	铵盐 浓硫酸、浓盐酸 硫化锑 铝粉、镁粉、铁粉	混合 混合 混合（在密闭空间内） 点火、撞击、摩擦	爆炸 爆炸 爆炸 着火	生成的氯酸铵有爆炸危险 产生二氧化氯 白色火焰、闪光剂

续表

物质分类与名称		危险对象	条件	现象	备注
氯酸盐	氯酸锶 氯酸钡 氯酸钾、氯酸钠	铝粉、镁粉＋硬脂酸盐	点火、撞击、摩擦	着火	红色火焰、闪光剂
		硬脂酸盐	点火、撞击、摩擦	着火	
		硫、二氧化碳、红磷	摩擦、撞击、加热	爆炸	绿色火焰、闪光剂
	氯酸钾	砂糖＋硫酸	接触	着火	
		联氨	接触	着火	
		硫化锑	撞击	爆炸	
过氯酸盐	过氯酸钾	木炭、纸、乙醚	常温湿气中、日光	着火	
		联氨、羟胺	接触	爆炸	
		有机物、金属粉、可燃物	摩擦、撞击	着火或爆炸	
	无水过氯酸钾	硫、乙醇、木炭、锌、铁等金属粉	接触	着火或爆炸	
次氯酸盐	漂白粉	硫酸铵、硫 乙炔 木炭（用同量木炭在密闭容器内）	接触	着火或爆炸	
亚氯酸盐	亚氯酸钠	草酸、其他有机酸、保险粉、油脂、强酸、有机酸	混合	着火	
高锰酸盐	高锰酸钾 高锰酸钠	硫、锡	加热177℃	爆炸	分解产生氢气
		甘油	接触	着火、爆炸	爆炸生成乙烯
		乙醇＋浓硫酸	接触	闪光着火	
		苦味酸＋浓硫酸	接触	着火	生成高锰酸铵
		铁粉	撞击	着火	（120℃着火）
		硝酸铵＋有机物	加热、摩擦	爆炸	
		浓硫酸		爆炸	产生高锰酸铵
铬酸及铬酸盐	铬酐（三氧化二铬）	醋酸、吡啶、苯胺、乙醇、丙酮、信那水、润滑脂	接触	着火	
	铬酸铅	电石	摩擦	着火	
		冰醋酸	接触	着火	
	重铬酸盐	可燃物	加热	着火	
		联氨	接触	着火爆炸	
	重铬酸钾	消石灰	混合	爆炸	
亚硝酸和硝酸	亚硝酸	腈类	常温	爆炸	
		乙醇、胺类	撞击、加热	爆炸	
	硝酸	乙醇、可燃物	常温、接触	着火	生成硝酸酯
	浓硝酸	乙炔、有机物、浓氨水 胺类、碳水化合物、有机酸	常温、接触	着火或爆炸	

续表

物质分类与名称		危险对象	条件	现象	备注
亚硝酸盐和硝酸盐	亚硝酸钾 亚硝酸钠	卤化铵、铵盐、硫氰酸盐、氰化钾、可燃物	加热	着火或爆炸	
	亚硝酸盐	氯化铵	加热	着火或爆炸	
	硝酸铵	可燃物 锌粉 硫酸铵	加热 常温、水分 大冲击能量	着火 着火 爆炸	
	熔融硝铵	金属粉（锌、铝、铜等）	接触	爆炸	
	硝酸钾	醋酸钠（或草酸钠）、亚磷酸钠	加热	爆炸	
	硝酸钠	硫代硫酸钠	溶解时	爆炸	
硫酸	硫酸	硝酸胍	接触	爆炸	
	浓硫酸	松节油、有机物、金属粉	混合撞击	着火或爆炸	
	发烟硫酸	雷酸盐（雷粉）、氯酸盐、高锰酸盐	混合撞击	着火或爆炸	
氰化物	氰	亚硝酸	撞击	爆炸	
	氰化物	硝酸盐、氯酸盐、亚硝酸盐	加热	爆炸	
	氢氰酸	碱	加热至180℃	爆炸	
	氰化钾	四氧化铬	加热	爆炸	
叠氮化物	叠氮酸盐	水分	自爆炸	爆炸	生成叠氮化物
	氮化钡	四氯化碳、三氯甲烷、三氯乙烯、其他卤代烷	摩擦、撞击	爆炸	
	叠氮化钠	亚硝酸+氨气 二硫化碳 重金属盐	自爆性 自爆性 摩擦撞击	爆炸 爆炸 爆炸	
氨基化物	氨基化钙	水	混合	爆炸	
	氨基化钾	真空	加热	爆炸	
重氮化合物	芳胺	亚硝酸	干燥时加温	爆炸	生成重氮化合物
卤素及其化合物	氯气、溴	氢、甲烷、乙烯、硫、锑、砷、磷、钠、钾、金属粉、松节油	混合后在日光作用下	着火、爆炸	
	氯气	氨、铵盐、氯化铵 松脂、乙醚等浸涂的纤维	接触 接触	着火爆炸 着火	生成氯化氮
	溴	可燃物	接触	着火	
	碘	可燃物 浓氨	接触加温 接触加温	着火 着火	生成碘化氢
	氯化氮	磷、脂肪油、橡胶、松节油等不饱和有机化合物 氯+铵盐 氯+氯化铵+金属盐	接触 接触 接触	爆炸 爆炸 爆炸	生成盐酸及氯化氮 加温30℃生成氯化氮

续表

物质分类与名称		危险对象	条件	现象	备注
卤素及其化合物	三氯乙烯	醇＋氢氧化钠	加热	着火	
	二氯乙烯	醇＋氢氧化钠		着火	生成一氯乙炔（自燃物质）
	氟	氢、二氧化硅	接触	爆炸	
	三碘甲烷、三溴甲烷	银粉、锌粉、铁粉	加热	着火	
	溴化钾	醋酸铅	摩擦	爆炸	
	溴酸盐、碘酸盐	硫二醇酸铵、过硫酸铵	加热、撞击、接触	着火	分别生成溴酸铵、碘酸铵
	碘酸	钠	接触	爆炸	
磷及其化合物	红磷	碘	接触	爆炸	
		二硫化碳＋氢	常温	着火	
		硝酸铅、亚硝酸盐、氯酸盐	混合、撞击、加热	爆炸	
	磷化铜	氰化钾	混合	爆炸	
	磷化铜或次磷酸盐	氯酸盐	混合	爆炸	
	五氯化磷、三氯化磷、磷酰氯	水分	混合	爆炸	
金属氧化物	氧化钡、氧化汞、氧化镁、氧化锌	升华硫、镁、铝粉	加热	着火、爆炸	
	氧化汞	氰化汞	摩擦	爆炸	
	四氧化铅	硅	加热、撞击	爆炸	
	二氧化铅	硅、硫	加热、撞击	爆炸	
	氧化铁	镁	加热、撞击	爆炸	
	氧化汞	磷	加热、撞击	爆炸	
金属	镁粉	水、酸、卤素、氧化剂	常温接触	着火	
	银盐、汞盐	草酸	摩擦、撞击	爆炸	
	银盐、铜盐、汞盐	乙炔	撞击	爆炸	
	碱金属、碱土金属	重金属盐（氧化银、氯化银、氧化汞等）	接触	爆炸	
	镁或铝	氯酸、硝酸盐、硫酸盐、磷酸盐、碳酸盐	加热	着火、爆炸	
	钠、钾、铯、锂、铵、钙	四氯化碳、氯仿、其他氯代烃水、酸、碱	摩擦、撞击、反应热	着火、爆炸	
	熔融铝	铁	接触	爆炸	
	镁、锌、钙、钛	水或蒸气	加热	着火	
	熔融钾	乙炔、碘、氧化亚汞	接触	爆炸	

注：摘自张林生主编的《易燃易爆炸化学品消防安全基础读物》。

附录7 常见化合物的俗名或别名

类别	学名	主要化学成分	俗名或别名
钠化合物	碳酸氢钠	$NaHCO_3$	小苏打、重碳酸钠
	碳酸钠	Na_2CO_3	纯碱、苏打
	十水碳酸钠	$Na_2CO_3 \cdot 10H_2O$	面碱
	氯化钠	$NaCl$	食盐
	硫代硫酸钠	$Na_2S_2O_3 \cdot 5H_2O$	海波,大苏打
	十水四硼酸钠	$Na_2B_4O_7 \cdot 10H_2O$	硼砂
	氢氧化钠	$NaOH$	苛性钠、烧碱、火碱、苛性碱
	重铬酸钠	$Na_2Cr_2O_7 \cdot 2H_2O$	红矾钠
	硝酸钠	$NaNO_3$	钠硝石、智利硝石
	硫酸钠	$Na_2SO_4 \cdot 10H_2O$	芒硝、朴硝
	无水硫酸钠	Na_2SO_4	元明粉、玄明粉
	硫化钠	Na_2S	硫化碱
	硅酸钠	Na_2SiO_3	水玻璃、泡花碱
	连二亚硫酸钠	$Na_2S_2O_3 \cdot 2H_2O$	保险粉、次硫酸钠
	氰化钠	$NaCN$	山奈
钾化合物	碳酸钾	K_2CO_3	钾碱、碱砂
	亚铁氰化钾	$K_4Fe(CN)_6 \cdot 3H_2O$	黄血盐
	铁氰化钾	$K_3Fe(CN)_6$	赤血盐
	氢氧化钾	KOH	苛性钾
	高锰酸钾	$KMnO_4$	灰锰氧
	重铬酸钾	$K_2Cr_2O_7$	红矾钾
	硝酸钾	KNO_3	火硝、钾硝石
镁化合物	氧化镁	MgO	白苦土、烧苦土、氧镁
	氯化镁	$MgCl_2$	卤盐
	硫酸镁	$MgSO_4 \cdot 7H_2O$	泻利盐
	碳酸镁	$MgCO_3$	菱苦土
钙化合物	碳化钙	CaC_2	电石
	碳酸钙	$CaCO_3$	石灰石、石灰岩、文石
	碳酸钙	$CaCO_3$	大理石、方解石、白垩
	氢氧化钙	$Ca(OH)_2$	熟石灰、消石灰
	氧化钙	CaO	生石灰、煅烧石灰
	硫酸钙	$CaSO_4$	无水石膏、硬石膏
	硫酸钙	$CaSO_4 \cdot 2H_2O$	石膏
	过磷酸钙	$Ca(H_2PO_4)_2 \cdot H_2O$	普钙
	氟化钙	CaF_2	萤石、氟石
	次氯酸钙	$Ca(OCl)Cl$	漂白粉、氯化石灰
	钨酸钙	$CaWO_4$	重石
		$CaCO_3 \cdot MgCO_3$	白云石
锰化合物	二氧化锰	MnO_2	软锰矿
	二氧化锰	MnO_2	黑石子
	硫化锰	MnS	硫锰矿

续表

类别	学名	主要化学成分	俗名或别名
锑化合物	三氧化二锑	Sb_2O_3	锑白
	三硫化二锑	Sb_2S_3	辉锑矿、闪锑矿
铁化合物	三氧化二铁	Fe_2O_3	铁丹、红土子、赤铁矿
	四氧化三铁	Fe_3O_4	磁铁矿
	硫酸亚铁	$FeSO_4 \cdot 7H_2O$	绿矾、青矾
	硫酸铁铵	$(NH_4)Fe(SO_4)_2 \cdot 12H_2O$	铁铵矾
	碳酸铁	$FeCO_3$	菱铁矿
铜化合物	硫酸铜	$CuSO_4 \cdot 5H_2O$	胆矾、蓝矾、铜矾
	氧化铜	CuO	方黑铜矿
	碱式碳酸铜	$CuCO_3 \cdot Cu(OH)_2$	铜绿、孔雀绿
	氧化亚铜	Cu_2O	赤铜矿
	硫化亚铜	Cu_2S	辉铜矿
		$CuFeS_2$	硫铜矿
锌化合物	氧化锌	ZnO	锌白、红锌矿
	碳酸锌	$ZnCO_3$	炉甘石、菱镁矿
	硫酸锌	$ZnSO_4 \cdot 7H_2O$	白矾、锌矾、皓矾
	硫化锌	ZnS	闪锌矿
		ZnS 和 $BaSO_4$ 混合物	立得粉、锌钡白
汞化合物	氯化亚汞	Hg_2Cl_2	甘汞
	氯化汞	$HgCl_2$	升汞
	氧化汞	HgO	三仙丹
	硫化汞	HgS	朱砂、辰砂、丹砂
铝化合物	三氧化二铝	Al_2O_3	矾土、钢玉、
	铝钾矾	$K_2Al_2(SO_4)_4 \cdot 24H_2O$	明矾、铝矾、白矾
	聚合氯化铝	$[Al_2(OH)_nCl_6 \cdot xH_2O]_m$	聚合铝、碱式氯化铝
	三氧化二铝	Al_2O_3	红宝石
硅化合物	二氧化硅	SiO_2	石英
		SiO_2	水晶
		SiO_2	玛瑙
		SiO_2	砂子
		SiO_2	打火石、燧石
		SiO_2	硅胶
		Mg_2SiO_4	橄榄石
		Zn_2SiO_4	硅锌矿
铅化合物	氧化铅	PbO	黄丹、密陀僧
	四氧化三铅	Pb_3O_4	红丹、铅丹、光明丹
	硫化铅	PbS	方铅矿
	碱式碳酸铅	$PbCO_3 \cdot Pb(OH)_2$	铅白
铵化合物	硝酸铵	NH_4NO_3	硝铵、铵硝石
	硫酸铵	$(NH_4)_2SO_4$	硫铵
	氯化铵	NH_4Cl	硇砂
	碳酰二胺	$CO(NH_2)_2$	尿素
	碳酸氢铵	NH_4HCO_3	氢铵
	氢氧化铵	$NH_3 \cdot H_2O$	氨水

续表

类别	学 名	主要化学成分	俗名或别名
锶化合物	硫酸锶	$SrSO_4$	天青石
	碳酸锶	$SrCO_3$	锶石
钡化合物	硫酸钡	$BaSO_4$	重晶石
	硫酸钡	$BaSO_4$	钡石
	碳酸钡	$BaCO_3$	钡垩石
砷化合物	三氧化二砷	As_2O_3	砒霜、白砒、信石
	硫化砷	As_2S_2 或 As_4S_4	雄黄、雄精
	三硫化二砷	As_2S_3	雌黄
有机化合物	甲烷	CH_4	沼气
	乙炔	C_2H_2	电石气
	乙醇	C_2H_5OH	酒精
	甲酸	$HCOOH$	蚁酸
	乙酸	CH_3COOH	醋酸
	乙二酸	$H_2C_2O_4$	草酸
	邻羟基苯甲酸	HOC_6H_4COOH	水杨酸
	2,3-二羟基丁二酸	$[CH(OH)COOH]_2$	酒石酸
	苯酚	C_6H_5OH	石炭酸
	甲醛	$HCHO$	福尔马林
	丙三醇	$C_3H_5(OH)_3$	甘油
	六亚甲基四胺	$(CH_2)_6N_4$	乌洛托品
	二苯基硫卡巴腙	$C_{13}H_{12}N_4S$	双硫腙、打萨腙

附录8 常用饱和溶液的配制方法

试剂名称	分子式	密度/(g/mL)	浓度/(mol/L)	配制方法 用试剂量/g	配制方法 用水量/mL
氯化铵	NH_4Cl	1.075	5.44	291	748
硝酸铵	NH_4NO_3	1.312	10.80	863	499
草酸铵	$(NH_4)_2C_2O_4 \cdot H_2O$	1.031	0.295	48	982
硫酸铵	$(NH_4)_2SO_4$	1.243	4.06	535	708
氯化钡	$BaCl_2 \cdot 2H_2O$	1.290	1.63	398	892
氢氧化钡	$Ba(OH)_2$	1.037	0.228	39	998
氢氧化钙	$Ca(OH)_2$	1.000	0.022	1.6	1000
氯化汞	$HgCl_2$	1.050	0.236	64	986
氯化钾	KCl	1.174	4.000	298	876
重铬酸钾	$K_2Cr_2O_7$	1.077	0.39	115	962
铬酸钾	K_2CrO_4	1.396	3.00	583	858
氢氧化钾	KOH	1.540	14.50	813	737
碳酸钠	Na_2CO_3	1.178	1.97	209	869
氯化钠	$NaCl$	1.197	5.40	316	881
氢氧化钠	$NaOH$	1.539	20.07	803	736

附录9　各种干燥剂的通性

干燥剂	适用范围	不适用范围	备注
五氧化二磷	大多数中性和酸性气体、乙炔、二硫化碳、烃、卤代烃、酸与酸酐、腈	碱性物质、醇、酮、易发生聚合的物质、氯化氢、氟化氢	使用时与载体（石棉绒、玻璃棉、浮石等）混合；一般先用其他干燥剂预干燥；潮解；与水作用生成偏磷酸、磷酸
浓硫酸	大多数中性和酸性气体（干燥器、洗气瓶）饱和烃、卤代烃、芳烃	不饱和化合物、醇、酮、酚、碱性物质、硫化氢、碘化氢	不适宜升温真空干燥
氧化钡 氧化钙	中性和碱性气体、胺、醇	醛、酮、酸性物质	特别适合于干燥气体；与水作用生成氢氧化钡或氢氧化钙
氢氧化钠 氢氧化钾	氨、胺、醚、烃（干燥器）、肼	醛、酮、酸性物质	潮解
碳酸钾	胺、醇、丙酮、一般的生物碱、酯、腈	酸、酚及其他酸性物质	潮解
金属钠（钾）	醚、饱和烃、叔胺、芳烃、液氨	卤代烃（爆炸！）、醇、胺（伯胺）、其他与钠反应的化合物	一般先用其他干燥剂预干燥；与水作用生成氢氧化钠和氢气
氯化钙	烃、链烯烃、醚、卤代烃、酯、腈、中性气体、氯化氢	醇、氨、胺、酸、酸性物质、某些醛、酮及酯	廉价；能与许多含氮和氧的化合物生成溶剂化物、配合物或发生反应；含有碱性杂质（氧化钙等）
高氯酸镁	含有氨的气体（干燥器）	易氧化的有机液体	适用于分析工作；能溶于许多溶剂中；处理不当还会引起爆炸
硫酸钠 硫酸镁	普遍适用；特别适用于酯及敏感物质溶液		均廉价；硫酸钠常作为预干燥剂
硫酸钙① 硅胶	普遍适用（干燥器）	氟化氢	常先用硫酸钠预干燥
分子筛	温度在100℃以下的大多数流动气体、有机溶剂（干燥器）	不饱和烃	一般先用其他干燥剂预干燥，特别适用于低分压的干燥
氢化钙 （CaH₂）	烃、醚、酯、C₄及C₄以上的醇	醛、含有活泼羰基的化合物	作用比氢化铝锂慢，但效率差不多，而且比较安全，是最好的脱水剂之一；与水作用生成氢氧化钙和氢气
氢化铝锂 （LiAlH₄）	烃、芳烃卤化物、醚	含有酸性氢、卤素、羰基及硝基等化合物	使用时要小心；过剩的可以慢慢加乙酸乙酯将其破坏；与水作用生成氢氧化锂、氢氧化铝和氢气

① 可加氯化钴制成变色硅胶和变色硫酸钙。在干的时候，指示剂无水氯化钴（CoCl₂）是蓝色，而当它吸水变成 CoCl₂·6H₂O 后是粉红色。某些有机溶剂（如丙酮、醇、吡啶等）会溶出氯化钴或改变氯化钴的颜色。

注：摘自夏玉宇主编的《化验员手册》第2版。

附录10 常用化合物的干燥条件

化合物名称	分子式	干燥后组成	干燥条件
硝酸银	$AgNO_3$	$AgNO_3$	110℃
氢氧化钡	$Ba(OH)_2 \cdot 8H_2O$	$Ba(OH)_2 \cdot 8H_2O$	室温(真空干燥器)
苯甲酸	C_6H_5COOH	C_6H_5COOH	125～130℃
EDTA二钠	$C_{10}H_{14}O_8N_2Na_2 \cdot 2H_2O$	$C_{10}H_{14}O_8N_2Na_2 \cdot 2H_2O$	室温(空气干燥)
碳酸钙	$CaCO_3$	$CaCO_3$	110℃
硝酸钙	$Ca(NO_3)_2 \cdot 4H_2O$	$Ca(NO_3)_2$	200～400℃
硫酸镉	$CdSO_4 \cdot 7H_2O$	$CdSO_4$	500～800℃
二氧化铈	CeO_2	CeO_2	250～280℃
硫酸高铈	$Ce(SO_4)_2 \cdot 4H_2O$	$Ce(SO_4)_2 \cdot 4H_2O$	室温(空气干燥)
	$Ce(SO_4)_2 \cdot 4H_2O$	$Ce(SO_4)_2$	150℃
硝酸钴	$Co(NO_3)_2 \cdot 6H_2O$	$Co(NO_3)_2 \cdot 6H_2O$	室温(空气干燥)
	$Co(NO_3)_2 \cdot 6H_2O$	$Co(NO_3)_2 \cdot 5H_2O$	硅胶、硫酸等作干燥剂
硫酸钴	$CoSO_4 \cdot 7H_2O$	$CoSO_4 \cdot 7H_2O$	室温(空气干燥)
硫酸铜	$CuSO_4 \cdot 5H_2O$	$CuSO_4 \cdot 5H_2O$	室温(空气干燥)
	$CuSO_4 \cdot 5H_2O$	$CuSO_4$	330～400℃
硫酸亚铁铵	$(NH_4)_2Fe(SO_4)_2 \cdot 6H_2O$	$(NH_4)_2Fe(SO_4)_2 \cdot 6H_2O$	室温(真空干燥)
硼酸	H_3BO_3	H_3BO_3	室温(空气干燥保存)
草酸	$H_2C_2O_4 \cdot 2H_2O$	$H_2C_2O_4 \cdot 2H_2O$	室温(空气干燥)
	$H_2C_2O_4 \cdot 2H_2O$	$H_2C_2O_4$	硅胶、硫酸等作干燥剂(失水),加热110℃(全部脱水)
碘	I_2	I_2	室温(干燥器中保存,硫酸、硅胶等作干燥剂)
硫酸铝钾	$KAl(SO_4)_2 \cdot 12H_2O$	$KAl(SO_4)_2 \cdot 12H_2O$	室温(空气干燥)
	$KAl(SO_4)_2 \cdot 12H_2O$	$KAl(SO_4)_2$	260～500℃
溴化钾	KBr	KBr	500～700℃
溴酸钾	$KBrO_3$	KBO_3	150℃
氰化钾	KCN	KCN	室温(干燥器中保存)
碳酸钾	$K_2CO_3 \cdot 2H_2O$	K_2CO_3	270～300℃
	K_2CO_3	K_2CO_3	270～300℃
氯化钾	KCl	KCl	500～600℃
亚铁氰化钾	$K_4Fe(CN)_6 \cdot 3H_2O$	$K_4Fe(CN)_6 \cdot 3H_2O$	室温(空气干燥),低于45℃
碳酸氢钾	$KHCO_3$	K_2CO_3	270～300℃
碘化钾	KI	KI	500℃
高锰酸钾	$KMnO_4$	$KMnO_4$	80～100℃
氢氧化钾	KOH	KOH	室温(干燥器中保存,P_2O_5作干燥剂)
氯铂酸钾	K_2PtCl_6	K_2PtCl_6	135℃
硫氰酸钾	$KSCN$	$KSCN$	室温(干燥器中保存)
硝酸镧	$La(NO_3)_3 \cdot 6H_2O$	$La(NO_3)_3 \cdot 6H_2O$	室温(空气干燥)
硫酸镁	$MgSO_4 \cdot 7H_2O$	$MgSO_4$	250℃
氯化锰	$MnCl_2 \cdot 4H_2O$	$MnCl_2$	200～250℃
钼酸铵	$(NH_4)_6Mo_7O_{24} \cdot 4H_2O$	$(NH_4)_6Mo_7O_{24} \cdot 4H_2O$	室温(空气干燥)
硫酸铵	$(NH_4)_2SO_4$	$(NH_4)_2SO_4$	200℃以下

续表

化合物名称	分子式	干燥后组成	干燥条件
钒酸铵	NH_4VO_3	NH_4VO_3	30℃以下（干燥器中保存）
硼砂	$Na_2B_4O_7 \cdot 10H_2O$	$Na_2B_4O_7 \cdot 10H_2O$	室温下（<35℃）在装有 NaCl 和蔗糖饱和溶液的干燥器（湿度70%）中干燥
碳酸氢钠	$NaHCO_3$	Na_2CO_3	270～300℃
钼酸钠	$Na_2MoO_4 \cdot 2H_2O$	$Na_2MoO_4 \cdot 2H_2O$	室温（空气干燥）
硝酸钠	$NaNO_3$	$NaNO_3$	300℃以下
氢氧化钠	$NaOH$	$NaOH$	室温（干燥器中保存，硅胶、硫酸等作干燥剂）
硫代硫酸钠	$Na_2S_2O_3 \cdot 5H_2O$	$Na_2S_2O_3 \cdot 5H_2O$	室温（30℃以下）
钨酸钠	$Na_2WO_4 \cdot 2H_2O$	$Na_2WO_4 \cdot 2H_2O$	室温（空气干燥）
硫酸镍	$NiSO_4 \cdot 7H_2O$	$NiSO_4$	500～700℃
乙酸铅	$Pb(CH_3COO)_2 \cdot 2H_2O$	$Pb(CH_3COO)_2 \cdot 2H_2O$	室温

注：摘自夏玉宇主编的《化验员手册》第2版。

附录11 配合物的稳定常数（18～25℃）

配合物类型	金属离子	I	n	$\lg\beta_n$
氨配合物	Ag^+	0.1	1,2	3.40,7.40
	Cd^{2+}	2	1,…,6	2.65,4.75,6.19,7.12,6.80,5.14
	Co^{2+}	2	1,…,6	2.11,3.74,4.79,5.55,5.73,5.11
	Co^{3+}			6.7,14.0,20.1,25.7,30.8,35.2
	Cu^+	2	1,2	5.93,10.86
	Cu^{2+}	2	1,…,6	4.31,7.98,11.02,13.32,12.36
	Ni^{2+}	2	1,…,6	2.80,5.04,6.77,7.96,8.71,8.74
	Zn^{2+}	0.1	1,…,4	2.27,4.61,7.01,9.06
溴配合物	Ag^+		1,…,4	4.38,7.33,8.00,8.73
	Bi^{3+}	2.3	1,…,6	4.30,5.55,5.89,7.82,—,8.70
	Cd^{2+}	3	1,…,4	1.75,2.34,3.32,3.70
	Cu^+	0	2	5.89
	Hg^{2+}	0.5	1,…,4	9.05,17.32,19.74,21.00
氯配合物	Ag^+	0	1,…,4	3.04,5.04,5.04,5.30
	Hg^{2+}	0.5	1,…,4	6.74,13.22,14.07,15.07
	Sn^{2+}	0	1,…,4	1.51,2.24,2.03,1.48
	Sb^{3+}	4	1,…,6	2.26,3.49,4.18,4.72,4.72,4.11
氰配合物	Ag^+	0	1,…,4	—,21.1,21.7,20.6
	Cd^{2+}	3	1,…,4	5.48,10.60,15.23,18.8
	Co^{2+}		6	19.09
	Cu^+	0	1,…,4	—,24.0,28.59,30.3
	Fe^{2+}	0	6	35.4
	Fe^{3+}	0	6	43.6
	Hg^{2+}	0.1	1,…,4	18.0,34.7,38.5,41.5
	Ni^{2+}	0.1	4	31.3
	Zn^{2+}	0.1	4	16.7

续表

配合物类型	金属离子	I	n	$\lg\beta_n$
氟配合物	Al^{3+}	0.5	$1,\cdots,6$	6.13,11.15,15.00,17.75,19.37,19.84
	Fe^{3+}	0.5	$1,\cdots,6$	5.2,9.2,11.9,—,15.77,—
	Th^{4+}	0.5	$1,\cdots,3$	7.65,13.46,17.97
	TiO_2^{2+}	3	$1,\cdots,4$	5.4,9.8,13.7,18.0
	ZrO_2^{2+}	2	$1,\cdots,3$	8.80,16.12,21.94
碘配合物	Ag^+	0	$1,\cdots,3$	6.58,11.74,13.68
	Bi^{3+}	2	$1,\cdots,6$	3.63,—,—,14.95,16.80,18.80
	Cd^{2+}	0	$1,\cdots,4$	2.10,3.43,4.49,5.41
	Pb^{2+}	0	$1,\cdots,4$	2.00,3.15,3.92,4.47
	Hg^{2+}	0.5	$1,\cdots,4$	12.87,23.82,27.60,29.83
磷酸配合物	Ca^{2+}	0.2	CaHL	1.7
	Mg^{2+}	0.2	MgHL	1.9
	Mn^{2+}	0.2	MnHL	2.6
	Fe^{3+}	0.66	FeHL	9.35
硫氰酸配合物	Ag^+	2.2	$1,\cdots,4$	—,7.57,9.08,10.08
	Cu^+	5	$1,\cdots,4$	—,11.00,10.90,10.48
	Fe^{3+}	不定	$1,\cdots,5$	2.3,4.2,5.6,6.4,6.4
	Hg^{2+}	1	$1,\cdots,4$	—,16.1,19.0,20.9
硫代硫酸配合物	Ag^+	0	$1,\cdots,3$	8.82,13.46,14.15
	Cu^+	0.8	$1,\cdots,3$	10.35,12.27,13.71
	Hg^{2+}	0	$1,\cdots,4$	—,29.86,32.26,33.61
	Pb^{2+}	0	$1,\cdots,3$	—,5.1,6.35
乙酰丙酮配合物	Al^{3+}	0	1,2,3	8.60,15.5,21.30
	Cu^{2+}	0	1,2	8.27,16.84
	Fe^{2+}	0	1,2	5.07,8.67
	Fe^{3+}	0	1,2,3	11.4,22.1,26.7
	Ni^{2+}	0	1,2,3	6.06,10.77,13.09
	Zn^{2+}	0	1,2	4.98,8.81
柠檬酸配合物	Ag^+	0	Ag_2HL	7.1
	Al^{3+}	0.5	AlHL	7.0
			AlL	20.0
	Ca^{2+}	0.5	CaH_3L	10.9
			CaH_2L	8.4
			CaHL	3.5
	Cd^{2+}	0.5	CdH_2L	7.9
			CdHL	3.98
			CdL	11.3
	Co^{2+}		CoH_2L	8.9
			CoHL	4.8
			CoL	12.5
	Cu^{2+}	0.5	CuH_2L	12.0
		0	CuHL	6.1
		0.5	CuL	18.0

续表

配合物类型	金属离子	I	n	$\lg\beta_n$
柠檬酸配合物	Fe^{2+}	0.5	FeH_2L	7.3
			$FeHL$	3.08
			FeL	11.5
	Fe^{3+}	0.5	NiH_2L	12.2
			$FeHL$	12.5
			FeL	25.0
	Ni^{2+}	0.5	NiH_2L	9.0
			$NiHL$	5.11
			NiL	14.3
	Pb^{2+}	0.5	PbH_2L	11.2
			$PbHL$	6.50
			PbL	12.3
	Zn^{2+}	0.5	ZnH_2L	8.7
			$ZnHL$	4.71
			ZnL	11.4
草酸配合物	Al^{3+}	0	1,2,3	7.26,13.0,16.3
	Cd^{2+}	0.5	1,2	2.9,4.7
	Co^{2+}	0.5	$CoHL$	5.5
			CoH_2L	10.6
		0	1,2,3	4.79,6.7,9.7
	Co^{3+}		3	约20
	Cu^{2+}	0.5	$CuHL$	6.25
			1,2	4.5,8.9
	Fe^{2+}	0	1,2,3	2.9,4.52,5.22
	Fe^{3+}	0	1,2,3	9.4,16.2,20.2
	Mg^{2+}	0	1,2	3.43,4.38
	$Mn(II)$	2	1,2,3	9.98,16.57,19.42
	Ni^{2+}	0	1,2,3	5.3,7.64,8.5
	$Th(IV)$	0	4	24.5
	Zn^{2+}	0	1,2,3	4.89,7.60,8.15
磺基水杨酸配合物	Al^{3+}	0.1	1,2,3	13.20,22.83,28.89
	Cd^{2+}	0.1	1,2	16.68,29.08
	Co^{2+}	0.1	1,2	6.13,9.82
	Cr^{3+}	0.1	1	9.56
	Cu^{2+}	0.1	1,2	9.52,16.45
	Fe^{2+}	0.1	1,2	5.90
	Fe^{3+}	0.1	1,2,3	14.64,25.18,32.12
	Mn^{2+}	0.1	1,2	5.24,8.24
	Ni^{2+}		1,2	6.42,10.24
	Zn^{2+}	0.1	1,2	6.05,10.65

续表

配合物类型	金属离子	I	n	$\lg\beta_n$
酒石酸配合物	Bi^{3+}	0	3	8.30
	Ca^{2+}	0.5	CaHL	4.85
		0	1,2	2.98,9.01
	Cd^{2+}	0.5	1	2.8
	Cu^{2+}	0	1,…,4	3.2,5.11,4.78,6.51
	Fe^{3+}	0	3	7.49
	Mn^{2+}	0.5	MnHL	4.65
		0		1.36
	Pb^{2+}	0	1,2,3	3.78,—,4.7
	Zn^{2+}	0.5	ZnHL	4.5
		0	1,2	2.4,8.32
乙二胺配合物	Ag^+	0.1	1,2	4.70,7.70
	Cd^{2+}	0	1,2,3	5.47,10.09,12.09
	Co^{2+}	0.1	1,2,3	5.89,10.72,13.82
	Co^{3+}	0	1,2,3	18.70,34.90,48.69
	Cu^+		2	10.8
	Cu^{2+}	0	1,2,3	10.67,20.00,21.0
	Fe^{2+}	0	1,2,3	4.34,7.65,9.70
	Hg^{2+}	0	1,2	14.3,23.3
	Mn^{2+}	0	1,2,3	2.73,4.79,5.67
	Ni^{2+}	0.1	1,2,3	7.16,14.06,18.59
	Zn^{2+}	0.1	1,2,3	5.7,10.37,12.08
硫脲配合物	Ag^+	0	1,2	7.4,13.1
	Cu^+	0	3,4	13,15.4
	Hg^{2+}	0	2,3,4	22.1,24.7,26.8
氢氧基配合物	Al^{3+}	2	4	33.3
	Bi^{3+}	3	1	12.4
	Cd^{2+}	3	1,…,4	4.3,7.7,10.3,12.0
	Co^{2+}	0.1	1,3	5.1,—,10.2
	Cr^{3+}	0.1	1,2	10.2,18.3
	Fe^{2+}	0	1,…,4	5.56,9.77,9.67,8.58
	Fe^{3+}	0	1,…,3	11.87,21.17,29.67
	Hg^{2+}	0.5	2	21.7
	Mg^{2+}	0	1	2.58
	Mn^{2+}	0	1,3	3.9,8.3
	Ni^{2+}	0	1,…,3	4.97,8.55,11.33
	Pb^{2+}	0.3	1,2,3	6.2,10.3,13.3
	Sn^{2+}	3	1	10.1
	Th^{4+}	1	1	9.7
	Ti^{3+}	0.5	1	11,8
	VO^{2+}	3	1	8.0
	Zn^{2+}	0	1,…,4	4.4,11.30,14.14,17.66

附录12　氨羧配合剂类配合物的稳定常数（18～25℃，$I=0.1$）

金属离子	lgK					NTA	
	EDTA	DC$_y$TA	DTPA	EGTA	HEDTA	lgβ_1	lgβ_2
Ag^+	7.32			6.88	6.71	5.16	
Al^{3+}	16.3	19.5	18.6	13.9	14.3	11.4	
Ba^{2+}	7.86	8.69	8.87	8.41	6.3	4.82	
Be^{2+}	9.2	11.51				7.11	
Bi^{3+}	27.94	32.3	35.6		22.3	17.5	
Ca^{2+}	10.69	13.20	10.83	10.97	8.3	6.41	
Cd^{2+}	16.46	19.93	19.2	16.7	13.3	9.83	14.61
Co^{2+}	16.31	19.62	19.27	12.39	14.6	10.38	14.39
Co^{3+}	36				37.4	6.84	
Cr^{3+}	23.4					6.23	
Cu^{2+}	18.80	22.00	21.55	17.71	17.6	12.96	
Fe^{2+}	14.32	19.0	16.5	11.87	12.3	8.33	
Fe^{3+}	25.1	30.1	28.0	20.5	19.8	15.9	
Ga^{3+}	20.3	23.2	25.54		16.9	13.6	
Hg^{2+}	21.7	25.00	26.70	23.2	20.30	14.6	
In^{3+}	25.0	28.8	29.0		20.2	16.9	
Li^+	2.79					2.51	
Mg^{2+}	8.7	11.02	9.30	5.21	7.0	5.41	
Mn^{2+}	13.87	17.48	15.60	12.28	10.9	7.41	
$Mo(V)$	约28						
Na^+	1.66						1.22
Ni^{2+}	18.62	20.3	20.32	13.55	17.3	11.53	16.42
Pb^{2+}	18.04	20.38	18.80	14.71	15.7	11.39	
Pd^{2+}	18.5					—	
Sc^{3+}	23.1	26.1	24.5	18.2	—		24.1
Sn^{2+}	22.11				—		
Sr^{2+}	8.73	10.59	9.77	8.5	6.9	4.98	
Th^{4+}	23.2	25.6	28.78		—		
TiO^{2+}	17.3						
Tl^{3+}	37.8	38.3				20.9	32.5
U^{4+}	25.8	27.6	7.69		—		
VO^{2+}	18.8	20.1			—		
Y^{3+}	18.09	19.85	22.13	17.16	14.78	11.41	20.43
Zn^{2+}	16.50	19.37	18.40	12.7	14.7	10.67	14.29
Zr^{4+}	29.5		35.8			20.8	
稀土元素	16～20	17～22	19		13～16	10～12	

注：表中 EDTA——乙二胺四乙酸；DC$_y$TA（或 DCTA、C$_y$DTA）——1,2-二氨基环己烷四乙酸；DTPA——二乙基三胺五乙酸；EGTA——乙二醇二乙醚二胺四乙酸；HEDTA——N-β-羟基乙基乙二胺三乙酸；NTA——氨三乙酸。

附录13　一些金属离子的 $\lg \alpha_{M(OH)}$ 值

金属离子	离子强度	1	2	3	4	5	6	7	8	9	10	11	12	13	14
Ag^+	0.1											0.1	0.5	2.3	5.1
Al^{3+}	2				0.4	1.3	5.3	9.3	13.3	17.3	21.3	25.3	29.3	33.3	
Ba^{2+}	0.1													0.1	0.5
Bi^{3+}	3	0.1	0.5	1.4	2.4	3.4	4.4	5.4							
Ca^{2+}	0.1													0.3	1.0
Cd^{2+}	3									0.1	0.5	2.0	4.5	8.1	12.0
Ce^{4+}	1～2	1.2	3.1	5.1	7.1	9.1	11.1	13.1							
Co^{2+}	0.1								0.1	0.4	1.1	2.2	4.2	7.2	10.2
Cu^{2+}	0.1								0.2	0.8	1.7	2.7	3.7	4.7	5.7
Fe^{2+}	1									0.1	0.6	1.5	2.5	3.5	4.5
Fe^{3+}	3			0.4	1.8	3.7	5.7	7.7	9.7	11.7	13.7	15.7	17.7	19.7	21.7
Hg^{2+}	0.1			0.5	1.9	3.9	5.9	7.9	9.9	11.9	13.9	15.9	17.9	19.9	21.9
La^{3+}	3										0.3	1.0	1.9	2.9	3.9
Mg^{2+}	0.1											0.1	0.5	1.3	2.3
Mn^{2+}	0.1										0.1	0.5	1.4	2.4	3.4
Ni^{2+}	0.1									0.1	0.6	1.6			
Pb^{2+}	0.1							0.1	0.5	1.4	2.7	4.7	7.4	10.4	13.4
Th^{4+}	1				0.2	0.8	1.7	2.7	3.7	4.7	5.7	6.7	7.7	8.7	9.7
Zn^{2+}	0.1								0.2	2.4	5.4	8.5	11.8	15.5	

附录14　常用掩蔽剂及其使用的条件

掩蔽剂	被掩蔽的元素及条件
氰化物	在 pH>8 时，能掩蔽 Ag^+、Cu^{2+}、Zn^{2+}、Cd^{2+}、Hg^{2+}、Ti^{2+}、Co^{2+}、Ni^{2+}、Pt 等元素。如有酒石酸存在 Fe^{3+} 同样能被掩蔽。氰化物极毒，使用时必须注意
氟化物	在 pH=4～6 时，能掩蔽 Al^{3+}、Ti^{4+}、Sn^{4+}、Zr^{4+}、Hf^{4+}、Fe^{3+}、Ta^{5+}、W^{6+}、Sb^{5+}、Ba^{2+} 等，在 pH=10 时，与 Mg^{2+}、Ca^{2+}、Sr^{2+}、Ba^{2+} 及稀土等生成难溶盐
硫代硫酸钠	掩蔽铜、银、汞。硫代硫酸钠还原 Cu^{2+} 到 Cu^+ 并结合为 $[Cu(S_2O_3)_3]^{5-}$
巯基乙酸(TGA)	在碱性介质中掩蔽 Cu^{2+}、Ag^+、Zn^{2+}、Cd^{2+}、Hg^{2+}、Sn^{4+}、In^{3+}、Tl^{3+}、Pb^{2+} 和 Bi^{3+} 形成无色配合物，并能分解它们的 EDTA 配合物。Mn^{2+}、Fe^{2+}、Co^{2+} 和 Ni^{2+} 与巯基乙酸形成深色化合物
铜试剂(DDTC)	在 pH=10 时，与 Cu^{2+}、Hg^{2+}、Pb^{2+}、Cd^{2+}、Bi^{3+} 形成沉淀从而使这些离子被掩蔽
草酸	在 pH=2 时，能掩蔽 Sn^{2+}、Cu^{2+} 及稀土。pH=5.5 时，可掩蔽 Zr^{4+}、Th^{4+}、Fe^{3+}、Fe^{2+}、Al^{3+} 及部分的 Bi^{3+}、Sn^{4+}、Mo^{6+}、Cr^{3+}、V^{4+} 等，与 La^{3+}、Ce^{3+}、Ti^{4+}、Ag^+ 等生成沉淀。草酸对 Fe^{2+} 的掩蔽能力比酒石酸强，对 Al^{3+} 的掩蔽能力则不如酒石酸。在测定硅钼蓝时用草酸掩蔽铁及破坏磷钼配合物、砷钼配合物、钒钼配合物等
酒石酸	在酸性介质中掩蔽 Sn^{4+}、Sb^{3+}、Ti^{4+}、Zr^{4+}、Cr^{3+}、Nb^{5+}、W^{6+}；在碱性介质中，能掩蔽 Al^{3+}、Ti^{4+}、Zr^{4+}、Sn^{4+}、Sb^{3+}、Cr^{3+}、Fe^{3+}、Mo^{6+} 和 V^{4+} 等。在 NaF-$SnCl_2$ 法测定磷时，用酒石酸钾钠可消除干扰。掩蔽铁需 pH>2，掩蔽锡要 pH>2.3

续表

掩蔽剂	被掩蔽的元素及条件
柠檬酸	在 pH=5~7 时,可掩蔽 V^{4+}、Th^{4+}、Zr^{4+}、Sb^{3+}、Ti^{4+}、Nb^{5+}、Ta^{5+}、Mo^{6+}、W^{6+}、Ba^{2+}、Fe^{2+}、Cr^{3+}。柠檬酸掩蔽铝的能力比酒石酸强一些,柠檬酸在酸性介质中具有较大的配位作用
硫代硫酸钠	配合物在 pH=4.5~9.5 范围内稳定,在 pH<4.5 的溶液中,铜的硫代硫酸盐配合物即分解析出硫和硫化亚铜,当 pH>9.5 时,Cu^+ 在空气中迅速氧化为 Cu^{2+}
过氧化氢	可用于掩蔽钒、钨、钛等元素
β-氨基乙硫醇	β-氨基乙硫醇是良好的掩蔽剂,特别是在碱性溶液中能和很多二价重金属如 Cu^{2+}、Zn^{2+}、Cd^{2+}、Hg^{2+}、Co^{2+}、Ni^{2+} 配合生成配合物(Pb^{2+}、Mn^{2+} 除外),因此常用它代替氰化钾使用
二硫代氨基甲酸-乙酸(TLA)	在 pH=2~3 时,可掩蔽 Bi^{3+}、In^{3+}、Tl^{3+}、Fe^{2+}。pH>5 时可掩蔽 Cu^{2+}、Cd^{2+}、Hg^{2+}、Co^{2+}、Ni^{2+}、Pb^{2+}、Fe^{2+} 等,但不能掩蔽稀土、Mn 等
二巯基琥珀酸(DMSA)	在 pH=10 时,可掩蔽 Pb^{2+}、Cd^{2+}、Ni^{2+}、Co^{2+}、Cu^{2+} 等
α-巯基丙酸(MPA)	在 pH=10 时,可掩蔽 Bi^{3+}、Hg^{2+}、Cu^{2+}、Pb^{2+}、Fe^{3+} 及少量的 Zn^{2+}、Cd^{2+}、Co^{2+} 等
乳酸	pH=3~4 时可掩蔽 Ti^{4+}、Sn^{4+}(pH=5~6)和 Sb^{3+} 等
邻菲啰啉	微酸性溶液可掩蔽 Co^{2+}、Ni^{2+}、Zn^{2+}、Mn^{2+}、Cd^{2+}、Cu^{2+} 等
二巯基丙醇(BAL)	在 pH=10 时,可掩蔽 Hg^{2+}、Sn^{4+}、Zn^{2+}、Bi^{3+}、Pb^{2+}、Ag^+。也能掩蔽少量的 Cu^{2+}、Co^{2+}、Ni^{2+}、Fe^{2+} 等

附录15 某些氧化还原电对的条件电位 $\varphi^{\ominus}$

半反应	$\varphi^{\ominus}$/V	介 质
$Ag + e^- \rightleftharpoons Ag$	1.927	4mol/L HNO_3
$Ce(IV) + e^- \rightleftharpoons Ce(III)$	1.74	1mol/L $HClO_4$
	1.44	0.5mol/L H_2SO_4
	1.28	1mol/L HCl
$Co^{3+} + e^- \rightleftharpoons Co^{2+}$	1.84	3mol/L HNO_3
$Co(乙二胺)_3^{3+} + e^- \rightleftharpoons Co(乙二胺)_3^{2+}$	−0.2	0.1mol/L KNO_3 + 0.1mol 乙二胺
$Cr(III) + e^- \rightleftharpoons Cr(II)$	−0.4	5mol/L HCl
$Cr_2O_7^{2-} + 14H^+ + 6e^- \rightleftharpoons 2Cr^{3+} + 7H_2O$	1.08	3mol/L HCl
	1.15	4mol/L H_2SO_4
	1.025	1mol/L $HClO_4$
$CrO_4^{2-} + 2H_2O + 3e^- \rightleftharpoons CrO_2^- + 4OH^-$	−0.12	1mol/L NaOH
$Fe(III) + e^- \rightleftharpoons Fe(II)$	0.767	1mol/L $HClO_4$
	0.71	0.5mol/L HCl
	0.68	1mol/L H_2SO_4
	0.68	1mol/L HCl
	0.46	2mol/L H_3PO_4
	0.51	1mol/L HCl-0.25mol/L H_3PO_4

续表

半反应	$\varphi^{\ominus}$/V	介质
$Fe(EDTA)^- + e^- \rightleftharpoons Fe(EDTA)^{2-}$	0.12	0.1mol/L EDTA, pH4～6
$Fe(CN)_6^{3-} + e^- \rightleftharpoons Fe(CN)_6^{4-}$	0.56	0.1mol/L HCl
$FeO_4^{2-} + 2H_2O + 3e^- \rightleftharpoons FeO_2^- + 4OH^-$	0.56	10mol/L NaOH
$I_3^- + 2e^- \rightleftharpoons 3I^-$	0.5446	0.5mol/L H_2SO_4
$I_2(aq) + 2e^- \rightleftharpoons 2I^-$	0.6276	0.5mol/L H_2SO_4
$MnO_4^- + 8H^+ + 5e^- \rightleftharpoons Mn^{2+} + 4H_2O$	1.45	1mol/L $HClO_4$
$SnCl_6^{2-} + 2e^- \rightleftharpoons SnCl_4^{2-} + 2Cl^-$	0.14	1mol/L HCl
$Sb(V) + 2e^- \rightleftharpoons Sb(III)$	0.75	3.5mol/L HCl
$Sb(OH)_6^- + 2e^- \rightleftharpoons SbO_2^- + 2OH^- + 2H_2O$	−0.428	3mol/L NaOH
$SbO_2^- + H_2O + 3e^- \rightleftharpoons Sb + 4OH^-$	−0.675	10mol/L KOH
$Ti(IV) + e^- \rightleftharpoons Ti(III)$	−0.01	0.1mol/L H_2SO_4
	0.12	2mol/L H_2SO_4
	−0.04	1mol/L HCl
	−0.05	1mol/L H_3PO_4
$Pb(II) + 2e^- \rightleftharpoons Pb$	−0.32	1mol/L NaAc

附录16 微溶化合物的溶度积(18～25℃, $I=0$)

微溶化合物	K_{sp}	pK_{sp}	微溶化合物	K_{sp}	pK_{sp}
Ag_3AsO_4	1×10^{-22}	22.0	$BaSO_4$	1.1×10^{-10}	9.96
AgBr	5.0×10^{-13}	12.30	$Bi(OH)_3$	4×10^{-31}	30.4
Ag_2CO_3	8.1×10^{-12}	11.09	BiOOH	4×10^{-10}	9.4
AgCl	1.8×10^{-10}	9.75	BiI_3	8.1×10^{-19}	18.09
Ag_2CrO_4	2.0×10^{-12}	11.71	BiOCl	1.8×10^{-31}	30.75
AgCN	1.2×10^{-16}	15.92	$BiPO_4$	1.3×10^{-23}	22.89
AgOH	2.0×10^{-8}	7.71	Bi_2S_3	1×10^{-97}	97.0
AgI	9.3×10^{-17}	16.03	$CaCO_3$	2.9×10^{-9}	8.54
$Ag_2C_2O_4$	3.5×10^{-11}	10.46	CaF_2	2.7×10^{-11}	10.57
Ag_3PO_4	1.4×10^{-16}	15.84	$CaC_2O_4 \cdot H_2O$	2.0×10^{-9}	8.70
Ag_2SO_4	1.4×10^{-5}	4.84	$Ca_3(PO_4)_2$	2.0×10^{-29}	28.70
Ag_2S	2×10^{-49}	48.69	$CaSO_4$	9.1×10^{-6}	5.04
AgSCN	1.0×10^{-12}	12.00	$CaWO_4$	8.7×10^{-9}	8.06
$Al(OH)_3$ 无定形	1.3×10^{-33}	32.9	$CdCO_3$	5.2×10^{-12}	11.28
As_2S_3	2.1×10^{-22}	21.68	$Cd_2[Fe(CN)_6]$	3.2×10^{-17}	16.49
$BaCO_3$	5.1×10^{-9}	8.29	$Ca(OH)_2$ 新析出	2.5×10^{-14}	13.60
$BaCrO_4$	1.2×10^{-10}	9.93	$CdC_2O_4 \cdot 3H_2O$	9.1×10^{-8}	7.04
BaF_2	1×10^{-6}	6.0	CdS	8×10^{-27}	26.1
$BaC_2O_4 \cdot H_2O$	2.3×10^{-8}	7.64	$Mg(OH)_2$	8×10^{-11}	10.74

续表

微溶化合物	K_{sp}	pK_{sp}	微溶化合物	K_{sp}	pK_{sp}
$MnCO_3$	1.8×10^{-11}	10.74	$FeCO_3$	3.2×10^{-11}	10.50
$Mn(OH)_2$	1.9×10^{-13}	12.72	$Fe(OH)_2$	8×10^{-16}	15.1
MnS 无定形	2×10^{-10}	9.7	FeS	6×10^{-18}	17.2
MnS(晶形)	2×10^{-13}	12.7	$Fe(OH)_3$	4×10^{-38}	37.4
$NiCO_3$	6.6×10^{-9}	8.18	$FePO_4$	1.3×10^{-22}	21.89
$Ni(OH)_2$ 新析出	2×10^{-15}	14.7	Hg_2Br_2	5.8×10^{-23}	22.24
$Ni_3(PO_4)_2$	5×10^{-31}	30.3	Hg_2CO_3	8.9×10^{-17}	16.05
α-NiS	3×10^{-19}	18.5	Hg_2Cl_2	1.3×10^{-18}	17.88
β-NiS	1×10^{-24}	24.0	$Hg_2(OH)_2$	2×10^{-24}	23.7
γ-NiS	2×10^{-26}	25.7	Hg_2I_2	4.5×10^{-29}	28.35
$PbCO_3$	7.4×10^{-14}	13.13	Hg_2SO_4	7.4×10^{-7}	6.13
$PbCl_2$	1.6×10^{-5}	4.79	Hg_2S	1×10^{-47}	47.0
PbClF	2.4×10^{-9}	8.62	$Hg(OH)_2$	3.0×10^{-26}	25.52
$PbCrO_4$	2.8×10^{-13}	12.55	HgS(红色)	4×10^{-53}	52.4
PbF_2	2.7×10^{-8}	7.57	HgS(黑色)	2×10^{-52}	51.7
$Pb(OH)_2$	1.2×10^{-15}	14.93	$MgNH_4PO_4$	2×10^{-13}	12.7
PbI_2	7.1×10^{-9}	8.15	$MgCO_3$	3.5×10^{-8}	7.46
$PbMoO_4$	1×10^{-13}	13.0	MgF_2	6.4×10^{-9}	8.19
$Pb_3(PO_4)_2$	8.0×10^{-43}	42.10	PbS	8×10^{-28}	27.9
$PbSO_4$	1.6×10^{-8}	7.79	$Pb(OH)_4$	3×10^{-66}	65.5
$CoCO_3$	1.4×10^{-13}	12.84	$Sb(OH)_3$	4×10^{-42}	41.4
$Co_2[Fe(CN)_6]$	1.8×10^{-15}	14.74	Sb_2S_3	2×10^{-93}	92.8
$Co(OH)_2$ 新析出	2×10^{-15}	14.7	$Sn(OH)_2$	1.4×10^{-28}	27.85
$Co(OH)_3$	2×10^{-44}	43.7	SnS	1×10^{-25}	25.0
$Co[Hg(SCN)_4]$	1.5×10^{-6}	5.82	$Sn(OH)_4$	1×10^{-56}	56.0
α-CoS	4×10^{-21}	20.4	SnS_2	2×10^{-27}	26.7
β-CoS	2×10^{-25}	24.7	$SrCO_3$	1.1×10^{-10}	9.96
$Co_3(PO_4)_2$	2×10^{-35}	34.7	$SrCrO_4$	2.2×10^{-5}	4.65
$Cr(OH)_3$	6×10^{-31}	30.2	SrF_2	2.4×10^{-9}	8.61
CuBr	5.2×10^{-9}	8.28	$SrC_2O_4\cdot H_2O$	1.6×10^{-7}	6.80
CuCl	1.2×10^{-6}	5.92	$Sr_3(PO_4)_2$	4.1×10^{-28}	27.39
CuCN	3.2×10^{-20}	19.49	$SrSO_4$	3.2×10^{-7}	6.49
CuI	1.1×10^{-12}	11.96	$Ti(OH)_3$	1×10^{-40}	40.0
CuOH	1×10^{-14}	14.0	$TiO(OH)_2$	1×10^{-29}	29.0
Cu_2S	2×10^{-48}	47.7	$ZnCO_3$	1.4×10^{-11}	10.84
CuSCN	4.8×10^{-15}	14.32	$Zn_2[Fe(CN)_6]$	4.1×10^{-16}	15.39
$CuCO_3$	1.4×10^{-10}	9.86	$Zn(OH)_2$	1.2×10^{-17}	16.92
$Cu(OH)_2$	2.2×10^{-20}	19.66	$Zn_3(PO_4)_2$	9.1×10^{-33}	32.04
CuS	6×10^{-36}	35.2	ZnS	2×10^{-22}	21.7

附录17　常用化合物的相对分子质量

化学式	名称	相对分子质量	化学式	名称	相对分子质量
Ag_2CrO_4	铬酸银	331.73	$BeCl_2$	氯化铍	79.92
Ag_2S	硫化银	247.82	$BeCl_2 \cdot 4H_2O$	四水氯化铍	151.99
Ag_2SO_4	硫酸银	311.80	Bi_2O_3	氧化铋	465.96
Ag_3AsO_4	砷酸银	462.57	Bi_2S_3	硫化铋	514.15
$AgBr$	溴化银	187.78	$BiCl_3$	氯化铋	315.34
$AgCl$	氯化银	143.32	$Bi(NO_3)_3 \cdot 5H_2O$	五水硝酸铋	485.07
$AgCN$	氰化银	133.84	CO	一氧化碳	28.01
Ag_2CO_3	碳酸银	275.75	CO_2	二氧化碳	44.01
AgF	氟化银	126.87	CCl_4	四氯化碳	153.81
AgI	碘化银	234.77	CaC_2O_4	草酸钙	128.10
$AgNO_3$	硝酸银	169.87	CaC_2	碳化钙	64.10
$AgSCN$	硫氰酸银	165.95	CaO	氧化钙	56.08
Al_2O_3	氧化铝	101.96	$CaCO_3$	碳酸钙	100.09
$AlK(SO_4)_2 \cdot 12H_2O$	钾明矾	474.39	CaF_2	氟化钙	78.08
$Al(NH_4)(SO_4)_2 \cdot 12H_2O$	铵明矾	453.33	$CaCl_2$	氯化钙	110.99
$Al(OH)_3$	氢氧化铝	78.00	$CaCl_2 \cdot 6H_2O$	六水氯化钙	219.08
$Al_2(SO_4)_3$	硫酸铝	342.15	$Ca(OH)_2$	氢氧化钙	74.09
$Al_2(SO_4)_3 \cdot 18H_2O$	十八水硫酸铝	666.41	$Ca(CN)_2$	氰化钙	92.12
$Al(NO_3)_3$	硝酸铝	213.00	$Ca_3(AsO_4)_2$	砷酸钙	398.08
$Al(NO_3)_3 \cdot 9H_2O$	九水硝酸铝	375.13	$Ca(NO_3)_2$	硝酸钙	164.09
$AlBr_3$	溴化铝	266.71	$Ca(NO_3)_2 \cdot 4H_2O$	四水硝酸钙	236.15
$AlCl_3$	氯化铝	133.34	$CaSO_4$	硫酸钙	136.14
$AlCl_3 \cdot 6H_2O$	六水氯化铝	241.43	$CaSO_4 \cdot 2H_2O$	二水硫酸钙	172.17
AlF_3	氟化铝	83.98	$Ca_3(PO_4)_2$	磷酸钙	310.18
$AlPO_4$	磷酸铝	121.95	$CaHPO_4 \cdot 2H_2O$	二水磷酸氢钙	172.09
As_2O_3	氧化亚砷	197.84	$Ca(H_2PO_4)_2 \cdot H_2O$	一水磷酸二氢钙	252.07
As_2O_5	氧化砷	229.84	$CdCO_3$	碳酸镉	172.41
As_2S_3	硫化亚砷	246.02	$CdCl_2$	氯化镉	183.32
$AsCl_3$	氯化亚砷	181.28	CdI_2	碘化镉	366.21
AsH_3	砷化氢	77.95	$Cd(NO_3)_2 \cdot 4H_2O$	四水硝酸镉	308.47
$AuCl_3$	氯化金	303.33	CdS	硫化镉	144.46
$AuCl_3 \cdot 2H_2O$	二水氯化金	339.33	$CdSO_4$	硫酸镉	208.46
B_2O_3	硼酸酐、氧化硼	69.62	$3CdSO_4 \cdot 8H_2O$	八水三硫酸镉	769.50
BaO	氧化钡	153.34	$Ce(SO_4)_2$	硫酸铈	332.24
BaO_2	过氧化钡	169.34	$Ce(SO_4)_2 \cdot 4H_2O$	四水硫酸铈	404.30
$BaCl_2 \cdot 2H_2O$	二水氯化钡	244.28	$CoCl_2$	氯化钴	129.84
$BaCl_2$	氯化钡	208.25	$CoCl_2 \cdot 6H_2O$	六水氯化钴	237.93
$Ba(OH)_2$	氢氧化钡	171.34	$Co(NO_3)_2$	硝酸钴	182.94
$Ba(OH)_2 \cdot 8H_2O$	八水氢氧化钡	315.48	$Co(NO_3)_2 \cdot 6H_2O$	六水硝酸钴	291.03
BaC_2O_4	草酸钡	225.35	CoS	硫化钴	90.99
$BaCO_3$	碳酸钡	197.35	$CoSO_4$	硫酸钴	154.99
$BaCrO_4$	铬酸钡	253.32	$CoSO_4 \cdot 7H_2O$	七水硫酸钴	281.10
$Ba(NO_3)_2$	硝酸钡	261.35	$CrCl_3$	氯化铬	158.35
BaS	硫化钡	169.40	$Cr(NO_3)_3$	硝酸铬	238.01
$BaSO_4$	硫酸钡	233.40	$Cr(NO_3)_3 \cdot 9H_2O$	九水硝酸铬	400.15

续表

化学式	名 称	相对分子质量	化学式	名 称	相对分子质量
Cr_2O_3	氧化铬	151.99	HNO_3	硝酸	63.01
CrO_3	三氧化铬	99.99	HNO_2	亚硝酸	47.01
$Cr_2(SO_4)_3 \cdot 18H_2O$	十八水硫酸铬	716.45	H_2O	水	18.015
$CrK(SO_4)_2 \cdot 12H_2O$	钾铬矾	499.41	H_2O_2	过氧化氢	34.01
$CuCl$	氯化亚铜	98.99	H_3PO_4	正磷酸	98.00
$CuCl_2$	氯化铜	134.44	H_3PO_3	亚磷酸	81.99
$CuCl_2 \cdot 2H_2O$	二水氯化铜	170.47	H_2S	硫化氢	34.08
$CuBr$	溴化亚铜	143.45	H_2SO_4	硫酸	98.08
$CuBr_2$	溴化铜	223.31	H_2SO_3	亚硫酸	82.08
$Cu_2(OH)_2CO_3$	碱式碳酸铜	221.11	$H_2C_2O_4$	草酸	90.04
CuI	碘化亚铜	190.45	$H_2C_2O_4 \cdot 2H_2O$	二水草酸	126.07
$CuCN$	氰化亚铜	89.56	HIO_3	碘酸	175.91
$Cu(NO_3)_2 \cdot 3H_2O$	三水硝酸铜	241.60	H_3BO_3	硼酸	61.83
Cu_2O	氧化亚铜	143.08	$HCOOH$	甲酸(蚁酸)	46.03
CuO	氧化铜	79.54	CH_3COOH	乙酸(醋酸)	60.05
CuS	硫化铜	95.60	Hg_2Cl_2	氯化亚汞	472.09
$CuSO_4$	硫酸铜	159.60	$HgCl_2$	氯化汞	271.50
$CuSO_4 \cdot 5H_2O$	五水硫酸铜	249.68	$Hg(CN)_2$	氰化汞	252.63
$FeCl_2$	氯化亚铁	126.75	HgI_2	碘化汞	454.40
$FeCl_2 \cdot 4H_2O$	四水氯化亚铁	198.81	$Hg(NO_3)_2$	硝酸汞	324.60
$FeCl_3$	氯化铁	162.21	HgO	氧化汞	216.59
$FeCl_3 \cdot 6H_2O$	六水氯化铁	270.30	HgS	硫化汞	232.65
FeO	氧化亚铁	71.85	$HgSO_4$	硫酸汞	296.65
Fe_3O_4	四氧化三铁	231.54	Hg_2SO_4	硫酸亚汞	497.24
Fe_2O_3	氧化铁	159.69	KBr	溴化钾	119.00
$Fe(OH)_3$	氢氧化铁	106.87	$KBrO_3$	溴酸钾	167.00
FeS	硫化亚铁	87.91	KCN	氰化钾	65.12
Fe_2S_3	硫化铁	207.87	K_2CO_3	碳酸钾	138.21
$FeSO_4$	硫酸亚铁	151.90	$KHCO_3$	碳酸氢钾	100.12
$FeSO_4 \cdot 7H_2O$	七水硫酸亚铁	278.05	KCl	氯化钾	74.56
$Fe(NO_3)_3$	硝酸铁	241.86	$KClO_4$	高氯酸钾	138.55
$Fe(NO_3)_3 \cdot 9H_2O$	九水硝酸铁	404.00	$KClO_3$	氯酸钾	122.55
$FeNH_4(SO_4)_2 \cdot 12H_2O$	铁铵矾	482.19	K_2CrO_4	铬酸钾	194.20
$H_3AsO_4 \cdot (1/2)H_2O$	半水合砷酸	150.95	$K_2Cr_2O_7$	重铬酸钾	294.19
H_3AsO_4	砷酸	141.94	KI	碘化钾	166.01
H_3AsO_3	亚砷酸	125.94	KIO_3	碘酸钾	214.00
HBr	溴化氢	80.92	KF	氟化钾	58.10
HCl	氯化氢	36.46	$KF \cdot 2H_2O$	二水氟化钾	94.13
HCN	氰化氢	27.03	$K_4[Fe(CN)_6] \cdot 3H_2O$	三水亚铁氰化钾	422.41
$HClO_4$	高氯酸	100.46	$K_3[Fe(CN)_6]$	铁氰化钾	329.26
HF	氟化氢	20.01	KH_2PO_4	磷酸二氢钾	139.09
HI	碘化氢	127.91	K_2HPO_4	磷酸氢二钾	134.18
H_2MoO_4	钼酸	161.95	$KHSO_4$	硫酸氢钾	136.17
H_2WO_4	钨酸	249.86	K_2PtCl_6	氯铂酸钾	486.01
$H_2SiF_6 \cdot 2H_2O$	二水氟硅酸	180.12	KNO_3	硝酸钾	101.11

续表

化学式	名 称	相对分子质量	化学式	名 称	相对分子质量
K_2O	氧化钾	94.20	$(NH_4)_2CO_3$	碳酸铵	96.09
KOH	氢氧化钾	56.11	$(NH_4)_2S$	硫化铵	68.14
$KMnO_4$	高锰酸钾	158.04	CH_3COONH_4	醋酸铵	77.08
K_2S	硫化钾	110.27	$(NH_4)_2Ni(SO_4)_2 \cdot 6H_2O$	镍铵矾	395.00
KSCN	硫氰酸钾	97.18	NO	一氧化氮	30.01
K_2SO_4	硫酸钾	174.25	NO_2	二氧化氮	46.01
$K_2S_2O_8$	过二硫酸钾	270.33	N_2O	一氧化二氮	44.01
Li_2CO_3	碳酸锂	73.89	N_2O_3(亚硝酸酐)	三氧化二氮	76.01
LiOH	氢氧化锂	23.95	N_2O_4	四氧化二氮	96.01
$MgCO_3$	碳酸镁	84.32	N_2O_5(硝酸酐)	五氧化二氮	108.01
$MgCl_2$	氯化镁	95.22	Na_2O	氧化钠	61.98
$MgCl_2 \cdot 6H_2O$	六水氯化镁	203.31	Na_2O_2	过氧化钠	77.98
$Mg(NO_3)_2 \cdot 6H_2O$	六水硝酸镁	256.41	Na_3AsO_3	亚砷酸钠	191.89
MgO	氧化镁	40.31	$Na_3AsO_4 \cdot 12H_2O$	十二水砷酸钠	423.93
$MgSO_4$	硫酸镁	120.37	$Na_2B_4O_7$	四硼酸钠	201.22
$MgSO_4 \cdot 7H_2O$	七水硫酸镁	246.48	$Na_2B_4O_7 \cdot 10H_2O$	十水四硼酸钠	381.37
$Mg(OH)_2$	氢氧化镁	58.32	$NaBiO_3$	铋酸钠	279.97
MgC_2O_4	草酸镁	112.33	$NaHCO_3$	碳酸氢钠	84.01
$Mg_2P_2O_7$	焦磷酸镁	222.55	Na_2CO_3	碳酸钠	105.99
MnO	氧化锰	70.94	$Na_2CO_3 \cdot 10H_2O$	十水碳酸钠	286.14
MnO_2	二氧化锰	86.94	$Na_2Cr_2O_7 \cdot 2H_2O$	二水重铬酸钠	298.00
$Mn(NO_3)_2 \cdot 4H_2O$	四水硝酸锰	251.01	$Na_2C_2O_4$	草酸钠	134.00
$MnCO_3$	碳酸锰	114.95	$Na_2C_2O_4 \cdot 2H_2O$	二水草酸钠	170.04
MnS	硫化锰	87.00	NaBr	溴化钠	102.90
$MnSO_4$	硫酸锰	151.00	$NaBr \cdot 2H_2O$	二水溴化钠	138.93
$MnCl_2$	二氯化锰	125.84	NaCl	氯化钠	58.44
$MnCl_2 \cdot 4H_2O$	四水二氯化锰	197.91	NaCN	氰化钠	49.01
MoO_3	三氧化钼	143.94	NaSCN	硫氰酸钠	81.07
MoS_2	二硫化钼	160.07	NaOH	氢氧化钠	40.00
NH_3	氨	17.03	$NaHSO_3$	亚硫酸氢钠	104.06
NH_4Br	溴化铵	97.95	$NaHSO_4$	硫酸氢钠	120.06
NH_4Cl	氯化铵	53.49	NaI	碘化钠	149.89
NH_4F	氟化铵	37.04	Na_2S	硫化钠	78.04
NH_4HCO_3	碳酸氢铵	79.06	$Na_2S \cdot 9H_2O$	硫化钠	240.18
$NH_4H_2PO_4$	磷酸二氢铵	115.03	NaF	氟化钠	41.99
$(NH_4)_2HPO_4$	磷酸氢二铵	132.05	$NaNO_3$	硝酸钠	85.00
$(NH_4)_2SO_4$	硫酸铵	132.14	$NaNO_2$	亚硝酸钠	69.00
$(NH_4)_2MoO_4$	钼酸铵	196.01	Na_2SiF_6	氟硅酸钠	188.06
NH_4I	碘化铵	144.94	Na_2SiO_3	硅酸钠	122.06
NH_4NO_3	硝酸铵	80.04	Na_2SO_3	亚硫酸钠	126.04
NH_4SCN	硫氰酸铵	76.12	$Na_2SO_3 \cdot 7H_2O$	七水亚硫酸钠	252.15
NH_4VO_3	偏钒酸铵	116.98	Na_2SO_4	硫酸钠	142.04
$(NH_4)_2S_2O_8$	过二硫酸铵	228.18	$Na_2SO_4 \cdot 10H_2O$	十水硫酸钠	322.19
$(NH_4)_2C_2O_4$	草酸铵	124.10	$Na_2S_2O_8$	过二硫酸钠	238.10
$(NH_4)_2C_2O_4 \cdot H_2O$	水合草酸铵	142.11	$Na_2S_2O_3$	硫代硫酸钠	158.10

化学式	名称	相对分子质量	化学式	名称	相对分子质量
$Na_2S_2O_3 \cdot 5H_2O$	五水硫代硫酸钠	248.18	SO_2	二氧化硫	64.06
CH_3COONa	醋酸钠	82.03	SO_3	三氧化硫	80.06
$CH_3COONa \cdot 3H_2O$	三水醋酸钠	136.08	$SO_2(OH)Cl$	氯磺酸	116.52
Na_3PO_4	磷酸钠	163.94	$SbCl_3$	三氯化锑	228.11
$Na_3PO_4 \cdot 12H_2O$	十二水磷酸钠	380.12	$SbCl_5$	五氯化锑	299.02
$NaClO$	次氯酸钠	74.44	Sb_2S_3	三硫化二锑	339.69
$(NaPO_3)_3 \cdot 6H_2O$	六水三聚偏磷酸钠	413.98	Sb_2O_3	三氧化二锑	291.50
$Na_4P_2O_7$	焦磷酸钠	265.90	Sb_2S_5	五硫化二锑	403.82
$(NaPO_3)_6$	六聚偏磷酸钠	611.17	SeO_2	二氧化硒	110.96
$NaH_2PO_4 \cdot 2H_2O$	二水磷酸二氢钠	156.01	$SiCl_4$	四氯化硅	169.90
$Na_2HPO_4 \cdot 12H_2O$	十二水磷酸氢二钠	358.14	SiF_4	四氟化硅	104.08
$Na_2H_2Y \cdot 2H_2O$	EDTA 二钠	372.24	SiH_4	硅化氢	32.12
$Na_2Sn(OH)_6$	六羟基锡酸钠	266.71	SiO_2	二氧化硅	60.08
Na_2WO_4	钨酸钠	293.83	$SnCl_2$	氯化亚锡	189.62
$Na_2WO_4 \cdot 2H_2O$	二水钨酸钠	329.86	$SnCl_2 \cdot 2H_2O$	二水氯化亚锡	225.65
NiO	氧化镍	74.69	$SnCl_4$	四氯化锡	260.52
NiS	硫化镍	90.75	$SnCl_4 \cdot 5H_2O$	五水四氯化锡	350.60
$NiCl_2 \cdot 6H_2O$	六水氯化镍	237.69	SnO_2	二氧化锡	150.69
$Ni(NO_3)_2 \cdot 6H_2O$	六水硝酸镍	290.81	SnS_2	二硫化锡	182.82
$NiSO_4 \cdot 7H_2O$	七水硫酸镍	280.85	SnS	硫化亚锡	150.78
PBr_3	三溴化磷	270.70	$SrCO_3$	碳酸锶	147.63
PCl_3	三氯化磷	137.33	$Sr(NO_3)_2$	硝酸锶	211.63
PCl_5	五氯化磷	208.24	$Sr(NO_3)_2 \cdot 4H_2O$	四水硝酸锶	283.69
PH_3	磷化氢	34.00	$SrSO_4$	硫酸锶	183.68
PI_3	三碘化磷	411.68	SrC_2O_4	草酸锶	175.64
P_2O_5	五氧化二磷	141.94	$SrCrO_4$	铬酸锶	203.61
$Pb_3(AsO_4)_2$	砷酸铅	899.41	ThO_2	二氧化钍	264.04
$PbCl_2$	氯化铅	278.10	$Th(NO_3)_4 \cdot 4H_2O$	四水硝酸钍	552.12
$PbCO_3$	碳酸铅	267.20	TiO_2	二氧化钛	79.88
PbI_2	碘化铅	461.00	$TiCl_4$	四氯化钛	189.71
$Pb(NO_3)_2$	硝酸铅	331.20	WO_3	三氧化钨	231.85
PbO	一氧化铅(密陀僧)	223.20	ZnC_2O_4	草酸锌	153.40
PbO_2	二氧化铅	239.20	$ZnCl_2$	氯化锌	136.28
Pb_3O_4	四氧化三铅	685.57	$ZnCO_3$	碳酸锌	125.39
PbC_2O_4	草酸铅	295.22	ZnO	氧化锌	81.37
$PbCrO_4$	铬酸铅	323.20	ZnS	硫化锌	97.43
$Pb_3(OH)_2(CO_3)_2$	碱式碳酸铅	775.60	$ZnSO_4$	硫酸锌	161.43
PbS	硫化铅	239.30	$ZnSO_4 \cdot 7H_2O$	七水硫酸锌	287.54
$PbSO_4$	硫酸铅	303.30	$Zn(NO_3)_2$	硝酸锌	189.39
$Pb_3(PO_4)_2$	磷酸铅	811.54	$Zn(NO_3)_2 \cdot 6H_2O$	六水硝酸锌	297.48
$Pb(CH_3COO)_2$	醋酸铅	325.30	$Zn(CH_3COO)_2$	醋酸锌	183.47
$Pb(CH_3COO)_2 \cdot 3H_2O$	三水醋酸铅	379.30	$Zn(CH_3COO)_2 \cdot 2H_2O$	二水醋酸锌	219.50

参 考 文 献

[1] 曾鸽鸣,李庆宏. 化验员必备. 长沙:湖南科学技术出版社,2005.
[2] 华东理工大学分析化学教研组,四川大学工科化学基础课程教学基地. 分析化学. 第6版. 北京:高等教育出版社,2009.
[3] 武汉大学. 分析化学:上册. 第5版. 北京:高等教育出版社,2006.
[4] 刘珍. 化验员读本. 第3版. 北京:化学工业出版社,1998.
[5] 狄滨英,景丽洁. 新编化验员手册. 长春:吉林科学技术出版社,1994.
[6] 湖南大学化学化工学院. 分析化学. 第2版. 北京:科学出版社,2008.
[7] 黄君礼. 水分析化学. 第2版. 北京:中国建筑工业出版社,1997.
[8] 邓勃. 数理统计方法在分析测试中的应用. 北京:化学工业出版社,1984.
[9] 孙守田. 化验员基本知识. 北京:石油工业出版社,1997.
[10] 薛启蒉,张树彬. 化学工业毒物简明手册. 增订第2版. 北京:化学工业出版社,1970.
[11] 黄杉生. 分析化学实验. 北京:科学出版社,2008.
[12] 夏玉宇. 化验员实用手册. 第2版. 北京:化学工业出版社,2005.

元素周期表

IUPAC 2013

95 Am 镅▲	
+2 +3 +4 +5 +6	氧化态(单质的氧化态为0，未列入；常见的为红色)
95	原子序数
Am	元素符号(红色的为放射性元素)
镅▲	元素名称(注▲的为人造元素)
$5f^{7}7s^{2}$	价层电子构型
243.06138(2)✦	以 $^{12}C=12$ 为基准的原子量(注✦的是半衰期最长同位素的原子量)

s区元素　p区元素　d区元素　ds区元素　f区元素　稀有气体

族 / 周期	1 IA	2 IIA	3 IIIB	4 IVB	5 VB	6 VIB	7 VIIB	8 VIIIB(VIII)	9 VIIIB(VIII)	10 VIIIB(VIII)	11 IB	12 IIB	13 IIIA	14 IVA	15 VA	16 VIA	17 VIIA	18 VIIIA(0)	电子层
1	−1 +1 1 **H** 氢 $1s^{1}$ 1.008																	2 **He** 氦 $1s^{2}$ 4.002602(2)	K
2	+1 3 **Li** 锂 $2s^{1}$ 6.94	+2 4 **Be** 铍 $2s^{2}$ 9.0121831(5)											+3 5 **B** 硼 $2s^{2}2p^{1}$ 10.81	−4 +2 +4 6 **C** 碳 $2s^{2}2p^{2}$ 12.011	−3 −2 −1 +1 +2 +3 +4 +5 7 **N** 氮 $2s^{2}2p^{3}$ 14.007	−2 −1 8 **O** 氧 $2s^{2}2p^{4}$ 15.999	−1 9 **F** 氟 $2s^{2}2p^{5}$ 18.998403163(6)	10 **Ne** 氖 $2s^{2}2p^{6}$ 20.1797(6)	L K
3	−1 +1 11 **Na** 钠 $3s^{1}$ 22.98976928(2)	+2 12 **Mg** 镁 $3s^{2}$ 24.305											+3 13 **Al** 铝 $3s^{2}3p^{1}$ 26.9815385(7)	−4 +2 +4 14 **Si** 硅 $3s^{2}3p^{2}$ 28.085	−3 −2 +1 +3 +5 15 **P** 磷 $3s^{2}3p^{3}$ 30.973761998(5)	−2 +2 +4 +6 16 **S** 硫 $3s^{2}3p^{4}$ 32.06	−1 +1 +3 +5 +7 17 **Cl** 氯 $3s^{2}3p^{5}$ 35.45	18 **Ar** 氩 $3s^{2}3p^{6}$ 39.948(1)	M L K
4	−1 +1 19 **K** 钾 $4s^{1}$ 39.0983(1)	+2 20 **Ca** 钙 $4s^{2}$ 40.078(4)	+3 21 **Sc** 钪 $3d^{1}4s^{2}$ 44.955908(5)	−1 0 +2 +3 +4 22 **Ti** 钛 $3d^{2}4s^{2}$ 47.867(1)	0 ±1 +2 +3 +4 +5 23 **V** 钒 $3d^{3}4s^{2}$ 50.9415(1)	−3 0 ±1 ±2 +3 +4 +5 +6 24 **Cr** 铬 $3d^{5}4s^{1}$ 51.9961(6)	−2 0 ±1 +2 ±3 +4 +5 +6 +7 25 **Mn** 锰 $3d^{5}4s^{2}$ 54.938044(3)	−2 0 ±1 +2 +3 +4 +5 +6 26 **Fe** 铁 $3d^{6}4s^{2}$ 55.845(2)	0 ±1 +2 +3 +4 +5 27 **Co** 钴 $3d^{7}4s^{2}$ 58.933194(4)	0 ±1 +2 +3 +4 28 **Ni** 镍 $3d^{8}4s^{2}$ 58.6934(4)	+1 +2 +3 +4 29 **Cu** 铜 $3d^{10}4s^{1}$ 63.546(3)	+1 +2 30 **Zn** 锌 $3d^{10}4s^{2}$ 65.38(2)	+1 +3 31 **Ga** 镓 $4s^{2}4p^{1}$ 69.723(1)	+2 +4 32 **Ge** 锗 $4s^{2}4p^{2}$ 72.630(8)	−3 +3 +5 33 **As** 砷 $4s^{2}4p^{3}$ 74.921595(6)	−2 +2 +4 +6 34 **Se** 硒 $4s^{2}4p^{4}$ 78.971(8)	−1 +1 +3 +5 +7 35 **Br** 溴 $4s^{2}4p^{5}$ 79.904	+2 +4 36 **Kr** 氪 $4s^{2}4p^{6}$ 83.798(2)	N M L K
5	−1 +1 37 **Rb** 铷 $5s^{1}$ 85.4678(3)	+2 38 **Sr** 锶 $5s^{2}$ 87.62(1)	+3 39 **Y** 钇 $4d^{1}5s^{2}$ 88.90584(2)	+1 +2 +3 +4 40 **Zr** 锆 $4d^{2}5s^{2}$ 91.224(2)	0 ±1 +2 +3 +4 +5 41 **Nb** 铌 $4d^{4}5s^{1}$ 92.90637(2)	0 ±1 ±2 +3 +4 +5 +6 42 **Mo** 钼 $4d^{5}5s^{1}$ 95.95(1)	0 ±1 +2 +3 +4 +5 +6 +7 43 **Tc** 锝▲ $4d^{5}5s^{2}$ 97.90721(3)✦	0 +1 ±2 +3 +4 +5 +6 +7 +8 44 **Ru** 钌 $4d^{7}5s^{1}$ 101.07(2)	0 ±1 +2 +3 +4 +5 +6 45 **Rh** 铑 $4d^{8}5s^{1}$ 102.90550(2)	0 +1 +2 +3 +4 46 **Pd** 钯 $4d^{10}$ 106.42(1)	+1 +2 +3 47 **Ag** 银 $4d^{10}5s^{1}$ 107.8682(2)	+1 +2 48 **Cd** 镉 $4d^{10}5s^{2}$ 112.414(4)	+1 +3 49 **In** 铟 $5s^{2}5p^{1}$ 114.818(1)	+2 +4 50 **Sn** 锡 $5s^{2}5p^{2}$ 118.710(7)	−3 +3 +5 51 **Sb** 锑 $5s^{2}5p^{3}$ 121.760(1)	−2 +2 +4 +6 52 **Te** 碲 $5s^{2}5p^{4}$ 127.60(3)	−1 +1 +3 +5 +7 53 **I** 碘 $5s^{2}5p^{5}$ 126.90447(3)	+2 +4 +6 +8 54 **Xe** 氙 $5s^{2}5p^{6}$ 131.293(6)	O N M L K
6	−1 +1 55 **Cs** 铯 $6s^{1}$ 132.90545196(6)	+2 56 **Ba** 钡 $6s^{2}$ 137.327(7)	57~71 **La~Lu** 镧系	+1 +2 +3 +4 72 **Hf** 铪 $5d^{2}6s^{2}$ 178.49(2)	0 ±1 +2 +3 +4 +5 73 **Ta** 钽 $5d^{3}6s^{2}$ 180.94788(2)	0 ±1 ±2 +3 +4 +5 +6 74 **W** 钨 $5d^{4}6s^{2}$ 183.84(1)	0 ±1 +2 +3 +4 +5 +6 +7 75 **Re** 铼 $5d^{5}6s^{2}$ 186.207(1)	0 +1 +2 +3 +4 +5 +6 +7 +8 76 **Os** 锇 $5d^{6}6s^{2}$ 190.23(3)	0 ±1 +2 +3 +4 +5 +6 77 **Ir** 铱 $5d^{7}6s^{2}$ 192.217(3)	0 +2 +3 +4 +5 +6 78 **Pt** 铂 $5d^{9}6s^{1}$ 195.084(9)	+1 +2 +3 +5 79 **Au** 金 $5d^{10}6s^{1}$ 196.966569(5)	+1 +2 +3 80 **Hg** 汞 $5d^{10}6s^{2}$ 200.592(3)	+1 +3 81 **Tl** 铊 $6s^{2}6p^{1}$ 204.38	+2 +4 82 **Pb** 铅 $6s^{2}6p^{2}$ 207.2(1)	−3 +3 +5 83 **Bi** 铋 $6s^{2}6p^{3}$ 208.98040(1)	−2 +2 +3 +4 +6 84 **Po** 钋 $6s^{2}6p^{4}$ 208.98243(2)✦	±1 +5 +7 85 **At** 砹 $6s^{2}6p^{5}$ 209.98715(5)✦	+2 86 **Rn** 氡 $6s^{2}6p^{6}$ 222.01758(2)✦	P O N M L K
7	+1 87 **Fr** 钫▲ $7s^{1}$ 223.01974(2)✦	+2 88 **Ra** 镭 $7s^{2}$ 226.02541(2)✦	89~103 **Ac~Lr** 锕系	104 **Rf** 𬬻▲ $6d^{2}7s^{2}$ 267.122(4)✦	105 **Db** 𬭊▲ $6d^{3}7s^{2}$ 270.131(4)✦	106 **Sg** 𬭳▲ $6d^{4}7s^{2}$ 269.129(3)✦	107 **Bh** 𬭛▲ $6d^{5}7s^{2}$ 270.133(2)✦	108 **Hs** 𬭶▲ $6d^{6}7s^{2}$ 270.134(2)✦	109 **Mt** 鿏▲ $6d^{7}7s^{2}$ 278.156(5)✦	110 **Ds** 𫟼▲ 281.165(4)✦	111 **Rg** 𬬭▲ 281.166(6)✦	112 **Cn** 鿔▲ 285.177(4)✦	113 **Nh** 鿭▲ 286.182(5)✦	114 **Fl** 𫓧▲ 289.190(4)✦	115 **Mc** 镆▲ 289.194(6)✦	116 **Lv** 𫟷▲ 293.204(4)✦	117 **Ts** 鿬▲ 293.208(6)✦	118 **Og** 鿫▲ 294.214(5)✦	Q P O N M L K

★ 镧系	+3 57 **La**★ 镧 $5d^{1}6s^{2}$ 138.90547(7)	+2 +3 +4 58 **Ce** 铈 $4f^{1}5d^{1}6s^{2}$ 140.116(1)	+3 +4 59 **Pr** 镨 $4f^{3}6s^{2}$ 140.90766(2)	+2 +3 +4 60 **Nd** 钕 $4f^{4}6s^{2}$ 144.242(3)	+3 61 **Pm** 钷▲ $4f^{5}6s^{2}$ 144.91276(2)✦	+2 +3 62 **Sm** 钐 $4f^{6}6s^{2}$ 150.36(2)	+2 +3 63 **Eu** 铕 $4f^{7}6s^{2}$ 151.964(1)	+3 64 **Gd** 钆 $4f^{7}5d^{1}6s^{2}$ 157.25(3)	+3 +4 65 **Tb** 铽 $4f^{9}6s^{2}$ 158.92535(2)	+3 +4 66 **Dy** 镝 $4f^{10}6s^{2}$ 162.500(1)	+3 67 **Ho** 钬 $4f^{11}6s^{2}$ 164.93033(2)	+3 68 **Er** 铒 $4f^{12}6s^{2}$ 167.259(3)	+2 +3 69 **Tm** 铥 $4f^{13}6s^{2}$ 168.93422(2)	+2 +3 70 **Yb** 镱 $4f^{14}6s^{2}$ 173.045(10)	+3 71 **Lu** 镥 $4f^{14}5d^{1}6s^{2}$ 174.9668(1)
★ 锕系	+3 89 **Ac**★ 锕 $6d^{1}7s^{2}$ 227.02775(2)✦	+3 +4 90 **Th** 钍 $6d^{2}7s^{2}$ 232.0377(4)	+3 +4 +5 91 **Pa** 镤 $5f^{2}6d^{1}7s^{2}$ 231.03588(2)	+2 +3 +4 +5 +6 92 **U** 铀 $5f^{3}6d^{1}7s^{2}$ 238.02891(3)	+3 +4 +5 +6 +7 93 **Np** 镎 $5f^{4}6d^{1}7s^{2}$ 237.04817(2)✦	+3 +4 +5 +6 +7 94 **Pu** 钚 $5f^{6}7s^{2}$ 244.06421(4)✦	+2 +3 +4 +5 +6 95 **Am** 镅▲ $5f^{7}7s^{2}$ 243.06138(2)✦	+3 +4 96 **Cm** 锔▲ $5f^{7}6d^{1}7s^{2}$ 247.07035(3)✦	+3 +4 97 **Bk** 锫▲ $5f^{9}7s^{2}$ 247.07031(4)✦	+2 +3 +4 98 **Cf** 锎▲ $5f^{10}7s^{2}$ 251.07959(3)✦	+2 +3 99 **Es** 锿▲ $5f^{11}7s^{2}$ 252.0830(3)✦	+2 +3 100 **Fm** 镄▲ $5f^{12}7s^{2}$ 257.09511(5)✦	+2 +3 101 **Md** 钔▲ $5f^{13}7s^{2}$ 258.09843(3)✦	+2 +3 102 **No** 锘▲ $5f^{14}7s^{2}$ 259.1010(7)✦	+3 103 **Lr** 铹▲ $5f^{14}6d^{1}7s^{2}$ 262.110(2)✦